ZDERZENIE ŚWIATÓW

Paradigma

Immanuel Velikovsky

ZDERZENIE ŚWIATÓW

przetłumaczył *Piotr Gordon*

pierwsze wydanie polskie

Paradigma Ltd.

Londyn–Warszawa 2010

Pierwotne wydanie: *Worlds in Collision*, Doubleday & Company, Inc., Garden City, New York 1950

Polskie wydanie (Published by) Paradigma Ltd.
Londyn–Warszawa 2010

Internet:
www.paradigma-publishing.com
e-mail: info@paradigma-publishing.com

ISBN 978-1-906833-30-5

PRZEDMOWA TŁUMACZA

Co by się stało, gdyby do Ziemi zbliżyła się inna planeta o porównywalnej wielkości? Mogłaby ona spowodować zmianę nachylenia osi Ziemi, nawet odwrócenie biegunów, a także chwilowo spowolnić jej obroty. Mieszkańcy naszej planety byliby świadkami wielkich kataklizmów. Słońce, Księżyc i gwiazdy poruszałyby się dziwnie po firmamencie. Na Ziemi szalałyby huragany, a ogromne fale morskie przewalałyby się przez lądy. Powodem byłoby to, że skorupa ziemska obracałaby się wolniej, a woda i powietrze – skutkiem bezwładności – poruszałyby się z poprzednią prędkością. Spowolnienie obrotów Ziemi spowodowałoby też tarcie jej różnych warstw i tym samym wydzielanie ciepła, w wyniku czego wypiętrzałyby się nowe góry a stare znikały, a woda w jeziorach, rzekach i morzach gotowałaby się. Ludzkość uległaby zdziesiątkowaniu na skutek pożarów, ogromnych fal, huraganów, trzęsień ziemi i gradu meteorytów.

Taki obraz końca epok świata przekazały nam starożytne pisma i podania wielu narodów. Po strasznych kataklizmach kształtowały się „nowe niebo i nowa ziemia", a ci, co przetrwali, zasiedlali świat.

Współczesna nauka sceptycznie podchodzi do takich przekazów. Zdaniem naukowców, od milionów lat na Ziemi oraz w układzie słonecznym nie było większych zmian. Jeżeli Ziemia doznała jakichś wstrząsów to miały one miejsce w zamierzchłej przeszłości, być może jeszcze przed pojawieniem się człowieka. Poza tym starożytni, opisując niezwykłe zdarzenia w przyrodzie, określali je jako cuda i wiązali z interwencją bogów, którzy z jakichś powodów wtrącali się w sprawy ludzi. Dlatego naukowcy odrzucali takie opisy także ze względu na ich nienaukowe interpretacje.

Immanuel Velikovsky zainteresował się kataklizmami opisanymi w starożytnych pismach, podaniach i mitach. Doszedł on do wniosku, że ich przyczyną było zbliżenie się do Ziemi innej planety i że **miało to miejsce w czasach historycznych**, a nie w odległej przeszłości. Najpierw, w połowie II tysiąclecia przed naszą erą, była to Wenus. Zdaniem Velikovskiego, Wenus poruszała się pierwotnie jak kometa, a następnie, skutkiem „starć" z Ziemią i Marsem, zmieniła orbitę.

W VIII i VII wieku przed naszą erą, do Ziemi zbliżył się Mars i spowodował podobne jak Wenus zniszczenia. Po kilku kolizjach Ziemia, Wenus i Mars ustabilizowały swoje ruchy i poruszają się po nowych orbitach.

Kiedy Ziemia zmieniała swoją orbitę i nachylenie osi, wtedy zakłóceniu ulegały pory roku i zmieniała się długość miesięcy i lat.

Velikovsky przytacza tu świadectwa kalendarzy używanych przez starożytne cywilizacje. Stwierdził też, że zdarzenia, wymienione w starożytnych księgach jako cudowne zakłócenia natury, nie były wymysłem i nie były ograniczone do jednego małego obszaru Ziemi. Plagi egipskie zdarzyły się w rzeczywistości i dotknęły nie tylko Egipt, manna padała z nieba nie tylko na pustyni Synaj, a „zatrzymanie słońca" widoczne było nie tylko nad doliną Gibeon w Kanaanie, gdzie walczyli Izraelici, ale w wielu miejscach na Ziemi.

Velikovsky wyjaśnia, dlaczego starożytni astronomowie uważnie śledzili ruchy planet. Na Bliskim Wschodzie i w Ameryce skrupulatnie zapisywano m.in. ruchy Wenus i z obawą odnotowywano wszelkie zakłócenia jej biegu, gdyż obawiano się że są one sygnałem nadchodzących kataklizmów. Wyjaśnia też, dlaczego w różnych częściach świata przyjęto identyczne nazwy znaków zodiaku, chociaż układy gwiazd wchodzących w skład tych znaków zupełnie nie przypominają zwierząt czy ludzi, których nazwy noszą.

Ustalenia, do których doszedł dr Velikovsky, całkowicie przeczyły panującym w nauce poglądom. Co więcej, przewidział on pewne fakty (wysoką temperaturę atmosfery Wenus, obecność węglowodorów w ogonach komet oraz na Księżycu, emisje radiowe Jowisza), które nie były znane w czasie gdy po raz pierwszy ukazała się niniejsza książka i przeczyły ówczesnym ustaleniom nauki.

Naukowcy napotykali już wcześniej zaskakujące świadectwa materialne i zapiski zdarzeń, które drastycznie odbiegały od przyjętych teorii dotyczących historii Ziemi. Obowiązywał jednak pogląd, że świat od milionów lat nie zmienia się, chyba że w drodze powolnej ewolucji. Dlatego odrzucano wszelkie świadectwa które nie pasowały do tej tezy. Kiedy na przykład tablice astronomiczne starożytnej Babilonii, Indii i innych krajów świadczyły o tym, że orbity i ruchy planet były kiedyś różne od obecnych, przyjmowano że miały miejsce błędy w zapisach. Dziwiono się tylko, że przy tak dokładnych metodach obserwacji i obliczeń można było popełnić tak rażące pomyłki. Ale czy starożytni astronomowie mogli aż tak się pomylić, skoro nawet prości ludzie gołym okiem zauważyliby różnice w położeniu księżyca czy planet w stosunku do wyliczonych?

Interesująca była reakcja świata naukowego na teorię Velikovskiego. Większość naukowców natychmiast odrzuciła tę teorię, choć wielu z nich jednocześnie przyznawało, że NIE CZYTALI JEGO KSIĄŻKI. Wydawcę zmuszono do zerwania umowy z autorem, mimo że już w tym czasie książka stała się bestsellerem. Blokowano wszelkie próby naukowej debaty. Kuriozalne działania szacownego grona naukowego, skierowane na tępienie teorii Velikovskiego, same stały się tematem publikacji.

Sytuacja powtarzała się przy następnych książkach i publikacjach dr Velikovskiego. Mimo że kolejne odkrycia potwierdziły wiele z jego przewidywań, naukowcom trudno było przyznać, że ktoś spoza wąskiego grona fachowców mógł trafnie przewidzieć fakty sprzeczne z ich poglądami.

Do dziś trwa dyskusja nad teorią, gdyż wiele nowych odkryć naukowych przynosi materiał umacniający zarówno jej zwolenników jak i przeciwników. Dr Velikovsky we wszystkich kolejnych wydaniach książki po 1950 r. nie zmienił w niej ani słowa, gdyż chciał żeby wyniki przyszłych badań można było skonfrontować z tym, do czego pierwotnie doszedł.

Książka jest wspaniale napisana, oparta na ogromnym materiale źródłowym. Fakty, które Velikovsky przedstawia, są zaskakujące i zmuszają do zastanowienia. Trudno im zaprzeczyć. A jeśli interpretacja zdarzeń podana przez Velikovskiego byłaby błędna, to jak inaczej wyjaśnić przytoczone przez niego fakty?

Fascynująca książka.

* * *

Velikovsky cytuje w książce wiele źródeł – Biblię, starożytnych pisarzy greckich, rzymskich itp. Tam, gdzie to możliwe, podawałem polskie opublikowane tłumaczenia tych fragmentów dzieł, co zaznaczam w tekście. Wszystkie swoje uzupełnienia tekstu i uwagi podaję w nawiasach kwadratowych.

Piotr Gordon

PRZEDMOWA DO WYDANIA Z 1972 r.

Pierwotnie opublikowana w 1950 r., książka niniejsza nie uległa zmianom w kolejnych wydaniach[1]; również w tym wydaniu nie wprowadzono żadnych zmian w tekście. Uczyniono to celowo: zamierzałem zachować tekst w wersji pierwotnej, aby niezmieniony skonfrontował się z wszystkimi odkryciami w dziedzinach, które obejmuje lub wzmiankuje. Gdyby wprowadzono zmiany, czytelnik nowego wydania nie mógłby osądzić, w jakim stopniu książka – heretycka w 1950 r. – wypada w świetle późniejszych odkryć.

W 1950 r. przyjmowano ogólnie, że wszelkie podstawy nauki są znane i pozostało tylko uzupełnić szczegóły i drobiazgi. W tymże roku Fred Hoyle, kosmolog, o umyśle z pewnością nie konserwatywnym, w zakończeniu swojej książki *The Nature of Universe* napisał: „Czy należy się spodziewać jakichś zaskakujących odkryć? Czy możliwym jest, że kosmologia za 500 lat będzie się różnić tak dalece od naszych obecnych przekonań, jak nasza kosmologia różni się od tej w czasach Newtona?". I kontynuował: „Wątpię, aby tak się stało. Jestem gotów uwierzyć, że nastąpi postęp w rozumieniu szczegółów wielu spraw, które nas obecnie zaskakują... Ale ogólnie rzecz biorąc sądzę, że nasz obecny obraz okaże się podobny do kosmologii przyszłości", i odniósł się do ograniczeń optyki w badaniu głębi przestrzeni kosmicznej.

Lata, które minęły od publikacji *Zderzenia Światów*, były świadkami pierwszych wielkich osiągnięć radioastronomii, odkryć Międzynarodowego Roku Geofizyki i zarania wieku przestrzeni kosmicznej. Obraz uległ całkowitej zmianie. Znaki przeszłej gwałtowności, zniszczeń i rozbicia zaobserwowano na Ziemi i gdzie indziej, w systemie słonecznym: gigantyczny podmorski kanion, który niemal dwukrotnie okrąża Ziemię – znak globalnego zwichrowania; warstwa popiołu pochodzenia pozaziemskiego na dnie wszystkich oceanów; paleomagnetyczne dowody na to, że bieguny magnetyczne ulegały nagłemu i wielokrotnemu odwróceniu i, jak się twierdzi, oś Ziemi wraz z nimi; gazy ulatniające się z pewnych kraterów na księżycu, o których sądzono, że są zimne aż do środka; nadzwyczaj wysoka temperatura powierzchni Wenus. Dalej, wraz z odkryciami sygnałów radiowych pochodzących z Jowisza, istnienia magnetosfery otaczającej Ziemię, plazmy słonecznej, całkowitego ładunku słońca, i pola magnetycznego przenikającego przestrzeń międzyplanetarną, otrzymano decydujące świadectwa, że system słoneczny, i ogólnie wszechświat, nie są

---

[1] Do lata 1964 r. 15 wydań w twardej okładce w USA i w Wielkiej Brytanii.

elektromagnetycznie sterylne – to podstawowa zmiana w rozumieniu wszechświata, jego natury i działających w nim sił.

Słowa, które można znaleźć w Przedmowie do wydania z 1950 r., określające tę pracę jako herezję w królestwach, gdzie rządzą niepodzielnie imiona Darwina i Newtona, nie powinny już powodować takiego samego spontanicznego odrzucenia ze strony nawet najbardziej konserwatywnej nauki, chyba że jest to mechanizm obronny, wymyślony dla ochrony wewnętrznie uświadamianej niepewności.

„Co naukowiec uzna za naprawdę satysfakcjonujący sukces teorii? Odpowiedź leży głównie w słowach uniwersalność, elegancja, sprawdzalność, przewidywalność"[1]. Jeśli idzie o uniwersalność, to nikt jej nie zaprzeczył. Zapewne była też pewna elegancja w synchronizacji: kiedy napisano te słowa w 1960 r., dziesięć lat po opublikowaniu mojej książki i wielkim sprzeciwie jaki wywołała, niektóre najbardziej niepodważalne dane zostały przesłane drogą radiową przez pojazd kosmiczny, *Pioneer V*. Chciałbym przytoczyć tu kilka szczegółów dotyczących sprawdzalności i przewidywalności, dwóch badań rozstrzygających dla tej książki.

Na początku mej pracy doszedłem do wniosku, że Wenus jest przybyszem w rodzinie planet, że miała burzliwą i krótką historię, i że wciąż musi być bardzo gorąca i „wydzielać ciepło"; dalej, że musi być otoczona rozległą powłoką gazowych węglowodorów (ropy naftowej) i pyłu. Takie twierdzenia były całkowicie sprzeczne z tym, co było znane w 1946 r., gdy kończyłem manuskrypt pracy, czy w 1950 r., kiedy została opublikowana. Dla podkreślenia decydującej natury tych twierdzeń, zostały one zatytułowane „Gazy Wenus" i „Termiczna Równowaga Wenus", umieszczonych bezpośrednio przed rozdziałem zatytułowanym „Zakończenie". Jeśli moje twierdzenia okazałyby się słuszne, wzmacniałoby to cały łańcuch dedukcji, w którym identyfikacja pozaziemskiego źródła opisanych ataków stanowi ostatnie ogniwo. Ponieważ te rozstrzygające twierdzenia pozostawały w jawnej sprzeczności z przyjętymi poglądami, w przypadku ich potwierdzenia nie można ich traktować jako szczęśliwy traf.

Jeszcze w 1959 r. sądzono, że temperatura na powierzchni Wenus wynosi 17°C, zaledwie trzy stopnie więcej od średniej rocznej temperatury Ziemi. W 1961 r., na podstawie charakteru sygnałów radiowych wysyłanych przez Wenus, stwierdzono, że temperatura na powierzchni Wenus wynosi około 315°C lub 600°F. Dr F. D. Drake z National Radio Astronomy Observatory, odpowiedzialny za ten

---

[1] Warren Weaver, "The Imperfection of Science", *Proc. Of the Amer. Philos. Soc.*, Oct. 17, 1960.

odczyt, napisał: „Spodziewaliśmy się temperatury tylko nieco większej niż w przypadku Ziemi", i że odkrycie było „niespodzianką...
w dziedzinie, gdzie spodziewano się niewielu niespodzianek".

Według powszechnej opinii, w ramach przyjętych poglądów, nie
można było znaleźć zadowalającego wyjaśnienia tak wysokiej temperatury Wenus. Nie można było wytłumaczyć tak wysokiej temperatury efektem cieplarnianym, ani radioaktywnością zanikającą przez miliardy lat. *Mariner II*, pojazd kosmiczny który minął Wenus w grudniu 1962 r., został oprzyrządowany dla zbadania, czy rzeczywiście jest
tam tak gorąco i temperatura wynosi 600°. Stwierdził, że to prawda i że wynosi ona 800°. Stwierdził również, że nocna strona Wenus,
o ile się czymś odznacza, to tym, że jest gorętsza od dziennej strony i że światło nie przenika przez warstwę chmur. Musi być ponuro
i mroczno pod tą warstwą, stwierdzono w raporcie *Marinera*, opra-
cowanym przez Jet Propulsion Laboratory; w tych warunkach efekt
cieplarniany może mieć miejsce tylko w bardzo małym stopniu.

Inne rozstrzygające badanie dotyczyło gazowej powłoki planety.
W 1946 r., cztery lata przed publikacją tej książki, skierowałem proś-
bę i pytanie do profesora R. Wildta z Yale i nieżyjącego obecnie
profesora W. S. Adamsa z obserwatoriów Mount Wilson i Palomar,
czołowych autorytetów w dziedzinie atmosfery planet, wskazując, że
obecność gazowych węglowodorów i pyłu w chmurach stanowiących
powłokę Wenus byłaby rozstrzygającym testem dla koncepcji ko-
smologicznej wyprowadzonej ze studiów nad źródłami historycznymi.
Wildt napisał 13 września 1946 r.: „Nie można interpretować widma
absorpcyjnego atmosfery Wenus jako będącego wynikiem [obecności]
gazowych węglowodorów". Adams odpowiedział (9 września 1946 r.):
„Nie ma żadnego dowodu na obecność gazowych węglowodorów w atmosferze Wenus".

Musiałem być całkowicie pewny, że moja dedukcja nie zawiera
błędu – od pierwszej przesłanki globalnej katastrofy, aż do ostatniej,
identyfikującej napastnika – aby opublikować, w sprzeczności z opi-
nią ekspertów: „Na podstawie tych badań przyjmuję, że [atmosfera]
Wenus jest bogata w gazy ropy naftowej".

26 lutego 1963 r., przedstawiając wyniki sondy *Mariner*, dr Homer
Newell z NASA oznajmił, że w ocenie osób odpowiedzialnych za tę
część programu, Wenus otoczona jest powłoką gazowych węglowodorów i pyłu, o grubości 15 mil, znajdującej się 45 mil nad powierzchnią
planety.

Uznano za bardzo zaskakujące, że Wenus posiada taką solidną atmosferę, kilkadziesiąt razy cięższą od ziemskiej; że przyjęła ona formę
powłoki, 45 mil nad powierzchnią planety; i że składa się z ciężkich

cząsteczek gazowych węglowodorów i pyłu. Stwierdzono również, że Wenus obraca się w odwrotnym kierunku, chociaż bardzo powoli, co jest oznaką, że w przeszłości coś zakłóciło jej ruch, lub że została pochwycona przez słońce, albo też że powstała w sposób odmienny od innych planet.

W czasie misji sondy *Mariner*, dwóch wybitnych członków społeczności naukowców, V. Bergmann, profesor fizyki z Uniwersytetu Princeton, i Lloyd Motz, profesor astronomii z Uniwersytetu Columbia, napisało list do *Science* (21 grudnia 1962 r.), twierdząc, że prawidłowo przewidziałem wielkie ciepło Wenus, zakłócenia radiowe z Jowisza, istnienie magnetosfery wokół Ziemi. Artykuł pt. „Niektóre dodatkowe przykłady prawidłowej prognozy", napisany przeze mnie, został opublikowany we wrześniu 1963 r., w numerze *American Behavioral Scientist*; zawiera on przegląd różnych badań, potwierdzeń i dowodów wspierających. W numerze tym, sponsorowanym przez wiele osób wybitnych w nauce i sprawach publicznych, omówiona jest również historia przyjęcia – lub odrzucenia – tej książki, razem z wysiłkami powstrzymania jej: faktycznie została z powodzeniem powstrzymana, gdy znajdowała się w rękach jej pierwszego wydawcy, który musiał z niej zrezygnować, mimo że była krajowym bestsellerem nr 1, kiedy posłużono się bojkotem wszystkich książek tego wydawcy, zorganizowanym przez powstałe dla tego celu pewne grupy, w niektórych kręgach naukowych w kraju.

Uczyniono pewne wysiłki, aby zminimalizować znaczenie decydujących badań i uzyskanych potwierdzeń (wybitny astronom napisał w grudniu 1963 r. w numerze czasopisma *Harper*: „Co do »wysokiej temperatury« Wenus, »gorąco« jest tylko względnym pojęciem; na przykład ciekłe powietrze jest gorące w porównaniu z ciekłym helem", podczas gdy ja mówiłem o »żarzeniowym« stanie Wenus {s. 77} i gazowym stanie węglowodorów). Profesor H. H. Hess, przewodniczący Space Board w National Academy of Sciences, z własnej inicjatywy przesłał mi list do publikacji: „O niektórych z tych przewidywań sądzono, że są niemożliwe, w czasie kiedy pan je sformułował; wszystkie z nich zostały przewidziane na długo zanim otrzymano dowody na to, że są prawdziwe. Przeciwnie, nie jest mi znane żadne z pańskich przewidywań, które dotychczas okazałoby się być fałszywym".

Jeśli moje przesłanki są błędne i zupełnie przypadkowo otrzymałem taki wynik, wtedy teoretycy prawdopodobieństwa powinni wyliczyć szansę [uzyskania takiego wyniku]; jeśli, jak przyjmują bardziej przyjaźnie nastawieni sceptycy, wynik jest skutkiem nadzwyczajnego daru intuicji, to powinienem zostać oskarżony o czary, jeśli nie o herezję. Jednakże, jeśli historia jest rekonstrukcją zdarzeń, które miały miejsce, i ich logiczną implikacją, wtedy wynik jest tylko „naturalną konsekwencją jednej centralnej idei" (R. Juergens).

Mimo tego, dołożono jeszcze więcej starań, aby zdyskwalifikować tę pracę. Ale żadnego z astronomicznych argumentów z roku 1950 nie można było zastosować z korzyścią przeciw mojej książce w 1964 r., bez zaprzeczenia wszystkich ważnych odkryć, które miały miejsce w minionych latach. Dlatego skierowano wysiłki na ominięcie wszystkich tych wyników i ukierunkowanie debaty, a w gruncie rzeczy kampanii deprecjacji, na kwestionowanie prawidłowego wykorzystania przeze mnie źródeł. Kiedy czasopismo dla fizyków dostarcza czytelnikom argumentów filologicznych z dziedziny egiptologii i, w łagodnej ocenie profesora Mosesa Hadasa, powierza zadanie dziennikarzowi „umundurowanemu i dziarskiemu", i drukuje wulgarny pokaz ignorancji i fałszów, jest to równe przyznaniu, że żaden z wcześniej prezentowanych argumentów fizycznych nie ma znaczenia, a nowych nie można wymyślić.

To o takiej taktyce gazeta studencka *The Daily Princetonian* napisała w artykule wstępnym (luty 1964 r.): „Podczas gdy można przyjąć, że każdy, kto zakwestionuje podstawowe przesłanki Newtona i Darwina, może spodziewać się pewnej liczby argumentów, to osobiste inwektywy, rozmyślne przekręcanie faktów, bezceremonialne błędne cytowanie, wysiłki w celu przemilczania książek zawierających teorie i odmowa prawa odparcia zarzutów oponentów w fachowych czasopismach, czego doświadczył dr Velikovsky, wskazują, że chodziło o wiele więcej niż o »zwykłe« podważenie uznanych idei. Afera Velikovskiego pokazała w sposób krystaliczny... że teorie naukowe można głosić nie tylko ze względu na prawdę jaką zawierają, ale ze względu na osobiste interesy tych, którzy je głoszą".

Żałosna taktyka pewnych grup akademickich zraziła młodsze pokolenie, dowody historyczne i fizyczne, gromadzone z każdym mijającym rokiem, nie umknęły mu z pola widzenia i pozwoliły wyciągnąć wnioski. To, co było nieprawdopodobne i heretyckie w 1950 r., wkracza obecnie śmiało do nauki, która przypisuje sobie dogmatyczną kompletność i nieomylność, tak obecnie jak i wtedy.

W przededniu publikacji *Zderzenia Światów*, filozof H. Butterfield napisał (*The Origin of Modern Science*, 1949): „Największym paradoksem rewolucji naukowej jest w gruncie rzeczy to, że rzeczy, które łatwo nam wpajać chłopcom w szkole... rzeczy, które porażają nas zwykłym naturalnym sposobem pojmowania wszechświata... pokonywały wielkie intelekty przez wieki".

Immanuel Velikovsky

PRZEDMOWA DO WYDANIA Z 1950 r.

Zderzenie Światów jest książką o wojnach w przestrzeni kosmicznej, które miały miejsce w czasach historycznych. W wojnach tych brała również udział planeta Ziemia. Książka niniejsza opisuje dwa akty wielkiego dramatu: jeden, który miał miejsce trzydzieści cztery do trzydziestu pięciu wieków temu, w połowie drugiego tysiąclecia przed naszą erą; drugi w ósmym i na początku siódmego wieku przed naszą erą, dwadzieścia sześć wieków temu. Odpowiednio, książka ta składa się z dwóch części, poprzedzonych prologiem.

Harmonia i stabilność w sferach niebiańskiej i ziemskiej stanowi punkt wyjścia obecnej koncepcji świata, wyrażonej w mechanice niebios Newtona i w teorii ewolucji Darwina. Jeśli ci dwaj uczeni są świętymi, to niniejsza książka jest herezją. Jednakże współczesna fizyka, z teorią atomów i kwantów, opisuje dramatyczne zmiany w mikrokosmosie – atomie – którego prototypem był układ słoneczny; zatem teoria, która wyobraża sobie różne zdarzenia w makrokosmosie – systemie słonecznym – wprowadza współczesne koncepcje fizyki do sfery niebios.

Książka przeznaczona jest zarówno dla osób wykształconych jak i laików. Żaden wzór ani hieroglif nie staną na przeszkodzie tym, którzy zdecydują się ją przeczytać. Jeśli od czasu do czasu świadectwo historyczne nie będzie zgodne ze sformułowanymi prawami, należy pamiętać, że prawo jest tylko wnioskiem z doświadczenia i eksperymentu, zatem prawa muszą pozostawać w zgodzie z historycznymi faktami, a nie fakty z prawami.

Czytelnik nie powinien przyjmować teorii bez zastrzeżeń. Raczej zachęca go się, aby sam zdecydował, czy czyta beletrystykę czy dokument, czy to co czyta jest wymysłem czy też faktem historycznym. W jednym tylko punkcie, niekoniecznie decydującym dla teorii katastrofizmu kosmicznego, proszę o przyjęcie czegoś na wiarę: używam synchronicznej skali historii egipskiej i hebrajskiej, która nie jest ortodoksyjna.

Działo się to wiosną 1940 r., kiedy naszła mnie myśl, że w czasach Eksodusu, jak to jasno wynika z fragmentów Biblii, miała miejsce wielka fizyczna katastrofa, i że takie zdarzenie może służyć do określenia czasu Eksodusu w historii Egiptu lub do ustanowienia synchronicznej skali dla historii ludzi, których to dotyczyło. Rozpocząłem więc pisanie *Ages In Chaos*, rekonstrukcji historii starożytnego świata, od połowy drugiego tysiąclecia przed naszą erą, aż do nastania czasów Aleksandra Wielkiego. Już jesienią tego samego 1940 roku poczułem, że rozumiem prawdziwą naturę i zasięg tej katastrofy i przez dziewięć lat pracowałem nad oboma projektami, historią polityczną i naturalną. Mimo że *Ages In Chaos* została ukończona pierwsza, zostanie opublikowana po niniejszej książce. *Zderzenie Światów* obejmuje tylko dwa ostatnie akty dramatu kosmicznego. Kilka wcześniejszych aktów – jeden z nich znany jako Potop – będzie tematem innej książki z dziedziny przyrody.

Historyczno-kosmologiczna fabuła tej książki oparta jest na świadectwie tekstów historycznych wielu ludów, na literaturze klasycznej, epopejach plemion północnych, świętych księgach ludów Wschodu i Zachodu, na podaniach i folklorze plemion prymitywnych, starożytnych inskrypcjach astronomicznych i mapach, na odkryciach archeologicznych, jak również na materiale geologicznym i paleontologicznym.

Jeśli wstrząsy kosmiczne miały miejsce w czasach historycznych, dlaczego ludzkość nie pamięta ich, i dlaczego konieczne było przeprowadzenie badań, aby się o nich dowiedzieć? Omawiam ten problem w rozdziale „Zbiorowa amnezja". Cel, który sobie postawiłem, nie różnił się od tego, przed jakim stoi psychoanalityk, który z oddzielnych wspomnień i snów rekonstruuje przeszłe, traumatyczne doświadczenie z wczesnego okresu życia osobnika. W analitycznym eksperymencie przeprowadzonym na ludzkości, historyczne inskrypcje i motywy legend grają często tę samą rolę co wspomnienia (wspomnienia z dzieciństwa) i sny w analizie osobowości.

Czy możemy, na podstawie tego polimorficznego materiału, ustalić rzeczywiste fakty? Powinniśmy porównywać ze sobą relacje różnych ludzi, jedną inskrypcję z drugą, epopeje z mapami, geologię z legendami, aż będziemy w stanie ustalić historyczne fakty.

W kilku przypadkach nie jest możliwe stwierdzenie z całą pewnością, czy zapis bądź podanie odnosi się do tej czy do innej katastrofy, które miały miejsce w poprzednich wiekach; możliwe jest też, że w niektórych podaniach różne elementy z różnych czasów stopiły się w jedno. Jednak w końcowej analizie nie jest tak istotne, aby rozdzielić definitywnie zapisy pojedynczych katastrof światowych. Wydaje się ważniejszym ustalenie: (1) że w czasach historycznych miały miejsce wstrząsy fizyczne o charakterze ogólnoświatowym; (2) że te katastrofy były spowodowane przez czynniki pozaziemskie; i (3) że te czynniki można zidentyfikować.

Z wniosków tych wynika wiele implikacji. Odnoszę się do nich w Epilogu, tak że mogę tutaj je pominąć.

Kilku czytelników zapoznało się z tą książką w rękopisie i przedstawiło wiele interesujących sugestii i uwag. W porządku chronologicznym ich czytania są to:

Dr Horace M. Kallen, były dziekan Graduate Faculty of the New School for Social Research, New York; John J. O'Neill, Science Editor of the *New York Herald-Tribune*; James Putnam, Associate Editor of the Macmillan Company; Clifton Fadiman, krytyk literacki i komentator; Gordon A. Atwater, Chairman and Curator of the Hayden Planetarium of the American Museum of Natural History, New York. Dwóch ostatnich przeczytało pracę na własne życzenie, po tym jak pan O'Neill omówił ją w artykule w *Herald-Tribune* 11 sierpnia 1946 r. Jestem im wszystkim wielce zobowiązany, ale tylko ja odpowiadam za treść i formę książki.

Panna Marion Kuhn oczyściła rękopis z gramatycznych chwastów i pomogła przy czytaniu korekty.

Wielu autorów dedykowało swoje książki żonie bądź wymieniało ją w przedmowie. Zawsze miałem odczucie, że jest to nieco ostentacyjne, ale teraz, kiedy niniejsza książka będzie publikowana, czuję, że byłbym wyjątkowo niewdzięczny gdybym nie wspomniał, że moja żona Elisheva spędziła nad książką prawie tyle samo czasu przy naszym biurku co ja. Dedykuję jej tę książkę.

Lata, kiedy *Ages In Chaos* i *Zderzenie Światów* były pisane, były latami światowej katastrofy wytworzonej przez człowieka – wojny toczonej na lądzie, na morzu i w powietrzu. W tym czasie człowiek nauczył się jak rozdzielić kilka cegiełek, z których zbudowany jest wszechświat – atom uranu. Jeśli pewnego dnia rozwiąże on problem rozszczepienia i fuzji atomów, z których składa się skorupa ziemska lub jej wody albo powietrze, może on przypadkiem, inicjując reakcję łańcuchową, wyłączyć tę planetę z walki o przetrwanie wśród ciał niebieskich.

New York, wrzesień 1949. Immanuel Velikovsky

Spis treści

PROLOG

ROZDZIAŁ I

W OGROMNYM WSZECHŚWIECIE

*Quota pars operis tanti nobis
committitur?*

—Seneka

W OGROMNYM WSZECHŚWIECIE mała planeta krąży wokół
gwiazdy; jest trzecią z kolei – Merkury, Wenus, Ziemia – w rodzinie planet. Składa się ze stałego rdzenia, a większość jej powierzchni
pokrywa płyn, posiada też gazową powłokę. Żywe istoty zapełniają
płyn; inne żywe istoty latają w gazie; a jeszcze inne pełzają i chodzą
po dnie gazowego oceanu. Człowiek, posiadający postawę wyprosto-
waną, uważa siebie za pana stworzenia. Uważał tak na długo przed
tym zanim, dzięki własnym wysiłkom, nauczył się latać na metalo-
wych skrzydłach wokół globu. Czuł się podobny bogom długo przedtem zanim mógł rozmawiać ze swym bliźnim po drugiej stronie globu.
Dziś może oglądać mikrokosmos w kropli i składniki gwiazd. Zna prawa rządzące żywą komórką z jej chromosomami oraz prawa rządzące
makrokosmosem słońca, księżyca, planet i gwiazd. Przyjmuje, że gra-
witacja utrzymuje razem system planetarny, człowieka i zwierzęta na
ich planecie, i morze w jego granicach. Przez miliony i miliony lat, jak
twierdzi, planety poruszały się po tych samych szlakach, ich księżyce
wokół nich, a w ciągu tych eonów człowiek rozwinął się z jednoko-
mórkowego wymoczka aż do stanu homo sapiens.

Czy wiedza człowieka jest obecnie niemal kompletna? Czy po-
trzeba tylko zaledwie kilku kroków, aby podbić wszechświat, wydo-
być energię atomu – od czasu, gdy napisano te strony, już to zostało
osiągnięte – wyleczyć raka, kontrolować genetykę, komunikować się
z innymi planetami i dowiedzieć się czy również tam są żywe istoty?

Tu zaczyna się homo ignoramus. Nie wie on, czym jest życie, albo
jak powstało, i czy powstało z materii nieorganicznej. Nie wie, czy
na innych planetach tego słońca lub innych słońc znajduje się życie,
a jeśli tak, to czy tamtejsze formy życia przypominają te, które nas
otaczają, włączając w to nas samych. Nie wie, jak powstał ten system
słoneczny, mimo że stworzył na ten temat kilka hipotez. Wie tylko,
że system słoneczny powstał wiele miliardów lat temu. Nie wie, czym
jest ta tajemnicza siła grawitacji, która utrzymuje jego i jego bliźnich
z drugiej strony globu stopami na ziemi, chociaż traktuje to zjawisko
jako „prawo praw". Nie wie, jak wygląda Ziemia pięć mil pod jego
stopami. Nie wie, jak powstały góry ani co spowodowało wyłonienie

się kontynentów, choć tworzy związane z tym hipotezy, ani nie wie skąd się wzięła ropa naftowa – znów hipotezy. Nie wie, dlaczego, dość niedawno, gruba warstwa lodowca natarła – jak wierzy – na większą część Europy i Północnej Ameryki; ani jak mogły palmy rosnąć poza kręgiem polarnym, ani jak to się stało że ta sama fauna zapełnia środkowe jeziora Starego i Nowego Świata. Nie wie, skąd wzięła się sól w morzach.

Mimo że człowiek wie, że żyje na tej planecie od milionów lat, stwierdza, że pisana historia ma tylko kilka tysięcy lat. I nawet te kilka tysięcy lat nie są dobrze znane.

Dlaczego Epoka Brązu poprzedziła Epokę Żelaza, mimo że żelazo jest powszechniejsze na świecie, a jego produkcja jest prostsza niż stopu miedzi i cyny? Przy pomocy jakich urządzeń mechanicznych powstały, w wysokich Andach, budowle z ogromnych bloków?

Co sprawiło, że legenda o Potopie powstała we wszystkich krajach świata? Czy istnieje jakieś właściwe znaczenie terminu „przedpotopowy"? Z jakich doświadczeń wyrosły eschatologiczne obrazy końca świata?

W tej pracy, której niniejsza książka stanowi pierwszą część, niektóre z tych pytań znajdą odpowiedź, ale tylko za cenę porzucenia pewnych poglądów, obecnie uważanych za święte prawa nauki – [dotyczących] milionów lat obecnego stanu systemu słonecznego i harmonijnych obrotów Ziemi – ze wszystkimi ich implikacjami dotyczącymi teorii ewolucji.

HARMONIA NIEBIOS

Słońce wstaje na wschodzie i zachodzi na zachodzie. Dzień składa się z dwudziestu czterech godzin. Rok składa się z 365 dni, 5 godzin i 49 minut. Księżyc okrąża Ziemię, zmieniając fazy – rosnący, pełny, ubywający. Oś Ziemi skierowana jest w stronę Gwiazdy Polarnej. Po zimie przychodzi wiosna, następnie lato i jesień. To są powszechnie znane fakty. Czy są to niezmienne prawa? Czy tak musi być zawsze? Czy zawsze tak było?

Słońce posiada dziewięć planet. Merkury nie ma żadnych satelitów; Wenus nie ma satelitów; Ziemia ma księżyc; Mars ma dwóch małych kompanów, zwykłe kawałki skał, jeden z nich kończy swój miesiąc zanim Mars ukończy dzień; Jowisz ma jedenaście księżyców i jedenaście różnych miesięcy do rachowania; Saturn ma dziewięć księżyców, Uran ma pięć księżyców[1], Neptun jednego, Pluton żadnego[2]. Czy zawsze tak było? Czy wciąż tak będzie?

---

[1] Piątego satelitę Urana odkryto w 1948 r.

[2] Z powodu wielkiej odległości Neptuna i Plutona od Ziemi, mniejsze satelity tych planet mogły zostać niezauważone.

Słońce obraca się w kierunku wschodnim. Wszystkie planety krążą po swoich orbitach w tym samym kierunku wokół słońca (odwrotnie do ruchu wskazówek zegara, patrząc od północy). Większość ich księżyców krąży w kierunku przeciwnym do ruchu wskazówek (ruch prosty), ale jest kilka, które krążą w przeciwnym kierunku (ruch wsteczny).

Żadna z orbit nie jest dokładnym okręgiem; nie ma żadnej regularności w dziwacznych kształtach orbit planet; każda krzywa eliptyczna nachylona jest w innym kierunku.

Nie ma pewności, ale przyjmuje się, że Merkury stale jest skierowany tą samą stroną ku słońcu, tak jak nasz księżyc ku Ziemi. Informacje uzyskane różnymi metodami z obserwacji Wenus są sprzeczne; nie wiadomo czy Wenus obraca się tak powoli, że jej dzień jest równy jej rokowi, czy też tak szybko, że jej strona nocna nigdy nie może dostatecznie wystygnąć. Mars obraca się w ciągu 24 godzin, 37 minut, 22,6 sekund (średni okres), jest to okres porównywalny do ziemskiej doby. Jowisz, który ma objętość tysiąc trzysta razy większą od Ziemi, wykonuje obrót w krótkim czasie 9 godzin i 50 minut. Czym spowodowana jest taka różnorodność? Nie ma takiego prawa, że planeta musi obracać się, albo posiadać dnie i noce; tym bardziej takiego, że jej dzień i noc muszą powtarzać się co dwadzieścia cztery godziny.

Jeśli Pluton obraca się ze wschodu na zachód[1], to słońce wschodzi u niego na zachodzie. W przypadku Urana słońce nie wschodzi i nie zachodzi ani na wschodzie, ani na zachodzie. A więc nie ma takiego prawa, że planeta w systemie słonecznym musi obracać się z zachodu na wschód i że słońce musi wstawać na wschodzie.

Równik Ziemi nachylony jest do płaszczyzny jej ekliptyki pod kątem 23,5°; jest to powodem zmian pór roku w ciągu rocznego obrotu Ziemi wokół słońca. Osie innych planet skierowane są w kierunkach wyraźnie dowolnych. Nie ma powszechnego prawa dla wszystkich planet, głoszącego, że zima musi następować po jesieni, lato po wiośnie.

Oś Urana znajduje się niemal w płaszczyźnie jego orbity[2]; przez około dwadzieścia lat jeden z jego obszarów polarnych jest najgorętszym miejscem na planecie. Potem stopniowo następuje noc i dwadzieścia lat później drugi biegun wkracza w tropik, na taki sam okres czasu.

Księżyc nie posiada atmosfery. Nie wiadomo czy Merkury ma atmosferę. Wenus pokryta jest gęstymi chmurami, ale nie posiada pary

---

[1] Równik Urana nachylony jest pod kątem 82° do płaszczyzny jego orbity. Uwaga: Kiedy niniejsza książka była w druku, jeszcze jeden satelita Neptuna został odkryty przez G. P. Kuipera.

[2] G. Gamow, *Biography of the Earth* (1941), p. 24.

wodnej. Mars ma przeźroczystą atmosferę, ale prawie pozbawioną tlenu lub pary wodnej, a jej skład nie jest znany. Jowisz i Saturn posiadają powłoki gazowe; nie wiadomo czy posiadają stałe jądra. Nie ma powszechnego prawa głoszącego, że planety muszą posiadać atmosferę czy wodę.

Objętość Marsa jest równa 0,15 ziemskiej; następna planeta, Jowisz, jest około 8750 razy większa od Marsa. Nie ma tu żadnej regularności, ani zależności między rozmiarami planet i ich położeniem w układzie.

Na Marsie widziane są „kanały" i czapy polarne; na księżycu kratery; Ziemia posiada oceany odbijające światło; Wenus ma lśniące chmury; Jowisz ma pasy i czerwoną plamę; Saturn posiada pierścienie.

Na harmonię niebios składają się ciała różniące się wielkością, kształtem, prędkością obrotu, kierunkiem obrotu, o różnych składach atmosfery bądź bez atmosfery, o różniącej się liczbie księżyców lub bez księżyców, i z satelitami krążącymi w obu kierunkach.

Wydaje się więc że to przypadek, że Ziemia posiada księżyc, że mamy dzień i noc i że ich wspólna długość wynosi dwadzieścia cztery godziny, że mamy następstwo pór roku, że mamy oceany i wodę, atmosferę i tlen, i prawdopodobnie również to, że nasza planeta znajduje się między Wenus po lewej i Marsem po naszej prawej stronie.

POCHODZENIE UKŁADU PLANETARNEGO

Wszystkie teorie dotyczące genezy układu planetarnego i poruszających sił, które podtrzymują ruch jego członków, sięgają wstecz do teorii grawitacji i mechaniki niebios Newtona. Słońce przyciąga planety i jeśli nie byłyby popędzane, spadłyby na słońce; ale każda planeta jest zmuszana przez swój pęd do poruszania się w kierunku od słońca, i w wyniku tego tworzy się orbita. Podobnie satelita czy księżyc podlega przyspieszeniu, które odgania go od jego planety, ale przyciąganie planety zakrzywia drogę, którą satelita poruszałby się, gdyby nie było przyciągania między tymi ciałami, i z tych popędzeń tworzy się orbita. Bezwładność lub stałość ruchu wpojona planetom i satelitom, była postulowana przez Newtona, ale nie wyjaśnił on jak, lub kiedy, miały miejsce pierwsze pchnięcie lub szarpnięcie[1].

Teoria genezy układu planetarnego, która dominowała przez cały dziewiętnasty wiek, została zaproponowana przez teologa Swedenborga i filozofa Kanta. Została ona ujęta w terminach naukowych przez

---

[1] Isaac Newton, *Principia* (Mathematical Principles), (1686), Bk. III.

Laplace'a[1], chociaż nie opracowana przez niego od strony ilościowej, i w skrócie brzmi następująco:

Setki milionów lat temu słońce miało postać mgławicy i było bardzo duże oraz miało kształt zbliżony do dysku. Ten dysk miał szerokość taką jak cała orbita najdalszych planet. Obracał się on dookoła swego centrum. Dzięki procesowi ściskania, spowodowanego przez grawitację, w centrum dysku ukształtowało się kuliste słońce. Z powodu ruchu obrotowego całej mgławicy działała siła odśrodkowa; części materii, znajdujące się dalej na peryferiach, opierały się sile przyciągania skierowanej ku środkowi i rozdzieliły się na pierścienie i skupiły w kule – były to planety w procesie kształtowania. Innymi słowy, w wyniku kurczenia się obracającego się słońca, materia rozerwała się i porcje tego słonecznego materiału rozwinęły się w planety. Płaszczyzna, po której krążą planety, jest równikową płaszczyzną słońca.

Obecnie teorię tę uważa się za niezadowalającą. Trzy zastrzeżenia przeważają nad innymi. Po pierwsze, prędkość obrotu słońca wokół osi, w czasie gdy tworzył się układ planetarny, nie była wystarczająca, aby pozwolić grupom materii na oderwanie; ale nawet gdyby się oderwały, to nie skupiłyby się w kule. Po drugie, teoria Laplace'a nie wyjaśnia, dlaczego planety mają większą prędkość kątową obrotów w ciągu dnia i w ciągu roku niż mogła być im przekazana przez słońce. Po trzecie, co spowodowało, że niektóre z satelitów poruszają się odwrotnie, lub w kierunku przeciwnym do innych członków układu słonecznego?

Wydaje się być jasno dowiedzione, że bez względu na to jaką strukturę przypiszemy prymitywnemu słońcu, układ planetarny nie mógł powstać jako wynik jedynie obrotów słońca. Jeśli słońce, obracające się samotnie w przestrzeni, nie jest w stanie samo z siebie utworzyć rodziny planet i satelitów, staje się koniecznym odwołanie się do obecności i pomocy jakiegoś innego ciała. To prowadzi nas od razu do teorii pływowej[2].

Teoria pływowa, która na swoim wcześniejszym etapie nazywana była teorią planetozymalną[3], zakłada, że w pobliżu słońca przeszła gwiazda. Ze słońca, w kierunku przelatującej gwiazdy, wypiętrzyła się i została oderwana ogromna fala materii, ale pozostała ona w zasięgu jego wpływów, stanowiąc materiał, z którego powstały planety. W teorii planetozymalnej masa, która została oderwana, rozdzieliła się na małe części, które zestaliły się w przestrzeni; niektóre zostały

---

[1] P. S. Laplace, *Exposition du système du monde* (1796).

[2] Sir James H. Jeans, *Astronomy and Cosmogony* (1929), p. 409.

[3] Hipoteza planetozymalna została opracowana przez T. C. Chamberlina i F. R. Moultona.

wyprowadzone z układu słonecznego, a niektóre opadły na słońce, ale reszta poruszała się wokół niego z powodu grawitacyjnego przyciągania. Wędrując po wydłużonych orbitach wokół słońca, łączyły się, zaokrąglały orbity w wyniku wzajemnych zderzeń, i przyjęły kształt planet i satelitów wokół planet.

Teoria pływowa[1] nie dopuszcza, aby materia oderwana od słońca najpierw się rozproszyła, a potem połączyła; fala [materii] rozdzieliła się na kilka części, które raczej szybko przeszły z formy gazowej do płynnej, a następnie do stanu stałego. Jako argument wspierający tę teorię wskazano, że taka fala, kiedy rozdzieli się na szereg „kropli", prawdopodobnie utworzy największe „krople" dalej od swojej części środkowej, a małe „krople" bliżej (niedaleko słońca) i na końcu (najdalej od słońca). Istotnie, Merkury, najbliższy słońca, jest małą planetą. Wenus jest większa; Ziemia jest trochę większa od Wenus; Jowisz posiada masę trzysta dwadzieścia razy większą od Ziemi; Saturn jest nieco mniejszy niż Jowisz; Uran i Neptun, mimo że są dużymi planetami, nie są tak duże jak Jowisz i Saturn. Pluton jest tak mały jak Merkury.

Pierwsza trudność związana z hipotezą pływową leży właśnie w argumentach przytoczonych dla jej poparcia, chodzi o masy planet. Między Ziemią i Jowiszem krąży mała planeta Mars, o masie dziesięciokrotnie mniejszej od Ziemi, tam gdzie według tego schematu należałoby się spodziewać planety dziesięć do pięćdziesięciu razy masywniejszej od Ziemi. I znowu, Neptun jest większy, a nie mniejszy od Urana.

Innym problemem jest przypuszczalnie mała szansa zbliżenia dwóch gwiazd. Jeden z autorów teorii pływowej tak ocenił prawdopodobieństwo takiego zdarzenia[2]:

„Z grubsza biorąc możemy przyjąć, że szansa na powstanie układu planetarnego jest dla gwiazdy równa jeden do 5.000.000.000.000.000.000 lat". Ale ponieważ okres życia gwiazdy jest znacznie mniejszy od tej liczby, „tylko jedna gwiazda na 100.000 może utworzyć układ planetarny w ciągu swego życia". W galaktyce posiadającej sto milionów gwiazd, układy planetarne „powstają w tempie około jednego na pięć miliardów lat... nasz własny układ, mając wiek rzędu dwóch miliardów lat, jest prawdopodobnie najmłodszym układem wśród wszystkich gwiazd galaktyki".

Zarówno teoria mgławicy jak i pływowa przyjmują, że planety pochodzą od słońca, a satelity od planet.

---

[1] Teoria pływów została opracowana przez J. H. Jeansa i H. Jeffreysa.

[2] Jeans, *Astronomy and Cosmogony*, p. 409.

Problem pochodzenia księżyca stanowi zakłócenie dla teorii pływowej. Będąc mniejszym od Ziemi, księżyc zakończył wcześniej proces chłodzenia i kurczenia się, a wulkany księżycowe przestały już być aktywne. Obliczono, że księżyc ma mniejszą gęstość od Ziemi. Zakłada się, że księżyc powstał z warstw powierzchniowych Ziemi, które są bogate w lekki kwarc, podczas gdy jądro Ziemi, jej główna część, składa się z metali ciężkich, głównie żelaza. Ale to założenie postuluje, że powstanie księżyca nie było równoczesne z powstaniem Ziemi; Ziemia, będąc uformowana z masy wyrzuconej przez słońce, musiała przejść proces wyrównania, skutkiem którego cięższe metale skupiły się w jądrze, a krzem na obwodzie, zanim księżyc oddzielił się od Ziemi na skutek nowego pływowego wypaczenia. Oznaczałoby to, że miały miejsce dwa kolejne pływowe wypaczenia w układzie, gdzie nawet jedno byłoby zjawiskiem nadzwyczaj rzadkim. Jeśli przejście jednej gwiazdy obok drugiej zdarza się jednej na sto milionów gwiazd, raz na pięć miliardów lat, to dwa zdarzenia w przypadku tej samej gwiazdy wydają się być zupełnie nieprawdopodobne. Zatem, z braku lepszego wyjaśnienia, przyjmuje się, że satelity zostały oderwane od planet w czasie ich pierwszego przejścia przez peryhelium [punkt orbity najbliższy słońca], kiedy planety poruszając się po wydłużonej orbicie zbliżyły się do słońca.

To, że satelity krążą wokół planet, stanowi problem dla teorii kosmologicznych. Laplace zbudował swoją teorię powstania układu słonecznego na założeniu, że wszystkie planety i satelity krążą w tym samym kierunku. Napisał on, że obrót osiowy słońca i krążenie po orbitach oraz obroty osiowe sześciu planet, księżyca i satelitów oraz pierścieni Saturna przedstawiają czterdzieści trzy ruchy, wszystkie w tym samym kierunku. „Na podstawie analizy prawdopodobieństwa można stwierdzić, że istnieje prawdopodobieństwo większe niż cztery miliardy do jednego, że ten układ nie jest wynikiem przypadku; prawdopodobieństwo jest znacznie wyższe niż w przypadku realności zdarzeń historycznych, co do których nikt nie odważa się zgłaszać wątpliwości"[1]. Wydedukował on, że to powszechna i pierwotna przyczyna ukierunkowała ruchy planet i satelitów.

Od czasów Laplace'a odkryto nowych członków układu słonecznego. Obecnie wiemy, że chociaż większość satelitów krąży w tym samym kierunku, w którym obracają się planety i słońce, to księżyce Urana krążą w płaszczyźnie niemal prostopadłej do płaszczyzny orbity ich planety, a trzy z jedenastu księżyców Jowisza, jeden z dziewięciu księżyców Saturna i jeden księżyc Neptuna, krążą w kierunku

---

[1] Laplace, *Théorie analitique des probabilités* (3 ed., 1820), p. lxi; cf. H. Faye *Sur l'Origine du monde* (1884), pp. 131–132.

przeciwnym. Fakty te przeczą głównym argumentom teorii Laplace'a: obracająca się mgławica nie mogła utworzyć satelitów krążących w dwóch kierunkach.

W teorii pływowej kierunek ruchów planet zależał od gwiazdy, która przeszła [koło słońca]; przeszła ona w płaszczyźnie, w której obecnie krążą planety i w kierunku, który zdeterminował ich obracanie się z zachodu na wschód. Dlaczego jednak satelity Urana krążą prostopadle do tej płaszczyzny, a niektóre satelity Jowisza i Saturna w odwrotnym kierunku? Tego teoria pływów nie wyjaśnia.

Według wszystkich istniejących teorii, prędkość kątowa ruchu satelity musi być mniejsza od prędkości obrotu jej rodzica. Jednak wewnętrzny satelita Marsa krąży wokół niego szybciej niż Mars się obraca.

Niektóre z problemów, przed którymi stają teorie mgławicowa i pływowa, stanowią też problem dla teorii, którą zaproponowano w ostatnich latach[1]. Według niej, słońce było członkiem układu dwugwiezdnego [gwiazda podwójna]. Przechodząca w pobliżu gwiazda zniszczyła towarzysza słońca, a z jego szczątków powstały planety. W dalszym rozwinięciu tej hipotezy twierdzi się, że większe planety powstały ze szczątków, a mniejsze, tak zwane „ziemskie" planety, powstały z większych, w procesie rozdzielenia.

Domniemanie, że narodziny mniejszych stałych planet nastąpiły z większych gazowych, potrzebne jest dla wyjaśnienia różnic masy i objętości większych i mniejszych planet; ale teoria ta nie jest w stanie wyjaśnić różnic gęstości mniejszych planet i ich satelitów. Poprzez rozdzielenie, księżyc narodził się z Ziemi; ale ponieważ gęstość księżyca jest mniejsza niż Ziemi, bardziej zgodne z teorią byłoby wyjaśnienie, że to Ziemia narodziła się z księżyca, mimo jego małych rozmiarów. To gmatwa argumenty.

Pochodzenie planet i ich satelitów pozostaje nieznane. Teorie nie tylko przeczą sobie wzajemnie, ale każda z nich zawiera w sobie sprzeczności. „Gdyby słońcu nie towarzyszyły planety, wyjaśnienie jego powstania i ewolucji nie byłoby trudne"[2].

POCHODZENIE KOMET

Teorie mgławicowa i pływowa próbują wyjaśnić pochodzenie układu słonecznego, ale nie uwzględniają komet. Komety są liczniejsze od planet. Znanych jest ponad sześćdziesiąt komet, które z pewnością należą do układu słonecznego. Są to komety krótkookresowe (okres

---

[1] Lyttleton i, niezależnie, Russell.
[2] Jeans, *Astronomy and Cosmogony*, p. 395.

obiegu mniejszy niż osiemdziesiąt lat); krążą one po wydłużonych elipsach i prawie nie wykraczają poza zasięg orbity Neptuna. Ocenia się, że poza kometami krótkookresowymi paręset tysięcy komet odwiedza układ słoneczny; jednak nie ma pewności czy powracają one okresowo. Obecnie postrzegane są w liczbie około pięciuset na stulecie i twierdzi się, że ich średni okres wynosi od dziesiątków do tysięcy lat.

Zaproponowano kilka teorii pochodzenia komet, ale poza jedną próbą zobaczenia w nich planetozymali, które nie spotkały się z dostatecznie silnym przyciąganiem, aby znaleźć się na orbitach kołowych[1], nie opracowano żadnego pełnego schematu wyjaśnienia powstania układu słonecznego, z jego planetami i kometami; nie utrzyma się też żadna teoria, która ogranicza się jedynie do problemu albo planet, albo komet.

Jedna z teorii postrzega komety jako wędrujące ciała przybywające z przestrzeni kosmicznej. Po zbliżeniu się do słońca, zmieniają otwartą (paraboliczną) trajektorię. Jednak jeśli przypadkiem zbliżą się do jednej z większych planet, mogą być zmuszone zmienić swoje otwarte trajektorie na elipsy i stać się krótkookresowymi kometami[2]. To jest teoria pochwycenia: komety długookresowe, albo bez żadnego okresu, są przemieszczane ze swoich trajektorii i stają się kometami krótkookresowymi. Jakie jest pochodzenie długookresowych komet, pozostaje pytaniem bez odpowiedzi.

Komety krótkookresowe wyraźnie mają jakiś związek z większymi planetami. Około pięćdziesięciu komet porusza się między słońcem a orbitą Jowisza; ich okresy są mniejsze od dziewięciu lat. Cztery komety osiągają orbitę Saturna; dwie komety krążą wewnątrz okręgu zakreślonego przez Urana; a dziewięć komet, o średnim okresie siedemdziesięciu jeden lat, porusza się wewnątrz orbity Neptuna. Obejmuje to obecnie znany system komet krótkookresowych. Do ostatniej grupy należy kometa Halleya która posiada najdłuższy okres obiegu

---

[1] Próbę wyjaśnienia [powstania] komet w ramach teorii planetozymalnej, jako rozproszonych pozostałości wielkiej katastrofy, podjął T. C. Chambelin, *The Two Solar Families* (1929).

[2] To, że planety są w stanie zmienić bieg komet, znane jest nie tylko z obserwacji, ale zostało wyliczone z wyprzedzeniem. W 1758 r. Clairaut przewidział opóźnienie komety Halleya w czasie jej pierwszego powrotu przepowiedzianego przez Halleya, o okres 618 dni, ponieważ musiała przejść obok Jowisza i Saturna. Opóźniła się ona prawie dokładnie o wyliczony czas. Podobnie od czasu do czasu były zniekształcane orbity innych komet. Bieg komety Lexella został zakłócony przez Jowisza w 1767 r., a w 1770 r. przez Ziemię, bieg komety d'Aresta został zakłócony w 1860 r., a komety Wolfa w 1875 r. i 1922 r. Z powodu zbliżenia do Jowisza w 1886 r. kometa Brooka zmieniła okres [obiegu] z 29 do 7 lat; okres Jowisza nie zmienił się więcej niż dwie do trzech minut, a prawdopodobnie mniej.

wśród komet krótkookresowych – około siedemdziesięciu sześciu lat. Następnie jest wielka przerwa, a potem są komety, które potrzebują tysięcy lat, żeby powrócić w pobliże słońca, jeśli w ogóle powracają.

Rozkład komet krótkookresowych zasugerował ideę, że zostały one „pochwycone" przez duże planety. Teoria ta ma wsparcie w bezpośrednich obserwacjach, że ruch komet bywa zakłócany przez planety.

Inna teoria dotycząca komet zakłada, że źródłem ich powstania jest słońce, ale w sposób różny niż przyjmuje to pływowa teoria powstawania planet. Potężne ruchy wirowe na powierzchni słońca wyrzucają rozpalone gazy w wielkich protuberancjach; obserwuje się to powszechnie. Materia jest wyprowadzana ze słońca i powraca do słońca. Obliczono, że gdyby prędkość wyrzutu była większa niż 384 mil na sekundę, przy ruchu po paraboli, materia nie powróciłaby na słońce, ale stałaby się kometą o dalekim zasięgu. Następnie ruch wyrzuconej masy mógłby zostać zakłócony w wyniku jej przejścia w pobliżu jednej z większych planet, i kometa stałaby się krótkookresową.

Nigdy nie zaobserwowano takiego rodzaju narodzin komety, a prawdopodobieństwo tego, że eksplodująca materia może uzyskać prędkość 384 mil na sekundę, jest bardzo wątpliwe. Dlatego założono alternatywnie, że miliony lat temu, kiedy aktywność gazowych mas dużych planet była bardziej dynamiczna, planety te wyrzucały z siebie komety. Prędkość potrzebna wyrzuconej masie do przezwyciężenia przyciągania grawitacyjnego jest mniejsza w przypadku planety niż w przypadku słońca, z powodu jej mniejszego przyciągania grawitacyjnego. Wyliczono, że masa wyrzucona z Jowisza z prędkością 38 mil na sekundę, albo tylko nieco większą niż jedna trzecia tej wartości w przypadku Neptuna, pozostanie poza planetą.

Ten wariant teorii pomija pytanie o pochodzenie komet długookresowych. Jednakże zaproponowano wyjaśnienie, według którego duże planety wyrzucają komety przechodzące blisko nich, z krótkich orbit na wydłużone, lub nawet wyrzucają je całkowicie poza układ słoneczny.

Komety, przebiegając blisko słońca, emitują warkocze. Przyjmuje się, że materiał warkocza nie powraca do głowy komety, ale jest rozpraszany w przestrzeni; w konsekwencji komety jako ciała świecące mają ograniczony żywot. Jeśli kometa Halleya krążyłaby po swojej obecnej orbicie od późnego okresu prekambryjskiego, musiałaby „rozrosnąć się i utracić osiem milionów warkoczy, co wydaje się być nieprawdopodobnym"[1]. Jeśli komety giną, to ich liczba w układzie

---

[1] H. N. Russel, *The Solar System and Its Origin* (1935), p. 40.

słonecznym musi stale maleć i żadna kometa krótkookresowa nie zachowałaby swego warkocza od czasów geologicznych.

Ponieważ jednak istnieje wiele świecących komet krótkookresowych, musiały one zostać wytworzone lub przechwycone w czasie kiedy inni członkowie układu, planety i satelity, znajdowały się na swoich miejscach. Zaproponowano teorię, że kiedyś układ słoneczny poruszał się przez mgławicę i tam zyskał swoje komety.

Czy słońce emituje planety przez kurczenie lub pływy, a komety poprzez eksplozje? Czy komety przybyły z przestrzeni międzygwiezdnej i zostały pochwycone do układu słonecznego przez większe planety? Czy większe planety wytworzyły mniejsze przez podział, czy też wyrzuciły z siebie komety krótkookresowe?

Stwierdzono, że nie znamy prawdy o początkach układu planetarnego i komet, miliardy lat temu. „Problem pochodzenia i rozwoju układu słonecznego cierpi z powodu etykietki »spekulacyjny«. Często mówi się, że skoro nie byliśmy obecni wtedy, gdy ten układ się tworzył, nie możemy we właściwy sposób wpaść na pomysł jak on się formował"[1]. Uważa się, że jedyne, co możemy zrobić, to zbadać jedną planetę, tę którą mamy pod nogami, aby poznać jej przeszłość; a następnie, metodą dedukcji, zastosować wyniki do innych członków układu słonecznego.

---

[1] Harold Jeffreys, "The Origin of the Solar System" w *Internal Constitution of the Earth*, B. Guttenberg, ed. (1939).

ROZDZIAŁ II

PLANETA ZIEMIA

PLANETA ZIEMIA posiada skalistą skorupę – litosferę; składa się ona ze skał wulkanicznych takich jak granit i bazalt, ze skałami osadowymi na wierzchu. Skały wulkaniczne stanowią pierwotną skorupę Ziemi; skały osadowe zostały osadzone przez wodę.

Skład wnętrza Ziemi nie jest znany. Sposób rozchodzenia się fal sejsmicznych sprzyja przypuszczeniu, że skorupa Ziemi ma grubość ponad 2.000 mil.; na podstawie grawitacyjnego efektu mas górskich (teoria izostazy) ocenia się grubość skorupy na tylko sześćdziesiąt mil.

Obecność żelaza w skorupie ziemskiej lub migracja metali ciężkich z jądra do skorupy, nie zostały dostatecznie wyjaśnione. Po to by te metale mogły opuścić jądro, musiałyby być wyrzucone przez eksplozje, a żeby mogły pozostać rozproszone w skorupie, zaraz po eksplozjach musiałoby nastąpić wychłodzenie.

Jeśli na początku planeta była konglomeratem elementów, jak to zakładają zarówno teoria mgławicowa jak i pływowa, to żelazo planety powinno utlenić się i połączyć z całym dostępnym tlenem. Jednak z jakiegoś nieznanego powodu nie miało to miejsca; zatem obecność tlenu w atmosferze ziemskiej pozostaje niewyjaśniona.

Woda oceanów zawiera duże ilości rozpuszczalnego chlorku sodu, zwykłej soli. Sód mógł pochodzić ze skał zerodowanych przez deszcz, ale skały są ubogie w chlor, a proporcja sodu i chloru w wodzie morskiej, wymagałaby większej ilości chloru w skałach wulkanicznych niż go tam jest w rzeczywistości.

Głębokie warstwy skał wulkanicznych nie zawierają skamieniałości życia. W skale osadowej znajdują się szkielety zwierząt morskich i lądowych, często w wielu warstwach jedna na drugiej. Nierzadko znajduje się skałę wulkaniczną wbitą w skałę osadową lub nawet pokrywającą ją na dużych obszarach, co wskazuje na kolejne erupcje skał wulkanicznych, które rozgrzały się i stopiły już po tym gdy na Ziemi istniało życie.

Nad warstwami, które nie zawierają skamieniałości życia, znajdują się warstwy zawierające muszle, i czasami muszle są tak liczne, że tworzą całe bloki skał. Znajdywane są one często w najtwardszych skałach. Wyższe warstwy zawierają szkielety zwierząt lądowych, często wymarłych gatunków, i nierzadko ponad warstwą ze szczątkami zwierząt lądowych znajdują się warstwy z fauną morską. Gatunki zwierząt, a nawet ich rodzaje, są różne w różnych warstwach. War-

stwy często przyjmują położenie ukośne, czasami są prawie prostopa-
dłe; czasami są przemieszczone i przewrócone na wiele sposobów.

Cuvier (1769–1832), twórca paleontologii kręgowców lub nauki
o skamieniałych szkieletach zwierząt posiadających kręgosłupy, od
ryby do człowieka, był pod wielkim wrażeniem obrazu jaki przedsta-
wiała sekwencja warstw Ziemi.

„Kiedy podróżnik mija te żyzne równiny, gdzie łagodnie płynące
strumienie odżywiają bogatą roślinność, i gdzie ziemia zamieszkana przez liczną ludność ozdobiona kwitnącymi wioskami, bogatymi
miastami i wspaniałymi pomnikami, nie jest nigdy niepokojona, za
wyjątkiem zniszczeń wojennych, lub przez ucisk możnych, nie mógłby
podejrzewać, że Natura wiodła wewnętrzne wojny, i że powierzchnia
planety była rozrywana przez rewolucje i katastrofy. Jego poglądy
zmieniają się jednak, gdy tylko zacznie kopać w ziemi, która teraz
wygląda tak spokojnie"[1].

Cuvier sądził, że na ziemi miały miejsce wielkie katastrofy, które
wielokrotnie zamieniały dna mórz w kontynenty i kontynenty w dna
mórz. Twierdził, że rodzaje i gatunki zwierząt nie zmieniły się od czasu Stworzenia; jednak obserwując różne zwierzęce szczątki na różnych
poziomach ziemi, doszedł do wniosku, że katastrofy musiały zniszczyć
życie na wielkich obszarach, pozostawiając teren dla innych form życia. Skąd te inne rodzaje przybyły? Może zostały na nowo stworzone,
albo, co bardziej prawdopodobne, migrowały z innych części świata,
które w tym czasie nie zostały dotknięte kataklizmami.

Nie mógł znaleźć przyczyny tych kataklizmów. W ich śladach widział „najważniejszy w geologii problem do rozwiązania", ale rozumiał, że „aby go rozwiązać w sposób satysfakcjonujący, trzeba będzie
znaleźć przyczynę tych zdarzeń – jest to przedsięwzięcie, które stanowi trudność zupełnie innego rodzaju". Wiedział tylko o „wielu bez-
owocnych usiłowaniach", które przedsięwzięto i sam nie był w stanie
zaproponować rozwiązania. „Te idee prześladowały mnie, mogę niemal rzec że dręczyły w czasie mych badań nad skamieniałymi kośćmi"[2].

Teoria Cuviera ustabilizowanych form życia i niszczących katastrof została wyparta przez teorię ewolucji w geologii (Lyell) i biologii (Darwin). Góry to pozostałość płaskowyżów zerodowanych przez
wiatr i wodę w czasie powolnych procesów. Skała osadowa to detrytus
[od „roztarty, rozdrobniony", cząstki zwietrzałych skał i obumarłych

---

[1] G. Cuvier, *Essay on the Theory of the Earth* (5th ed. 1827) (Angielskie tłum.
książki *Discours sur les révolutions de la surface du globe, et sur les changements
qu'elles on produits dans le règne animal*).
[2] Cuvier, *Essay on the Theory of the Earth*, pp. 240–242.

zwierząt i roślin] skały wulkanicznej zerodowanej przez deszcz, następnie przemieszczona do morza i tam powoli osadzona. Uważa się, że szkielety ptaków i zwierząt lądowych w tych skałach należały do zwierząt, które brodziły blisko brzegu morza w płytkiej wodzie, zmarły w czasie tego brodzenia i zostały pokryte przez osady, zanim ryby dobrały się do padliny, albo woda oddzieliła kości od szkieletów. Żadne powszechne katastrofy nie zakłóciły powolnego i stałego procesu. Teoria ewolucji, którą można wywieść od Arystotelesa i która stanowiła nauczanie Lamarcka w czasach Cuviera i Darwina po nim, została powszechnie zaakceptowana jako prawda nauk przyrodniczych, przez prawie sto lat.

Skały osadowe pokrywają wysokie góry i najwyższe ze wszystkich, Himalaje. Znajdowane są tam skorupy i szkielety zwierząt morskich. Świadczy to o tym, że w jakimś wczesnym okresie ryby pływały nad tymi górami. Co spowodowało wypiętrzenie się gór?

Siła wypychająca z wewnątrz, albo przyciągająca z zewnątrz, lub skręcająca z boków, musiała wypiętrzyć góry, podnieść kontynenty z dna morza i zatopić połacie lądu.

Jeśli nie wiemy czym są te siły, nie możemy rozwiązać problemu pochodzenia gór na kontynentach, gdziekolwiek na Ziemi się z nim spotkamy. Oto jak zadano pytanie dotyczące wschodniego brzegu Ameryki Północnej:

„Nie tak dawno w sensie geologicznym, płaska równina od New Jersey do Florydy znajdowała się na dnie morza. W tym czasie fale przybrzeżne oceanu wtargnęły bezpośrednio na góry Stare Appalachy. Przedtem południowo-wschodnia część struktury gór zanurzyła się w morzu i została przykryta warstwą piasku i mułu, zagęszczającą się w kierunku morza. Klinowata masa osadów morskich została wtedy podniesiona i przecięta przez rzeki, tworząc nadbrzeżną atlantycką równinę Stanów Zjednoczonych. Dlaczego została podniesiona? Po stronie zachodniej znajdują się Appalachy. Geolog powie nam o gwałtownym okresie, kiedy pas skał rozciągający się od Alabamy do Nowej Funlandii został ściśnięty, zgnieciony, tworząc pasmo górskie. Dlaczego? Jak to się stało? W poprzednim okresie morze zalało obszar wielkich równin od Meksyku do Alaski, a następnie wycofało się. Skąd ta zmiana?"[1].

Narodziny Kordylierów – „znowu tajemnica powstania gór woła o rozwiązanie".

I tak dalej na całym świecie. Himalaje znajdowały się na dnie morza. Obecnie Eurazja wznosi się trzy mile ponad dnem Pacyfiku. Dlaczego?

---

[1] R. A. Daly, *Our Mobile Earth* (1926), p. 90.

„Problem powstawania gór jest problemem drażliwym: wiele z nich składa się ze ściśniętych stycznie i nasuniętych na siebie skał, co wskazuje na wielomilowe skurczenie obwodu skorupy ziemskiej. Skurczenie promieniowe jest zupełnie nieodpowiednie dla spowodowania takiego stopnia poziomego ściśnięcia. W tym leży kłopotliwość problemu powstania gór. Geolodzy nie znaleźli jeszcze zadowalającego wyjścia z tego dylematu"[1].

Nawet autorzy książek przyznają się do ignorancji. „Dlaczego dna mórz z dawnych czasów stały się dzisiejszymi wysokimi górami? Co generuje niezwykłe moce, które wyginają, łamią i mieszają skały w obszarach górzystych? Te pytania ciągle oczekują na zadowalające odpowiedzi"[2].

Przyjmuje się, że proces wyniesienia gór był bardzo powolny i stopniowy. Z drugiej strony, jest jasne, że skały wulkaniczne, już twarde, musiały stać się płynne, aby spenetrować skały osadowe lub przykryć je. Nie wiadomo co zainicjowało ten proces, ale pewne jest, że musiało się to zdarzyć długo przedtem zanim człowiek pojawił się na Ziemi. Kiedy więc czaszki dawnych ludzi znajdywane są w późnych złożach, albo czaszki współczesnych ludzi znajdywane są razem z kośćmi wymarłych zwierząt, we wczesnych złożach, powstają poważne problemy. Czasami również, w czasie prac górniczych, znajduje się czaszkę ludzką w środku góry, pod grubą warstwą bazaltu lub granitu, jak czaszka Calaverasa w Kaliforni.

Szczątki ludzkie i artefakty kości, wygładzone kamienie lub wyroby garncarskie, znajdywane są pod wielkimi złożami gliny i żwiru, czasami aż na głębokości stu stóp.

Powstanie gliny, piasku i żwiru na skałach wulkanicznych i osadowych, stanowi problem. Zbudowano teorię okresu zlodowacenia (1840), aby wyjaśnić te i inne zagadkowe zjawiska.

Na północy, aż za Spitzbergenem, za kręgiem polarnym, kiedyś w przeszłości uformowały się rafy koralowe, które występują jedynie w tropikach; palmy rosły również na Spitzbergenie. Kontynent Antarktydy, na którym obecnie nie ma ani jednego drzewa, musiał być kiedyś pokryty lasami, ponieważ posiada złoża węgla.

Jak widzimy, planeta Ziemia jest pełna tajemnic. Badając ziemię pod naszymi stopami, nie zbliżyliśmy się do rozwiązania problemu powstania układu słonecznego; przeciwnie, znaleźliśmy wiele innych nierozwiązanych problemów dotyczących litosfery, hydrosfery i at-

---

[1] F. K. Mather, Review of *Biography of the Earth* G. Gamowa, *Science*, Jan. 16, 1942.

[2] C. R. Longwell, A. Knopf, i R. F. Flint, *A Textbook of Geology* (1939), p. 405.

mosfery Ziemi. Może będziemy mieli więcej szczęścia jeśli spróbujemy zrozumieć proces, który wywołał zmiany na Ziemi w najdawniejszych epokach geologicznych, w czasie epoki zlodowacenia, w okresie bliskim czasom, które uważamy za historyczne?

EPOKI ZLODOWACENIA

Jak nas uczą, niewiele tysięcy lat temu wielkie obszary Europy i Północnej Ameryki pokrywały lodowce. Wieczny lód pokrywał nie tylko zbocza wysokich gór, ale wielką masą rozłożył się na kontynentach, nawet na szerokościach geograficznych o umiarkowanym klimacie. Tam, gdzie dziś znajduje się Hudson, Elba, i górna część Dniepru, znajdowały się zamarznięte pustynie. Przypominały ogromny lodowiec Grenlandii, który pokrywa tę wyspę. Są pewne świadectwa, że cofanie się lodowców było przerywane przez nowe gromadzenie się lodu i że ich granice były różne w różnych okresach. Geologowie są w stanie wyznaczyć granice lodowców. Lód porusza się powoli, pchając przed sobą kamienie, a kiedy lodowiec stopnieje, pozostają nagromadzone kamienie lub moreny.

Znaleziono ślady pięciu lub sześciu kolejnych dyslokacji pokrywy lodowej w epokach zlodowacenia, albo pięciu lub sześciu okresów zlodowacenia. Jakieś siły wielokrotnie pchały pokrywę lodową w stronę szerokości geograficznych o klimacie umiarkowanym. Nieznane są ani przyczyny zlodowacenia, ani cofania się lodowej pustyni; czas cofania się jest również tematem spekulacji.

Zaproponowano wiele idei i domysłów, aby wyjaśnić jak powstały epoki zlodowacenia i dlaczego się zakończyły. Niektórzy przypuszczali, że słońce w różnych okresach emituje więcej lub mniej ciepła, co powoduje na Ziemi okresy gorąca i chłodu; ale brak dowodów, że słońce jest taką „zmienną gwiazdą", co by potwierdziło tę hipotezę.

Inni wysunęli przypuszczenia, że przestrzeń kosmiczna posiada cieplejsze i zimniejsze obszary, i kiedy nasz układ słoneczny wędruje przez obszary zimniejsze, lód przesuwa się w stronę szerokości geograficznych bliższych tropikom. Jednak nie znaleziono żadnych fizycznych czynników, które byłyby odpowiedzialne za obecność takich ciepłych i zimnych obszarów przestrzeni.

Niektórzy zastanawiali się, czy precesja obszarów zrównania dnia z nocą, albo powolna zmiana kierunku ziemskiej osi może powodować okresowe zmiany klimatu. Wykazano jednak, że różnice w nasłonecznieniu nie mogą być dostatecznie duże, aby stanowiły przyczynę epok zlodowacenia.

Inni znów próbowali znaleźć odpowiedź w okresowych zmianach ekscentryczności [rozciągnięcia] ekliptyki (orbity ziemskiej), ze zlodowaceniem mającym miejsce przy maksymalnej ekscentryczności. Niektórzy z nich przypuszczali, że zima w aphelium, najodleglejszej części ekliptyki, spowoduje zlodowacenie; a znowu inni sądzili, że lato w aphelium da taki efekt.

Niektórzy naukowcy rozważali zmiany położenia osi ziemskiej. Jeśli planeta Ziemia byłaby sztywna, jak się sądzi (L. Kelvin), oś nie powinna się przesunąć w czasach geologicznych o więcej niż trzy stopnie (George Darwin); jeśli byłaby elastyczna, mogłaby przesunąć się aż do dziesięciu czy piętnastu stopni, w trakcie bardzo powolnego procesu.

Niektórzy z naukowców upatrywali przyczynę epok zlodowacenia w zmniejszeniu początkowego ciepła planety; okresy cieplejsze, między epokami zlodowacenia, przypisywano ciepłu uwalnianemu przez hipotetyczny rozkład organizmów w warstwach bliskich powierzchni Ziemi. Rozważano także wzrost i spadek aktywności gorących źródeł.

Inni przypuszczali, że to pył pochodzenia wulkanicznego wypełnił atmosferę ziemską i powstrzymał nasłonecznienie, albo że przeciwnie – zwiększona zawartość dwutlenku węgla w atmosferze blokowała odbicie ciepła od powierzchni planety. Spadek ilości dwutlenku węgla w atmosferze spowodowałby spadek temperatury (Arrhenius), ale dokonano obliczeń które wykazały, że to nie mogła być prawdziwa przyczyna epok zlodowacenia (Angström).

Dyskutowano nad zmianami ciepłych prądów w Oceanie Atlantyckim, i usuwano teoretycznie Przesmyk Panamski, aby umożliwić Prądowi Zatokowemu przedostanie się do Pacyfiku, w czasie okresów zlodowacenia. Ale wykazano, że oba oceany były już rozdzielone w epoce zlodowacenia; poza tym część Prądu Zatokowego wciąż pozostawałaby w Atlantyku. Okresowe cofanie się lodu w okresach między epokami zlodowacenia wymagałoby okresowego usuwania i przywracania Przesmyku Panamskiego.

Zaproponowano inne teorie, o równie hipotetycznym charakterze; jednak nie wykazano istnienia zjawiska odpowiedzialnego za zmiany czy też zdolnego spowodować taki efekt.

Wszystkie wyżej wymienione teorie i hipotezy zawodzą, gdy nie mogą spełnić najważniejszego warunku: Po to, aby mogły się uformować masy lodu, musiały mieć miejsce znaczne opady. To wymaga obecności większych ilości pary wodnej w atmosferze, co jest wynikiem zwiększonego parowania powierzchni oceanów; ale to może być spowodowane tylko przez ciepło. Wielu naukowców zwracało uwagę na ten fakt i nawet wyliczyli, że dla wytworzenia pokrywy lodowej takiej jak w epoce zlodowacenia, poziom powierzchni oceanu powinien obniżyć się skutkiem parowania o wiele stóp. Takie parowanie oceanów, po którym nastąpiłby szybki proces zamarzania, nawet w obszarach o klimacie umiarkowanym, mógłby wytworzyć epoki zlodowacenia. Problem jest następujący: Co mogłoby spowodować parowanie i następnie szybkie zamarznięcie? Ponieważ nie jest znana przyczyna takich szybkich zmian rozgrzania i zamrożenia dużych obszarów planety, przyznano więc, że „obecnie przyczyna nadmiernego tworzenia się lodu na lądach stanowi zaskakującą tajemnicę, główny temat dla przyszłych badaczy zagadek Ziemi"[1].

Nieznane są nie tylko przyczyny pojawiania się i późniejszego znikania pokrywy lodowej, ale problemem jest również to, jaki kształt geograficzny miał obszar pokryty lodem. Dlaczego pokrywa lodowa na półkuli południowej poruszała się z terenów tropikalnych Afryki w stronę południowych obszarów polarnych, a nie w przeciwnym kierunku, i podobnie, dlaczego na półkuli północnej lód w Indiach poruszał się od równika w stronę Himalajów i większych szerokości geograficznych? Dlaczego lodowce w epoce zlodowacenia pokrywały większą część Północnej Ameryki i Europy, podczas gdy północna część Azji była od nich wolna?

W Ameryce płaskowyż lodu rozciągał się aż do szerokości geograficznej 40° i nawet przekroczył tę linię; w Europie dotarł do szerokości 50°; podczas gdy północno-wschodnia część Syberii, poza kręgiem polarnym, nawet na szerokości 75° nie była pokryta tym wiecznym lodem. Wszystkie hipotezy dotyczące zwiększonego i zmniejszonego nasłonecznienia z powodu różnic czy zmian temperatury przestrzeni kosmicznej, i inne podobne hipotezy, nie mogą uniknąć konfrontacji z tym problemem.

Lodowce powstają na obszarach wiecznego śniegu; dlatego pozostają na zboczach wysokich gór. Północ Syberii jest najzimniejszym miejscem na Ziemi. Dlaczego epoka zlodowacenia nie dotknęła tego obszaru, podczas gdy objęła dorzecze Missisipi i całą Afrykę na południe od równika? Nie zaproponowano żadnego zadowalającego wyjaśnienia tej kwestii.

MAMUTY

Północno-wschodnia część Syberii, która nie była pokryta lodem w epoce zlodowacenia, skrywa inną tajemnicę. Wyraźnie tutejszy klimat zmienił się drastycznie od końca epoki zlodowacenia, a średnia roczna

---

[1] R. A. Daly, *The Changing World of the Ice Age* (1934), p. 16.

temperatura spadła o wiele stopni poniżej swego poprzedniego poziomu. Na obszarze tym żyły kiedyś zwierzęta, których tam obecnie nie ma i rosły rośliny, które teraz nie mogłyby tam rosnąć. Zmiana musiała nastąpić zupełnie nieoczekiwanie. Przyczyna tego *Klimasturz* nie została wyjaśniona. Skutkiem tej katastrofalnej zmiany klimatu i w tajemniczych okolicznościach wyginęły wszystkie mamuty na Syberii.

Mamuty należały do rodziny słoni. Ich kły miały niekiedy długość aż dziesięciu stóp. Miały bardzo rozwinięte zęby, a ich „gęstość" była większa niż na jakimkolwiek innym etapie ewolucji słoni; wyraźnie nie wyginęły w walce o przetrwanie jako nieprzystosowany produkt ewolucji. Uważa się, że wyginięcie mamutów zbiegło się z końcem okresu zlodowacenia.

Kły mamutów znajdywano w dużych ilościach w północno-wschodniej Syberii; ta świetnie zachowana kość słoniowa była stale przedmiotem eksportu do Chin i Europy od czasów podbicia Syberii przez Rosjan, nawet we wcześniejszym okresie. W czasach współczesnych światowy rynek kości słoniowej wciąż posiada główne źródło dostaw w tundrach północno-wschodniej Syberii.

W 1799 r. w tych tundrach znaleziono zamarznięte ciała mamutów. Zwłoki były świetnie zachowane i psy pociągowe jadły ich mięso bez szkody dla siebie. „Mięso było włókniste i pokryte tłuszczem" i „wygląda jak świeżo zamrożona wołowina"[1].

Co było przyczyną ich śmierci i wymarcia gatunku?

Cuvier napisał o wymarciu mamutów: „Powtarzające się wtargnięcia i wycofywanie się morza nie było ani powolne, ani stopniowe; przeciwnie, większość katastrof, która je wywołała, była nagła; jest to szczególnie łatwo udowodnić w przypadku ostatniej z tych katastrof, tej która poprzez podwójny ruch zatopiła, a potem osuszyła nasze obecne kontynenty, a przynajmniej część lądu która tworzy je po dziś dzień. W regionach północnych pozostawiła ciała wielkich czworonogów, które zostały pokryte lodem i w ten sposób, z ich skórami, włosami i mięsem, zostały zachowane aż do naszych czasów. Gdyby nie zostały one zamrożone zaraz po tym kiedy zginęły, zostałyby rozłożone w procesie gnilnym. A z drugiej strony, ten wieczny mróz nie mógł wcześniej panować w tych miejscach gdzie zostały przezeń pochwycone, gdyż nie mogłyby one żyć w takiej temperaturze. Zdarzyło się zatem to, że w tym samym momencie zwierzęta te zostały zabite, a obszar, który zamieszkiwały, został pokryty lodem. Zdarzenie to było nagłe, natychmiastowe, bez żadnego stopniowania, a to

---

[1] Uwaga D. F. Hertza w [książce] B. Digby'ego, *The Mammoth* (1926), p. 9.

co tak jasno demonstruje ta ostatnia katastrofa, jest słuszne również w przypadku katastrof które ją poprzedzały"[1].

Teoria powtarzających się katastrof niszczących życie na tej planecie i powtarzającego się stwarzania i odnowy życia, zaproponowana przez Deluca[2] i rozszerzona przez Cuviera, nie przekonała naukowego świata. Podobnie jak Lamarck przed Cuvierem, Darwin po nim uważał, że genetyką rządzi niezwykle powolny proces ewolucyjny, i że nie było żadnych katastrof, które zakłócałyby ten proces minimalnych zmian. Według teorii ewolucji, te minimalne zmiany powstały w wyniku adaptacji do warunków życia w walce gatunków o przetrwanie.

Podobnie jak teorie Lamarcka i Darwina, które postulują powolne zmiany u zwierząt, z dziesiątkami tysięcy lat potrzebnych na drobny etap ewolucji, teorie geologiczne dziewiętnastego jak również dwudziestego wieku przyjmują, że procesy geologiczne zachodziły nadzwyczaj powoli i zależały od erozji spowodowanej deszczem, wiatrem i pływami.

Darwin przyznał, że nie był w stanie znaleźć wytłumaczenia dla wyginięcia mamutów, zwierząt, które były lepiej rozwinięte od słoni, które przetrwały[3]. Ale zgodnie z teorią ewolucji, jego zwolennicy przypuszczali, że stopniowe pogrążanie się lądu zmusiło mamuty do ucieczki na wzgórza, gdzie zostały odcięte przez moczary. Jednakże, jeśli procesy geologiczne są powolne, mamuty nie znalazłyby się w pułapce na wyizolowanych wzgórzach. Poza tym, teoria ta nie może być prawdziwa, ponieważ zwierzęta nie zmarły z głodu. W ich żołądkach i między zębami znaleziono nieprzeżutą trawę i liście. To także dowodzi, że zmarły one w sposób gwałtowny. Dalsze badania wykazały, że liście i gałęzie znalezione w ich żołądkach, nie rosną na obszarach gdzie te zwierzęta zmarły, ale daleko na południu, o tysiąc mil i więcej. Jest oczywiste, że klimat zmienił się radykalnie od śmierci mamutów; a ponieważ ciała zwierząt nie rozłożyły się lecz były dobrze zachowane w blokach lodu, zmiana temperatury musiała nastąpić tuż po ich śmierci, a nawet ją spowodowała.

Wypadałoby dodać, że po sztormach, które mają miejsce w Arktyce, na brzeg arktycznych wysp wyrzucane są kły mamutów; co dowodzi, że ta część lądu gdzie żyły mamuty zatonęła i została przykryta przez Ocean Arktyczny.

---

[1] Cuvier, *Essay on the Theory of Earth*, pp. 14–15.

[2] J. A. Deluc (1727–1817), *Letters on the Physical History of Earth* (1831).

[3] Patrz G. F. Kunz, *Ivory and the Elephant in Art, in Archeology, and in Science* (1926), p. 236.

OKRES ZLODOWACENIA I STAROŻYTNOŚĆ LUDZKOŚCI

Mamuty żyły w epoce ludzi. Człowiek uwieczniał je na skałach jaskiń; w Centralnej Europie wielokrotnie znajdywano szczątki ludzi razem ze szczątkami mamutów; czasami znajdywano w Europie siedliska neolitycznego człowieka zasypane kośćmi mamutów[1].

Człowiek wędrował na południe, kiedy Europa była pokryta lodem i wracał, kiedy lód się cofał. Historyczni ludzie doświadczyli wielkich zmian klimatu. Przypuszcza się, że mamuty na Syberii, których mięso pozostało wciąż świeże, zginęły pod koniec okresu zlodowacenia, razem z mamutami w Europie i na Alasce. Jeśli tak było, to mamuty syberyjskie były współczesne już raczej współczesnym ludziom. W czasie kiedy w Europie, w pobliżu pokrywy lodowej, człowiek znajdował się w późnych stadiach kultury neolitycznej, to na Bliskim i Środkowym Wschodzie – obszarze wielkich kultur starożytności – mógł już osiągnąć etap epoki żelaza. Nie ma żadnej tablicy chronologicznej kultury neolitycznej, ponieważ sztukę pisania wynaleziono z nastaniem miedzi – we wczesnym okresie Epoki Brązu. Przypuszcza się, że człowiek neolityczny w Europie pozostawił rysunki, ale żadnych inskrypcji, i w konsekwencji nie ma sposobu określenia końca epoki zlodowacenia w kategoriach chronologii.

Geolodzy próbowali określić czas zakończenia ostatniego okresu zlodowacenia, mierząc detrytus naniesiony przez rzeki z lodowców i osady detrytusa w jeziorach[2]. Obliczono ilość [detrytusa] przeniesioną przez Rhone z lodowców alpejskich i jego ilość na dnie jeziora Genewskiego, przez które Rhone przepływa i na tej podstawie oceniono czas i prędkość cofania się powłoki lodowej w czasie ostatniego zlodowacenia. Według szwajcarskiego naukowca Francois Forela, minęło dwanaście tysięcy lat od czasu kiedy powłoka lodowa ostatniego okresu zlodowacenia zaczęła topnieć, zaskakująco niska wartość, jako że sądzono, iż okres zlodowacenia zakończył się trzydzieści do pięćdziesięciu tysięcy lat temu.

Mankamentem takich obliczeń jest to, iż umożliwiają tylko pośrednią ocenę; a ponieważ prędkość osadzania mułu lodowcowego nie była stała i ilość zmieniała się, muł musiał zbierać się na dnie jeziora szybciej na początku, kiedy lodowce były większe; a jeśli epoka zlodo-

---

[1] W miejscowości Předmost na Morawach odkopano siedlisko, w którym pozostałości ludzkiej kultury i szczątki ludzi znaleziono razem ze szkieletami ośmiuset do tysiąca mamutów. Łopatki mamutów używane były do budowy ludzkich grobów.

[2] Detrytus; trypton: cząstki zwietrzałych skał i obumarłych zwierząt i roślin [przyp. tłum.].

wacenia zakończyłaby się nagle, osadzanie detrytusa byłoby większe na początku, i nie byłoby analogii z osadzaniem się detrytusa skutkiem sezonowego topnienia śniegu w Alpach. Zatem czas, jaki upłynął od końca ostatniego okresu zlodowacenia, musiał być nawet krótszy od wyliczonego.

Geologowie uważają, że Wielkie Jeziora Ameryki powstały pod koniec epoki zlodowacenia, kiedy lodowiec kontynentalny wycofał się, a depresja uwolniona od lodowca stała się jeziorami. W ciągu ostatnich dwustu lat wodospad Niagara cofał się od jeziora Ontario w stronę jeziora Erie ze średnią prędkością roczną pięciu stóp, zmywając skały u podstawy wodospadu[1]. Jeśli proces ten przebiegał w tym samym tempie od końca okresu zlodowacenia, trzeba byłoby około siedmiu tysięcy lat aby przesunąć wodospad Niagara od ujścia w Queenston do obecnego położenia. Obliczenia przeprowadzono przy założeniu, że ilość wody przepływającej przez wąwóz nie zmieniała się od końca epoki zlodowacenia, stąd wnioskowano, że siedem tysięcy lat jest „maksymalnym przedziałem czasu od narodzin wodospadu"[2]. Na początku, kiedy ogromne masy wody zostały uwolnione na skutek cofania się lodowca kontynentalnego, tempo przesuwania się wodospadu Niagara musiało być o wiele szybsze; ocena przedziału czasu „może wymagać znaczącego zmniejszenia", czasami zmniejszano ten przedział do pięciu tysięcy lat[3]. Erozja i osadzanie się na brzegach i na dnie jeziora Michigan również wskazują na przedział czasu liczony w tysiącach, ale nie w dziesiątkach tysięcy lat. Również wynik badań paleontologicznych w Ameryce daje świadectwo, które zapewnia „gwarancję, iż przed ostatnim okresem zlodowacenia, człowiek współczesny, w postaci wysoko rozwiniętej rasy, Indian amerykańskich, żył na wschodnim wybrzeżu morza Ameryki Północnej" (A. Keith)[4]. Przyjmuje się, że z nastaniem ostatniego okresu zlodowacenia Indianie wycofali się na południe, powracając na północ gdy odsłonił się grunt i kiedy pojawiły się Wielkie Jeziora, utworzyła się zatoka St. Lawrance, a wodospad Niagara rozpoczął swoje cofanie się w kierunku jeziora Erie.

---

[1] Cofanie wynosiło 5 stóp od 1764 r.; obecnie wynosi 2,3 stopy po stronie podkowiastej wodospadu, ale znacznie więcej w centrum.

[2] G. F. Wright, „The Date of the Glacial Period", *The Ice Age of North America and Its Bearing upon the Antiquity of Man* (5 ed., 1911).

[3] *Ibid.*, p. 539. Cf. również W. Upham w *American Geologist*, XXVIII, 243, i XXXVI, 288. Datuje on wyniesienie zatoki St. Lawrence na 6.000 do 7.000 lat temu. St. Lawrence musiała zostać uwolniona z lodu zanim wodospad Niagara mógł zacząć w pełni działać. Podobne liczby uzyskano w przypadku cofania się wodospadu św. Antoniego na Missisipi koło Minneapolis.

[4] Keith uważa, że ewolucja czaszki ludzkiej przeszła proces rozwoju i regresu w ciągu nadzwyczaj długich epok.

Gdyby koniec okresu zlodowacenia miał miejsce tylko kilka tysięcy lat temu, w czasach historycznych, albo w czasie kiedy sztuka pisania znalazła już zastosowanie w ośrodkach cywilizacji antycznej, zapiski wykonane na skałach przez naturę i świadectwa zapisane przez człowieka dałyby skoordynowany obraz. Zbadajmy więc świadectwa pisane starożytnych ludzi i porównajmy je ze świadectwami natury.

EPOKI ŚWIATA

Koncepcja epok, które kończą się gwałtownymi zmianami w naturze, jest powszechna na całym świecie. Liczba epok jest różna u różnych ludów i w różnych podaniach. Różnice zależą od liczby katastrof, które konkretne ludy zachowały w pamięci oraz od sposobu w jaki liczono koniec epoki.

W kronikach starożytnej Etrurii, według Warrona, były zapiski o siedmiu minionych epokach. Censorinus, autor żyjący w trzecim wieku naszej ery i kompilator Warrona, napisał, że „ludzie uważali, że zdarzały się różne cuda, przy pomocy których bogowie powiadamiali ludzi o końcu każdej epoki. Etruskowie byli biegli w znajomości gwiazd, i kiedy zaobserwowali z uwagą cud natury, zapisywali swoje obserwacje w książkach"[1].

Grecy posiadali podobne podania. „Jest taki okres", napisał Censorinus, „nazywany przez Arystotelesa »najwyższym rokiem«, pod koniec którego słońce, księżyc i wszystkie planety powracają na swoje pierwotne pozycje. W tym »najwyższym roku« występuje wielka zima, zwana przez Greków *kataklysmos*, co oznacza potop, i wielkie lato, zwane przez Greków *ekpyrosis*, lub pożarem świata. Wydaje się, że świat w rzeczywistości na przemian jest zalewany i palony w każdej z tych epok".

Anaksymenes i Anaksymander w szóstym wieku przed naszą erą, i Diogenes z Apollonii w piątym wieku, podawali, że ma miejsce zniszczenie świata, a następnie jego odradzanie. Heraklit (540 do 475 r. p.n.e.) uważał, że świat ulega zniszczeniu w pożarze co 10.800 lat. Arystarchus z Samos w trzecim wieku przed naszą erą uważał, że w odstępie 2.484 lat Ziemia podlega dwóm rodzajom zniszczenia – przez pożar i przez potop. Stoicy powszechnie wierzyli w cykliczne pożary pochłaniające świat, który potem od nowa się ukształtowywał. „Jest to spowodowane mocą wiecznie aktywnego ognia, który zawarty jest w rzeczach, a w dużych przedziałach czasu przemienia wszystko w siebie i z tego powstaje odrodzony świat" – tak Philo przedstawiał wyobrażenia stoików, że nasz świat podlega przefasono-

---

[1] Censorinus, *Liber de die natali* xviii.

waniu w periodycznych pożarach[1]. W jednej z takich katastrof świat ulegnie ostatecznemu zniszczeniu; zderzając się z innym światem rozpadnie się na atomy, z których po długim procesie utworzona zostanie nowa Ziemia, gdzieś we wszechświecie. „Demokryt i Epikur", wyjaśniał Philo, „przyjmują, że istnieje wiele światów, których powstanie przypisują wzajemnym zderzeniom i przeplataniu się atomów, a ich zniszczenie odbiciom i zderzeniom tak powstałych ciał". Ponieważ ta Ziemia zmierza do ostatecznego zniszczenia, przechodzi przez powtarzające się kosmiczne katastrofy i jest ponownie formowana, wraz ze wszystkim co na niej żyje.

Hezjod, jeden z najwcześniejszych greckich autorów, napisał o czterech epokach i czterech pokoleniach ludzi, które zostały zniszczone na skutek gniewu bogów planetarnych. Trzecia epoka była epoką brązu; kiedy została zniszczona przez Zeusa, nowe pokolenie zaludniło Ziemię, i używając brązu na broń oraz narzędzia, zaczęli również używać żelaza. Bohaterowie Wojny Trojańskiej należeli do tego czwartego pokolenia. Wtedy zarządzone zostało nowe zniszczenie, a po nim nastało „jeszcze inne pokolenie, piąte, ludzi, którzy znajdują się na szczodrej ziemi" – pokolenie żelaza[2]. W innej swojej pracy Hezjod opisał koniec jednej z epok. „Życiodajna Ziemia runęła płonąc... cały ląd kipiał, i potoki Oceanu... wydawało się, że Ziemia i szerokie Niebo zbiegły się razem; a tak potężna klęska mogła powstać kiedy Ziemia zostaje zrujnowana, a Niebo cisnęło ją w dół z wysoka"[3].

Analogiczne podania dotyczące czterech minionych epok utrzymują się na wybrzeżach morza Bengalskiego i w górach Tybetu – obecna epoka jest piątą[4].

Święta księga Hindusów *Bhagawata Purana* mówi o czterech epokach i o *pralajach* lub kataklizmach, w których, w różnych epokach, ludzkość została niemal całkowicie zniszczona; piąta epoka jest epoką obecną. Epoki świata zwane są *kalpami* lub *jugami*. Każda epoka świata zostaje zniszczona w katastrofach wywołanych pożarem, potopem lub huraganem. *Ezour Vedam* i *Bhaga Vedam*, święte księgi hinduizmu, podtrzymują schemat czterech minionych epok świata, różnią się tylko pod względem liczby lat przypisywanych każdej epoce[5]. W *Visuddhi-Magga*, w rozdziale „Cykle Świata", jest mowa o tym, że

---

[1] Philo, *On the Eternity of the World* (tłum. F. H. Colson, 1941), Sec. 8.

[2] Hesiod, *Works and Days* (tłum. H. G. Evelyn-White, 1914), l. 169. Epoki świata zwane są kalpami lub jugami.

[3] Hesiod, *Theogony* (tłum. Evelyn-White, 1914), ll. 693 ff.

[4] E. Moor, *The Hindu Pantheon* (1810), p. 102; A. von Humboldt, *Vues des Cordilères* (1816), ang. tłum.: *Researches Concerning the Institutions and Monuments of the Ancient Inhabitants of America* (1814), Vol. II, pp. 15 ff.

[5] Patrz C. F. Volney, *New Researches on Ancient History* (1856), p. 157.

„są trzy rodzaje zagłady: zagłada przez wodę, zagłada przez ogień, zagłada przez wiatr", ale że jest siedem epok, każda oddzielona od poprzedniej katastrofą świata[1].

Wzmianki o epokach i katastrofach znajdujemy w *Aweście (Zend-Avesta)*, świętej księdze mazdaizmu, starożytnej religii Persów[2]. „Bahaman Yast", jedna z ksiąg *Awesty*, wylicza siedem epok świata lub millenium[3]. Zarathustra (Zoroaster), prorok mazdaizmu, mówi o „znakach, cudach i zamieszaniu, które pojawiają się na świecie pod koniec każdego millenium"[4].

Chińczycy nazywają zniszczone epoki *kis* i liczą dziesięć *kis* od początku świata do Konfucjusza[5]. W starożytnej chińskiej encyklopedii, *Sing-li-ta-tsiuen-chou*, omawiane są powszechne wstrząsy natury. Z powodu cykliczności tych wstrząsów, przedział czasu między dwoma katastrofami uważa się za „wielki rok". Podobnie jak w ciągu roku, tak i w czasie epoki świata kosmiczny mechanizm nakręca się i „w powszechnym wstrząsie natury morze występuje ze swego basenu, góry wyskakują z ziemi, rzeki zmieniają swój bieg, ludzie i wszystko popada w ruinę, a starożytne szlaki ulegają zatarciu"[6].

Stare podania dotyczące epok świata, które upadły w kosmicznych katastrofach, mocno się utrzymywały wśród Inków[7], Azteków i Majów[8]. Większość kamiennych inskrypcji znajdywanych na Jukatanie odnosi się do katastrof świata. „Najbardziej starożytne z tych fragmentów {*katuns* lub kamienne kalendarze Jukatanu} odnoszą się, na ogół, do wielkich katastrof, które w powtarzalnych przedziałach czasu wstrząsały kontynentem amerykańskim, a o których wszystkie ludy tego kontynentu zachowały mniej lub bardziej wyraźną pamięć"[9]. Kodeksy autorów meksykańskich i indiańskich, którzy ułożyli

---

[1] H. C. Warren, *Buddhism in Translations* (1896), pp. 320 ff.

[2] F. Cumont, "La Fin du monde selon les mages occidentaux", *Revue de l'histoire des religions* (1931), p. 50; H. S. Nyberg, *Die Religionendes alten Iran* (1938), pp. 28 ff.

[3] "Bahaman Yast" (tłum. E. W. West), w *Pahlavi Texts* (*The sacred Books of the East*, ed. F. M. Müller, V 1880) 191. Patrz W. Bousset, "Die Himmelsreise der Seele", *Archiv für Religionswissenschaft*, IV (1901).

[4] "Dinkard", Bk. VIII, Chap. XIV (tłum. West), w *Pahlavi Texts* (*The sacred Books of the East*, XXXVII {1892}), 33.

[5] H. Murray, J. Crawfurd, i inni, *An Historical and Descriptive Account of China* (2nd ed.,1836), I, 40.

[6] G. Schlegel, *Uranographie chinoise* (1875), p. 740, z odniesieniami do Woufoung.

[7] H. B. Alexander, *Latin American Mythologie* (1920), p. 240.

[8] Humboldt, *Researches*, II, 15.

[9] C. E. Brasseur de Bourbourg, *S'il existe des Sources de l'histoire primitive du Mexique dans les monuments égiptiens*, etc. (1864), p. 19.

kroniki swojej przeszłości, poświęcone są w dużej mierze podaniom
dotyczącym katastrof świata, które zdziesiątkowały ludzkość i zmieniły oblicze Ziemi.

W kronikach królestwa Meksyku powiedziano: „Starożytni wiedzieli, że zanim utworzone zostały obecne niebo i Ziemia, człowiek
był stwarzany i życie przejawiało się czterokrotnie"[1].

Podania dotyczące kolejnych kreacji i katastrof znajdujemy w re-
jonie Pacyfiku – na Hawajach[2] i na wyspach Polinezji: było dziewięć epok, a w każdej epoce nad Ziemią znajdowało się inne niebo[3].
Również mieszkańcy Islandii wierzyli, że przeminęło kolejno dziewięć
światów, podanie to zawarte jest w *Edda*[4].

Rabiniczna koncepcja epok skrystalizowała się w okresie po Eksodusie. Już przed narodzinami naszej Ziemi tworzone były i kształto-
wane światy, które z czasem uległy zniszczeniu. „Stworzył On wiele
światów przed naszym, ale wszystkie zniszczył". Również ta Ziemia
nie była na początku stworzona w sposób zadowalający dla Boskiego
Planu. Przeszła szereg przeróbek, sześć kolejnych przekształceń. Po
każdej z katastrof stwarzane były nowe warunki. Na czwartej Ziemi
żyło pokolenie Wieży Babel; my należymy do siódmej epoki. Każda
z epok lub „Ziemi" ma swoją nazwę.

Siedem niebios zostało stworzonych i siedem Ziemi; najbardziej
odległa, siódma, to Eretz; szósta, Adamah; piąta, Arka; czwarta, Ha-
rabah; trzecia, Yabbashah; druga, Tevel; i „nasza własna ziemia, zwana Heled, i podobnie jak inne, oddzielona jest od poprzedniej przez
otchłań, chaos i wodę"[5]. Wielkie katastrofy zmieniły oblicze Ziemi.
„Niektórzy zginęli skutkiem potopu, innych pochłonął ogień", napisał
żydowski filozof Philo[6].

Według rabinicznego autorytetu, Raszjego, w starożytnym podaniu mowa jest o okresowych runięciach firmamentu, z których jedno
miało miejsce w czasie Potopu, i które powtarzają się co 1.656 lat[7].
Czas trwania epok świata różni się w przekazach ormiańskich i arabskich[8].

---

[1] Brasseur, *Histoire des nations civilisées du Mexique* (1857–1859), I, 53.

[2] R. B. Dixon, *Oceanic Mythology* (1916), p. 15.

[3] R. W. Williamson, *Religious and Cosmic Beliefs of Central Polynesia* (1933), I, 89.

[4] *The Poetic Edda: Völuspa* (tłum. z islandzkiego H. A. Bellows, 1923), 2-a strofa.

[5] Louis Ginzberg, *Legends of the Jews* (1925), I, 9–10, 72; V, 1, 10.

[6] Philo, *Moses*, II, x, 53.

[7] Commentary to Genesis 11:1.

[8] Patrz R. Eisler, *Weltmantel und Himmelszelt* (1910), II, 451.

EPOKI SŁOŃCA

Często spotykanym zdarzeniem w podaniach, dotyczących epok świata, jest pojawienie się na niebie nowego słońca na początku każdej epoki. Słowo „słońce" w podaniach kosmologicznych wielu ludów na świecie stosowane jest w zastępstwie słowa „epoka".

Majowie określali swoje epoki nazwami ich kolejnych słońc. Nazywały się Słońce Wody, Słońce Trzęsienia Ziemi, Słońce Huraganu, Słońce Ognia. „Słońca te oznaczają epoki, którym przypisane są różne katastrofy, jakie dotknęły świat"[1].

Ixtlilxochitl (około 1568–1648), miejscowy indiański uczony, w swych kronikach dotyczących królów Tezcuco, ponazywał epoki świata nazwami „słońc"[2]. Wodne Słońce (lub Słońce Wód) było pierwszą epoką, zakończoną potopem, w którym zginęły prawie wszystkie istoty; epoka lub Słońce Trzęsienia Ziemi uległa zniszczeniu w okropnym trzęsieniu ziemi, kiedy ziemia pękła w wielu miejscach i góry runęły. Epoka Słońca Huraganu została zniszczona przez kosmiczny huragan. Słońce Ognia było epoką świata, który upadł w deszczu ognia[3].

Humboldt cytuje Gómarę, siedemnastowiecznego hiszpańskiego pisarza: „Ludy Culhua lub Meksyku wierzą, jak wynika z ich hieroglificznych napisów, że przed słońcem, które ich obecnie oświetla, były już cztery, które zostały kolejno zniszczone. Tych czterech słońc jest tyle ile epok, w których nasz ród ludzki został unicestwiony przez zatopienia, przez trzęsienia ziemi, przez powszechny pożar, i skutkiem niszczących burz"[4]. Każdy z czterech elementów brał udział w każdej z tych katastrof; potop, huragan, trzęsienie ziemi i ogień dały swoje nazwy katastrofom z powodu przeważania jednego z nich we wstrząsach. Symbole kolejnych słońc namalowane są na prekolumbijskich pisanych dokumentach Meksyku[5].

„*Cinco soles quo son edades*", albo „pięć słońc, które są epokami", napisał Gómara w swoim opisie podboju Meksyku[6]. Analogię do tego zdania Gómary można znaleźć u Luciusa Ampeliusa, rzymskiego autora, który w swojej książce *Liber memorialis* napisał[7]: „*Soles fuere quinque*" (Było pięć słońc): Są to te same wierzenia, które Gómara odkrył w Nowym Świecie.

---

[1] Brasseur, *Sources de l'histoire primitive du Mexique*, p. 25.

[2] Fernando de Alva Ixtlilxochitl, *Obras Históricas* (1891–1892), vol. II, *Historia Chichimeca*.

[3] Alexander, *Latin American Mythology*, p. 91.

[4] Humboldt, *Researches*, II, 16.

[5] *Codex Vaticanus* A, plates vii–x.

[6] F. L. de Gómara, *Conquista de Mexico* (1870 ed.), II, 261.

[7] *Liber memorialis* ix.

Meksykańskie *Annals of Cuauhtitlan*, napisane w języku Indian Nahua (około 1570), i opierające się na starożytnych źródłach, zawierają przekazy o siedmiu słonecznych epokach. Chicon-Tonatiuh lub „Siedem Słońc" jest określeniem cykli świata lub aktów kosmicznego dramatu[1].

Buddyjska święta księga *Visuddhi-Magga* zawiera rozdział o Cyklach Świata[2]. „Istnieją trzy [rodzaje] zagłady: zagłada przez wodę, zagłada przez ogień, zagłada przez wiatr". Po katastrofie potopu, „kiedy długi okres czasu minął od ustania deszczów, pojawiło się drugie słońce". W okresie przejściowym świat był pogrążony w mroku. „Kiedy pojawia się to drugie słońce, nie ma różnicy między dniem i nocą", ale „nieustanne gorąco ogarnia świat". Kiedy pojawiło się piąte słońce, ocean stopniowo wysechł; kiedy pojawiło się szóste słońce, „cały świat wypełnił się dymem". „Kiedy mija następny długi okres, pojawia się siódme słońce i cały świat staje w płomieniach". Ta buddyjska księga zawiera także wzmianki z bardziej starożytnej „Discourse on the Seven Suns"[3] [„Rozprawa o Siedmiu Słońcach"].

Bramini nazwali epoki między dwoma zniszczeniami „wielkimi dniami"[4].

Księgi Sybilli wyliczają epoki, w których świat podlegał zniszczeniu i regeneracji. „Sybilla powiedziała następująco: »Dziewięć słońc oznacza dziewięć epok... Obecnie mamy siódme słońce«". „Sybilla przepowiedziała, że nadejdą jeszcze dwie epoki – ósmego i dziewiątego słońca"[5].

Aborygeni w Brytyjskim Północnym Borneo nawet dziś twierdzą, że początkowo niebo znajdowało się bardzo nisko i że przeminęło sześć słońc oraz że obecnie świat oświetla siódme słońce[6].

Do siedmiu epok solarnych odnoszą się manuskrypty Majów, święte księgi buddyjskie, księgi Sybilli. We wszystkich cytowanych źródłach „słońca" tłumaczy się (czynią to same źródła) jako oznaczające kolejne epoki, z których każda upadła na skutek wielkiego powszechnego zniszczenia.

---

[1] Brasseur, *Histoire des nations civilisées du Mexique*, I, 206.

[2] Warren, *Buddhism in Translations*, p. 322.

[3] *Ibid.*

[4] W Talmudzie „Dzień Boga" jest równy tysiącleciu, jak również w II Piotr 3:8.

[5] J. Schleifer, „Die Erzählung der Sybille. Ein Apokryph nach den karshunischen, arabischen und äthiopishen Handschriften zu London, Oxford, Paris und Rom", *Denkschrift der Kaiserl. Akademie der Wiss., Philos.-hist. Klasse* (Vienna), L III (1910).

[6] Cf. Dixon, *Oceanic Mythology*, p. 178.

Czy przyczyna zastąpienia słowa „epoka" przez „słońce", przez ludzi obu półkul, leży w zmiennym wyglądzie ciała niebieskiego i jego zmienionej drodze na niebie, w każdej epoce świata?

Część 1

Wenus

ROZDZIAŁ I

NAJBARDZIEJ NIEWIARYGODNA HISTORIA

NAJBARDZIEJ NIEWIARYGODNA historia cudów opowiada o Jozuem ben Nunie, który, ścigając kanaanejskich królów koło Bet-Choron, ubłagał słońce i księżyc, aby zatrzymały się. „I powiedział wobec Izraela: Słońce, zatrzymaj się w Gibeonie; a ty, księżycu, w dolinie Ajalon. I zatrzymało się słońce, i stanął księżyc, dopóki naród nie zemścił się na swoich nieprzyjaciołach. Czy nie jest to zapisane w Księdze Jaszera? I zatrzymało się słońce pośrodku nieba i nie spieszyło się do zachodu nieomal przez cały dzień". (Jozue 10:12, 13) [tłum. tych i pozostałych cytatów z Biblii wg wydania Brytyjskiego i Zagranicznego Towarzystwa Biblijnego, Warszawa, 1975].

Ta historia jest nie do przyjęcia nawet przez najbardziej obdarzonego wyobraźnią czy najbardziej pobożnego człowieka. Fale wzburzonego morza mogą zatopić jednego człowieka i okazać się litościwe dla drugiego. Ziemia może się rozstąpić i pochłonąć ludzi. Jordan może zostać zablokowany przez osunięcie się kawałka jego brzegu do koryta rzeki. Mury Jerycha – nie na skutek dęcia w trąby, ale z powodu przypadkowego trzęsienia ziemi – mogły runąć.

Jednak żeby słońce i księżyc zatrzymały swój ruch po firmamencie – to może być tylko produkt wyobraźni, twór poetycki, metafora[1]; odrażające nieprawdopodobieństwo, kiedy narzucone jest jako przedmiot wiary[2]; przedmiot szyderstwa – jest nawet przejawem braku czci dla Najwyższej Istoty.

Według naszej obecnej wiedzy – a nie czasów, kiedy pisano księgi Jozuego i Jaszera – mogło to się zdarzyć, jeśli Ziemia przestałaby przez pewien czas podążać przypisaną jej drogą. Czy można sobie wyobrazić takie zakłócenie? Nie ma śladu opisu żadnego najmniejszego nieładu w obecnych kronikach Ziemi. Każdy rok składa się z 365 dni, 5 godzin i 49 minut.

Odchylenie Ziemi od jej regularnych obrotów jest do pomyślenia, ale tylko w przypadku mało prawdopodobnego zdarzenia, kiedy nasza

---

[1] „Z pewnością nie można sobie wyobrazić bardziej efektownego wzlotu wyobraźni, czy bardziej pasującego do szczytów czyjegoś heroicznego i lirycznego opracowania". G. Schiaparelli, *Astronomy in the Old Testament* (1905), p. 40.

[2] W. Whiston napisał w swojej *New Theory of the Earth* (6th ed., 1755), pp. 19–21, na temat cudu zatrzymania się słońca: „Intencją Pisma nie jest nauczanie ludzi filozofii, ani dostosowanie się do prawdziwego pitagorejskiego systemu świata". I dalej: „Prorocy i sami święci pisarze... będąc rzadko lub wcale filozofami, nie byli w stanie przedstawić tych spraw inaczej niż sami, wraz z pospólstwem, je rozumieli".

planeta napotkałaby inne ciało niebieskie o masie wystarczającej do zakłócenia odwiecznego ruchu naszego świata.

Prawdą jest, że aerolity [meteoryty kamienne] lub meteoryty stałe docierają na Ziemię, czasami w tysiącach i dziesiątkach tysięcy, ale nigdy nie spostrzeżono żadnego zakłócenia w precyzyjnych obrotach Ziemi.

To nie znaczy, że większe ciało lub większa liczba ciał nie mogłyby uderzyć w kulę ziemską. Duża liczba asteroidów między orbitami Marsa i Jowisza świadczy o tym, że w jakimś nieznanym okresie krążyła tam inna planeta; obecnie te meteory podążają w przybliżeniu tą samą trasą po której zniszczona planeta okrążała słońce. Prawdopodobnie uderzyła w nią kometa i roztrzaskała ją.

To, że kometa może uderzyć w naszą planetę, nie jest zbyt prawdopodobne, ale sama idea nie jest absurdem. Mechanizm niebios działa z prawie absolutną precyzją; ale niestabilne, zagubione komety krążą po niebie tysiącami i milionami i ich ingerencja może zakłócić harmonię. Niektóre z tych komet należą do naszego systemu. Okresowo powracają, ale nie w jednakowych odstępach czasu, z powodu zakłóceń spowodowanych grawitacją większych planet, kiedy przelatują zbyt blisko nich. Jednak niezliczone inne komety, często dostrzegane tylko przez teleskop, przybywają z niezmierzonych przestrzeni wszechświata, przylatując z wielką prędkością, i znikają – możliwe, że na zawsze. Niektóre komety widziane są tylko przez szereg godzin, inne wiele dni lub tygodni, a nawet miesięcy.

Czy mogło się zdarzyć, że nasza Ziemia, ziemia pod naszymi stopami, weszła w niebezpieczną kolizję z ogromną masą meteorów, strumieniem kamieni pędzących z nadzwyczajną prędkością wokół i w poprzek naszego układu słonecznego?

Taka możliwość była pilnie analizowana w ciągu ostatniego stulecia. Arystoteles zapewniał, że meteoryt, który spadł w jego czasach koło [rzeki] Aegospotami, kiedy na niebie świeciła kometa, został uniesiony z ziemi przez wiatr i był niesiony w powietrzu, a potem upadł w tym miejscu. Od czasów Arystotelesa aż do 1803 r., kiedy 26 kwietnia deszcz meteorytów spadł koło l'Aigle we Francji i został zbadany przez Biota dla Francuskiej Akademii Nauk, świat naukowy – a w międzyczasie żyli Kopernik, Galileusz, Kepler, Newton i Huygens – nie wierzył zupełnie, aby było możliwe, że kamienie spadają z nieba. I to pomimo wielu przypadków, gdy kamienie spadały na oczach tłumu, jak to miało miejsce w przypadku aerolitu, w obecności cesarza Maksymiliana i jego dworu w Ensisheim, w Alzacji, 7 listopada 1492 r.[1]

---

[1] C. P. Olivier, *Meteors* (1925), p. 4.

Na krótko przed 1803 r. Paryska Akademia Nauk odmówiła uznania, że przy innej okazji kamienie spadły z nieba. Upadek meteorytów 24 czerwca 1790 r. w południowo-wschodniej Francji określono jako „un phenomene physiquement impossible"[1]. Jednak od 1803 r. naukowcy uwierzyli, że kamienie padają z nieba. Jeśli kamień może zderzyć się z Ziemią, a czasami również deszcz kamieni, to czy cała kometa nie może spaść na Ziemię? Jak wyliczono, taka możliwość istnieje, ale jest bardzo mało prawdopodobna[2].

Jeśli głowa komety przejdzie bardzo blisko nas, tak że zakłóci bieg Ziemi, wtedy oprócz zakłócenia ruchu Ziemi może pojawić się inne zjawisko: deszcz meteorytów uderzy w Ziemię i nasili się w potok. Kamienie, rozgrzane skutkiem lotu przez atmosferę, będą spadały na głowy i domy.

W Księdze Jozuego, dwie strofy przed fragmentem dotyczącym słońca, które zostało zatrzymane na szereg godzin, nie poruszając się na zachód, znajdujemy fragment:

„A gdy {królowie kanaanejscy} uciekając przed Izraelem znaleźli się na zboczu Bet-Choron, Pan godził

---

[1] Bertholon, *Pubblicazióni della specola astronomica Vaticana* (1913).

[2] D. F. Arago obliczył przy pewnej okazji, że istnieje jedna szansa na 280 milionów, iż kometa uderzy w Ziemię. Jednak dziura o średnicy jednej mili w Arizonie jest znakiem czołowego zderzenia Ziemi z małą kometą lub asteroidem. W dniu 30 czerwca 1908 r. bryła żelaza o szacunkowej masie czterdziestu tysięcy ton spadła na Syberii na 60°56' szerokości północnej i 101°57' długości wschodniej. W 1946 r. mała kometa Giacobiniego-Zinnera przeleciała w odległości 131.000 mil od punktu, w którym Ziemia znalazła się osiem dni później.

Badając, czy spotkanie Ziemi z kometą było przedtem przedmiotem dyskusji, stwierdziłem, że W. Whiston, następca Newtona w Cambridge i współczesny Halleya, w swojej *New Theory of the Earth* (pierwsze wydanie pojawiło się w 1696 r.) próbował udowodnić, że kometa z 1680 r., której (błędnie) przypisywał okres 575,5 roku, spowodowała biblijny Potop w czasie poprzedniego spotkania.

G. Cuvier, który nie był w stanie przedstawić własnego wyjaśnienia przyczyn wielkich kataklizmów, odnosi się do teorii Whistona w następujących słowach: „Whiston wyobrażał sobie, że Ziemia została utworzona z atmosfery jednej komety, a została zalana przez ogon drugiej. Ciepło, które pozostało od jej powstania, według niego, pobudziło całą przedpotopową populację, ludzi i zwierząt, do grzechu, z powodu którego wszyscy oni zostali zatopieni w czasie potopu, za wyjątkiem ryb, których namiętności były widocznie mniej gwałtowne".

I. Donnelly, pisarz, reformator, i członek Izby Reprezentantów Stanów Zjednoczonych, w swojej książce *Ragnarok* (1883) próbował wyjaśnić obecność gliny morenowej i żwiru na skalnym podłożu w Ameryce i Europie, stawiając hipotezę spotkania z kometą, która spuściła deszcz gliny na półkulę ziemską od swojej strony. Zdarzenie to umieścił w nieokreślonym czasie, ale już w czasach, gdy człowiek zamieszkiwał Ziemię. Donnelly nie miał świadomości, że jego prekursorem był Whiston. Jego założenie, że glina znajduje się tylko na jednej półkuli ziemskiej, jest arbitralne i błędne.

w nich z nieba *wielkimi kamieniami*, aż do Azeka, tak że poginęli. Tych, którzy poginęli od gradu kamieni {kamieni *barad*}, było więcej niż tych, których synowie izraelscy wybili mieczem"[1].

Autor Księgi Jozuego był z pewnością nieświadomy związku między obydwoma zjawiskami. Nie można się spodziewać, że posiadał jakąkolwiek wiedzę o naturze aerolitów, o siłach przyciągania pomiędzy ciałami niebieskimi itp. Ponieważ te zjawiska opisano jako zachodzące razem, jest nieprawdopodobne aby te zapiski zostały zmyślone.

Meteoryty spadały na ziemię strumieniem. Musiała być ich wielka liczba, gdyż zabiły więcej żołnierzy niż miecze ich przeciwników. Aby zabić na polu setki czy tysiące ludzi, musiał spaść wodospad meteorytów. Taki strumień wielkich kamieni oznacza, że ciąg meteorytów albo kometa uderzyły w naszą planetę.

Cytat z Biblii, z Księgi Jaszera, jest lakoniczny i może stwarzać wrażenie, że zjawisko nieruchomego słońca i księżyca miało lokalny charakter, widziane było tylko w Palestynie, między dolinami Ajalonu i Gibeonu. Ale kosmiczny charakter cudu opisany jest w modlitwie dziękczynnej przypisanej Jozuemu:

> Słońce i księżyc stały nieruchomo na niebie,
> a Ty zawrzałeś gniewem przeciwko naszym ciemię-
> życielom...
> Wszyscy książęta ziemi powstali,
> królowie ludów zebrali się razem...
> Ty zniszczyłeś ich w swej furii,
> i zniweczyłeś ich w swym gniewie.
> Ludzie szaleli z lęku przed Tobą,
> królestwa chwiały się z powodu Twego gniewu...
> Wylałeś na nich swą furię...
> Przeraziłeś ich w swym gniewie...
> Ziemia trzęsła się i drżała od hałasu Twych gro-
> mów...
> Ścigałeś ich w nawałnicy,
> Pochłonąłeś ich w trąbie powietrznej...
> Ich zwłoki były jak śmieci[2].

Szeroki zasięg niebiańskiego gniewu podkreślony jest w modlitwie; „Wszystkie królestwa chwiały się...".

Strumień ogromnych kamieni spadających z nieba, trzęsienie ziemi, trąba powietrzna, zakłócenie ruchu Ziemi – te cztery zjawiska

---

[1] Księga Jozuego 10:11.
[2] Ginzberg, *Legends*, IV, 11–12.

są ze sobą powiązane. Jak się wydaje, wielka kometa musiała przejść bardzo blisko naszej planety i zakłócić jej ruch; część kamieni, rozproszonych przy szyi i ogonie komety, zadała powierzchni Ziemi niszczące uderzenie.

Czy mamy prawo, na podstawie Księgi Jozuego, przyjąć, że w jakimś momencie w połowie drugiego tysiąclecia przed naszą erą regularny obrót Ziemi został zakłócony przez kometę? Takie stwierdzenie ma tyle implikacji, że nie powinno być czynione bez zastanowienia. Na to powiem, że chociaż implikacje są wielkie i liczne, obecna praca w swej całości stanowi powiązaną sekwencję dokumentów i innych świadectw, które wspólnie nadają znaczenie temu i innym stwierdzeniom w tej książce.

Problem, który przed nami stoi, dotyczy mechaniki. Punkty znajdujące się w zewnętrznych warstwach obracającej się kuli ziemskiej (szczególnie w pobliżu równika) poruszają się z większą prędkością liniową niż te w wewnętrznych warstwach, ale z tą samą prędkością kątową. W konsekwencji, jeśli Ziemia nagle by się zatrzymała (lub zwolniła swoje obroty), warstwy wewnętrzne mogłyby się zatrzymać (lub prędkość ich wirowania zmniejszyłaby się), podczas gdy zewnętrzne warstwy wciąż miałyby tendencję do wirowania. To spowodowałoby tarcie pomiędzy różnymi płynnymi lub półpłynnymi warstwami, wytwarzając ciepło; na najbardziej zewnętrznych obszarach stałe warstwy uległyby rozdarciu, powodując upadek lub wzrost gór, a nawet całych kontynentów.

Jak wykażę później, góry zawaliły się, a inne wypiętrzyły; Ziemia ze swymi oceanami i kontynentami podgrzała się; morze wrzało w wielu miejscach, a skały się topiły; wulkany eksplodowały, i lasy płonęły. Czy nagłe zatrzymanie się Ziemi, obracającej się na równiku z prędkością nieco większą niż tysiąc mil na godzinę, oznacza całkowitą zagładę świata? Skoro nasz świat przetrwał, musiał istnieć mechanizm, który złagodził spowolnienie obrotów Ziemi. Jeśli to rzeczywiście miało miejsce, to albo musiało istnieć inne ujście dla energii ruchu, oprócz przekształcenia jej w ciepło, albo zaistniały oba takie mechanizmy. Albo, jeśli obrót pozostał niezakłócony, oś ziemska musiała się wychylić w obecności silnego pola magnetycznego, tak że wydawało się iż słońce utraciło godziny ze swego dziennego ruchu[1]. Tych problemów nie utracimy z oczu i staniemy wobec nich w Epilogu tej książki.

---

[1] To wyjaśnienie zasugerował mi M. Abramovich z Tel Avivu.

PO DRUGIEJ STRONIE OCEANU

Księga Jozuego, skompilowana z bardziej starożytnej Księgi Jaszera, podaje taki porządek zdarzeń. „Jozue... szedł z Gilgal całą noc". Wczesnym rankiem natknął się koło Gibeonu na niepodejrzewających niczego swoich nieprzyjaciół i „ścigał ich drogą wiodącą ku Bet-Choron". Kiedy uciekali, z nieba spadały wielkie kamienie. Tego samego dnia („tego dnia, kiedy Pan wydał Amorytów") słońce stało nieruchomo nad Gibeonem, a księżyc nad doliną Ajalon. Jak stwierdzono, opis położenia ciał niebieskich implikuje, że słońce znajdowało się w swoim położeniu przedpołudniowym[1]. Księga Jozuego mówi, że ciała niebieskie zatrzymały się pośrodku nieba.

Uwzględniając różnicę szerokości geograficznej, na Zachodniej Półkuli musiał być wtedy wczesny ranek lub noc.

Podejdźmy do półki, na której stoją książki opisujące podania tubylców Ameryki Centralnej.

Żeglarze Kolumba i Korteza, przybywszy do Ameryki, znaleźli tam ludzi piśmiennych, posiadających książki na własność. Większość z tych książek została spalona w szesnastym wieku przez mnichów dominikanów. Przetrwało bardzo mało starożytnych manuskryptów; są one zachowane w bibliotekach Paryża, Watykanu, Prado i Drezna; zwane są kodeksami, a ich teksty były studiowane i zostały częściowo odczytane. Jednakże wśród Indian, w czasach podboju, jak też w następnym wieku, znajdowali się piśmienni ludzie, którzy mieli dostęp do wiedzy spisanej przez ich przodków w rękopisach, pismem rysunkowym[2].

W meksykańskiej *Annals of Cuauhtitlan*[3] – historii imperium Culhuacan i Meksyku, napisanej w szesnastym wieku w języku Indian Nahua – znajduje się relacja o tym, że w czasie kosmicznej katastrofy, która miała miejsce w odległej przeszłości, noc nie zakończyła się przez długi czas.

Biblijny narrator opisuje, że słońce pozostawało na niebie przez dodatkowy dzień („prawie cały dzień"). Midrasze, księgi starożytnych przekazów nie ujętych w Biblii, opowiadają, że słońce i księżyc stały

---

[1] H. Holzinger, *Josua* (1901), p. 40, w „Hand-commentar zum Alten Testament" ed. K. Marti R. Eisler, "Joshua and the Sun", *American Journal of Semitic Languages and Literature*, XLII (1926), 83: „Nie miałoby sensu tak wcześnie na początku bitwy, mając cały dzień przed sobą, modlić się o wydłużenie czasu światła słonecznego aż do nocy".

[2] Językiem Majów posługuje się wciąż 300.000 ludzi, ale z hieroglifów Majów znane są na pewno tylko te, które stosowane są w kalendarzu.

[3] Znany również jako *Codex Chimalpopoca*. „Manuskrypt ten zawiera szereg bardzo starożytnych kronik, z których wiele sięga wstecz o więcej niż tysiąc lat przed naszą erą" (Brasseur).

nieruchomo przez trzydzieści sześć *itim*, albo osiemnaście godzin[1], i tak od wschodu do zachodu słońca dzień trwał około trzydziestu godzin.

W meksykańskich kronikach jest mowa o tym, że świat był pozbawiony światła i słońce się nie pojawiło, trwała poczwórna noc. W czasie wydłużonego dnia lub nocy nie można było mierzyć czasu zwykłymi środkami, jakie mieli do dyspozycji starożytni[2].

Sahagun, hiszpański uczony, który przybył do Ameryki o pokolenie później po Kolumbie i zbierał podania tubylców, napisał, że w czasie jednej z kosmicznych katastrof słońce wzeszło tuż nad horyzontem i pozostawało tam bez ruchu; również księżyc pozostawał nieruchomy[3].

Zajmuję się najpierw Zachodnią Półkulą, ponieważ historie biblijne nie były znane tamtejszym tubylcom, kiedy została odkryta. Również przekaz zachowany przez Sahaguna nie nosi żadnych śladów wprowadzenia go przez misjonarzy; w jego wersji nie ma niczego co by przywodziło na myśl Jozuego ben Nuna i jego wojnę przeciwko kanaanejskim królom; także położenie słońca, niewiele nad wschodnim horyzontem, różni się od wersji podanej w tekście biblijnym, choć mu nie zaprzecza.

Możemy podążyć wokół Ziemi i zbadać różne podania dotyczące przedłużonej nocy i przedłużonego dnia, przy słońcu i księżycu nieobecnych lub znajdujących się w różnych miejscach wzdłuż zodiaku, wówczas gdy Ziemia doświadczała bombardowania kamieniami, a świat płonął. Ale musimy odłożyć tę podróż. Miała miejsce więcej niż jedna katastrofa, kiedy zgodnie z pamięcią ludzkości Ziemia odmówiła odgrywania roli chronometru obracającego się wokół swojej osi, w niezakłócony sposób. Najpierw musimy wyróżnić poszczególne przypadki kosmicznych katastrof, z których pewne miały miejsce przed opisaną tutaj, niektóre po niej; niektóre z nich miały większy zasięg, niektóre mniejszy.

---

[1] Sefer Ha-Yashar, ed. L. Goldschmidt (1923); Pirkei Rabbi Elieser (źródła hebrajskie różnią się co do tego jak długo słońce stało nieruchomo); The Babylonian Talmud, Tractate Aboda Zara 25a; Targum Habakkuk 3:11.

[2] Za wyjątkiem zegara wodnego.

[3] Bernardino de Sahagun (1499?–1590), *Historia General de las cosas de Nueva España*, nowa ed. 1938 (5 vols.) I 1946 (3 vols.). Francuskie tłum. D. Jourdanet i R. Simeon (1880), p. 481.

ROZDZIAŁ II

PIĘĆDZIESIĄT DWA LATA WCZEŚNIEJ

PREKOLUMBIJSKIE spisane podania Centralnej Ameryki mówią nam, że pięćdziesiąt dwa lata przed katastrofą, tak bardzo przypominającą tę z czasów Jozuego, miała miejsce inna katastrofa o wymiarze światowym[1]. Jest więc naturalnym powrócenie do podań Izraelitów, opisanych w Biblii, aby stwierdzić, czy zawierają świadectwo podobnej katastrofy.

Czas wędrówki po pustyni określa się w Biblii na czterdzieści lat. Następnie, przez szereg lat przed dniem zakłócenia ruchu Ziemi, odbywał się długotrwały podbój Palestyny[2]. Wydaje się więc sensowne aby zapytać, czy data pięćdziesięciu dwóch lat przed tym zdarzeniem zbieżna jest z czasem Eksodusu [Wyjścia z Egiptu].

W książce *Ages In Chaos* opisuję obszernie katastrofę, która nawiedziła Egipt i Arabię. W pracy tej wyjaśnione jest, że Eksodus miał miejsce w czasie wielkiego naturalnego wstrząsu, który zakończył okres historii Egiptu zwany Środkowym Państwem. Usiłuję tam wykazać, że współczesne egipskie dokumenty opisują tę samą katastrofę której towarzyszyły „plagi egipskie", i że podania Półwyspu Arabskiego opisują podobne zdarzenia na tym terenie i na wybrzeżach Morza Czerwonego. W książce tej odnoszę się także do idei Bekego, że góra Synaj była dymiącym wulkanem. Jednakże dowodzę, że „zakres katastrofy musiał przewyższać znacznie rozmiary zakłóceń, jakie może spowodować jeden dymiący wulkan", i obiecuję odpowiedzieć na pytanie: „Jaką naturę i rozmiary miała ta katastrofa, albo ta seria katastrof, którym towarzyszyły plagi?" i opublikować badania dotyczące natury wielkich katastrof przeszłości. Obie prace – rekonstrukcja historii i rekonstrukcja historii przyrody – zostały zredagowane w krótkim czasie – pół roku; pragnienie ustalenia właściwej historycznej chronologii, zanim dopasuje się działania przyrody do okresów ludzkiej historii, skłoniło mnie do zakończenia w pierwszej kolejności *Ages In Chaos*[3].

Wykorzystam część materiału historycznego z pierwszych rozdziałów *Ages In Chaos*. Tam wykorzystuję go do zsynchronizowania

---

[1] Źródła te będą cytowane na następnych stronach.

[2] Według źródeł rabinicznych, wojna o podbój Palestyny trwała czternaście lat.

[3] W kolejności publikacji pojawi się ona po tej książce.

zdarzeń w historii krajów wokół wschodniej części Morza Śródziemnego; tu wykorzystam go aby pokazać, że te same zdarzenia miały miejsce na całym świecie, i wyjaśnić naturę tych zdarzeń.

CZERWONY ŚWIAT

W połowie drugiego tysiąclecia przed naszą erą, jak zamierzam wykazać, Ziemia przeżyła jedną z największych katastrof w swojej historii. Ciało niebieskie, które na krótko przed tym stało się członkiem układu słonecznego – nowa kometa – zbliżyła się bardzo blisko do Ziemi. Relację z tej katastrofy można zrekonstruować na podstawie dowodów dostarczonych przez ogromną liczbę dokumentów.

Kometa była w drodze ze swego peryhelium [punkt orbity najbliższy słońca] i najpierw dotknęła Ziemię swoim gazowym ogonem. Później w tej książce wykażę, że to o tej komecie napisał Servius: „Non igneo sedsanguineo rubore fuisse" (Nie była to czerwień płomienia, ale krwi).

Jedną z pierwszych widocznych oznak tego spotkania było poczerwienienie powierzchni Ziemi spowodowane przez drobny pył rdzawego koloru. W morzu, jeziorze i w rzece pigment ten zabarwiał wodę na krwawy kolor. Za przyczyną cząstek tego żelazistego czy innego rozpuszczalnego pigmentu, świat stał się czerwony.

Manuscript Quiche Majów mówi, że na Zachodniej Półkuli, w dniach wielkiego kataklizmu, kiedy ziemia drżała, a ruch słońca został zakłócony, woda w rzekach zamieniła się w krew[1].

Ipuwer, egipski naoczny świadek katastrofy, spisał swój lament na papirusie[2]: „Rzeka jest krwią", a to korespunduje z Księgą Wyjścia (7:20): „Wszystka woda w Nilu zamieniła się w krew". Autor papirusu napisał również: „Plaga dotknęła cały kraj. Krew jest wszędzie", a to również korespunduje z Księgą Wyjścia (7:21): „A krew była w całej ziemi egipskiej".

Obecność hematoidalnego pigmentu w rzekach spowodowała śmierć ryb, a potem nastąpił ich rozkład i smród: „I Nil zaczął cuchnąć" (Eksodus [II Księga Mojżeszowa] 7:21). „Wszyscy Egipcjanie zaczęli kopać w okolicy Nilu, szukając wody do picia, bo nie mogli pić wody z Nilu" (Eksodus 7:24). Papirus relacjonuje: „Ludzie wzdragają się przed kosztowaniem; istoty ludzkie spragnione są wody" i „Oto nasza woda! Oto nasze szczęście! Cóż mamy z tym począć? Wszystko jest w ruinie".

---

[1] Brasseur, *Histoire des nations civilisées du Mexique*, I, 130.

[2] A. H. Gardiner, *Admonitions of an Egyptian Sage from a hieratic papyrus in Leiden* (1909). Jego autorem był Egipcjanin imieniem Ipuwer. Od tego miejsca tekst ten będzie cytowany jako "Papyrus Ipuwer".

Skóra ludzi i zwierząt była podrażniona przez pył, który powodował czyraki, chorobę i śmierć bydła – „bardzo ciężka zaraza"[1]. Dzikie zwierzęta, przerażone znakami na niebie, podeszły blisko do wiosek i miast.

Szczyt górzystej Tracji otrzymał imię „Haemus", a Apollodorus opisał podania Traków, które mówią, że szczyt ten został tak nazwany z powodu „strumienia krwi, który wylał się na górę", kiedy miała miejsce niebiańska bitwa między Zeusem i Tyfonem, i Tyfon został porażony piorunem[2]. Jest mowa o tym, że miasto w Egipcie otrzymało taką samą nazwę z tego samego powodu[3].

Mitologia, która personifikowała siły kosmicznego dramatu, opisała świat jako zabarwiony na czerwono. W jednym z egipskich mitów czerwony odcień świata przypisuje się krwi Ozyrysa, śmiertelnie zranionego boga planety; w innym micie jest to krew Seta albo Apopi; w babilońskim micie świat został zabarwiony na czerwono przez krew uśmierconej Tiamat, niebiańskiego monstrum[4].

Fiński epos *Kalewala* opisuje, jak w dniach kosmicznego wstrząsu świat został spryskany czerwonym mlekiem[5]. Ałtajscy Tatarzy mówią o katastrofie, kiedy „krew zabarwia cały świat na czerwono", potem następuje pożar świata[6]. Hymny orfickie mówią o czasach, kiedy sklepienie niebios „potężny Olimp, trząsł się bojaźliwie...i ziemia wokół krzyczała przeraźliwie, i morze wzburzyło się {podniosło}, dręczone swymi purpurowymi falami"[7].

Starym tematem dyskusji jest: Dlaczego Morze Czerwone zostało tak nazwane? Jeśli morze nazwano Czarnym lub Białym, może to być związane z ciemnym zabarwieniem wody albo białością lodu i śniegu. Morze Czerwone ma głęboko niebieski kolor. Ponieważ nie znaleziono lepszej przyczyny, zaproponowano jako wyjaśnienie kilka tworów koralowych lub czerwonych ptaków na brzegu[8].

Nie była to oczywiście wyłącznie ta góra, czy ta rzeka, albo to morze, które poczerwieniały, otrzymując tym samym nazwę Czer-

---

[1] Exodus 9:3, Papyrus Ipuwer 5:5.

[2] Ginzberg, *Legends*, V, 430.

[3] Apollodorus, *The Library* (tłum. J. G. Frazer, 1921), VI.

[4] Komentarze Frazera do *Library* Apollodorusa, I, 50.

[5] *Kalevala*, Rune 9.

[6] U. Holmberg, Finno-Ugric, Siberian Mythology (1927), p. 370.

[7] "To Minerva" w *Orphic Hymns* (tłum. A. Buckley), ed. z *Odyssey* Homera (1861).

[8] H. S. Palmer, *Sinai* (1892). Prawdopodobnie w tym czasie górzysta kraina Seir, po której wędrowali Izraelici, otrzymała imię Edom (Czerwony), a Erytrea (erythraios – czerwony po grecku) swoją nazwę; Morze Erytrejskie było w starożytności nazwą Zatoki Arabskiej na Oceanie Indyjskim, odnoszącą się również do Morza Czerwonego.

wone czy Krwawe, w odróżnieniu od innych gór i mórz. Ale tłumy ludzi, gdziekolwiek się znajdowali, którzy byli świadkami kosmicznego wstrząsu i uciekli ocalając życie, przypisywali nazwę Haemus lub Czerwony poszczególnym miejscom.

Zjawisko „krwi", padającej jak deszcz z nieba, obserwowano na określonych obszarach i w mniejszej skali, w bardziej odległych czasach. Jedno z takich zdarzeń, według Pliniusza, miało miejsce za konsulatu Maniusa Aciliusa i Gajusa Porcjusa[1]. Babilończycy również odnotowali czerwony pył i deszcz padający z nieba[2]; przypadki „krwawego deszczu" odnotowano w różnych krajach[3]. Czerwony pył, rozpuszczalny w wodzie, spadający z nieba w kroplach wody, nie powstał w chmurach, ale musiał pochodzić z erupcji wulkanów albo z przestrzeni kosmicznej. Opad pyłu meteorytów jest zjawiskiem powszechnie znanym, które ma miejsce głównie po przejściu meteorytów; pył ten znajdywany jest na śniegu górskim i w obszarach polarnych[4].

GRAD KAMIENI

Po czerwonym pyle, „mały pył" jak „popiół z pieca", opadł „na całą ziemię Egiptu" (Eksodus 9:9), a następnie na ziemię spadł deszcz meteorytów. Nasza planeta weszła głębiej w ogon komety. Pył był zwiastunem żwiru. Opadł „bardzo ciężki grad, jakiego jeszcze nie było w Egipcie od dnia jego założenia aż dotąd" (Eksodus 9:18). Kamienie „barad", tu tłumaczone jako „grad", w wielu miejscach wymieniane są w Biblii jako określenie meteorytów. Również źródła midraszowe i talmudyczne informują nas o tym, że kamienie, które spadały na Egipt, były gorące[5]; to odpowiada tylko meteorytom, a nie gradowi lodu[6]. W Biblii powiedziane jest, że te kamienie spadały „razem

---

[1] Pliny, *Natural History*, ii, 57. Inny przypadek, według Plutarcha, miał miejsce za rządów Romulusa.

[2] F. X. Kugler, „Babylonische Zeitordnung" (Vol. II jego *Sternkunde und Sterndienst in Babel*) (1909–1910), p. 114.

[3] D. F. Arago, *Astronomie populaire* (1854–1857), IV, 209 f.; Abel-Rémusat, *Catalogue des bolides et des aérolithes observés à la Chine et dans pays voisins* (1819), p. 6.

[4] Ocenia się, że w przybliżeniu na Ziemię opada dziennie jedna tona pyłu meteorytów.

[5] The Babylonian Talmud, Tractate Berakhot 54b; inne źródła w [książce] Ginzberga *Legends*, VI, 178.

[6] W Księdze Jozuego jest mowa o tym, że „wielkie kamienie" padały z nieba, a następnie pisze się o nich jako „kamienie barad".

„Starożytne egipskie słowo oznaczające »grad«, ar, stosowane jest również w przypadku ulewy piasku i kamieni; w walce między Horusem i Setem opisuje się Izydę spuszczającą na tego ostatniego *ar n sa*, »grad piasku«". A. Macalister, „Hail", w Hastings, *Dictionary of the Bible* (1901–1904).

z ogniem" (Eksodus 9:24), znaczenie tego omawiam w następnym rozdziale, i że ich upadkowi towarzyszyły „głośne hałasy" (*kolot*), określane jako „ogłuszające", które to tłumaczenie jest tylko obrazowe, nie dosłowne i prawidłowe, ponieważ na określenie „grzmot" jest słowo *raam*, które tu nie było użyte. Upadkowi meteorytów towarzyszą grzmoty, albo podobne do eksplozji hałasy, a w tym przypadku były tak „potężne", że według biblijnej opowieści ludzie w pałacu byli bardzo przerażeni łoskotem spadających kamieni tak jak i zniszczeniem, które powodowały (Eksodus 9:28).

Czerwony pył przeraził ludzi i zostali ostrzeżeni, aby schronili siebie i bydło: „Każ więc teraz schronić bydło swoje i wszystko, co masz na polu; gdyż każdy człowiek i każde zwierzę, które znajdzie się na polu i nie zostanie spędzone do domu, zginie, gdy spadnie na nie grad" (Eksodus 9:19). „Kto zaś nie zważał na słowo Pana, ten pozostawił sługi swoje i bydło swoje na polu" (Eksodus 9:21).

Podobnie, egipski naoczny świadek: „Bydło pozostawiono, aby się błąkało, i nie ma nikogo kto by je zebrał w gromadę. Każdy przyprowadza tylko te, które mają wypalony jego znak"[1]. Spadające kamienie i ogień spowodowały, że bydło uciekło.

Ipuwer napisał również: „Drzewa są zniszczone", „Nie ma owoców, nie można znaleźć ziół", „Zboże zniszczało wszędy", „Zostało zniszczone to, co jeszcze wczoraj było widoczne. Kraj jest znużony jak by go pozbawiono powietrza"[2]. Jednego dnia pola zostały przemienione w pustynię. W Księdze Wyjścia (9:25) napisane jest: „Grad {kamienie barad} zniszczył też całą roślinność i połamał wszystkie drzewa na polu".

Opis takiej katastrofy znajduje się w *Visuddhi-Magga*, buddyjskim tekście poświęconym cyklom [epokom] świata. „Kiedy cykl świata niszczony jest przez wiatr... najpierw powstaje tam, niszcząca cykl, wielka chmura... Powstaje tam wiatr, aby zniszczyć cykl świata, a najpierw podnosi on drobny pył, następnie drobny piasek, potem gruby piasek, a potem pył kamienny, kamienie, aż do tak wielkich jak głazy narzutowe... jak potężne drzewa na szczytach wzgórz". Wiatr „wywraca ziemię do góry nogami". Znaczne obszary „pękają i są wyrzucane w górę", „wszystkie domostwa na ziemi" zostają zniszczone w katastrofie, kiedy „światy zderzają się ze sobą"[3].

Meksykańskie *Annals of Cuauhtitlan* opisują, że katastrofie kosmicznej towarzyszy grad kamieni; również w ustnych podaniach In-

---

[1] Papyrus Ipuwer 9:2–3.

[2] *Ibid.*, 4:14, 6:1, 6:3, 5:12.

[3] „Word Cycles", *Visuddhi-Magga*, w [książce] Warrena *Buddhism in Translations*, p. 328.

dian stale powtarza się ten motyw: W pewnej starożytnej epoce niebo „zsyłało deszcz nie wody, ale ognia i rozgrzanych do czerwoności kamieni"[1], co nie różni się od podań hebrajskich.

NAFTA

Nieoczyszczona ropa naftowa składa się z dwóch elementów: węgla i wodoru. Główne teorie pochodzenia ropy naftowej są następujące:

1. *Teoria nieorganiczna*: Wodór i węgiel zostały połączone w okresie tworzenia się skał na Ziemi, pod wpływem wielkiej temperatury i ciśnienia.

2. *Teoria organiczna*: Zarówno wodór jak i węgiel, które tworzą ropę naftową, pochodzą z resztek życia roślinnego i zwierzęcego, głównie z mikroskopijnego życia morskiego i bagiennego.

Teoria organiczna przyjmuje, że proces rozpoczął się po tym, kiedy życie już bujnie rozkwitło, przynajmniej na dnie oceanu[2].

Ogony komet składają się głównie z gazów węgla i wodoru. Przy braku tlenu nie płoną one w czasie lotu, ale te łatwopalne gazy, przy przejściu przez atmosferę zawierającą tlen, zapalą się. Jeśli gazy węgla i wodoru, albo opary mieszaniny tych dwóch gazów, w dużych ilościach wejdą w atmosferę, część z nich zapłonie, wiążąc cały dostępny w danej chwili tlen; reszta uniknie spalenia, ale szybko przemieni się w płyn. Po opadnięciu na ziemię, substancja, jeśli płynna, wsiąknie w otwory w piasku i w szczeliny między skałami; opadłszy na wodę, jeśli ogień w powietrzu wygasł, będzie unosić się na niej nim nowe dostawy tlenu nie przybędą z innych obszarów.

Opad lepkiego płynu, który spadł na Ziemię i zapłonął, dając gęsty dym, wymieniany jest przez ustne i pisemne podania mieszkańców obu półkul.

Popol-Vuh, święta księga Majów, opowiada[3]: „Była to ruina i zniszczenie... morze wypiętrzyło się... miało miejsce wielkie zalanie... ludzie utonęli w lepkiej substancji, która padała z nieba... Oblicze ziemi stało się ciemne, a przygnębiający deszcz padał dniami i no-

---

[1] Alexander, *Latin American Mythology*, p. 72.

[2] Problem pochodzenia ropy naftowej był mocno dyskutowany jeszcze przed Plutarchem. Mówiąc o zwiedzaniu przez Aleksandra źródeł ropy naftowej w Iraku, Plutarch powiedział: „Dyskutowano wiele o pochodzeniu {ropy naftowej}". Ale w zaginionym tekście Plutarcha brak zdania zawierającego dwa przeciwstawne poglądy. W pozostałej części tekstu czytamy: „... lub czy raczej płynna substancja, która zasila płomień, wypływa z ziemi, która jest tłusta i rodząca ogień". Plutarch, *Lives* (tłum. B. Perrin, 1919), "The Life of Alexander", xxv.

[3] *Popol-Vuh, le livre sacré*, ed. Brasseur (1861), Rozdz. III, p. 25.

cami... A wtedy rozległ się grzmot ognia nad ich głowami". Cała ludność kraju została unicestwiona.

Manuscript Quiche uwiecznił obraz ludności Meksyku ginącej w ulewie smoły ziemnej[1]: „Z nieba nastąpił opad smoły ziemnej i lepkiej substancji... Ziemia stała się mroczna i padało dzień i noc. Ludzie biegali tu i tam i zachowywali się jakby postradali zmysły; próbowali wspinać się na dachy, a domy runęły; próbowali wspinać się na drzewa, a drzewa odrzucały ich daleko; a kiedy próbowali kryć się w jaskiniach i grotach, te nagle zamykały się".

Podobne relacje zachowane są w *Annals of Cuauhtitlan*[2]. Epoka, która zakończyła się deszczem ognia, została nazwana *Quiauhtonatiuh*, co oznacza „słońce deszczu ognia"[3].

A daleko stamtąd, na drugiej półkuli, na Syberii, Wogułowie [Mansowie] zachowali przez wieki i tysiąclecia takie wspomnienie: „Bóg zesłał morze ognia na ziemię... Przyczynę ognia nazywają »ogień-woda«"[4].

O pół południka na południe, we Wschodnich Indiach, tubylcze plemiona opowiadają, że w odległej przeszłości *Single-Das*, albo „ognista woda" padała z nieba; za wyjątkiem nielicznych, wszyscy ludzi zmarli"[5].

Ósmą plagą, opisaną w Księdze Wyjścia, były „*barad* {meteoryty} i ogień, nieustannie błyskający wśród gradu, był bardzo groźny; czegoś podobnego nie było w całej ziemi egipskiej, odkąd była zamieszkana" (Eksodus 9:24). Były „grzmoty {prawidłowo: wielkie hałasy} i grad {*barad*}, i ogień spadł na ziemię" (Eksodus 9:23).

Papirus Ipuwera opisuje ten pochłaniający ogień: „Bramy, kolumny i ściany pochłonięte są przez ogień. Niebo pozostaje w zamęcie"[6]. Papirus mówi, że ten ogień prawie „zniszczył ludzkość".

Midrasze w szeregu tekstów stwierdzają, że ropa naftowa razem z gorącymi kamieniami wylała się na Egipt. „Egipcjanie nie pozwolili odejść Izraelitom, i Pan wylał na nich ropę naftową, płonące krosty {bąble}". Był to „strumień gorącej nafty"[7]. Nafta oznacza ropę naftową w aramejskim i hebrajskim.

---

[1] Brasseur; *Histoire des nations civilisées du Mexique*, I, 55.

[2] Brasseur, *Sources de l'histoire primitive du Mexique*, p. 28.

[3] E. Seler, *Gesammelte Abhandlungen zur amerikanischen Sprach- und Altertumsgeschichte* (1902–1923), II, 798.

[4] Holmberg, *Finno-Ugric, Siberian Mythology*, p. 368.

[5] *Ibid.*, p. 369. Również A. Nottrott *Die Gosnerische Mission unter den Kohls* (1874), p. 25. Patrz R. Andree, *Die Flutsagen* (1891).

[6] Papyrus Ipuwer 2:10, 7:1, 11:11, 12:6.

[7] *Midrash Tanhuma, Midrash Psikta Raboti i Midrash Wa-Yosha*. Co do innych źródeł patrz Ginzberg, *Legends*, II, 342–343, i V, 426.

Ludność Egiptu była „prześladowana przez dziwne deszcze i grad i nieustanne opady, a w końcu pochłonięta przez ogień: gdyż, co było najbardziej cudowne, w wodzie, która gasi wszystko, ogień palił się jeszcze mocniej"[1], co jest cechą płonącej ropy naftowej; w wykazie plag w Psalmie 105 określa się to jako „płomienie ognia", a w Księdze Daniela (7:10) jako „ognista rzeka" lub „ognisty strumień".

W Hagadzie Pesach [Paschy] mówi się, że „Potężni ludzie z Pul i Lud {Lidia w Azji Mniejszej} zostali zniszczeni przez pochłaniający pożar w Pesach".

Babilończycy w dolinie Eufratu opisywali często „deszcz ognia", żywy w ich pamięci[2].

Wszystkie kraje, których podania dotyczące deszczu ognia cytowałem, mają obecnie zasoby ropy naftowej: Meksyk, Wschodnie Indie, Syberia, Irak, Egipt.

Przez pewien czas po wylaniu się palnego płynu, mógł on pływać na powierzchni morza, wsiąkał w ziemię, i wielokrotnie się zapalał. „Przez siedem zim i lat szalał ogień... wypalił on ziemię", opowiadają Wogułowie na Syberii[3].

Historia wędrówki po pustyni zawiera szereg wzmianek o ogniu wytryskającym z ziemi. Izraelici wędrowali przez trzy dni od Góry Otrzymania Prawa, i zdarzyło się, że „zapalił się wśród nich ogień Pana, i pochłonął skraj obozu" (Księga Liczb 11:1). Izraelici szli dalej. Wtedy nastąpił bunt Koracha i jego stronników. I „Ziemia rozwarła swoją czeluść i pochłonęła ich... Wszyscy zaś Izraelici, którzy byli wokoło nich, uciekli na ich krzyk... Ogień też wyszedł od Pana i pochłonął owych dwustu pięćdziesięciu mężów, którzy ofiarowali kadzidło"[4]. Kiedy rozniecali ogień na kadzidło, opary, które podnosiły się ze szczeliny w skale, zapaliły się i eksplodowały.

Nieprzyzwyczajeni do obchodzenia się z ropą naftową, bogatą w składniki lotne, izraelscy kapłani padli ofiarą ognia. Dwóch starszych synów Aarona, Nadab i Abihu, „zginęli przed Panem, gdy ofiarowali przed Panem na pustyni Synaj obcy ogień"[5]. Ogień nazwano obcym, ponieważ nie był przedtem znany i ponieważ miał obce pochodzenie.

---

[1] *The Wisdom of Solomon* (tłum. Holmes, 1913) w *The Apocrypha and Pseudepigrapha of the Old Testament*, ed. R. H. Charles.

[2] Patrz A. Schott, "Die Vergleiche in den Akkadischen Königsinschriften", *Mitt. D. Vorderasiat. Ges.*, XXX (1925), 89, 106.

[3] Holmberg, *Finno-Ugric, Siberian Mythology*, p. 369.

[4] Ks. Liczb 16:32–35. Cf. Psalms 106:17–18.

[5] Ks. Liczb 3:4. Cf. Księga Liczb 26:61.

Jeśli ropa naftowa opadła na pustynię Arabii i na ziemię Egiptu i płonęła tam, to w grobach powstałych przed końcem Średniego Państwa powinny pozostać ślady pożaru, gdyż mogła się tam przesączyć ropa albo jej pochodne.

W opisie grobowca Antefokera, wezyra Sesostrisa I, faraona z okresu Średniego Państwa, czytamy: „Problem stanowi dla nas pożar, wyraźnie rozmyślny, który szalał w grobowcu, tak jak w wielu innych... Materiał palny musiał być nie tylko obfity, ale też lekki; gdyż gwałtowny ogień, który szybko się wyczerpał, wydaje się jedynie być odpowiedzialnym za fakt, że grobowce tak dotknięte pożarem są wolne od zaczernienia, poza niższymi partiami; z reguły też zwłoki nie są zwęglone. Te okoliczności są intrygujące"[1].

„I cóż nam mówi przyroda?" pyta Filon w swojej [księdze] *O wieczności świata*[2], i odpowiada: „Zniszczenie rzeczy na ziemi, zniszczenie nie wszystkiego naraz ale bardzo dużej liczby, przypisuje się dwóm głównym przyczynom: gwałtownym atakom ognia i wody. Te dwa nieszczęścia, jak mówią, zstępują kolejno, po bardzo długich okresach czasu. Kiedy czynnikiem jest pożoga, strumień zesłanego z nieba ognia wylewa się i ogarnia wiele miejsc i zalewa wielkie zamieszkałe obszary ziemi".

Ognisty deszcz przyczynił się do powstania ziemskich zasobów ropy naftowej; olej mineralny w ziemi wydaje się być, przynajmniej częściowo, „gwiezdnym olejem", sprowadzonym pod koniec epok świata, szczególnie tej epoki, która zakończyła się w połowie drugiego tysiąclecia przed naszą erą.

Kapłani irańscy czcili ogień, który wydobywał się z ziemi. Wyznawcy zoroastryzmu lub mazdaizmu nazywani są również czcicielami ognia. Ogień Kaukazu był wielce czczony przez wszystkich mieszkańców sąsiednich krain. Z Kaukazem wiąże się powstała tam legenda o Prometeuszu[3]. Został on przykuty łańcuchami do skały za to, że przekazał ludziom ogień. Alegoryczny charakter tej legendy nabiera sensu, kiedy weźmiemy pod uwagę słowa Augustyna, że Prometeusz był współczesnym Mojżesza[4].

Potoki ropy naftowej wylały się na Kaukaz i uległy spaleniu. Dymy z ogni Kaukazu widział oczyma wyobraźni Owidiusz, piętnaście wieków później, kiedy opisywał pożar świata.

---

[1] N. de Garis Davies, *The Tomb of Antefoker, Vizier of Sesostris I* (1920), p. 5.

[2] Philo, *On the Eternity of the World*, Vol. IX (tłum. F. H. Colson, 1941), Sect. 146–147.

[3] Patrz A. Olrik, *Ragnarok* (wyd. niemieckie, 1922).

[4] *The City of God*, Bk. XVIII, rozdz. 8 (tłum. M. Dods, ed. P. Schaff, 1907).

Ciągłe ognie na Syberii, Kaukazie, pustyni Arabskiej i gdzie indziej, to następstwo pożarów, które miały miejsce w dniach, kiedy Ziemia znalazła się w oparach węgla i wodoru.

W późniejszych stuleciach ropa naftowa była obiektem czci, palono ją w świętych miejscach; była również używana na potrzeby domowe. Następnie minęło wiele stuleci, kiedy wyszła z użytku. Dopiero w połowie ostatniego stulecia człowiek zaczął eksploatować ropę, częściowo będącą darem komety z czasów Eksodusu. Wykorzystał jej dary i dzisiaj szosy zapełnione są samochodami napędzanymi przez ropę. Człowiek wzniósł się na wyżyny i spełnił odwieczne marzenie, aby latać jak ptak; w tym celu również wykorzystuje resztki natrętnej gwiazdy, która wylała ogień i lepkie opary na jego przodków.

CIEMNOŚĆ

Ziemia wstąpiła głębiej w ogon napierającej komety i zbliżyła się do niej samej. Po zbliżeniu, jeśli wierzyć źródłom, nastąpiło zakłócenie obrotów Ziemi. Okropne huragany omiotły Ziemię z powodu zmiany bądź odwrócenia [kierunku] prędkości kątowej i z powodu przesuwania się gazów, pyłu i popiołów komety.

Liczne źródła rabiniczne opisują klęskę ciemności; materiał został zestawiony następująco[1]:

Nadzwyczaj silny wiatr wiał przez siedem dni. Przez cały ten czas ziemię okrywała ciemność. „Czwartego, piątego i szóstego dnia ciemność była tak gęsta, że nie mogli {mieszkańcy Egiptu} ruszyć się z miejsca". „Ciemność była tej natury, że nie można jej było rozproszyć sztucznymi środkami. Światło ognia albo gasło z powodu gwałtowności huraganu, albo też było niewidoczne i pochłonięte przez głęboką ciemność... Niczego nie można było dostrzec...Nikt nie był w stanie mówić albo słyszeć, ani nie odważył się sięgnąć po jedzenie, ale wszyscy położyli się... bez czucia jak odrętwiali. Tak pozostawali, przygnieceni nieszczęściem".

Ciemność była tego rodzaju, że „ich oczy zostały oślepione i dusili się"[2]; „nie była zwykłego ziemskiego rodzaju"[3]. Podania rabiniczne, w sprzeczności do opowieści biblijnej stwierdzają, że w czasie plagi ciemności ogromna większość Izraelitów zginęła i że tylko mała część pierwotnej izraelskiej populacji Egiptu ocalała i opuściła Egipt.

---

[1] Ginzberg, *Legends*, II, 360.

[2] Josephus, *Jewish Antiquities* (tłum. H. St. J. Thackeray, 1930), Bk. II, xiv, 5.

[3] Ginzberg, *Legends*, II, 359.

Twierdzi się, że czterdziestu dziewięciu na pięćdziesięciu Izraelitów zginęło skutkiem tej plagi[1].

Grobowiec [kapliczka] z czarnego granitu, znaleziony koło el-Arish, na granicy Egiptu i Palestyny, posiada długą hieroglificzną inskrypcję. Brzmi ona następująco: „Kraj spotkało wielkie nieszczęście. Zło padło na tę ziemię... Wielki wstrząs nawiedził ten dom...Nikt nie mógł opuścić pałacu {nie było wyjścia z pałacu} przez dziewięć dni, a w czasie tych dziewięciu dni wstrząsu trwała taka nawałnica, że ani ludzie ani bogowie {rodzina królewska} nie mogli dostrzec twarzy tych, co znajdowali się obok nich"[2].

Ten zapis podaje taki sam opis ciemności jak Eksodus 10:22: „I nastała gęsta ciemność na całej ziemi egipskiej przez trzy dni. Przez trzy dni nie widział jeden drugiego i nikt nie mógł wstać z miejsca swego".

Różnica w liczbie dni (trzy i dziewięć) kiedy panowała ciemność, zredukowana jest w źródłach rabinicznych, gdzie podano siedem dni. Różnica między siedmioma i dziewięcioma dniami jest pomijalna, jeśli uwzględni się subiektywność oceny czasu w takich warunkach. Ocena nieprzenikliwości ciemności jest również subiektywna; źródła rabiniczne podają, że przez pewien czas panowała bardzo mała widoczność, ale przez resztę czasu (trzy dni) nie było żadnej widoczności. Należy pamiętać, że jak w przypadku który już omówiłem, dzień i noc ciemności lub jasności mogą być opisane jako jeden dzień, albo dwa dni.

To, że oba źródła, hebrajskie i egipskie, odnoszą się do tego samego zdarzenia, można wykazać również w inny sposób. Po przedłużonej ciemności i huraganie, faraon, według tekstu hieroglificznego na grobowcu, ścigał „złoczyńców" do „miejsca zwanego Pi-Khiroti". To samo miejsce wymienione jest w Eksodusie 14:9: „Egipcjanie ścigali ich, wszystkie konie i wozy faraona... i dogonili ich obozujących nad morzem, koło Pi-Hachirot [Pi-ha-khirot]"[3].

Inskrypcja na grobowcu opowiada również o śmierci faraona w czasie tego pościgu, w wyjątkowych okolicznościach: „Teraz, kiedy Jego Wysokość walczył ze złoczyńcami w tej sadzawce, złoczyńcy nie zatriumfowali nad Jego Wysokością. Jego Wysokość skoczył w odmęt".

---

[1] Targum Yerushalmi, Exodus 10:23; *Mekhilta d'rabbi Simon ben Jokhai* (1905), p. 38.

[2] F. L. Griffith, *The Aniquities of Tel-el-Yahudiyeh and Miscellaneous Work in Lower Egypt in 1887–88* (1890); G. Goyon, "Les Travaux de Chou et les tribulations de Geb d'après Le Naos 2248 d'Ismailia", *Kemi, Revue de Philol. et d'arch. égypt.* (1936).

[3] Zgłoska *ha* w hebrajskim jest rodzajnikiem określonym i w tym przypadku przynależy między „Pi" i „Khiroti".

Ta sama apoteoza opisana jest w Eksodusie 15:19: „Gdy konie faraona z jego rydwanami i jeźdźcami weszły w morze, Pan skierował na nich wody morskie".

Jeśli „ciemności egipskie" spowodowane zostały zatrzymaniem Ziemi, albo odchyleniem jej osi, a pogłębione zostały przez drobny pył komety, wtedy cała kula ziemska doznała skutków dwóch współdziałających czynników; i albo na jej wschodniej, albo na zachodniej części musiał panować długotrwały mroczny dzień.

Ludy i plemiona w wielu miejscach Ziemi, na południe, na północ i na zachód od Egiptu, zachowały stare podania o kosmicznej katastrofie, w czasie której słońce nie świeciło; ale w pewnych częściach świata podania utrzymują, że słońce nie zachodziło przez kilka dni.

Plemiona Sudanu, na południe od Egiptu, w swoich opowieściach mówią o czasie, kiedy noc nie miała końca[1].

Kalewala, epos Finów, mówi o czasie, kiedy z nieba spadł grad żelaza, a słońce i księżyc zniknęły (zostały ukradzione z nieba) i nie pojawiły się więcej; na ich miejscu, po okresie ciemności, pojawiły się na niebie nowe słońce i nowy księżyc[2]. Kajus Julius Solinus pisze, że „po potopie, który jak podają miał miejsce w czasach Ogygesa, głęboka noc zapanowała nad światem"[3].

W manuskrypcie Avili i Moliny, który zawiera podania Indian z Nowego Świata, mowa jest o tym, że słońce nie pojawiło się przez pięć dni; kosmiczna kolizja gwiazd poprzedziła kataklizm; ludzie i zwierzęta próbowali schronić się do górskich jaskiń. „Ledwie dotarli tam, kiedy morze, wyrwawszy się ze swych brzegów po przerażającym wstrząsie, zaczęło wspinać się na wybrzeże Pacyfiku. A kiedy morze wznosiło się, zalewając wokół doliny i równiny, góra Ancasmarca podnosiła się także, jak okręt na falach. Przez pięć dni trwania tej katastrofy słońce nie pokazało swej twarzy i Ziemia pozostawała w ciemności"[4].

Zatem podania peruwiańskie opisują czas, kiedy słońce nie pojawiło się przez pięć dni. Wskutek wstrząsu Ziemia zmieniła swój profil, morze wtargnęło na ląd[5].

Na wschód od Egiptu, w Babilonie, jedenasta tabliczka *Epic of Gilgamesh* opisuje te same zdarzenia. Spoza horyzontu pojawiła się ciemna chmura i podążyła w kierunku ziemi; kraj wysechł od gorąca

---

[1] L. Frobenius, *Dichten und Denken im Sudan* (1925), p. 38.

[2] *Kalevala* (tłum. J. M.Crawford, 1888), p. xiii.

[3] Caius Julius Solinus, *Polyhistor*. Franc. tłum. M. A. Agnant, 1847, w rozdz. xi, czytamy: „głęboka noc panowała nad światem przez dziewięć kolejnych dni". Inni tłumacze podają: „dziewięć kolejnych miesięcy".

[4] Brasseur, *Sources de l'histoire primitive du Mexique*, p. 40.

[5] Andree, *Die Flutsagen*, p. 115.

płomieni. „Spustoszenie... sięgnęło nieba; wszystko, co było jasne, zamieniło się w ciemność... Ani brat nie mógł dostrzec brata... Sześć dni... huragan, powódź i burza wymiatały kraj... i wszystko co ludzkie obróciło się znowu w glinę"[1].

Irańska księga *Anugita* podaje, że potrójny dzień i potrójna noc zakończyły epokę świata[2], a księga *Bundahis*, w kontekście który zacytuję później, i która pokazuje bliski związek z kataklizmem tu opisywanym, mówi że świat stał się ciemny w samo południe, tak jakby zapanowała najgłębsza noc: było to spowodowane, według *Bundahis*, przez wojnę między gwiazdami i planetami[3].

Przedłużająca się noc, pogłębiona przez najście pyłu z przestrzeni międzyplanetarnej, ogarnęła Europę, Afrykę i Amerykę, jak również doliny Eufratu i Indusu. Jeśli Ziemia nie przestała się obracać, ale zwolniła lub [jej oś] się pochyliła, musiała być też taka szerokość geograficzna, gdzie po przedłużonym dniu nastąpiła przedłużona noc. Iran jest tak położony, że jeśli wierzyć irańskim podaniom, słońce było nieobecne przez trzy dni, a następnie świeciło przez trzy dni. Dalej na wschód musiał mieć miejsce przedłużony dzień, odpowiadający przedłużonej nocy na zachodzie.

Według „*Bahman yast*", pod koniec epoki świata, we wschodnim Iranie lub w Indiach słońce było widoczne na niebie przez dziesięć dni.

W Chinach, w okresie rządów cesarza Jahou, wielka katastrofa zakończyła epokę świata. Przez dziesięć dni słońce nie zachodziło[4]. Zdarzenia z czasów cesarza Jahou wymagają dokładniejszego zbadania; powrócę wkrótce do tego tematu[5].

TRZĘSIENIE ZIEMI

Ziemia, wypchnięta ze swej stałej drogi, zareagowała na bliskość komety: potężny szok wstrząsnął litosferą, a obszarem trzęsienia ziemi stała się cała kula ziemska.

Ipuwer doświadczył i przeżył to trzęsienie ziemi. „Miasta są zniszczone. Górny Egipt jest spustoszony... Wszystko w ruinie". „Domost-

---

[1] *The Epic of Gilgamish* (tłum. R. C.Thompson, 1928)

[2] "The Anugita" (tłum. K. T. Telang, 1882) w Vol. VIII *The Sacred Books of the East*.

[3] "The Bundahis" w *Pahlavi Texts* (tłum. E. W. West) (*The Sacred Books of the East*, V, {1880}), Pt. I, p. 17.

[4] Cf. "Yao", *Universal Lexicon* (1732–1754), Vol. Vol. LX.

[5] Metoda oceny czasu przez Egipcjan, kiedy słońca nie było na niebie, musiała być podobna do chińskiej. Jest bardzo prawdopodobne, że narody te oceniały zakłócenie jako trwające pięć dni i pięć nocy (ponieważ od jednego wschodu lub zachodu do drugiego minął okres dziewięcio- lub dziesięciokrotny).

wa zburzone w minutę"[1]. Tylko trzęsienie ziemi mogło zburzyć dom w minutę. Egipskie słowo „zburzyć" użyte jest w znaczeniu „przewrócić ścianę"[2].

Była to dziesiąta plaga. „I wstał faraon tej nocy, on i wszyscy dworzanie jego, i wszyscy Egipcjanie; i powstał wielki krzyk w Egipcie, gdyż nie było domu, w którym nie byłoby umarłego" (Eksodus 12:30). Domy upadły porażone przez potężny wstrząs. „{Anioł Pana} omijał Izraela w Egipcie, gdy Egipcjanom zadawał ciosy, a domy nasze ochronił" (Eksodus 12:27). *Nogaf*, oznaczające „porazić", jest słowem używanym na określenie bardzo gwałtownego uderzenia, jak na przykład ubodzenie rogami wołu. Hagada pesachowa mówi: „Pierworodnych Egipcjan zdruzgotałeś o północy".

Przyczyna, dla której Izraelici mieli więcej szczęścia przy tej pladze, leży prawdopodobnie w rodzaju materiału z jakiego były skonstruowane ich domostwa. Zamieszkując błotnisty rejon i pracując z gliną, niewolnicy musieli mieszkać w domach wykonanych z gliny i trzciny, które są bardziej elastyczne niż kamień lub cegła. „Ominie Pan te drzwi i nie pozwoli niszczycielowi zniszczyć wasze domy"[3]. Przykład selektywnego działania czynnika naturalnego na różne rodzaje konstrukcji przytaczany jest również w kronikach meksykańskich. W czasie katastrofy, której towarzyszyły huragan i trzęsienie ziemi, tylko ludzie mieszkający w małych chatkach z drewnianych kloców uniknęli zranienia; większe budynki zostały zburzone. „Stwierdzili, że tym, którzy mieszkali w małych domkach, udało się uciec, jak również parom, które niedawno się pobrały, które zgodnie ze zwyczajem przez kilka lat mieszkały w chatkach stojących przed domami ich teściów"[4].

W *Ages In Chaos* (mojej rekonstrukcji historii starożytnej) wykażę, że „pierworodni" (*bkhor*) w tekście dotyczącym plagi, jest przekręceniem słowa „wybrani" (*bchor*). Cały kwiat Egiptu zginął w katastrofie.

„Zaiste: dzieci książąt roztrzaskane są o ściany... dzieci książąt wyrzucone są na ulice"; „więzienie jest zrujnowane", napisał Ipuwer[5], a to przypomina nam książąt w pałacach i uwięzionych w lochach, którzy byli ofiarami katastrofy (Eksodus 12:29).

---

[1] Papyrus Ipuwer 2:11, 3:13.

[2] Komentarz Gardinera do Papyrus Ipuwer.

[3] Exodus 12:23. Wersja King Jamesa [a także ta cytowana w tej książce] „i nie pozwoli niszczycielowi *wejść* do domów waszych, aby zadać *wam* cios" nie jest dokładna.

[4] Diego de Landa, *Yucatan, before and after the Conquest* (tłum. W.Gates 1937), p. 18.

[5] Papyrus Ipuwer 5:6; 6:12.

Dla potwierdzenia mojej interpretacji dziesiątej plagi jako trzęsienia ziemi, co powinno być oczywiste z powodu wyrażenia „porazić domy", znalazłem u Artapanusa potwierdzający to fragment, w którym opisuje on ostatnią noc przed Eksodusem, a który cytowany jest przez Euzebiusza: Był „grad i trzęsienie ziemi w nocy, tak że ci, którzy uciekli przed trzęsieniem ziemi, zostali zabici przez grad, a ci, którzy poszukiwali schronienia przed gradem, zostali zabici przez trzęsienie ziemi. A w tym czasie wszystkie domy runęły i większość świątyń"[1].

Również św. Hieronim napisał w epistole, że „w nocy, kiedy miał miejsce Eksodus, wszystkie świątynie Egiptu zostały zniszczone albo przez wstrząs ziemi, albo przez piorun"[2]. Podobnie w Midraszach: „Siódma plaga, plaga barad {meteorytów}: trzęsienie ziemi, ogień, meteoryty"[3]. Mowa jest także o tym, że budowle wzniesione przez izraelskich niewolników w Pithom i Ramzes runęły lub zostały pochłonięte przez ziemię[4]. Inskrypcja datowana na początek Nowego Państwa opisuje świątynię Średniego Państwa, która „została pochłonięta przez ziemię" pod koniec Średniego Państwa[5].

Głowa ciała niebieskiego bardzo się zbliżyła [do Ziemi], przebijając się przez ciemności gazowej powłoki, i według Midraszów ostatnia noc w Egipcie była jasna jak przy księżycu w dniu letniego przesilenia dnia z nocą[6].

Ludność uciekła. „Ludzie uciekają... Mieszkaniem ich są namioty, jak u mieszkańców wzgórz", napisał Ipuwer[7]. Ludność miast zniszczonych przez trzęsienie ziemi zwykle spędza noce na polach. Księga Eksodusu opisuje pospieszną ucieczkę w noc dziesiątej plagi; „mnóstwo" obcego ludu opuściło Egipt wraz z Izraelitami, którzy spędzili swoją pierwszą noc w sukot (namiotach)[8]. „Błyskawice rozświetlały świat: ziemia drżała i trzęsła się... Ty prowadziłeś swój naród jak stado ręką Mojżesza i Aarona"[9]. Zostali wyprowadzeni z Egiptu przez znak, który wyglądał jak wyciągnięta ręka – „ręką możną i wycią-

---

[1] Eusebius, *Preparation for the Gospel* (tłum. E. H. Gifford, 1903), Bk. IX, Chap. xxvii.

[2] Cf. S. Bochart, *Hierozoicon* (1675), I, 344.

[3] The Mishna of Rabbi Eliezer, ed. H. G. Enelow (1933).

[4] Ginzberg, *Legends*, II, 241. Pithom został odkopany przez E. Navillea (*The Store-City of Pithom and the Route of the Exodus* {1885}), ale nie kopał on poniżej warstwy Nowego Państwa.

[5] The Inscription of Queen Hatshepsut at Speos Artemidos, J. Breasted, *Ancient Records of Egypt*, Vol. II, Sec. 300.

[6] Zohar ii, 38a–38b.

[7] Papyrus Ipuwer 10:2.

[8] Exodus 12:37–38.

[9] Psalmy 77:18, 20.

gniętym ramieniem, przez wielkie i straszne czyny" lub „ręką możną i podniesionym ramieniem, wśród wielkiej zgrozy, znaków i cudów"[1].

„13"

„O północy" wszystkie domy Egiptu zostały zniszczone; „nie było domu, gdzie by ktoś nie został zabity". Zdarzyło się to w nocy czternastego dnia miesiąca Awiw [Abib] (Eksodus 12:6; 13:4). Jest to noc Pesach [Paschy]. Wydaje się, że Izraelczycy pierwotnie świętowali Pesach w przeddzień czternastego Awiw.

Miesiąc Awiw nazywany jest „pierwszym miesiącem" (Eksodus 12:18). U Egipcjan pierwszy miesiąc nazywał się Thot. To, co dla Izraelitów stało się świętem, dla Egipcjan stało się dniem smutku i postu. „Trzynasty dzień miesiąca Thot {jest} bardzo złym dniem. Nie powinieneś niczego czynić tego dnia. Jest to dzień walki, którą Horus toczył z Setem"[2].

Hebrajczycy liczyli (i wciąż liczą) początek dnia od zachodu słońca[3]; Egipcjanie liczą od wschodu słońca[4]. Ponieważ katastrofa miała miejsce o północy, dla Izraelitów był to czternasty dzień (pierwszego) miesiąca; dla Egipcjan był to trzynasty dzień.

Trzęsienie ziemi, wywołane kontaktem lub zderzeniem z kometą, musi być odczuwane natychmiast na całym świecie. Trzęsienie ziemi jest zjawiskiem, które zdarza się od czasu do czasu, ale trzęsienie ziemi towarzyszące zderzeniu w kosmosie, musi wyróżniać się i zostać zapamiętane jako pamiętna data dla tych, którzy je przeżyli.

W kalendarzu Zachodniej Półkuli, trzynastego dnia miesiąca zwanego *olin*, „ruch" lub „trzęsienie ziemi"[5], nowe słońce, jak się uważa, zapoczątkowało nową epokę świata[6]. Aztekowie, podobnie jak Egipcjanie, liczą dzień od wschodu słońca[7].

Mamy tu, *en passant*, odpowiedź na pytanie dotyczące początku przesądu, który dotyczy liczby 13, szczególnie trzynastego dnia, jako niepomyślnego i złowróżbnego. Wciąż pozostaje to przekonaniem wielu przesądnych osób, niezmienionym od tysięcy lat i nawet wyra-

---

[1] Deuteronomium [V Ks. Mojżeszowa] 4:34; 26:8.

[2] W. Max Müller, *Egyptian Mythology* (1918), p. 126.

[3] Leviticus [III Księga Mojżeszowa] 23:32.

[4] K. Sethe, "Die ägiptische Zeitrechnung" (*Gottingen Ges. d. Wiss.* 1920), pp. 130 ff.

[5] Patrz *Codex Vaticanus* No 3773 (B), wyjaśnione przez E. Selera (1902–1903).

[6] Seler, *Gesammelte Abhandlungen*, II, 798, 800.

[7] L. Ideler, *Historische Untersuchungen uber die astronomischen Beobachtungen der Alten* (1806), p. 26.

żanym w tych samych słowach: „Trzynasty dzień jest bardzo złym dniem. Nie powinieneś niczego czynić tego dnia".

Nie sądzę, aby można było znaleźć jakikolwiek zapis dotyczący tego wierzenia, datowany z okresu przed Eksodusem. Izraelczycy nie podzielają tego przesądu o złym wpływie trzynastki (lub czternastki).

ROZDZIAŁ III

HURAGAN

SZYBKIE PRZEMIESZCZANIE SIĘ atmosfery pod wpływem uderzenia gazowej części komety, prąd powietrza wzbudzony przez ciało komety i pęd atmosfery wynikający z bezwładności, kiedy Ziemia przestała się obracać lub przesunęły się jej bieguny, wszystko to wytworzyło huragany o niezwykłej prędkości i sile i o światowym zasięgu.

Manuscript Troano i inne dokumenty Majów opisują katastrofę kosmiczną w czasie której ocean runął na kontynent, a okropny huragan przeczesał ziemię[1]. Huragan rozszalał się i porwał ze sobą wszystkie miasta i wszystkie lasy[2]. Wybuchające wulkany, fale przelewające się ponad górami i gwałtowne wiatry zagroziły unicestwieniem ludzkości, i faktycznie unicestwiły wiele gatunków zwierząt. Oblicze Ziemi się zmieniło, góry zawaliły się, inne góry wypiętrzały się ponad wodospadami wody wyprowadzonej z obszarów oceanu, niezliczone rzeki utraciły swoje koryta, a dzikie tornado szalało wśród gruzów walących się z nieba. Przyczyną końca epoki świata był Hurakan, czynnik fizyczny, który przynosił ciemność i porywał domy i lasy, a nawet skały i kopce ziemi. Od jego imienia pochodzi „huragan", słowo, którego używamy na określenie silnego wiatru. Hurakan unicestwił większą część rodzaju ludzkiego. W ciemności zamiatanej wiatrem, coś podobnego do żywicy opadło z nieba i razem z ogniem i wodą wzięło udział w zniszczeniu świata[3]. Przez pięć dni, oprócz blasku płonącej ropy naftowej i wulkanów, świat pozostawał w ciemności, ponieważ słońce nie pojawiło się.

Motyw kosmicznego huraganu powtarza się wielokrotnie w hinduskich *Wedach* i w perskiej *Aweście*[4], a *diluvium venti*, potop wiatru, jest określeniem znanym z pism wielu starożytnych autorów[5]. W podrozdziale „Ciemność" cytowałem źródła rabiniczne mówiące o „wyjątkowo silnym wietrze zachodnim", który wiał przez siedem dni, podczas gdy świat pogrążony był w ciemności, i hieroglificzną inskrypcję z el-Arish, która mówi o „dziewięciu dniach wstrząsu", kiedy

---

[1] Brasseur, *Manuscript Troano* (1869), p. 141.

[2] W dokumentach ze zbioru Kingsborough, pism Gómary, Mitolinii, Sahaguna, Landy, Cogolludo i innych autorów z wczesnego okresu po podboju, w wielu fragmentach opisane są kataklizmy potopu, huraganu, wulkanów. Patrz np. *Gómara, Conquista de México*, II, pp. 261 ff.

[3] *Popol-Vuh*, Chap. III.

[4] Cf. A. J.Carnoy, *Iranian Mythology* (1917).

[5] Cf. Eisler, *Weltmantel und Himmelszelt*, II, 453. Talmud czasami używa określenia „kosmiczny wiatr". The Babylonian Talmud, Tractate Berakhot, 13.

„była taka burza", że nikt nie mógł opuścić pałacu ani zobaczyć twarzy siedzących obok niego. Cytowałem też jedenastą tabliczkę *Epic of Gilgamesh*, która mówi „sześć dni i nocy...huragan, potop i burza wymiatały kraj" i prawie cała ludzkość zginęła. W walce boga-planety Marduka z Tiamat „on {Marduk} stworzył zły wiatr, i burzę, i huragan, i czworaki wiatr, i siedmioraki wiatr, i trąbę powietrzną, i wiatr, który nie ma równego sobie"[1].

Maorysi opowiadają[2], że pośród potwornej katastrofy „potężne wiatry, gwałtowne nawałnice, gęste, ciemne, gwałtowne, pędzące dziko i dziko rozpadające się chmury" runęły na świat, a pośrodku nich Tawhirima-tea, ojciec wiatrów i burz, i zmiotły ogromne lasy i zbiły wody w fale, których grzywy wzniosły się wysoko jak góry, ziemia jęczała okropnie, a ocean pierzchnął.

„Ziemia zanurzyła się w oceanie, ale została wyciągnięta przez Tefaafanau" opowiadają tubylcy z Paumotu w Polinezji. Nowe wyspy „zostały spuszczone przez gwiazdę". Polinezyjczycy w marcu oddają cześć bogu Taafanua[3]. „W języku arabskim Tyfoon [Tajfun] oznacza trąbę powietrzną, a Tufan oznacza Potop; to samo słowo znajdujemy w chińskim Ty-fong"[4]. Wygląda na to, że hałas spowodowany huraganem zdominowany był przez dźwięk podobny do imienia Tyfoon, tak jakby burza wzywała go po imieniu.

Kosmiczny wstrząs wytworzył „potężny silny wiatr zachodni"[5], ale zanim osiągnął on punkt kulminacyjny, „Pan sprowadził gwałtowny wiatr wschodni, wiejący przez całą noc i cofnął morze, i zamienił w suchy ląd. Wody się rozstąpiły"[6].

Izraelici znajdowali się na brzegu Morza Przejścia w samym punkcie kulminacyjnym kataklizmu. Nazwę Jam Suf powszechnie tłumaczy się jako Morze Czerwone; uważa się, że Przejście miało miejsce albo w Zatoce Sueskiej, albo Zatoce Akaba na Morzu Czerwonym, ale czasami miejsce Przejścia lokuje się na jednym z wewnętrznych jezior, na drodze od Suezu do Morza Śródziemnego. Twierdzi się, że *suf* oznacza „trzcinę" (trzcina papirusu), a ponieważ trzcina papirusu nie rośnie w słonej wodzie, Jam Suf musiała być laguną ze słodką wodą[7]. Nie podejmiemy tu dyskusji na temat tego gdzie znajdowało się Morze Przejścia. Inskrypcja na grobowcu znalezionym w el-Arish

---

[1] *Seven Tablets of Creation*, czwarta tabliczka.

[2] E. B. Tylor, *Primitive Culture* (1929), I, 322 ff.

[3] Williamson, *Religious and Cosmic Beliefs of Central Polynesia*, I, 36, 154, 237.

[4] G. Rawlison, *The History of Herodotus* (1858–1862), II, 225 notka.

[5] Exodus 10:19.

[6] Exodus 14:21.

[7] Cf. Isaiah 19:6.

może dostarczyć pewnych wskazówek co do miejsca gdzie faraona pochłonął odmęt[1]; w każdym razie, topograficzny układ morza i lądu nie pozostał taki sam jaki był przed kataklizmem, w dniach Eksodusu. Ale nazwa Morza Przejścia – Jam Suf – daje się wyprowadzić nie tylko od słowa „trzcina", lecz i od „huragan", w języku hebrajskim *suf, sufa*. W języku egipskim Morze Czerwone nazywa się *szari*, co oznacza morze wstrząsu (*mare percussionis*) albo morze uderzenia lub katastrofy[2].

Hagada pesachowa mówi: „Zmiotłeś [Panie] kraj Moph i Noph... w dzień Pesach"[3].

Huragan, który zakończył Środkowe Państwo Egiptu – „podmuch boskiego niezadowolenia" według słów Manetho – wiał w każdym zakątku świata. Chcąc odróżnić w podaniach różnych ludów to *diluvium venti* o wymiarach kosmicznych, od lokalnych katastrofalnych burz, należy stwierdzić czy huraganowi towarzyszyły inne zakłócenia kosmiczne, takie jak zniknięcie słońca lub zmiany na niebie.

W japońskich mitach kosmogonicznych, bogini słońca schowała się na długi okres czasu w niebiańskiej jaskini, z obawy przez bogiem burzy. „Źródło światła zniknęło, cały świat stał się ciemny", a bóg burzy spowodował monstrualne zniszczenia. Bogowie okropnie hałasowali, po to aby słońce się pojawiło, a z powodu tumultu jaki czynili ziemia drżała[4]. W Japonii i na dużym obszarze oceanu huragany i trzęsienia ziemi nie należą do rzadkości, ale nie zakłócają one następstwa dnia i nocy, ani też nie powodują stałych zmian nieba i ciał niebieskich. „Niebo znajdowało się nisko" opowiadają Polinezyjczycy z wyspy Takaofo, i „wtedy nadeszły wiatry i trąby wodne i nadszedł huragan i podniosły niebo do obecnej wysokości"[5].

„Kiedy cykle [epoki] świata niszczone są przez wiatr", mówi buddyjski tekst dotyczący „Cykli świata", wiatr również „przewraca ziemię do góry nogami i wyrzuca ją w stronę nieba" i „obszary o rozmiarach stu mil, dwustu mil, trzystu mil, pięciuset mil, pękają i wyrzucane są w górę siłą wiatru" i nie opadają, ale „są rozdmuchiwane na proch na niebie i unicestwiane". „A wiatr wyrzuca w stronę nieba również góry, które otaczają Ziemię...{są one} rozgniatane na proch i niszczone". Kosmiczny wiatr wieje i niszczy „sto tysięcy razy dziesięć milionów światów"[6].

---

[1] Patrz rozdz. „Ciemność".

[2] Akerblad, *Journal asiatique*, XIII (1834), 349; F. Fresnel, *ibid.*, 4e Série, XI (1848); cf. Peyron, *Lexicon linguae copticae* (1835), p. 304.

[3] Moph i Noph dotyczą Memfis.

[4] Nihongi, „Chonicles of Japan from the Earliest Times" (tłum. W. G. Aston).

[5] Williamson, *Religious and Cosmic Beliefs of Central Polynesia*, I, 44.

[6] Warren, World Cycles, *Buddhism*, p. 328.

FALA

Fale oceanu powstają wskutek oddziaływania słońca i – w większym stopniu – księżyca. Ciało większe od księżyca, lub znajdujące się bliżej Ziemi, będzie oddziaływało z większym skutkiem. Kometa z głową tak dużą jak Ziemia, przelatując dostatecznie blisko, podniesie wody oceanów na wysokość mil[1]. Spowolnienie lub zatrzymanie obrotów Ziemi spowoduje falowe cofnięcie wód w stronę biegunów[2], ale znajdujące się w pobliżu ciało niebieskie zakłóci to ku-biegunowe cofnięcie, przyciągając wody ku sobie.

Podania wielu ludów utrzymują, że morza zostały rozdzielone, ich wody uniesione w górę i ciśnięte na kontynenty. Aby określić czy te podania odnoszą się do tego samego zdarzenia, a przynajmniej do zdarzenia tego samego rodzaju, musimy kierować się taką kolejnością zdarzeń: wielka fala wystąpiła po zakłóceniu ruchu Ziemi.

Chińskie kroniki, o których wspomniałem, i które zamierzam cytować obszerniej w kolejnym rozdziale, mówią, że w czasach cesarza Jahou słońce nie zachodziło przez dziesięć dni. Świat był w płomieniach, a „w swej ogromnej większości" wody „przewyższyły największe szczyty, zagrażając niebu powodzią". Woda oceanu została wzniesiona i rzucona na kontynent Azji; wielka fala pływowa przelała się przez góry i wdarła do środka cesarstwa Chin. Woda uwięzła w dolinach między górami i kraj pozostał zalany przez dekady.

Podania mieszkańców Peru mówią, że w czasie równym pięć dni i pięć nocy nie było słońca na niebie, a wtedy ocean opuścił swoje brzegi i z wielkim łoskotem wdarł się na kontynent; w tej katastrofie uległa zmianie cała powierzchnia Ziemi[3].

Czoktawowie, Indianie z Oklahomy, opowiadają: „Ziemia była pogrążona w ciemności przez długi czas". Na koniec jasne światło pojawiło się na północy, „ale to były fale wysokie jak góry, zbliżające się gwałtownie"[4].

W podaniach tych występują dwa zgodne elementy: całkowita ciemność, która trwała przez szereg dni (w Azji – przedłużony dzień), a kiedy światło się przedarło, wysoka jak góra fala, która przyniosła zniszczenie.

Hebrajska opowieść o przejściu przez morze zawiera te same elementy. Miała miejsce przedłużona i całkowita ciemność (Eksodus

---

[1] Cf. J. Lalande, *Abrégé d'astronomie* (1795), p. 340, który obliczył, że kometa z głową tak dużą jak Ziemia, znajdująca się w odległości 13.290 *lieus*, lub około czterech średnic Ziemi, wzbudzi fale oceanu wysokie na 2.000 *toises* lub o wysokości około czterech kilometrów.

[2] P. Kirchenberg, *La Théorie de la relativité* (1922), pp. 131–132.

[3] Andree, *Die Flutsagen*, p. 115.

[4] H. S. Bellamy, *Moons, Myths and Man* (1938), p. 277.

10:21). Ostatni dzień ciemności wypadł koło Morza Czerwonego[1]. Kiedy świat wynurzył się z ciemności, odsłoniło się dno morza, wody zostały rozdzielone i wzniosły się jak ściany w podwójnej fali[2]. Septuaginta, tłumaczenie Biblii [na grecki], mówi, że wody stały „jak mur", a Koran, odnosząc się do tego zdarzenia, mówi „jak góry". W starych pismach rabinicznych jest mowa, że wody trwały zawieszone, jakby były „szklane, masywne i zwarte"[3].

Komentator Raszi, kierując się gramatyczną strukturą zdania w Księdze Eksodusu, wyjaśnił zgodnie z Mechiltą[4]: „Wody wszystkich oceanów i mórz były rozdzielone"[5].

Midrasze zawierają następujący opis: „Wody wzniosły się na wysokość tysiąca sześciuset mil i mogły być widziane przez wszystkie ludy Ziemi"[6]. Liczba podana w tym zdaniu ma na celu wykazanie, że słup wody był wyjątkowo wysoki. Według Biblii, wody wspięły się na góry i stały ponad nimi i sięgały niebios[7].

Widok rozdzielonego morza musiał być wspaniały i nie mógł zostać zapomniany. Jest on wymieniony w licznych fragmentach Biblii. „Kolumny niebieskie chwieją się... Swoją mocą rozdzielił morze"[8]. „Wobec ojców ich czynił cuda... Rozdzielił morze, przeprowadził ich, i ustawił wody jak wały"[9]. „Zbiera jakby w stągwi wody morskie... Niech się boi Pana cała ziemia"[10].

Następnie Morze Wielkie (Śródziemne) wtargnęło do Morza Czerwonego ogromną falą pływową[11].

Było to niezwykłe wydarzenie, a ponieważ było niezwykłe, stało się najbardziej poruszającym wspomnieniem w długiej historii tego ludu. Wszyscy ludzie i narody zostali porażeni tym samym ogniem i rozbici z tą samą gwałtownością. Plemiona Izraela na brzegu morza znalazły w tym zniszczeniu wyzwolenie z niewoli. Uniknęli zagłady, a ich prześladowcy zginęli na ich oczach. Wychwalali Stwórcę, przyjęli

---

[1] Exodus 14:20; Ginzberg, *Legends*, II, 359.

[2] „Wody zaś były im jakby murem po ich prawej i lewej stronie". Exodus 14:22.

[3] A. Calmet, *Commentaire, l'Exode* (1708), p. 159: „Les eaux demeurent suspendues, comme une glace solide et massive".

[4] Mechilta – „kompendium"; tekst egzegezy Księgi Wyjścia, opracowany w III w. – przyp. tłum.

[5] *Rashi's Commentary to Pentateuch* (tłum. ang. M. Rosenbaum i A. M. Sulberman, 1930).

[6] Ginzberg, *Legends*, III, 22; Targum Yerushalmi, Exodus 14:22.

[7] Księga Psalmów 104:6–8; 107:25–26.

[8] Księga Joba (Hioba) 26:11–12.

[9] Księga Psalmów 78:12–13.

[10] Księga Psalmów 33:7–8.

[11] Mekhilta Beshalla 6, 33a; inne źródła u Ginzberga, *Legends*, VI, 10.

na siebie brzemię praw moralnych i uznali siebie za wybranych dla
wielkich celów.

Kiedy Hiszpanie podbili Jukatan, Indianie, biegli w swych starożytnych pismach, opowiedzieli zdobywcom o podaniu przekazanym
im przez przodków: ich przodkowie uratowali się przed pościgiem innych ludzi, kiedy Pan otworzył im drogę pośrodku morza[1].

Podanie to jest tak podobne do relacji żydowskiej z okresu Przejścia, że niektórzy zakonnicy, którzy przybyli do Ameryki, byli przekonani, że amerykańscy Indianie są pochodzenia żydowskiego. Zakonnik Diego de Landa napisał: „Niektórzy starzy mieszkańcy Jukatanu
mówią, że słyszeli od swoich przodków, że ten kraj zamieszkany był
przez pewnych ludzi, którzy przybyli ze wschodu, których Bóg wy-
bawił otwierając im dwanaście dróg przez morze. Jeśli to prawda,
wszyscy mieszkańcy Indii muszą być pochodzenia żydowskiego"[2].

Mogło to być echo tego, co się zdarzyło na Morzu Przejścia, albo
opis podobnego zdarzenia w tym samym czasie, ale w innym miejscu.

Według kosmogonicznej opowieści Laplanda[3], „kiedy wzrosła nie-
godziwość istot ludzkich", środek Ziemi „zatrząsł się z lęku, tak że
odpadły górne warstwy Ziemi i wielu ludzi zostało ciśniętych w dół
do szczelin podobnych do jaskiń i zginęli". „A Jubmel, sam bóg, zstąpił... Jego okropny gniew błyskał jak czerwone, niebieskie i zielone
węże ognia, i ludzie ukryli swoje twarze, a dzieci krzyczały ze strachu... Gniewny bóg przemówił: »Przewrócę ten świat. Rozkażę rze-
kom płynąć w górę; spowoduję, że morze zbierze się w jednym miejscu
i utworzy mur wielki jak wieża, który cisnę na was, nikczemne dzieci
Ziemi i tak zniszczę was i całe życie«".

> Jubmel wysłał dmący huragan,
> i wściekłe demony powietrza...
> spieniona, pryskająca, wznosząca się aż do nieba
> nadeszła ściana morza, rozbijając wszystko.
> Jubmel jednym silnym wstrząsem
> przewrócił wszystkie krainy ziemi;
> następnie znowu naprawił świat.
> Teraz gór i wyżyn
> nie może zobaczyć Beijke {słońce}.
> Wypełniona jękami umierających ludzi
> była dobra Ziemia, ojczyzna ludzkości.
> Już więcej Beijke nie świeci na niebie.

---

[1] Antonio de Herrera, *Historia general de las Indias Occidentales*, Vol. IV,
Bk. 10, Chap. 2; Brasseur, *Histoire des nations civilisées du Mexique*, I, 66.

[2] De Landa, *Yucatan*, p. 8.

[3] Leonne de Cambrey, *Lapland Legends* (1926).

Według opowieści Laplanda, świat został zmiażdżony przez huragan i morze, a prawie wszyscy ludzie zginęli. Po tym jak ściana morza runęła na kontynent, gigantyczne fale toczyły się dalej i niosły martwe ciała ciśnięte w ciemne wody.

Wielkie trzęsienie ziemi i rozpadliny, które się otworzyły w ziemi, pojawienie się ciała niebieskiego z błyskami podobnymi do węży, rzeki płynące w górę, ściana morza, która miażdżyła wszystko, góry, które zostały zrównane z ziemią lub przykryte wodą, świat, który został przewrócony, a następnie naprawiony, słońce, które już nie świeciło na niebie – wszystkie te motywy znajdujemy w opisie klęsk w czasie Eksodusu.

W wielu miejscach na świecie, szczególnie na północy, znajdywane są głazy narzutowe, w takich położeniach które dowodzą, że wielka siła musiała unieść je i nieść na duże odległości, zanim je osadziła w miejscu, gdzie się obecnie znajdują. Czasami te ogromne wolne skały mają zupełnie inny skład mineralny od skał lokalnych, ale podobny do formacji odległych o wiele mil. Tak więc czasami granitowy głaz narzutowy umieszczony jest na szczycie wysokiego pasma dolerytów, podczas gdy najbliższe odkrywki granitu znajdują się bardzo daleko. Te głazy narzutowe mogą ważyć nawet dziesięć tysięcy ton, mniej więcej tyle co sto trzydzieści tysięcy ludzi[1].

Aby wyjaśnić te fakty, naukowcy pierwszej połowy dziewiętnastego wieku przyjęli, że ogromne fale pływowe omiotły kontynenty i niosły ze sobą masy kamieni. Przeniesienie skał tłumaczono falami, ale co mogło spowodować, że te fale wzniosły się wysoko ponad kontynenty?

„Wyobrażano sobie, że jakoś gdzieś na dalekiej północy została tajemniczo wzbudzona seria gigantycznych fal. Te fale miałyby rzucić się na ląd, a następnie wściekle popłynęły zarówno nad górami jak i dolinami, niosąc ze sobą potężny ładunek kamieni, skał i śmieci. Takie potopy nazywano »falami przenoszenia«, a glina morenowa miała reprezentować materiały, które te potopy niosły pędząc dziko po kraju"[2]. Teoria ta tłumaczyła obecność kamieni i głazów narzutowych na szczytach wzgórz, i hałd piasku i żwiru na nizinach. Jednak krytycy utrzymywali, że „Niefortunne dla tego punktu widzenia jest to, że na samym początku gwałci podstawowe zasady nauki, przyjmu-

---

[1] Głaz narzutowy Madison koło Conway, New Hampshire, ma wymiary 40 na 38 stóp i waży około 10.000 ton. „Składa się z granitu, zupełnie inaczej niż skalne podłoże pod nim; stąd jest to typowy narzutowy głaz »eratyczny«". Daly, *The Changing World of Ice Age*, p. 16.

[2] J. Geikie, *The Great Ice Age and Its Relation to the Antiquity of Man* (1894), pp. 25–26.

jąc wcześniejsze istnienie przyczyny, która nie znajduje potwierdzenia w naturze... spazmatyczne wtargnięcia morza, zalewającego całe kraje, nigdy nie były doświadczane za pamięci człowieka"[1]. Poprawność ostatniego zdania staje się wątpliwa w świetle odniesień do podań wielu ludów.

Gdziekolwiek to możliwe, ruch głazów przypisywano przesuwaniu się pokrywy lodowej w epokach zlodowacenia oraz lodowcom na zboczach gór.

Agazis w 1840 r. przyjął, że tak jak moreny alpejskie zostały pozostawione przez cofające się lodowce, podobnie i moreny na nizinach północnej Europy i Ameryki mogły być spowodowane przez ruch wielkich kontynentalnych pokryw lodowych (i w ten sposób wprowadził teorię epok lodowcowych). Chociaż jest to do pewnego stopnia słuszne, analogia nie jest dokładna, jako że alpejskie lodowce spychają głazy w dół, a nie w górę stoków. W przypadku ruchu lodu w górę, wielkie głazy narzutowe prawdopodobnie zatonęłyby w lodzie.

Problem migracji głazów należy traktować jako tylko częściowo (jeśli w ogóle) związany z postępem lub cofaniem się powłoki lodowej. Fale o wysokości wielu mil pędziły przez ląd, powodując zdarzenia opisane w tej książce.

Znając stopień denudacji[2] skał pod głazami eratycznymi, można ustalić, czy te ostatnie zostały złożone na swoich miejscach w czasach historycznych. Tak więc na przykład w Walii i Yorkshire, gdzie efekt ten został oceniony w kategoriach czasu, „stopień denudacji skał wapienia, na których leżą głazy eratyczne" jest „dowodem, że od czasu gdy te głazy ustawiły się w swoich pozycjach, minęło nie więcej niż sześć tysięcy lat"[3].

Fakt, że masy głazów zostały przerzucone z równika w stronę wyższych szerokości geograficznych, enigmatyczny problem teorii lodowcowej, może być wyjaśniony cofnięciem się wód równikowych w stronę bieguna w momencie gdy zmalała prędkość obrotów Ziemi lub gdy jej bieguny uległy odchyleniu. Na półkuli północnej, w Indiach, moreny zostały przeniesione z równika nie tylko w stronę wyższych szerokości geograficznych, ale również w stronę Himalajów, a na półkuli południowej – z obszarów równikowych Afryki w stronę wyższych szerokości geograficznych, poprzez stepy, pustynie i lasy Czarnego Lądu.

---

[1] *Ibid.*

[2] Denudacja – ogół procesów niszczących powierzchnię Ziemi poprzez usuwanie materiału skalnego lub gleby, obejmujący wietrzenie i erozję – przyp. tłum.

[3] Upham, *The Glacial Lake Agassiz* (1895), p. 239.

BITWA NA NIEBIE

W tym samym czasie kiedy morza wypiętrzyły się w ogromne fale, na niebie działo się widowisko, które przerażeni widzowie na Ziemi postrzegali jako gigantyczną bitwę. Ponieważ bitwa ta widziana była z niemal wszystkich części świata, i ponieważ wywarła ogromnie silne wrażenie na wyobraźnię ludzi, możemy ją w pewnym stopniu odtworzyć.

Kiedy Ziemia przeszła przez gazy, pył i meteoryty ogona komety, doznawszy zakłócenia obrotów, poruszała się po wypaczonej orbicie. Wynurzywszy się z ciemności, wschodnia półkula Ziemi znalazła się naprzeciw głowy komety. Krótko przedtem głowa ta przeszła blisko słońca i jarzyła się. Noc, w czasie której wielkie trzęsienie ziemi wstrząsnęło kulą ziemską, była – według pism rabinicznych – jasna jak dzień letniego zrównania dnia z nocą. Z powodu bliskości Ziemi, kometa porzuciła swoją orbitę i przez jakiś czas podążała wzdłuż orbity Ziemi. Wielka kometa cofnęła się, potem znów przybliżyła do Ziemi, otoczona ciemną powłoką gazów, które wyglądały jak słup dymu w czasie dnia, a ognia nocą, i Ziemia raz jeszcze przeszła przez atmosferę komety, tym razem przy jej szyi. Temu etapowi towarzyszyły gwałtowne i nieustające wyładowania elektryczne między atmosferą ogona komety i atmosferą ziemską. Między tymi dwoma zbliżeniami miał miejsce odstęp około sześciu dni. Jak się wydaje, po wynurzeniu się z gazów komety, Ziemia zmieniła kierunek obrotów i słup dymu przeniósł się na przeciwną stronę widnokręgu[1]. Kolumna ta wyglądała jak gigantyczny poruszający się wąż.

Kiedy fala pływowa osiągnęła swój najwyższy punkt i morza zostały rozdzielone, gigantyczna iskra przeskoczyła między Ziemią i kulą komety, co natychmiast pchnęło w dół wysokie na mile fale. W międzyczasie ogon komety i jej głowa, usidlone wzajemnie przez ich bliski kontakt z Ziemią, wymieniły między sobą gwałtowne wyładowania elektryczne. Wyglądało to jak walka między błyszczącym globem i ciemną kolumną dymu. W czasie wymiany potencjałów elektrycznych, ogon i głowa były do siebie przyciągane i odpychane. Z podobnego do węża ogona wyrastały przedłużenia i utracił on kształt słupa. Wyglądał teraz jak wściekłe zwierzę, posiadające nogi i wiele głów. Wyładowania rozdarły ogon na kawałki, a procesowi temu towarzyszył deszcz meteorytów spadających na Ziemię. Wyglądało to jakby potwór został pokonany przez błyszczącą planetę i pogrzebany w morzu, czy gdziekolwiek gdzie spadły meteoryty. Następnie gazy z ogona komety otoczyły Ziemię.

---

[1] Cf. Exodus 14:19.

Kula komety, która utraciła dużą część swojej atmosfery, jak też swego potencjału elektrycznego, cofnęła się od Ziemi, ale nie wyrwała spod wpływu jej przyciągania. Najwyraźniej, po sześciotygodniowej przerwie, odległość między Ziemią i kometą znów się zmniejszyła. Tego nowego zbliżenia nie można było łatwo zaobserwować, gdyż Ziemia otoczona była chmurami pyłu pozostawionego przez kometę podczas poprzedniego zbliżenia, jak również pyłu wyrzuconego przez wulkany. Po ponownej wymianie wyładowań kometa i Ziemia oddaliły się.

To zachowanie komety ma wielkie znaczenie dla problemów mechaniki niebios. To, że kometa, zbliżywszy się do planety, może być przyciągnięta i odchylona od swej drogi, zmuszona do przejścia na inny tor, a w końcu może uwolnić się od wpływu planety, udowodnił przypadek komety Lexella, która w 1767 r. została pochwycona przez Jowisza i jego księżyce. Dopiero w 1799 r. uwolniła się od tego uwiązania. Zjawisko, którego nie zaobserwowano w czasach współczesnych, to elektryczne wyładowanie pomiędzy planetą i kometą, jak również między głową komety a ciągnącym się za nią ogonem.

Zdarzenia na niebie widziane były przez ludzi na świecie jako walka między złym potworem w kształcie węża i świetlistym bogiem, który wydał potworowi bitwę i w ten sposób ocalił świat. Ogon komety, miotający się w przód i w tył wskutek wyładowań płomiennego globu, traktowany był jako oddzielne ciało, wrogie wobec globu komety.

Pełny przegląd motywów religijnych i folklorystycznych, które odzwierciedlają to zdarzenie, wymagałby więcej miejsca niż mam tutaj do dyspozycji; trudno byłoby znaleźć naród czy plemię na ziemi, gdzie nie byłoby tego samego motywu, stanowiącego centrum ich wierzeń religijnych[1].

Ponieważ opisy bitwy między Mardukiem i smokiem Tiamat, albo Izydą i Setem, albo Wisznu i wężem, lub Kriszną i wężem, albo Ormuzdem i Arymanem przebiegają według tego samego wzorca i zawierają wiele szczegółów wspólnych z bitwą między Zeusem i Tyfonem, przytoczę tu opis tej bitwy według Apollodora[2].

Tyfon „przewyższał wszystkie góry, a głową często dotykał gwiazd. Jedna jego ręka wyciągnięta była na zachód, a druga na wschód, a z nich wyrastała setka smoczych głów. Od ud w dół wiły się ogromne żmije, które... wydawały przeciągły syk... Całe ciało miał uskrzydlone... a oczy ciskały ognie. Taki wielki był Tyfon, kiedy miotając

---

[1] Zamierzam wykorzystać część tego materiału w eseju poświęconym Smokowi.

[2] Apollodorus, *The Library*, Epitome II (tłum. Frazer).

rozpalone głazy, ciskał je w samo niebo, gwiżdżąc i wrzeszcząc, tryskając z ust wielkimi strumieniami ognia". Zeus ścigał Tyfona aż do Egiptu, „pędząc po niebie". „Zeus ciskał w Tyfona z oddali piorunami, a z bliska zadał mu cios twardym sierpem, a gdy ten uciekał, gonił tuż za nim aż do Góry Casius, która wznosi się nad Syrią. Tam, widząc że potwór jest poważnie ranny, mocował się z nim. Ale Tyfon zwarł się z nim i pochwycił go w swe sploty". „Odzyskawszy swą moc, Zeus pędząc po niebie rydwanem zaprzężonym w skrzydlate konie, miotał piorunami w Tyfona... Będąc więc znowu ściganym {Tyfon} przybył do Tracji i w czasie walki koło Góry Haemus podnosił całe góry... strumień krwi trysnął na górę i mówią że dlatego górę nazwano Haemus {krwawa}. Kiedy zaczął uciekać przez Morze Sycylijskie, Zeus cisnął w niego Etną na Sycylii. Jest to ogromna góra z której, aż po dziś dzień, jak mówią, wydobywają się strumienie ognia pochodzące od niegdyś ciśniętych piorunów".

Walka odcisnęła głębokie ślady w całym starożytnym świecie. Niektóre obszary zostały szczególnie skojarzone ze zdarzeniami kosmicznej walki. Egipski brzeg Morza Czerwonego został nazwany Tyfonią[1]. Strabon pisze również, że Arimi (Aramejczycy lub Syryjczycy) byli pełnymi przerażenia świadkami bitwy Zeusa z Tyfonem. A Tyfon, „który, jak dodają, był smokiem, kiedy został porażony piorunami, uciekł szukając schronienia pod ziemią"[2], i nie tylko wyżłobił w ziemi bruzdy i ukształtował łożyska rzek, ale zstąpiwszy pod ziemię spowodował wytryśnięcie fontann.

Podobne opisy pochodzą z różnych miejsc starożytnego świata, i różne ludy opowiadają tam o doświadczeniach swoich przodków, którzy byli świadkami wielkiej katastrofy w połowie drugiego tysiąclecia [przed naszą erą].

W tym czasie Izraelici nie doszli jeszcze do czystej koncepcji monoteistycznej i podobnie jak inni widzieli w wielkiej walce konflikt między dobrem i złem. Autor księgi Eksodusu, ukrywając koncepcje starożytnych Izraelitów, przedstawił znak ognia i dymu, poruszających się w kolumnie, jako anioła lub posłańca Boga. Jednakże wiele fragmentów w innych księgach Biblii zachowało obraz taki jak objawił się świadkom. *Rahab* to hebrajska nazwa przeciwnika Najwyższego. „Panie, Boże Zastępów, któż jest jak Ty?... Tyś zmiażdżył Rahaba, ugodzonego śmiertelnie... Twoje są niebiosa, Twoja też ziemia; Tyś ugruntował świat i to co go wypełnia, Tyś stworzył północ i południe"[3]. Deutero-Izajasz modlił się: „Obudź się, obudź się, oblecz się

---

[1] Strabo, *The Geography* (tłum. H. L. Jones, 1924), vii, 3, 8.
[2] *Ibid.*
[3] Księga Psalmów 89:9–12.

w siłę, tyś, ramię Pana! Obudź się jak za dni dawnych, jak w czasach odległych! Czy to nie tyś rozłupało potwora [Rahaba], przeszyło smoka morskiego? Czy nie tyś osuszyło morze, wody wielkiej toni, uczyniło drogę poprzez głębiny morskie, aby przeszli odkupieni?"[1]. Z fragmentów tych jasno wynika, że walka Pana z Rahabem nie była pradawną bitwą, która miała miejsce przed Stworzeniem, jak uważają niektórzy naukowcy[2].

Izajasz prorokował, że w przyszłości: „W owym dniu ukarze Pan swoim twardym, wielkim i mocnym mieczem Lewiatana, zwinnego węża, Lewiatana, węża skręconego, i zabije smoka morskiego"[3].

„Skręcony wąż" pokazany jest na wielu starożytnych wizerunkach, od Chin do Indii, Persji, Asyrii, Egiptu, Meksyku. Wraz z powstaniem koncepcji monoteistycznej, Izraelici zaczęli traktować tego skręconego węża, rywala Najwyższego, jako twór Boga.

„Rozpościera północ nad pustką, a ziemię zawiesza nad nicością... Kolumny niebieskie chwieją się... Swą mocą rozdzielił morze... jego ręka stworzyła skręconego węża"[4]. Psalmista również mówi[5]: „Wszak Ty, Boże, z dawna jesteś moim królem... Tyś mocą swoją rozdzielił morza... Tyś rozbił głowę Lewiatana... Ty sprawiłeś, że wytrysnęło źródło i potoki, Tyś osuszył rzeki potężne".

Morze zostało rozdzielone, ziemia została przeorana bruzdami, wielkie rzeki zniknęły, inne się pojawiły. Ziemia dudniła przez wiele lat, a ludzie myśleli, że to ognisty smok, który został strącony, zstąpił pod ziemię i tam jęczał.

---

[1]　Księga Izajasza 51:9–10.

[2]　Patrz S. Reinach, *Cults, Myths and Religion* (1912), pp. 42 ff; H. Gunkel, *Schöpfung und Chaos in Urzeit und Endzeit* (1895); J. Pedersen, *Israel, Its Life and Culture* (1926), pp. 472 ff.

[3]　Księga Izajasza 27:1.

[4]　Księga Joba (Hioba) 26:7–13. [Polski przekład tego fragmentu Biblii odbiega od powyższego].

[5]　Księga Psalmów 74:12–15.

KOMETA TYFONA

Ze wszystkich tajemniczych zjawisk,
które towarzyszyły Eksodusowi,
ten tajemniczy słup wydaje się najpierw
wymagać wyjaśnienia

—W. PHYTHIAN-ADAMS
The Call of Israel

Jedno z miejsc niebiańskiej bitwy pomiędzy pierwotnymi siłami natury – jak piszą Apollodor i Strabon – znajdowało się na drodze z Egiptu do Syrii[1]. Według Herodota, końcowy akt walki między Zeusem i Tyfonem miał miejsce koło jeziora Serbon, przy drodze prowadzącej wzdłuż wybrzeża od Egiptu do Palestyny[2]. W drodze z Egiptu do Palestyny, Izraelici, po nocy pełnej przerażenia i silnego wschodniego wiatru, doświadczyli wstrząsu dnia Przejścia. Te paralelne warunki prowadzą do wniosku, który brzmi nieco dziwnie. Tyfon (Typheus) leży na dnie morza, gdzie urzeczeni Izraelici oglądali wstrząs natury: ciemność, huragan, góry wody, ogień i dym, opisane w greckiej legendzie jako warunki, w których toczyła się walka między Zeusem i smokiem Tyfonem. W tym samym zagłębieniu w morzu leży faraon i jego armia[3].

Aż do teraz identyfikowałem Rahaba-Tyfona jako kometę. Ale jeśli Tyfon leży na dnie morza, czy nie jest on faraonem? Oznaczałoby to, że w legendzie Tyfona połączono dwa elementy: faraona, który zginął w katastrofie i śmiertelną rebelię przeciwko Zeusowi, panu niebios[4].

---

[1] Góra Casius, wymieniona przez Apollodora, to nazwa Góry Liban, jak też Góry Synaj. Cf. Pomponius Mela *De situ orbis*.

[2] Herodotus iii, 5. Również Apollonius Rhodius w *Argonautica*, Bk. ii, mówi że Tyfon „porażony piorunem Zeusa... leży pochłonięty przez wody Jeziora Serbon".

[3] W *Ages In Chaos*, będą przedstawione świadectwa pozwalające zidentyfikować faraona Eksodusu jako Taui Thom, ostatniego z królów Średniego Państwa. Jest to Tau Timaeus (Tutimaeus) wymieniony przez Manetho, za którego dni „wybuch gniewu bożego" dotknął Egipt i zakończył okres znany obecnie jako Średnie Państwo. Naos [najważniejsze pomieszczenie w starożytnej świątyni, w którym stał posąg bóstwa – przyp. tłum.] z el-Arish podaje imię jego królowej jako Tephnut. Ra-uah-ab jest to imię spotykane w tym okresie u królów Egiptu (W. M. F. Petrie, *A History of Egipt*, I, 227); mogło służyć jako źródło dla hebrajskiego słowa oznaczającego smoka, *Rahab*. Patrz uwaga 4.

[4] Faktycznie „smok" stał się terminem używanym przez egipskich faraonów w pismach profetycznych. Cf. Księga Ezechiela 32:2.

W *Historia Naturalis* Pliniusza, w rozdziale dziewięćdziesiątym pierwszym księgi drugiej czytamy[1]: „Okropna kometa widziana była przez mieszkańców Etiopii i Egiptu, której Tyfon, król panujący w tych czasach, nadał swoje imię; miała ognisty wygląd, była skręcona jak spirala i wyglądała groźnie: nie była to naprawdę gwiazda, raczej coś co można by nazwać kulą ognia".

Odwiedziny nieszczęsnej komety, tylokrotnie przywoływane w tej książce, opowiedziane są prostymi słowami, bez upiększania. Jednakże muszę znaleźć poparcie dla mojego przypuszczenia, że kometa z czasów króla Tyfona była kometą z czasów Eksodusu.

Przebadałem pisma starożytnych chronografów i w *Cometographia* Heweliusza (1668 r.) znalazłem odniesienia do prac Calisiusa, Helvicusa, Herliciusa i Rockenbacha, którzy wszyscy korzystali głównie z manuskryptów, a nie ze źródeł drukowanych, jako że żyli nieco więcej niż wiek po wynalezieniu ruchomych czcionek i prasy drukarskiej.

Heweliusz napisał (po łacinie): „W roku [od początku] świata 2453 (1495 r. p.n.e.), według pewnych świadectw, kometa była widziana w Syrii, Babilonie, Indiach, w znaku Jo, miała kształt dysku, dokładnie w tym czasie kiedy Izraelici wędrowali z Egiptu do Ziemi Obiecanej. Tyle Rockenbach. Calvius datuje Eksodus Izraelitów na rok świata 2453, lub 1495 p.n.e."[2].

Miałem szczęście zlokalizować w Stanach Zjednoczonych egzemplarz książki Rockenbacha *De cometis tractatus novum methodicus*[3]. Książka ta została wydana w Wirtemberdze w roku 1602. Jej autor był profesorem greki, matematyki i prawa, i dziekanem wydziału filozofii we Frankfurcie. Napisał swą książkę opierając się na starożytnych źródłach, których nie wymienia: „*ex probatissimis & antiquissimis veterum scriptoribus*" (z najbardziej wartościowych i najbardziej starożytnych dawnych pisarzy). W wyniku pilnego zbierania starożytnych materiałów, sporządził następującą notatkę:

„W roku świata dwa tysiące czterysta pięćdziesiąt trzecim – jak to wielu wiarygodnych autorów, na podstawie wielu domniemań określiło – pojawiła się kometa, którą Pliniusz również wymienia w swojej drugiej księdze. Była ognista, o nieregularnym kształcie kołowym, ze spowitą głową; miała kształt kuli i wyglądała strasznie. Twierdzi się, że w tym czasie w Egipcie rządził Król Tyfon...Pewne {źródła} zapewniają, że kometa była widoczna w Syrii, Babilonie, Indiach, w znaku Koziorożca, i miała kształt dysku, w czasie kiedy dzieci

---

[1] Pliny, *Natural History*, ii, 91 (tłum. Rackham, 1938).

[2] J. Hevelius, *Cometographia* (1668), pp. 794 f.

[3] W bibliotece American Antiquarian Society, Worcester, Mass.

Izraela podążały z Egiptu ku Ziemi Obiecanej, prowadzone w swej drodze przez kolumnę [słup] chmur w dzień i kolumnę [słup] ognia w nocy"[1].

Rockenbach nie wyciągnął żadnych wniosków dotyczących związku między kometą w dniach Eksodusu a naturalnymi zjawiskami, jakie miały wtedy miejsce; jego zamiarem było tylko ustalenie daty [pojawienia się] komety Tyfona.

Wśród dawnych autorów, Lydus, Servius (który cytuje Avienusa), Hephaestion, i Junctinus, podobnie jak Pliniusz, wymieniają kometę Tyfona[2]. Opisana jest jako ogromny glob oświetlony przez słońce, a więc dostatecznie bliski aby go w ten sposób zaobserwować. Jego ruch był powolny, a droga bliska słońca. Miał krwawy kolor: „Nie był ognisty, ale czerwony jak krew". Powodował zniszczenie „wschodząc i zachodząc". Servius pisze, że kometa spowodowała wiele plag, zła i głodu.

Poszukiwania źródłowych manuskryptów, które doprowadziły Abrahama Rockenbacha do tych samych wniosków, do których myśmy doszli, a mianowicie, że kometa Tyfona pojawiła się w dniach Eksodusu, nie są jeszcze ukończone. Servius podaje, że więcej informacji o nieszczęściach spowodowanych przez tę kometę można znaleźć w pismach rzymskiego astrologa Campestera i w pracach egipskiego astrologa Petrosirisa[3]. Możliwe, że kopie prac niektórych autorów, zawierające cytaty z pism tych starożytnych astrologów, zachowane w bibliotekach europejskich, były rękopisami źródłowymi Rockenbacha.

---

[1] "Anno mundi, bis millesimo, quadrigentesimo quinquagesimo tertio, Cometa (ut multi probati autores de tempore hoc statuunt, ex conjectures multis) coius Plinius quoque lib. 2 cap. 25 mentionem facit, igneus, formam imperfecti circuli, in se convoluti caputq; globi repraesentans, aspectu terribilis apparuit, Typhonq; a rege, tunc temporis ex Aegypto imperiumtenente, dictus est, qui rex, ut hominess fide digni asserunt, auxilio gigantum, reges Aegyptoru devicit. Visus quoq; est, ut aliqui volut, in Siria, Babylonia, India, in signo capricorni, sub forma rotae, eo tempore, quando filii Israel ex Aegypto in terram promissam, duce ac viae monstratore, per diem columna nubis, noctu vero columna ignis, ut cap. 7.8.9.10 legitur profecti sunt".

[2] Johannis Laurentii Lydi *Liber de ostentis et calendaria Graeca omnia* (wyd. C. Wachsmuth, 1897), p. 171. W swojej pracy Wachsmuth zamieścił również fragmenty z Hephaestiona, Avenusa apud Servium, i Junctinusa.

[3] Nie wiadomo dokładnie kiedy żył Campester, ale przyjmuje się, że był to trzeci lub czwarty wiek naszej ery. Patrz Pauly-Wissowa, *Real-Encyclopädie der classischen Altertumswissenschaft, s. v.* Okres życia Petrosirisa datuje się nieobowiązująco na drugi wiek p.n.e. (Pauly-Wissowa, *s. v.*). Ale jest on wymieniony w *The Danaïdes* Arystofanesa (448 do 388 p.n.e.). Patrz również E. Riess, *Nechepsonis et Petosiridis fragmenta magica* (1890).

Campester, jak cytuje Lydus, był pewien, że jeśli by kometa Tyfon znowu spotkała się z Ziemią, to wystarczyłoby czterodniowe zbliżenie, aby zniszczyć świat[1]. To implikuje, że pierwsze zbliżenie z kometą Tyfon doprowadziło Ziemię na krawędź zagłady.

Jednakże nawet bez ponurej przepowiedni Campestera posiadamy bardzo imponującą i niewyczerpaną listę odniesień do Tyfona i jego niszczących działań wobec świata: niemal każdy grecki autor powołuje się na to. Prawdziwą naturę Tyfona jako komety, jak wyjaśnia Pliniusz i inni, wszystkie odniesienia do zniszczeń spowodowanych przez Tyfona, należy rozumieć jako opis naturalnych katastrof, w których uwikłane były Ziemia i kometa. Jak wiadomo, grecka Pallas była innym imieniem Tyfona; również Set u Egipcjan był odpowiednikiem Tyfona[2]. Zatem szereg odniesień do Tyfona można powiększyć o odniesienia do Pallas i Seta.

Nie tylko Abraham Rockenbach zsynchronizował pojawienie się komety Tyfon z Eksodusem Izraelitów z Egiptu. Poszukując autorów, którzy postąpili podobnie, znalazłem, że Samuel Bochart, uczony pisarz z siedemnastego wieku, w swojej książce *Hierozoicon*[3] zawarł fragment, gdzie twierdzi, że plagi z dni Eksodusu przypominają nieszczęścia, które sprowadził w swym orszaku Tyfon, a zatem „przelot Tyfona to Eksodus Mojżesza z Egiptu"[4]. Tu w rzeczywistości powtarza fragment przekazany przez Plutarcha[5]. Lecz ponieważ Tyfon, według Pliniusza i innych, był kometą, Samuel Bochart był bliski wniosku, do którego myśmy doszli, podążając innym szlakiem.

ISKRA

Miało miejsce zjawisko o wielkim znaczeniu. Głowa komety nie uderzyła w Ziemię, ale wymieniła z nią silne wyładowania elektryczne. Ogromna iskra przeskoczyła w momencie największego zbliżenia komety, kiedy wody wzniosły się najwyżej ponad powierzchnię ziemi

---

[1] Campester u Lydusa *Liber de ostentis*; cf. *Handwörterbuch des deutschen Aberglaubens* (1932–1933), Vol. V, *s.v.* "Komet".

[2] „Egipcjanie stale nazywają Tyfona »Set«; co oznacza »przemożny« i »nieprzezwyciężony«, »przytłaczający«, a w wielu przypadkach »zawracający« i znów »przechodzący«". Plutarch, *Ibis and Osiris* (tłum. F. C. Babbitt, 1936), 41 i 49.

[3] Bochart, Hierozoicon, I, 343.

[4] „Fuga Typhonis est Mosis ex Egypto excessus". *Ibid.*, p. 341.

[5] „Ci, którzy opowiadają, że przelot Tyfona z bitwy {z Horusem} miał miejsce na grzbiecie osła i trwał siedemnaście dni, i że po tym jak uciekł stał się ojcem synów, Hierosolymusa {Jerozolimy} i Judaeusa, próbują w sposób oczywisty, jak wskazują same imiona, wprowadzić żydowską tradycję do legendy". Plutarch, *Isis and Osiris*, 32.

i zanim opadły, czemu towarzyszył deszcz gruzu oderwanego od ciała i ogona komety.

„A anioł Boży, który kroczył przed obozem Izraela, przesunął się i szedł za nimi. I ruszył słup obłoku sprzed oblicza ich i stanął za nimi... Z jednej strony obłok był ciemnością, z drugiej zaś rozświetlał noc". Nadzwyczaj silny wiatr i błyskawice rozdarły chmurę. Rankiem wody uniosły się jak ściana i rozstąpiły się. „A synowie izraelscy szli środkiem morza po suchym gruncie, wody zaś były im jakby murem po ich prawej i lewej stronie. A Egipcjanie ścigali ich... A nad ranem spojrzał Pan na wojsko Egipcjan ze słupa ognia i obłoku, wzniecił popłoch w wojsku egipskim i sprawił że odpadły koła jego rydwanów... Powracające wody okryły wozy i jeźdźców całego wojska faraona, które weszło za nimi w morze. Nie ostał się z nich ani jeden"[1].

Ogromne fale spowodowane zostały bliskością ciała niebieskiego; opadły, kiedy między Ziemią i drugim ciałem nastąpiło wyładowanie.

Artapanus, autor nie zachowanej *De Judaeis*, wyraźnie rozumiał, że słowa „spojrzał Pan na wojsko Egipcjan ze słupa ognia i obłoku", odnoszą się do wielkiego pioruna. Eusebius cytuje Artapanusa: „Ale kiedy Egipcjanie... ścigali ich, ogień, jak powiedziano, ogień padł na nich od frontu, a morze zalało ponownie ścieżkę, i wszyscy Egipcjanie zostali zniszczeni przez ogień i powódź"[2].

Wielkie wyładowania międzyplanetarne utrwalone są w podaniach, legendach i mitologii wszystkich narodów świata. Bóg – Zeus u Greków, Odyn u Irlandczyków, Ukko u Finów, Perun u rosyjskich pogan, Wotan (Woden) u Niemców, Mazda u Persów, Marduk u Babilończyków, Śiwa u Hindusów – przedstawiany jest z piorunem w ręku i opisywany jako bóg, który cisnął piorunem w świat zalany wodą i ogniem.

Podobnie wiele psalmów Pisma upamiętnia wielkie wyładowania. „Ziemia zadrżała i zatrzęsła się, a posady gór się zachwiały... Nachylił niebiosa i zstąpił... i poszybował na skrzydłach wiatru... Z blasku przed nim występowały obłoki jego, grad i węgle ogniste. I zagrzmiał Pan na niebiosach, a Najwyższy wydał głos swój...grad i węgle ogniste... wypuścił liczne błyskawice... Ukazało się dno morza i odsłoniły się posady świata"[3]. „Głos Pana potężny... Głos Pana łamie cedry...

---

[1] Exodus 14:19 ff.

[2] Eusebius, *Preparation for the Gospel* (tłum. Gifford), Bk. ix, Chap. xxvii Calmet, *Commentaire, l'Exode*, p. 154, prawidłowo zrozumiał fragment u Artapanusa, ponieważ parafrazuje go następująco: "Artapanus dans Eusèbe dit que les Egyptiens fureut frappés de la foudre, et abbatus par lefeu du ciel dans le même temps que l'ean de la mer vint tomber sur eux".

[3] Psalmy 18:7-15.

Głos Pana krzesze płomienie ogniste. Głos Pana wstrząsa pustynią, Pan wstrząsa pustynią Kadesz"[1]. „Zachwiały się królestwa, odezwał się głosem swoim i rozpłynęła się ziemia"[2]. „Ujrzały cię wody, o Boże, ujrzały cię wody i zadrżały: tak wzburzyły się głębiny... Chmury odezwały się grzmotem, a pioruny twoje latały. Rozległ się grzmot twój jak turkot kół, błyskawice oświeciły świat, ziemia zadrżała i trzęsła się"[3]. „Obłok i ciemność wokół niego... Ogień idzie przed obliczem jego i pożera wokół nieprzyjaciół jego. Błyskawice jego oświecają świat, widzi to ziemia i drży"[4].

Nic łatwiejszego jak dodać szereg takich cytatów z innych fragmentów Pisma – Hioba [Joba], Pieśni Debory, Proroków.

Wraz z opadnięciem podwójnej ściany wód, zastępy Egipcjan zostały zmiecione. Siła uderzenia wyrzuciła armię faraona w powietrze. „Pójdźcie i oglądajcie dzieła Boże: przedziwnymi okazują się pośród synów ludzkich! Przemienił morze w suchy ląd, przez rzekę przeszli suchą nogą... Pozwoliłeś ludziom tratować po głowach naszych, szliśmy przez ogień i wodę"[5].

To wyrzucenie w górę egipskich zastępów przez lawinę wody, wspomniane jest również w egipskim źródle, które cytowałem poprzednio: na grobowcu znalezionym w el-Arish, opowiedziana jest historia o huraganie i przeciągającej się ciemności, kiedy nikt nie mógł opuścić pałacu, i o pościgu faraona o imieniu Taoui-Thom za zbiegłymi niewolnikami, których ścigał do Pi-khiroti, czyli biblijnego Pi-ha-khiroth. „Jego wysokość skoczył w odmęt". Następnie jest mowa, że „został on uniesiony przez wielką siłę"[6].

Mimo że duża część izraelskich uciekinierów znalazła się poza zasięgiem opadających fal, to wielu z nich zginęło w tej katastrofie, tak jak i w poprzedniej, spowodowanej ogniem i huraganem popiołów. O tym, że Izraelici zginęli nad Morzem Przejścia, wspomina Psalm 68 gdzie mowa o „moim ludzie", który pozostał w „głębinach morza" [w polskiej wersji brak tych fragmentów].

Te fale pływowe zalały także całe plemiona zamieszkujące Tehamę, tysiącmilowy nabrzeżny region Morza Czerwonego.

„Bóg wysłał przeciwko Djorhomitom szybkie chmury, mrówki i inne znaki swego gniewu, i wielu z nich zginęło... W krainie Djohainah

---

[1] Psalmy 29:4–8.

[2] Psalmy 46:7.

[3] Psalmy 77:16–19.

[4] Psalmy 97:2–4.

[5] Psalmy 66:5–12. O wyładowaniach kosmicznych patrz *infra* podrozdziałów "Ignis e Coelo" i „Synody".

[6] Griffith, *The Antiquities of Tel-el-Yahudiyeh*; Goyon, „Les travaux de Chou et les tribulations de Geb", *Kemi* (1936).

gwałtowny strumień porwał ich wszystkich w nocy. Obraz tej katastrofy jest znany pod nazwą Idam (furia)". Autor tego fragmentu, Masudi, żyjący w dziesiątym wieku, cytuje wcześniejszego autora, Omeyaha, syna Abu-Salta: „W dawnych czasach Djorhomici zamieszkiwali w Tehamie i wszystkich ich zabrała gwałtowna powódź"[1].

Również w podaniu opisanym w Kitab Alaghani[2] mowa jest o pladze insektów (malutkich mrówek), które zmusiły plemię do wyemigrowania z Hedjaz do ich kraju rodzinnego, gdzie zostali unicestwieni przez „Toufan" – potop. W mojej rekonstrukcji historii starożytnej próbuję zsynchronizować te zdarzenia z Eksodusem.

NIEBIOSA, KTÓRE RUNĘŁY

Deszcz meteorytów i ogień z nieba, chmury pyłu pochodzenia zewnętrznego, płynące nisko, i przesunięcie stron świata, stworzyło wrażenie, że niebiosa runęły.

Starożytni mieszkańcy Meksyku mówili o epoce świata, która się skończyła, kiedy niebiosa runęły i ciemność okryła świat[3].

Strabon podaje, powołując się na Ptolemeusza, syna Lagusa, generała Aleksandra i twórcy egipskiej dynastii nazwanej tym imieniem, że Celtowie żyjący na wybrzeżu Adriatyku, zapytani przez Aleksandra, czego obawiają się najbardziej, odpowiedzieli, że nie boją się niczego, tylko tego że niebiosa mogą runąć[4].

Chińczycy opowiadają o runięciu niebios, które miało miejsce, gdy upadły góry[5]. Ponieważ góry upadły czy zostały zrównane w tym samym czasie, gdy nastąpiło przesunięcie nieba, starożytne ludy, nie tylko Chińczycy, uważali, że góry podpierają świat.

„Ziemia zatrzęsła się, również niebiosa upadły ... góry zachwiały się" mówi Pieśń Debory[6]. „Ziemia zadrżała, a niebiosa spłynęły przed Bogiem; oto Synaj zatrząsł się przed Bogiem" mówi psalmista[7].

Plemiona z Samoa w swoich legendach odnoszą się do katastrofy, gdy „w dawnych czasach niebiosa runęły". Niebiosa lub chmury

---

[1] El-Macoudi, *Les Prairies d'or* (tłum. C. Barbier i P. de Courteille, 1861), III, Chap. 39. Angielskie tłumaczenie A. Sprengera (1841): El-Mas'udi, *Meadows of Gold and Mines of Gems.*

[2] F. Fresnel, "Sur l'Histoire des Arabes avaant l'Islamisme (Kitab alaghaniyy)", *Journal asiatique* (1838).

[3] Seler, Gesammelte Abhandlungen, II, 798.

[4] Strabo, *The Geography*, vii, 3, 8.

[5] A. Forke, *The World Conception of the Chinese* (1925), p. 43.

[6] Ks. Sędziów 5:4–5.

[7] Psalmy 68:8–9. O okresowym upadku firmamentu patrz również komentarz Rashiego do Genesis 11:1, przytoczony w podrozdziale "Epoki świata".

znajdowały się tak nisko, że ludzie nie mogli się wyprostować nie dotykając ich[1].

Finowie w swojej *Kalewali* opowiadają, że podpora niebios zawaliła się, a wtedy iskierka ognia rozniciła nowe słońce i nowy księżyc[2]. Lapończycy składają ofiary, którym towarzyszy modlitwa aby niebiosa nie utraciły swej podpory i nie runęły[3]. Eskimosi z Grenlandii obawiają się, że podpora niebios zawali się i niebiosa runą zabijając ludzi; zaćmienie słońca i księżyca poprzedzi taką katastrofę[4].

Ludy prymitywne Afryki, zarówno ze wschodnich jak i zachodnich prowincji kontynentu, opowiadają o runięciu niebios w przeszłości. Członkowie plemienia Ovaherero opowiadają, że wiele lat temu „Wielcy niebios" (Eyuru) pozwolili niebiosom runąć na ziemię; niemal wszyscy ludzie zostali zabici, tylko niewielu pozostało przy życiu. Plemiona Kanga i Loanga również posiadają podanie o runięciu nieba, które unicestwiło ludzkość. Podobnie Wanyoro i Unyoro opowiadają, że niebo runęło na ziemię i wszystkich zabiło: bóg Kagra cisnął firmament na ziemię, aby zniszczyć ludzkość[5].

Podanie Cashinaua, tubylców z zachodniej Brazylii, mówi: „Latały błyskawice i pioruny okropnie ryczały i wszyscy się bali. Następnie niebiosa rozpadły się, a ich fragmenty spadły na ziemię i zabiły wszystkich i wszystko. Niebiosa i ziemia zamieniły się miejscami. Na ziemi nie pozostało nic żywego"[6].

W podaniu tym zawarte są te same elementy: błyskawice i grzmoty, „rozpadnięcie się nieba", upadek meteorytów. O zamianie miejsc między ziemią i niebem można powiedzieć więcej i wkrótce powrócę do tego tematu.

---

[1] Williamson, *Religious and Cosmic Beliefs of Central Polynesia*, I, 41.

[2] Patrz podrozdział „Ciemność", przypis 2 na stronie 73.

[3] Olrik, *Ragnarok* (wyd. niemieckie), p. 446.

[4] *Ibid.*, p. 406. Podanie zostało opowiedziane przez Eskimosa panu P. Edge (1734–1740).

[5] L. Frobenius, *Die Weltanschauung der Naturvölker* (1898), pp. 355–357.

[6] Bellamy, *Moons, Myths and Man*, p. 80.

ROZDZIAŁ IV

GOTUJĄCE SIĘ ZIEMIA I MORZE

DWA CIAŁA NIEBIESKIE zbliżyły się do siebie. Wnętrze kuli ziemskiej naciskało na jej część zewnętrzną. Ziemia, skutkiem zakłócenia jej obrotów, wytworzyła ciepło. Powierzchnia Ziemi stała się gorąca. Różne źródła wielu ludów opisują rozpływanie się powierzchni ziemi i gotowanie się morza.

Ziemia pękła i popłynęła lawa. Święta meksykańska księga, *Popol-Vuh*, *Manuscript Cakchiquel*, i *Manuscript Troano*, wszystkie podają, że góry w każdej części zachodniej półkuli jednocześnie trysnęły lawą. Wulkany, które utworzyły się wzdłuż całego łańcucha Kordylierów i innych pasm gór, jak też na płaskim terenie, pluły ogniem, parą i strumieniami lawy. Te, jak i inne źródła meksykańskie relacjonują, jak w ostatnich godzinach epoki świata zakończonej przez deszcz ognia, góry pęczniały pod ciśnieniem stopionych mas i powstawały nowe pasma gór; wypiętrzały się nowe wulkany, a strumienie lawy wypływały z popękanej ziemi[1].

Zdarzenia leżące u podstaw podań Greków i Meksykanów, opowiedziane są w Biblii: „Nabrzmiałe góry trzęsą się... ziemia rozpłynęła się"[2]. „Ogień i ciemność... ogień... Widzi to ziemia i drży. Góry jak wosk topnieją"[3]. „Gdy spojrzy na ziemię, ona drży, gdy dotknie gór, dymią"[4]. „Ziemia zatrzęsła się... Góry zachwiały się przed Panem, to Synaj"[5]. „On gromi morze i wysusza je; sprawia, że wszystkie rzeki wysychają... Góry drżą przed nim, a pagórki się rozpływają, ziemia staje się przed nim pustynią, smucą się wszyscy jej mieszkańcy"[6].

Rzeki parowały, nawet dno morza gotowało się gdzieniegdzie. „Morze wrzało, i gotowały się wszystkie brzegi oceanu, cały jego środek wrzał", mówi *Zend-Avesta*. Gwiazda Tistria spowodowała, że morze gotowało się[7].

---

[1] Patrz Seler, *Gesammelte Abhandlungen*, II, 798.

[2] Psalmy 46:3–6. [Polski przekład tego fragmentu Biblii odbiega od powyższego].

[3] Psalmy 97:2–5.

[4] Psalmy 97:32.

[5] Pieśń Debory, Ks. Sędziów 5:4–5.

[6] Księga Nahuma 1:4–5.

[7] *The Zend-Avesta* (Pt. II, p. 95 w tłumaczeniu Darmestetera, 1883); Carnoy, *Iranian Mythology*, p. 268.

Podania Indian zachowują pamięć o tej gotującej się wodzie w rzekach i w morzu. Plemiona Brytyjskiej Kolumbii opowiadają: „Pojawiły się ogromne chmury... nastało tak wielkie gorąco, że w końcu woda gotowała się. Ludzie skakali do strumieni i jezior by się ochłodzić, i zmarli" [1]. Plemiona z wybrzeży północnego Pacyfiku w Ameryce twierdzą, że ocean gotował się: „Stało się bardzo gorąco... wiele zwierząt skakało do wody, aby się uratować, ale woda zaczęła się gotować" [2]. Indianie z plemienia Południowego Ute w Kolorado, odnotowali w swoich legendach, że rzeki gotowały się [3].

Tradycja żydowska zachowana w źródłach rabinicznych, twierdzi, że muł na dnie Morza Przejścia był podgrzany. „Pan walczył przeciwko Egipcjanom przy pomocy słupa chmury i ognia. Muł został podgrzany przez słup ognia, aż do punktu wrzenia" [4]. Źródła rabiniczne podają również, że słup ognia zrównał góry [5].

Hezjod w swojej *Theogonii*, pisząc o wstrząsie spowodowanym przez niebiańską kolizję, mówi: „Wielka Ziemia jęczała... duża część ogromnej Ziemi była poparzona przez okropną parę i topiła się jak cyna podgrzana przez rzemieślnika... lub jak żelazo, które jest najtwardsze ze wszystkich rzeczy, gdy jest zmiękczane przez ogień płonący w dolinach górskich" [6].

Według podań Nowego Świata, skutkiem katastrofy zmienił się profil kraju, utworzyły się nowe doliny, pasma gór zostały rozerwane, wyżłobiły się nowe przepaście, starożytne szczyty gór zostały zwalone, a nowe wyrosły. Tych niewielu, co przeżyli zniszczenie świata, pogrążonych było w ciemności, „słońce w jakiś sposób nie było obecne", a w przerwach, w świetle płonących ogni widzieli sylwetki nowych gór.

Święta księga Majów, *Popol-Vuh*, mówi, że bóg „rozwałkował góry" i "usunął góry", i że „duże i małe góry poruszały się i drżały". Góry pęczniały od lawy, Coniraya-Viracocha, bóg Inków, wypiętrzył góry na nizinach i spłaszczył inne góry [7].

---

[1] „Kaska Tales" zebrane przez J. A. Teita, *Journal of American Folk-lore*, XXX (1917), 440.

[2] S. Thompson, *Tales of the North American Indians* (1929); H. B. Alexander, *North American Mythology* (1916), p. 255.

[3] R. H. Lowie, "Southern Ute", *Journal of American Folk-lore*, XXXVII (1924).

[4] Ginzberg, *Legends*, III, 49.

[5] *Ibid.*, II, 375; III, 316; VI, 116. Tractate Berakhot, 59a–59b.

[6] Hesiod, *Theogony* (tłum. Evelyn-White), II. 856 ff.

[7] Brasseur, *Sources de l'histoire primitive du Mexique*, pp. 30, 35, 37, 47.

I podobnie, „Gdy Izrael wychodził z Egiptu... morze widziało to i uciekło... Góry podskakiwały jak barany, pagórki jak jagnięta... Zadrżyj, ziemio, przed obliczem Pana"[1].

„On góry przenosi niepostrzeżenie, przewraca je w swoim gniewie. Przesuwa ziemię z jej miejsca... On sam rozpościera niebiosa i kroczy po falach morskich"[2].

GÓRA SYNAJ

Wzdłuż wschodniego wybrzeża Morza Czerwonego ciągnie się pasmo gór z licznymi kraterami wulkanów, obecnie nieczynnych; jednak niektóre z nich były czynne przed niewielu stuleciami. Jeden z tych wulkanów opisywany jest zwykle jako Góra Nadania Prawa: w latach siedemdziesiątych poprzedniego wieku uczony, Charles Beke, sugerował, że Góra Synaj była wulkanem na Pustyni Arabskiej[3]. Piąta Księga Mojżeszowa (4:11) podaje: „góra ta płonęła ogniem aż do samego nieba, w ciemnościach, chmurach i mgle". Idea Bekego została odrzucona przez współczesnych, a w końcu i przez niego[4]. Jednak współcześni naukowcy zgadzają się z jego pierwotną teorią i poszukują Góry Nadania Prawa wśród wulkanów Mount Seir, a nie tradycyjnie na Półwyspie Synajskim, gdzie nie ma żadnych wulkanów. Zatem roszczenia konkurencyjnych szczytów Półwyspu Synajskiego, ubiegających się o honor bycia Górą Nadania Prawa[5], są uciszane przez nowych rywali.

Jest prawdą, że powiedziano „Góry rozpływały się... nawet Synaj"[6], ale to rozpływanie się szczytów niekoniecznie oznacza powstawanie kraterów. Skały przemieniły się w płynną masę.

Płaskowyż Półwyspu Synajskiego pokryty jest formacjami lawy bazaltowej[7]; również znaczne obszary Pustyni Arabskiej połyskują lawą[8]. Formacje lawy, przeplatane wygasłymi wulkanami, rozciągają się od okolic Palmiry ku południu Arabii aż do Mekki[9]. Zaledwie

---

[1] Psalmy 114:1–7.

[2] Księga Hioba [Joba] 9:5–8.

[3] Beke, *Mount Synai, a Volcano* (1873).

[4] *The Late Dr. Charles Beke's Discoveries of Synai in Arabia and of Midian* (1878), pp. 436, 561.

[5] Cf. Palmer, *Sinai: From the Fourth Egyptian Dynasty to the Present Day*.

[6] Pieśń Debory, Ks. Sędziów 5:5. [Polski przekład tego fragmentu Biblii odbiega od powyższego].

[7] W. M. Flinders Petrie, „The Metals In Egipt", *Ancient Egypt* (1915) pisze o „ogromnej erupcji żelazistego bazaltu..., który prawdopodobnie wypływając zniszczył lasy".

[8] N. Glueck, *The Other Side of Jordan* (1940), p. 34.

[9] C. P. Grant, *The Syrian Desert* (1937), p. 9.

kilka tysięcy lat temu na pustyniach świeciły latarnie wulkanów, góry rozpływały się, a z wielu szczelin wylewała się na ziemię lawa.

Ciało niebieskie, które wielki Architekt natury wysłał w pobliże Ziemi, weszło z nią w kontakt za pomocą wyładowań elektrycznych, cofnęło się i zbliżyło ponownie. Jeśli wierzyć danym z Pisma, minęło siedem tygodni, a według innych obliczeń – około dwóch miesięcy[1], od dnia Eksodusu do dnia objawienia na Górze Synaj.

„Pojawiły się grzmoty i błyskawice, i gęsty obłok nad górą, i doniosły głos trąby, tak że zadrżał cały lud, który był w obozie...A góra Synaj cała dymiła... Jej dym unosił się jak dym z pieca, a cała góra trzęsła się bardzo. A głos trąby wzmagał się coraz bardziej. Mojżesz przemawiał, a Bóg odpowiadał mu głosem"[2].

Talmud i Midrasze opisują Górę Nadania Prawa, że trzęsła się tak bardzo, że wydawało się iż została uniesiona i potrząsana nad głowami ludzi; a ludzie czuli się jakby nie stali już dłużej bezpiecznie na ziemi, ale byli unoszeni przez niewidzialną siłę[3]. Obecność ciała niebieskiego nad nimi była powodem tego zjawiska i tego odczucia.

„Ziemia zadrżała i zatrzęsła się, a posady gór się zachwiały... Zadrżały, bo rozgniewał się... Nachylił niebiosa i zstąpił, a ciemna chmura była pod stopami jego... Z blasku przed nim występowały obłoki jego, grad i węgle ogniste. I zagrzmiał Pan na niebiosach...grad i węgle ogniste... Wypuścił liczne błyskawice... Ukazało się dno morza i odsłoniły się posady świata"[4].

Ziemia i niebiosa brały udział w kosmicznych wstrząsach. W Czwartej Księdze Ezry, zdarzenia, które miały miejsce przy Górze Synaj, opisano tymi słowami: „Nachyliłeś niebiosa, sprawiłeś że ziemia drżała i potrząsnąłeś światem. Spowodowałeś, że głębiny zadrżały i napełniłeś niebiosa trwogą"[5].

Na zbliżenie się gwiazdy do Ziemi, w dniach objawienia na Synaju, wskazuje tekst Traktatu Shabbat: Mimo że przodkowie późniejszych prozelitów nie byli obecni pod Górą Nadania Prawa, ich gwiazda znajdowała się tam w pobliżu[6].

---

[1] Exodus [II Księga Mojżeszowa] 19:1

[2] Exodus 19:16–19.

[3] Cf. Ginzberg, *Legends*, II, 92, 95.

[4] Psalmy 18:7–15. Identyczny tekst znajdujemy w Księdze Samuela 22.

[5] IV Ezra (tłum. Box), w *The Apocrypha and Pseudepigrapha of the Old Testament*, wyd. R. H. Charles.

[6] The Babylonian Talmud, Tractate Shabbath 146a. Według Midrash Shir (15a–15b) faraon ostrzegł Izraelitów aby nie opuszczali Egiptu, gdyż napotkają krwawą gwiazdę Ra (po hebrajsku „zło").

Autor z pierwszego wieku n.e., którego pracę o starożytnościach biblijnych przypisano aleksandryjskiemu filozofowi Filonowi, tak opisuje zamieszanie na ziemi i na niebie: „Góra {Synaj} płonęła ogniem, a ziemia trzęsła się i wzgórza zostały usunięte, a góry obalone; głębiny gotowały się, a wszystkie zamieszkałe miejsca drżały... i płomienie ognia rozbłysły, i pioruny i błyskawice zwielokrotniły się, a wiatry i burze ryczały: gwiazdy zebrały się razem {zderzyły się}"[1]. Odnosząc się do strofy „Nachylił niebiosa i zstąpił" (Psalm 18), Pseudo-Filon opisuje zdarzenia koło Góry Synaj i mówi że Pan „zakłócił ruchy gwiazd"[2]. „Ziemia została ruszona ze swojej podstawy, góry i skały drżały w swych mocowaniach, a chmury uniosły się falą przeciwko płomieniom ognia, aby nie pochłonęły świata... i wszystkie fale morza zbiegły się razem"[3].

Hindusi opisują kosmiczną katastrofę pod koniec epoki świata: „Cały świat staje w płomieniach. Jak również sto tysięcy razy dziesięć milionów światów. Wszystkie szczyty Góry Sineru, nawet te o wysokości setek mil, rozsypują się i znikają w niebie. Płomienie ognia unoszą się i obejmują niebiosa"[4]. Szóste słońce albo szósta epoka świata dobiegła końca. Podobnie w podaniach żydowskich, wraz z objawieniem na Synaju zakończyła się szósta epoka świata i rozpoczęła siódma[5].

TEOFANIA

Trzęsieniom ziemi często towarzyszy ryczący hałas wydobywający się z wnętrza ziemi. To zjawisko znane było dawnym geografom. Pliniusz[6] napisał, że trzęsienia ziemi „poprzedza lub towarzyszy im okropny dźwięk". Sklepienia podpierające grunt ustępują i wydaje się jakby ziemia głęboko wzdychała. Ten dźwięk przypisywano bogom i nazwano teofanią.

Głośne hałasy towarzyszą także erupcjom wulkanów. Dźwięk wydany przez Krakatau we Wschodnich Indiach w czasie erupcji w 1883 r. był tak głośny, że słyszany był nawet w Japonii, w odległości 3.000 mil; to najdalszy dystans przebyty przez dźwięk, odnotowany we współczesnych kronikach[7].

---

[1] *The Biblical Antiquities of Philo* (tłum. M. R. James, 1917), rozdz. XI.
[2] *Ibid.*, rozdz. XXIII.
[3] *Ibid.*, rozdz. XXII.
[4] Warren, *Buddhism*, p. 323.
[5] Midrash Rabba, Bereshit.
[6] Pliny, *Natural History*, ii, 82.
[7] G. J. Symons (ed.), *The Eruption of Krakatoa; Report of the Krakatoa Committee of the Royal Society* (of Londyn) (1888).

W dniach Eksodusu, kiedy świat był wstrząsany i kołysany, a wszystkie wulkany wypluwały lawę i wszystkie kontynenty drżały, ziemia jęczała niemal nieustannie. W początkowym etapie katastrofy, według podań hebrajskich, Mojżesz usłyszał w ciszy pustynnej dźwięk, którego znaczenie zinterpretował jako „Jestem, który jestem"[1]. „Jestem Jahwe" usłyszał lud w czasie przerażającej nocy na Górze Nadania Prawa[2]. „Cała góra trzęsła się bardzo, a głos trąby wzmagał się coraz bardziej"[3]. „A gdy wszystek lud zauważył grzmoty i błyskawice, i głos trąby, i górę dymiącą, zlękł się lud i zadrżał, i stanął z daleka"[4].

To były doskonałe warunki do usłyszenia słów w zgiełku głosów natury. Uduchowiony przywódca interpretował głos, który usłyszał, dziesięć długich dźwięków podobnych do trąby. Ziemia jęczała: od tygodni cała jej powierzchnia ulegała przemieszczeniom, jej orbita uległa zniekształceniu, strony świata pozmieniały się, oceany wtargnęły na kontynenty, morza zamieniły się w pustynie, wypiętrzyły się góry, wyspy zatonęły, rzeki zmieniły bieg – świat spływał lawą, rozbijany meteorytami, z zionącymi rozpadlinami, płonącą ropą naftową, wybuchającymi wulkanami, drgającym gruntem, świat przesłonięty atmosferą wypełnioną dymem i parą.

Zwichrowanie powierzchni i tworzenie się gór, trzęsienia ziemi i grzmot wulkanów zlały się w piekielny harmider. To był głos nie tylko na pustyni Synaj; cały świat musiał go słyszeć. „Niebo i ziemia rozbrzmiewały... góry i pagórki poruszyły się", mówi Midrasz. „Głośno ryczał firmament, a Ziemia odpowiadała echem", mówi epos o Gilgameszu[5]. U Hezjoda „ogromna Ziemia jęczała", kiedy Zeus raził Tyfona piorunami – „Ziemia strasznie grzmiała i szerokie niebiosa w górze"[6].

Zbliżenie dwóch naładowanych [elektrycznie] globów mogło także wytwarzać dźwięki podobne do trąb, zmieniające się wraz ze zmianą odległości między nimi[7]. Jak się wydaje, zjawisko to opisuje Pseudo-

---

[1] Exodus [II Księga Mojżeszowa] 3:14.

[2] Exodus 20:1. [Polski przekład tego fragmentu Biblii odbiega od powyższego].

[3] Exodus 19:18–19.

[4] Exodus 20:18; „pioruny i błyskawice" z King James Version nie są dokładnym tłumaczeniem *Kolot* i *Lapidim.*

[5] *Epic of Gilgamish* (tłum. Thompson).

[6] *Theogony*, II. 820 ff., 852 ff.

[7] To zjawisko powstania dźwięku między dwoma naładowanymi ciałami, zmieniające się wraz z odległością, wykorzystuje Theremin do efektów muzycznych.

Filon jako „świadectwo trąb między gwiazdami i ich Panem"[1]. Tu możemy prześledzić początki poglądów pitagorejczyków na „muzykę sfer" oraz idei, że gwiazdy wytwarzają muzykę. W Babilonie sfery planet nazywano „głosami" i uważano, że wytwarzają one muzykę[2]. Według pism Midraszów, głos trąby koło Góry Synaj zawierał siedem różnych tonacji (lub nut), a pisma rabiniczne mówią o „niebiańskiej muzyce" słyszanej w czasie objawienia. „Przy pierwszym dźwięku niebo i Ziemia poruszyły się, morza i rzeki rzuciły się do ucieczki, góry i pagórki zachwiały się w swych posadach"[3].

Homer opisuje podobne zdarzenie tymi słowami: „Szeroka ziemia dźwięczała, a wokół niebiosa rozbrzmiewały jak trąba"[4]. „Cały świat płonie na dźwięk rogu", powiedziane jest w *Völuspa*[5].

Według tradycji hebrajskiej, wszystkie ludy słyszały grzmot nadania prawa. Jak się wydaje, koło Góry Synaj dźwięk, który „długo dźwięczał", wznosił się dziesięciokrotnie; w tym ryku Hebrajczycy usłyszeli Dekalog.

„Nie zabijaj" (*Lo tirzah*); „Nie cudzołóż" (*Lo tin'af*); „Nie kradnij" (*Lo tignov*)..." Te słowa Dekalogu... nie były słyszane wyłącznie przez Izrael, ale przez mieszkańców całej ziemi. Głos Boga rozdzielił się na siedemdziesiąt języków świata, tak że każdy mógł go zrozumieć... Dusze pogan niemal z nich uciekły, gdy go usłyszeli"[6].

Hałas jęczącej Ziemi powtarzał się wciąż, ale już nie tak głośno, jako że warstwa podziemna ułożyła się po tym jak została przemieszczona; trzęsienia ziemi nieustannie wstrząsały gruntem od lat. Papirus Ipuwera nazywa te lata „latami hałasu". „Lata hałasu, nie ma końca hałasowi" i znowu „Och, żeby ziemia przestała hałasować i nie było więcej zgiełku (wrzawy)"[7].

Dźwięk miał prawdopodobnie tę samą tonację na całym świecie, jako że pochodził z głębokiego wnętrza Ziemi, której cała powierzchnia uległa przemieszczeniu, kiedy została wyrzucona ze swojej orbity i odchylona od osi.

Wielki cesarz-prawodawca Chin, w którego czasach miał miejsce straszny kataklizm i został zakłócony porządek natury, nosił imię Ja-

---

[1] *The Biblical Antiquities of Philo*, rozdz. XXXII.
[2] E. F. Weidner, *Handbuch der Babylonischen Astronomie* (1915), I, 75.
[3] Sefer Pirkei Rabbi Elieser.
[4] *The Iliad*, xxi, 385 ff. (tłum. A. T. Murray, 1924).
[5] Cf. W. Bousset, *The Antichrist Legend* (tłum. A. H. Keane, 1896), p. 113.
[6] Ginzberg, *Legends*, III, 97; The Babylonian Talmud, Tractate Shabbat 88b.
[7] Papyrus Ipuwer, 4:2, 4–5.

hou[1]. We wstępie do *Shu King*, przypisywanej Konfucjuszowi, napisano: „Badając starożytność, stwierdzamy, że cesarz Jaou nazywany był Fang-heun"[2]. Jahou było przydomkiem nadanym mu w okresie poprzedzającym powódź, wyraźnie zainspirowanym przez dźwięk wydawany przez jęczącą Ziemię.

Ten sam dźwięk był słyszany w tamtych latach na półkuli zachodniej, czy gdziekolwiek mieszkali wówczas przodkowie Indian. Podają oni, że kiedyś, gdy niebo znajdowało się blisko Ziemi, cała ludzkość podniosła niebo krok po kroku, powtarzając okrzyk „Jahu", który rozbrzmiewał na całym świecie[3].

W Indonezji, przysiędze towarzyszy inwokacja do ciał niebieskich. Wystrzeliwuje się strzałę w stronę nieba, „podczas gdy wszyscy obecni wznoszą okrzyk »ju ju huwe«"[4]. Ten sam dźwięk słyszymy w imieniu Jo, Jove (Jowisz). Imię Jahwe zachowane jest również w krótszych formach, Jahou i Jo[5], jak imię bóstwa w Biblii[6]. Diodor napisał o Mojżeszu, że otrzymał swoje prawa od Boga wzywanego imieniem Iao[7].

W Meksyku Jao lub Jaotl jest bogiem wojny; podobieństwo do dźwięku zostało odnotowane[8].

---

[1] Co do chińskiej wymowy tego imienia patrz R. van Bergen, *Story of China* (1902), p. 112: „W czasie powodzi, [ówczesny] cesarz Chin nazywał się Jau (Jahoo)".

[2] *Shoo-king, the Canon of Yaou* (tłum. James Legge), Vol. VIII, Pt. I z *The Chinese Classics* (Hongkong 1865). W tym wydaniu Legge stosował tę pisownię nazwy książki i imienia cesarza; stosowana przez niego w późniejszym okresie pisownia jest inna.

W tomie LX *Universal Lexicon* (Leipzig und Halle, 1732–1754), *s. v.* „Yao", jest mowa o tym, że niektórzy nazywają Jao imieniem Tam jak też Tao. Jest to dziwne, jako że w mojej rekonstrukcji starożytnej historii doszedłem do wniosku, że imię faraona [z okresu] Eksodusu brzmiało Taui Thom (w języku greckim „Tau Timaeus") z Trzynastej Dynastii, ostatniej w Średnim Państwie. Był on współczesnym chińskiego cesarza.

[3] F. Shelton, Mythology of Puget Sound: Origin of the Exclamation 'Yahu', *Journal of American Folk-lore*, XXXVII (1924).

[4] J. G. Frazer, *The Worship of Nature* (1926), p. 665. F. Boas, *Kwakiutl Culture as Reflected in Mythology* (1935), p. 130, mówi o *Yuwe gendayusens na lax* („ostrze wiatru naszego świata"), skąd również pochodzi „przynoszące śmierć strzały, które zapalają góry".

[5] Psalmy 68:4.

[6] Cf. R. A. Bowman, "Yahweh the Speaker", *Journal of Near Eastern Studies*, III (1944). H. Torczyner, *Die Bundeslade und die Anfänge der Religion Israels* (1930), p. iii, widzi związek między imieniem *jhwh* i arabskim słowem *wahwa*, ryczeć.

[7] Diodorus of Sicily, *Library of History*, I, 94.

[8] Brasseur, *Quatre letters sur le Mexique*, p. 374.

Nihongi, kronika Japonii od najdawniejszych czasów, zaczyna się od odniesienia do czasu, kiedy „w starożytności, niebo i Ziemia nie były jeszcze oddzielone, a In i Jo podzielone". Jo to Ziemia. Czas, kiedy niebo dotykało ziemi, jest czasem, kiedy gęsty pył i pełne pary chmury komety otoczyły kulę ziemską i znajdowały się bardzo blisko powierzchni ziemi.

CESARZ JAHOU

Jak się powszechnie przyjmuje, historia Chin sięga zamierzchłej przeszłości. Ale w rzeczywistości źródła dotyczące starożytnego okresu przeszłości Chin są bardzo skąpe, gdyż zostały zniszczone przez cesarza Tsin-chi-hoanga (246–209 p.n.e.). Rozkazał on, aby wszystkie książki dotyczące historii i astronomii, jak też dzieła literatury klasycznej, zostały spalone. W tym celu przeszukano cesarstwo w poszukiwaniu tych książek. Utrzymuje się, że kilka ocalałych książek starożytnych zostało ponownie spisanych w oparciu o pamięć starych ludzi; niektóre, jak się twierdzi, znaleziono ukryte w grobowcu Konfucjusza i przypisano je jego autorstwu.

Z tych kilku pozostałości wiedzy starożytnej najbardziej cenione są te, które mówią o cesarzu Jahou i jego czasach. Jego osobowość i jego okres uważane są w chińskich kronikach za „najbardziej pomyślne"[1]. Historia Chin, poprzedzająca jego panowanie, przypisywana jest do mitologicznego okresu przeszłości Chin. W czasach Jahou miało miejsce zdarzenie, które oddziela prawie zatartą i bardzo niejasną przeszłość Chin od okresu uważanego za historyczny: Chiny dotknęła straszna katastrofa.

„W tym czasie, jak mówią, miał miejsce cud – słońce nie zaszło przez dziesięć dni, lasy zapłonęły i zrodziło się mnóstwo obrzydliwego robactwa"[2]. „Kiedy żył Jao {Jahou}, słońce nie zaszło przez całe dziesięć dni i cały kraj był zalany wodą"[3].

Ogromna fala „sięgająca nieba" opadła na Chiny. „Woda sięgała najwyższych gór, a podgórza w ogóle nie były widoczne"[4]. (Przypomina to Psalm 104: „Wody stanęły nad górami" i Psalm 107: „Fale wznosiły się aż do nieba").

---

[1] H. Murray, J. Crawfurd i inni, *An Historical and Descriptive Account of China*.

[2] „Yao", *Universal Lexicon*, Vol. LX (1749).

[3] J.Hubner, *Kurze Fragen aus der politischen Historie* (1729).

[4] *The Shu King, the Canon of Yao* (tłum. Legge, 1879). Patrz również C. L. J. de Guignes, *Le Chou-king* (1770), Pt. I, rozdz. I, i J. Moryniac, *Historie générale de la Chine* (1877), I, 53.

„Niszczące w swym nadmiarze są wody powodzi", powiedział cesarz. „W swym ogromie objęły wzgórza i wzniosły się ponad wysokie szczyty, zagrażając niebu powodzią". Cesarz rozkazał, aby czynić wszelkie wysiłki dla otwarcia ujść dla wód, które zostały uwięzione w dolinach między górami. Przez wiele lat ludność pracowała, próbując uwolnić równiny i doliny od wód powodzi, kopiąc kanały i osuszając pola. Przez wiele lat wysiłki te były bezowocne. Minister Khwan, odpowiedzialny za tę pilną i wielką pracę, został skazany na śmierć z powodu tego niepowodzenia. – „Przez dziewięć lat pracował, ale praca pozostała nieukończona"[1] – i dopiero jego synowi Ju udało się wysuszenie kraju. Ten wyczyn oceniono tak wysoko, że Ju został cesarzem Chin po King Shunie, pierwszym następcy Jahou. Ju był założycielem nowej i znamienitej dynastii nazwanej jego imieniem.

Kroniki współczesnych Chin zachowały zapisy o milionie ofiar, które straciły życie w czasie jednego wylewu Żółtej Rzeki[2]. Inna naturalna katastrofa – trzęsienie ziemi – również powodowała wielkie zniszczenia w Chinach w różnych okresach: ocenia się, że w roku 1556 trzęsienie ziemi spowodowało śmierć 830.000 osób, a w 1662 r. – 3.000.000 [3]. Może katastrofa w czasach Jahou była jednym z wielkich wylewów rzek, jak sądzą współcześni uczeni? Jednak fakt, że ta katastrofa pozostała żywa w podaniach przez tysiące lat, podczas gdy ani wylew Żółtej Rzeki, kiedy zginęło milion ludzi, ani wielkie trzęsienia ziemi, nie wyróżniły się szczególnie w pamięci narodu, jest argumentem przeciwko przyjętej interpretacji.

Rzeki nie wylewają w postaci wysokich jak góry fal. Wylewające rzeki Chin opadają w ciągu kilku tygodni, a woda nie pozostaje na równinach aż do następnej wiosny, lecz odpływa i ziemia wysycha w ciągu następnych kilku tygodni. Powódź z czasów Jahou wymagała osuszania przez wiele lat, a przez cały ten okres woda pokrywała niższe części kraju.

Panowanie Jahou zapamiętano z powodu następującego przedsięwzięcia:

Cesarz ten wysłał uczonych do różnych części Chin, a nawet Indochin, aby znaleźli położenie północy, zachodu, wschodu i południa, obserwując kierunki wschodu i zachodu słońca i ruchy gwiazd. Rozkazał również swym astronomom, aby ustalili czas trwania pór roku i opracowali nowy kalendarz. *The Shu King*, nazywana najstarszą

---

[1] *The Shu King*.

[2] Andree, *Die Flutsagen*, p. 36; C. Deckert, "Der Hoangho und seine Stromlaufanderung", *Globus, Zeitschrift für Länder- und Völkerkunde*, LIII (1888), 129, dotyczące powodzi z 1887 r.

[3] Daly, *Our Mobile Earth*, p. 3.

księgą chińskich kronik, spisana została ponownie z pamięci, albo z ukrytych manuskryptów, po spaleniu książek przez Tsin-chi-hoanga. W jej najstarszej części, nazwanej kanonem Jaou {Jahou}, napisane jest:

„„Po czym Jaou {Jahou} rozkazał He i Ho, aby z uszanowaniem szerokich niebios obliczyli i opisali ruchy i pojawienia się słońca, księżyca, gwiazd i położenia znaków zodiaku; i z powagą podali ludziom okresy pór roku"[1].

Konieczność wyznaczania na nowo – wkrótce po powodzi – czterech stron świata i poznawania na nowo ruchów słońca i księżyca, wyznaczania znaków zodiaku, układania kalendarza, informowania mieszkańców Chin o kolejności pór roku, stwarza wrażenie, że w czasie katastrofy uległy zmianie orbita Ziemi i długość roku, nachylenie osi Ziemi i pory roku, orbita księżyca i długość miesięcy.

Nie wiemy co spowodowało kataklizm, ale w starożytnych annałach zapisano, że w czasie panowania Jahou „błyszcząca gwiazda pojawiła się w gwiazdozbiorze Jin"[2].

Według starych tybetańskich podań, góry Tybetu również zostały zalane w wielkim kataklizmie[3]. Podania Tybetańczyków mówią o przerażających kometach, które spowodowały wielkie wstrząsy[4].

Wykonano obliczenia, aby ustalić okres panowania cesarza Jahou. Na podstawie uwagi, że w czasach Jahou gwiazdozbiór Niao, uważany za gwiazdozbiór Hydry, kulminował o zachodzie słońca w dniu wiosennego zrównania dnia z nocą, wyliczono, że potop miał miejsce w dwudziestym trzecim stuleciu p.n.e., ale data ta była przez wielu kwestionowana. Czasami przyjmowano, że „potop Jahou" to chińska opowieść o powszechnym potopie, ale ten pogląd zarzucono. Historia potopu Noego ma swój odpowiednik w chińskim podaniu o powszechnym potopie w czasach prehistorycznych, za czasów Fo-hi, który jedyny z wszystkich ludzi w kraju uratował się. Potop Jahou czasami uważa się za równoczesny z potopem Ogygesa.

Potop Ogygesa nie miał miejsca w trzecim tysiącleciu, ale w połowie drugiego tysiąclecia p.n.e. W podrozdziale zatytułowanym „Potopy Deukaliona i Ogygesa" dowodzę równoczesności tych zniszczeń z katastrofami w dniach Mojżesza i Jozuego i wspieram to starożytnymi i chronologicznymi źródłami.

---

[1] *The Shoo-king* (Hong Kong edition).

[2] *The Annals of the Bamboo Books*, Vol. 3, Pt. I w *The Chinese Classics* (tłum. Legge), p. 112.

[3] Andree, *Die Flutsagen*, cytuje S. Turnera, *An Account of an Embassy to the Court of the Teshoo Lama in Tibet* (1800).

[4] Eckstein, *Sur les Sources de la cosmogonie du Sanchoniathon* (1860), p. 227.

Kiedy podsumujemy to, co zostało powiedziane o czasach Jahou, otrzymamy następujące dane: słońce nie zaszło przez szereg dni, lasy zapłonęły, robactwo rozpleniło się, wysoka fala „sięgająca nieba" rozlała się po kraju, przelała się przez szczyty gór i zalała doliny na wiele lat; w dniach Jahou położenie czterech stron świata ustalano od nowa i dokonywano obserwacji długości trwania roku i porządku pór roku. Historia Chin z okresu przed tą katastrofą jest całkiem zatarta.

Wszystkie te dane pozostają w zgodzie z podaniami Żydów dotyczącymi zdarzeń związanych z Eksodusem: słońce zniknęło na kilka dni; ziemię zapełniło robactwo; ogromne, sięgające nieba fale pływowe podzieliły morze; świat płonął. Jak zobaczymy, również źródła hebrajskie podają, że ustanowiono nowy kalendarz liczony od dni katastrofy i że pory roku oraz cztery strony świata nie były już takie same.

ROZDZIAŁ V

WSCHÓD I ZACHÓD

NASZA PLANETA OBRACA SIĘ z zachodu na wschód. Czy zawsze tak było? W czasie tego obrotu z zachodu na wschód widzimy, że słońce pojawia się na wschodzie i ginie na zachodzie. Czy wschód jest pierwotnym i jedynym miejscem pojawiania się słońca? Istnieją świadectwa, pochodzące ze wszystkich części świata, że ta strona, która obecnie zwrócona jest ku wieczorowi, kiedyś zwrócona była w stronę poranka.

W drugiej księdze swojej historii Herodot opisuje swoją rozmowę z kapłanami egipskimi w czasie swej wizyty w Egipcie, gdzieś w drugiej połowie piątego wieku p.n.e. Na zakończenie opowieści o historii ich narodu, kapłani egipscy powiedzieli mu, że od czasów ich pierwszego króla minęło trzysta czterdzieści pokoleń, a Herodot obliczył, że przyjmując iż trzy pokolenia to sto lat, cały ten okres obejmuje jedenaście tysięcy lat. Kapłani zapewniali, że w czasach historycznych i od chwili kiedy Egipt stał się królestwem: „W tym zaś przeciągu czasu, opowiadali, słońce cztery razy wzeszło nie od zwyczajnej strony: gdzie ono teraz zachodzi, stąd dwa razy wzeszło, a skąd teraz wschodzi, tam dwa razy zaszło"[1].

Fragment ten był tematem wyczerpujących komentarzy, których autorzy próbowali wymyślić każde możliwe wyjaśnienie zjawiska, ale pomijali znaczenie o którym otwarcie mówili kapłani egipscy; i te usiłowania przez wieki pozostały bezowocne.

Słynny chronolog z szesnastego wieku, Joseph Scaliger, rozważał pytanie, czy ten fragment u Herodota był aluzją do cyklu Sotisa, albo liczenia czasu przyjmując 365 dni w roku, i zauważył: „*Sed hoc non fuerit occasum et orientem mutare*" (W cyklu Sotisa nie miała miejsca żadna zamiana wschodu i zachodu)[2].

Czy słowa kapłanów skierowane do Herodota odnoszą się do powolnej zmiany kierunku osi Ziemi w okresie około 25.800 lat, który powodowany jest wirowaniem, albo powolnym ruchem punktów równonocnych orbity ziemskiej (precesja punktów równonocnych)? Tak sądził Alexander von Humboldt o „słynnym ustępie w drugiej księdze Herodota, który wyczerpał przenikliwość komentatorów"[3].

---

[1] Herodotus, Bk. ii, 142, (tłum. A. D. Godle,1921) [tłum. polskie: Seweryn Hammer].

[2] Joseph Scaliger, *Opus de emendatione temporum* (1629), II, 198.

[3] Humboldt, *Vues des Cordillères*, II, 131 (Researches, II, 30).

Można wątpić w prawdomówność stwierdzeń kapłanów, albo ogólnie w egipskie przekazy, lub atakować Herodota za nieznajomość nauk przyrodniczych[1], ale nie da się pogodzić tego fragmentu ze współczesnymi naukami przyrodniczymi. Pozostaje on „szczególnym fragmentem z Herodota, który stał się powodem rozpaczy komentatorów"[2].

Pomponiusz Mela, łaciński autor z pierwszego wieku n.e., napisał: „Egipcjanie szczycą się tym, że są najstarszym narodem na świecie. W ich autentycznych annałach... można przeczytać, że od kiedy istnieją, bieg gwiazd zmienił swój kierunek czterokrotnie i słońce dwukrotnie zachodziło w tej części nieba, gdzie obecnie wschodzi"[3].

Nie należy wnioskować, że jedynym źródłem tego twierdzenia Meli był Herodot. Mela wyraźnie powołuje się na egipskie źródła pisane. Wspomina o odwróceniu ruchu gwiazd jak też słońca; jeśliby skopiował Herodota, prawdopodobnie nie wspominałby o odwróceniu ruchu gwiazd (*sidera*). W czasach kiedy ruch słońca, planet i gwiazd nie był traktowany jako skutek obrotu Ziemi, zmiana kierunku słońca niekoniecznie musiała się skojarzyć Meli z podobną zmianą ruchu wszystkich ciał niebieskich[4].

Jeśli w czasach Meli istniały egipskie zapiski historyczne, które mówiły o wschodzeniu słońca na zachodzie, powinniśmy przebadać starożytne egipskie źródła pisane, zachowane do dziś.

Magiczny Papirus Harrisa mówi o kosmicznym wstrząsie ognia i wody, kiedy „południe stało się północą, a Ziemia odwraca się"[5].

W Papirusie Ipuwera stwierdza się podobnie, że „ziemia obróciła się jak koło garncarza" i „Ziemia obróciła się do góry nogami"[6]. Papirus opłakuje okropne zniszczenia wywołane przez wstrząs natury. Również w Papirusie Ermitażu (Leningrad, 1116b recto) znajdują się odniesienia do katastrofy, która obróciła „kraj do góry nogami"; „dzieje się coś, co się nigdy nie zdarzyło"[7]. Przyjmuje się, że w tych

---

[1] A. Wiedemann, *Herodots zweites Buch* (1890), p. 506: "Tiefe Stufe seiner naturwissenschaftlichen Kenntnisse".

[2] P. M. de la Faye w *Histoire de l'art égyptien* przez Prisse d'Avennes (1879), p. 41.

[3] Pomponius *Mela De situ orbis*, i. 9.8.

[4] Mela, w odróżnieniu od Herodota, wyliczył długość okresu historii Egipcjan jako równą 330 pokoleniom aż do Amasisa (zmarł w 525 r. p.n.e.) i ocenił ją na ponad trzynaście tysięcy lat.

[5] H. O. Lange, „Der Magische Papirus Harris", *K. Danske Videnskabernes Selskab* (1927), p. 58.

[6] Papyrus Ipuwer 2:8. Cf. tłumaczenie (niemieckie) papirusu dokonane przez Langego (*Sitzungsberichte d. Preuss. Akad. Der Wissenschaften* {1903}, pp. 601–610).)

[7] Gardiner, *Journal of Egyptian Archaelogy*, I (1914); *Cambridge Ancient History*, I, 346.

czasach – w drugim tysiącleciu p.n.e. – ludzie nie byli świadomi tego że Ziemia się obraca i wierzyli, że to firmament razem z ciałami
niebieskimi obraca się wokół Ziemi; zatem określenie „Ziemia się wy-
wróciła" nie odnosi się do obrotu Ziemi wokół osi.

Ani opisy w papirusach z Lejdy, ani z Leningradu nie pozostawiają miejsca dla symbolicznego wyjaśnienia zdania, szczególnie jeśli
rozpatrzymy tekst z Papirusu Harrisa – obróceniu się Ziemi towarzyszyła zamiana biegunów północnego i południowego.

Harakhte to egipska nazwa słońca zachodniego. Ponieważ na niebie znajduje się tylko jedno słońce, przypuszcza się, że Harakhte oznacza słońce zachodzące. Ale dlaczego słońce zachodzące ma być trak-
towane jako bóstwo różne od słońca porannego? Identyczność słońca
wschodzącego i zachodzącego jest oczywista dla każdego. Inskrypcja nie pozostawia miejsca na żadne nieporozumienia: „Harakhte, on
wschodzi na zachodzie"[1].

Teksty znalezione w piramidach mówią, że ciało niebieskie „prze-
stało istnieć na zachodzie, i błyszczy, nowe, na wschodzie"[2].

Po odwróceniu kierunków, kiedykolwiek to miało miejsce, słowa
„zachód" i „zachód słońca" nie były już dłużej synonimami i konieczny był komentarz wyjaśniający: „zachód, gdzie słońce zachodzi". Nie
była to jedynie tautologia, jak sądził tłumacz tekstu[3].

Jako że hieroglify odcyfrowano w dziewiętnastym wieku, rozsąd-
nym byłoby się spodziewać, że od tego czasu komentarze do Herodota
i Meli będą pisane po skonsultowaniu z tekstami egipskimi.

W grobowcu Senmuta, architekta królowej Hatszepsut, panel na
suficie pokazuje sferę niebios ze znakami zodiaku i innymi gwiazdo-
zbiorami, w „odwrotnym ustawieniu" na południowym niebie[4].

Koniec Średniego Państwa poprzedzał czasy królowej Hatszepsut
o kilka wieków. Astronomiczny sufit, pokazujący odwrócone ustawienie, musiał być czczoną mapą, która wyszła z użycia szereg wieków
wcześniej.

„Charakterystyczną cechą sufitu Senmuta jest astronomicznie nie-
właściwa orientacja południowego panelu". Centrum tego panelu zajmuje grupa Syriusza-Oriona, w której Orion znajduje się na zachód
od Syriusza zamiast na wschód. „Orientacja południowego panelu jest
taka, że osoba znajdująca się w grobowcu, patrząc nań, musi podnieść

---

[1] Breasted, *Ancient Records of Egypt*, III, Sec, 18.

[2] L. Speelers, *Les Textes des Pyramides* (1923), I.

[3] K. Piehl, *Inscriptions hiéroglyphiques*, second serie (1892), p. 65: "l'ouest
qui est a l'occident".

[4] A. Pogo, "The Astronomical Ceiling Decoration in the Tomb of Senmut
(XVIIIth Dynasty)", *Isis* (1930), p. 306.

głowę i skierować ją ku północy, a nie ku południu". „Przy odwróconej orientacji południowego panelu, Orion, najbardziej rzucający się w oczy gwiazdozbiór południowego nieba, wydaje się poruszać w kierunku wschodnim, tj. w niewłaściwym kierunku"[1].

Prawdziwe znaczenie „irracjonalnej orientacji południowego panelu" i „odwróconego położenia Oriona" wydaje się być takie: południowy panel pokazuje niebo Egiptu takie, jakie było zanim na obszarze nieba zamieniły się północ i południe, wschód i zachód. Panel północny pokazuje niebo Egiptu takie, jak wyglądało pewnej nocy, w czasach Senmuta.

A czy w Grecji nie było żadnych miejscowych podań związanych z odwróceniem kierunku obrotu słońca i gwiazd?

Platon napisał w swoim dialogu *Politicus*: „Mam na myśli zamianę wschodu i zachodu słońca i innych ciał niebieskich, jak w tamtych czasach zwykły zachodzić tam gdzie teraz wschodzą i wschodzić tam gdzie teraz zachodzą... bóg i czas kłótni, jak pamiętacie, zmienili wszystko to na obecny system jako świadectwo na korzyść Atreusa". Następnie kontynuuje: „W pewnych okresach świat zachowuje swój obecny ruch kołowy, a w innych okresach obraca się w kierunku przeciwnym... Ze wszystkich zmian, które mają miejsce na niebie, to odwrócenie jest największą i najpełniejszą"[2].

Platon kontynuuje swój dialog wykorzystując powyższy fragment jako wstęp do fantastycznego filozoficznego eseju o odwróceniu czasu. To pomniejsza wagę cytowanego fragmentu, mimo kategorycznej formy twierdzenia.

Odwrócenie kierunku ruchu słońca na niebie nie było spokojnym wydarzeniem; był to akt gniewu i zniszczenia. Platon napisał w *Polityku*: „W tym czasie ma miejsce wielkie wyniszczenie, głównie zwierząt, i przeżywa tylko niewielka część rodzaju ludzkiego".

O odwróceniu kierunku ruchu słońca wspominało wielu greckich autorów przed i po Platonie. Według krótkiego fragmentu historycznego dramatu Sofoklesa (*Atreus*), słońce wschodzi na wschodzie dopiero od czasu, kiedy jego kierunek ruchu został odwrócony. „Zeus... zmienił kierunek ruchu słońca, powodując, że zaczęło wschodzić na wschodzie, zamiast na zachodzie"[3].

---

[1] *Ibid.*, pp. 306, 315, 316.

[2] Plato, *The Statesman* lub *Politicus* (tłum. H. N. Fowler, 1925), pp. 49, 53.

[3] *The Fragments of Sophocles*, wyd. A. C. Pearson (1917), III, 5, Fragment 738; patrz również *ibid.*, I, 93. Ci z greckich autorów, którzy przypisywali stałą zmianę kierunku ruchu słońca czasom tyrana argiwskiego Atreusa, pomylili dwa zdarzenia i połączyli je w jedno: trwałą zamianę wschodu i zachodu we wcześniejszym okresie i chwilowy wsteczny ruch słońca w czasach argiwskich tyranów.

Eurypides napisał w *Elektrze*: „Natenczas uniósł się gniewem Zeus, odwracając stopy gwiazd na ozdobionej ogniem drodze; zaprawdę, i powóz słońca płonący chwałą, i mgliste oczy porannej szarości. A błysk kół jego wozu, lecących wstecz, zabarwił purpurą twarz gasnącego dnia... Słońce... zawróciło... doświadczając swym gniewem nieszczęsnych ludzi"[1].

Wielu autorów w późniejszych wiekach rozumiało, że historia Atreusa opisywała jakieś zdarzenie w przyrodzie. Ale nie mogło to być zaćmienie. Strabon mylił się, kiedy próbował zracjonalizować opowieść mówiąc, że Atreus był dawnym astronomem, który „odkrył, że słońce porusza się w kierunku przeciwnym do ruchu nieba"[2]. W nocy gwiazdy poruszają się ze wschodu na zachód o dwie minuty szybciej niż słońce, które porusza się w tym samym kierunku w ciągu dnia[3].

Nawet w języku poetyckim takiego zjawiska nie opisano by następująco: „A wóz słońca uskrzydlony prędkością, odwrócony od śmiertelnych zmagań, zmieniwszy swą drogę po niebie ku zachodowi, kieruje się tam, gdzie zaróżowił się świt", jak napisał Eurypides w innej swej sztuce[4].

Seneka wiedział więcej od starszego od niego, współczesnego mu Strabona. W swoim dramacie *Tiestes* dał mocny opis tego, co się zdarzyło, gdy słońce zawróciło na porannym niebie, który to opis ujawnia głęboką wiedzę o zjawiskach przyrody. Kiedy słońce odwróciło swój kierunek ruchu i wymazało dzień na środku Olimpu (południe), a zachodzące słońce ujrzało Aurorę, ludzie, porażeni strachem, zapytali: „Czy tylko my z całej ludzkości zasłużyliśmy na to, iż niebo, odwróciwszy bieguny, pogrzebie nas? Czy to w naszych czasach nadszedł ostatni dzień?"[5].

Wcześni filozofowie greccy, a szczególnie Pitagoras, wiedzieliby o zmianie kierunku ruchu nieba, gdyby miało miejsce w tych czasach, ale ponieważ Pitagoras i jego szkoła zachowywali swą wiedzę w sekrecie, musimy oprzeć się na autorach, którzy pisali o pitagorejczykach. Arystoteles mówi, że pitagorejczycy rozróżniali lewo- i prawostronny ruch nieba („strona, gdzie gwiazdy wschodzą" jest prawą stroną nieba, „a gdzie zachodzą... jego lewą stroną"[6]), a u Platona znajdujemy:

---

[1] Eurypides, *Electra* (tłum. A. S. Way), II, 727 ff.

[2] Strabo, *The Geography*, i, 2, 15.

[3] Każdej nocy gwiazdy wschodzą o cztery minuty wcześniej: Ziemia obraca się 366,5 razy w roku w względem gwiazd, ale 365,5 razy względem do słońca.

[4] Eurypides, *Orestes* (tłum. A. S. Way), II, 1001 ff.

[5] Seneca, *Thyestes* (tłum. F. J. Miller), II, 794 ff.

[6] Aristotle, *On the Haevens*, II, ii, (tłum. W. K. C. Guthrie, 1939). Cf. Również Plutarch, który, w swojej *The Opinions of the Philosophers*, napisał, że co

„Kierunek z lewej do prawej – i ten będzie z zachodu na wschód"[1]. Obecnie słońce porusza się w przeciwnym kierunku.

W języku symbolicznej i filozoficznej astronomii, prawdopodobnie pochodzenia pitagorejskiego, Platon opisuje w *Timajosie* skutki kolizji Ziemi „przygniecionej burzą wiatrów" z „obcym ogniem z zewnątrz lub wielką bryłą Ziemi" lub wodami „ogromnego potopu, który wpłynął spieniony i wypłynął": kula ziemska wykonywała różne ruchy „do przodu i do tyłu, i znowu na prawo i na lewo, w górę i w dół, wędrując wszędzie, we wszystkich sześciu kierunkach"[2].

W wyniku takiej kolizji, opisanej w niełatwo zrozumiałym tekście, który określa Ziemię jako posiadającą duszę, miały miejsce „gwałtowne wstrząsy obrotów Duszy", „całkowite zablokowanie jej ruchu", „wstrząsy kierunku ruchu innych", co „wytworzyło wszystkie rodzaje skręcania i spowodowało w ich kręgach pęknięcia, przerwy wszelkiego rodzaju, z tym skutkiem, że jako iż one {Ziemia i „stale płynący strumień"} z trudem trzymały się razem, poruszały się, ale bardziej irracjonalnie, będąc przez pewien czas odwrócone, w innym czasie skierowane ukośnie, albo znowu do góry nogami"[3]. W terminologii Platona „obrót tego samego" ma miejsce ze wschodu na zachód, a „obroty innych" z zachodu na wschód[4]. W *Polityku* Platon przełożył ten symboliczny język na bardzo proste terminy, mówiąc o odwróceniu stron, gdzie słońce wschodzi i zachodzi.

Później wrócę do niektórych greckich wzmianek dotyczących słońca zachodzącego na wschodzie[5].

Caius Julius Solinus, łaciński autor z trzeciego wieku n.e., napisał o ludziach mieszkających koło południowych granic Egiptu: „Mieszkańcy tego kraju mówią, a przekazali im to ich przodkowie, że słońce obecnie zachodzi tam gdzie poprzednio wschodziło"[6].

Podania ludzi są zgodne co do synchronizacji zmian ruchu słońca z wielkimi katastrofami, które kładły kres epokom świata. Zmiany ruchu słońca w każdej kolejnej epoce sprawiają, że staje się zrozumiałe używanie słowa „słońce" zamiast „epoka".

---

się tyczy Pitagorasa, Platona i Arystotelesa, to „wschód oznacza prawą stronę, a zachód lewą".

[1] Plato, *Laws* (tłum. R. G. Bury, 1926), Bk. iv, II.760 D.

[2] Plato, *Timaeus* (tłum. Bury, 1929), 43 B i C.

[3] Cf. Komentarze Burego do *Timaeos*, uwagi, pp. 72, 80.

[4] Plato, *Timaeus*, 43 D i E.

[5] Piśmiennictwo – patrz uwaga Frazera do Epitome II w jego tłumaczeniu Apollodora; Wiedemann, *Herodotus zweites Buch*, p. 506; Person, *The Fragments of Sophocles*, III, uwaga do Fragmentu 738.

[6] Solinus, *Polyhistor*, xxxii.

„Chińczycy mówią, że dopiero od czasu, kiedy nastał nowy porządek rzeczy, gwiazdy poruszają się ze wschodu na zachód"[1]. „Znaki chińskiego zodiaku wykazują szczególną cechę postępowania w odwrotnym kierunku, to znaczy przeciwnym do ruchu słońca"[2].

W syryjskim mieście Ugarit (Ras Shamra) znaleziono poemat dedykowany planecie-bogini Anat, która „zmasakrowała ludność Lewantu" i która „zamieniła dwa świty i położenie gwiazd"[3].

Meksykańskie hieroglify opisują cztery ruchy słońca, *nahui ollin tonatiuh*. „Indiańscy autorzy tłumaczą *ollin* jako »ruchy słońca«. Kiedy znajdują dodaną liczbę *nahui*, wtedy tłumaczą *ollin nahui* jako »słońce (*tonatiuh*) w swoich czterech ruchach«"[4]. Te „cztery ruchy" odnoszą się do „czterech prehistorycznych słońc" lub „epok świata" z przemieszczeniem stron świata[5].

Słońce, które porusza się w kierunku wschodu, przeciwnie niż obecne słońce, nazywane jest przez Indian Teotl Lico[6]. Mieszkańcy Meksyku przedstawiali symbolicznie zmianę kierunku ruchu słońca jako niebiańską grę w piłkę, której na Ziemi towarzyszyły wstrząsy i trzęsienia ziemi[7].

Odwrócenie wschodu i zachodu, jeśli połączy się je z odwróceniem północy i południa, zamienia konstelacje północne na południowe i pokazuje je w odwrotnym porządku, tak jak na mapie południowego nieba, na suficie grobowca Senmuta. Gwiazdy północy stają się gwiazdami południa; to, jak się wydaje, opisali Meksykanie jako „przegnanie czterystu południowych gwiazd"[8].

Eskimosi na Grenlandii opowiadali misjonarzom, że w starożytnych czasach Ziemia obróciła się i ludzie, którzy wtedy żyli, znaleźli się na antypodach[9].

---

[1] Bellamy, *Moons, Myths and Man*, p. 69.

[2] *Ibid.*

[3] C. Virolleaud, "La déesse Anat", *Mission de Ras Shamra*, Vol. IV (1938).

[4] Humboldt, *Researches*, I, 351. Patrz również tego samego autora *Examen critique de l'histoire de la géographie du nouveau continent* (1836–1839), II, 355.

[5] Seler, *Gesammelte Abhandlungen*, II, 799.

[6] Seler, zdumiony stwierdzeniem starożytnych źródeł meksykańskich, że słońce poruszało się w kierunku wschodu, pisze: „Poruszanie się w kierunku wschodu i znikanie na wschodzie... należy rozumieć dosłownie... Jednakże nie można wyobrazić sobie słońca poruszającego się w kierunku wschodu: słońce i cały firmament stałych gwiazd poruszają się w kierunku zachodu". „Einiges über die natürlichen Grundlagen mexicanischer Mythen" (1907) w *Gesammelte Abhandlungen*, Vol. III.

[7] *Ibid.* Również Brasseur, *Histoire des nations civilisées du Mexique*, I, 123.

[8] Seler, Ueber die natürlichen Grundlagen", *Gesammelte Abhandlungen*, III, 320.

[9] Olrik, *Ragnarok*, p. 407.

Liczne są hebrajskie źródła dotyczące tego problemu[1]. W Traktacie Sanhedryn w Talmudzie powiedziane jest: „Siedem dni przed potopem, Najświętszy zmienił pierwotny porządek i słońce wzeszło na zachodzie, a zaszło na wschodzie"[2].

Tevel w języku hebrajskim oznacza świat, w którym słońce wzeszło na zachodzie[3]. *Arabot* jest nazwą nieba, gdzie miejsce wschodu słońca znajdowało się na zachodzie[4].

Hai Gaon, autorytet rabiniczny, który działał między 939 a 1038 r., w swojej *Responses* [*Odpowiedzi*] odnosi się do kosmicznych zmian, w których słońce wschodziło na zachodzie i zachodziło na wschodzie[5].

Koran mówi o Bogu „dwóch wschodów i dwóch zachodów"[6]; zdanie to sprawiło wiele kłopotów egzegetom. Averrhoes, arabski filozof z dwunastego wieku, pisał o ruchach słońca w kierunku wschodu i zachodu[7].

Wzmianki dotyczące zmiany kierunku ruchu słońca, zebrane tutaj, nie dotyczą tego samego okresu; Potop, koniec Średniego Państwa, czasy tyranów argiwskich, dzieliło wiele setek lat. Podanie, słyszane przez Herodota w Egipcie, mówi o czterech takich zmianach. Dalej w tej książce, a także w książce, którą poświęcę wcześniejszym katastrofom, wrócę do tego tematu. W tym miejscu porzucam historyczne i pisane świadectwa dotyczące odwrócenia stron świata, dla świadectwa nauk przyrodniczych, dotyczącego odwrócenia biegunów magnetycznych Ziemi.

ODWRÓCONA POLARYZACJA ZIEMI

Piorun, uderzając w magnes, odwraca bieguny magnesu. Kula ziemska jest ogromnym magnesem. Zwarcie między nią a innym ciałem niebieskim może skutkować zamianą północnego i południowego bieguna Ziemi.

Możliwe jest wykrycie geologicznych zapisów ukierunkowania pola magnetycznego Ziemi w przeszłości.

„Kiedy lawa oziębia się po wybuchu wulkanu, magnetyzuje się w sposób trwały zgodnie z ukierunkowaniem pola magnetycznego Ziemi w tym czasie. To [namagnesowanie] pozostaje praktycznie stałe,

---

[1] Patrz M. Steinschneider, *Hebräische Bibliographie* (1877), Vol. XVIII.

[2] Tractate Sanhedrin 108 b.

[3] Steinschneider, *Hebräische Bibliographie*, Vol. XVIII, pp. 61 ff.

[4] Ginzberg, *Legends*, I, 69.

[5] Taam Zekenim 55 b, 58 b.

[6] Koran, Sura LV.

[7] Steinschneider, *Hebräische Bibliographie*, Vol. XVIII.

z powodu małej zdolności do magnetyzowania w polu magnetycznym Ziemi, po ostygnięciu. Jeśli to założenie jest słuszne, kierunek pierwotnie nabytej trwałej magnetyzacji można określić badaniem laboratoryjnym, pod warunkiem, że każdy szczegół ułożenia badanych mas zostanie dokładnie zanotowany i oznaczony w czasie ich pobierania"[1].

Można się spodziewać, że stwierdzimy całkowite odwrócenie kierunku pola magnetycznego. Chociaż powtarzające się ogrzanie lawy i skał może zmienić obraz, to jednak musiały pozostać skały o odwróconej polaryzacji. Inny autor pisze:

„Badania namagnesowania niektórych skał wulkanicznych wykazują, że są one namagnesowane przeciwnie w stosunku do przeważających obecnie pól magnetycznych i że wiele starszych skał jest słabiej namagnesowanych od nowszych. Przy założeniu, że namagnetyzowanie skał miało miejsce kiedy magma wystygła i że od tego czasu skały zachowały swoje obecne położenie, wskazywałoby to na fakt, że polaryzacja Ziemi odwróciła się w niedawnych geologicznie czasach"[2]. Ponieważ fizyczne fakty wydawały się niezgodne z żadną teorią kosmologiczną, autor powyższego fragmentu zachował ostrożność i nie wyciągał z nich dalszych wniosków.

Odwrócona polaryzacja lawy wskazuje na to, że w niedawnych geologicznie czasach bieguny magnetyczne kuli ziemskiej uległy odwróceniu; kiedy posiadały odmienną orientację, miały miejsce obfite wypływy lawy.

Dodatkowe problemy, o większej skali, są następujące: czy położenie biegunów magnetycznych ma coś wspólnego z kierunkiem obrotu Ziemi i czy istnieje wzajemna zależność między ukierunkowaniem biegunów magnetycznych słońca i planet.

PRZESUNIĘTE STRONY ŚWIATA

Podania zebrane w przedostatnim rozdziale odnoszą się do różnych epok; faktycznie Herodot i Mela mówią, że według egipskich kronik powtórzyło się odwrócenie kierunków zachodu i wschodu: słońce wzeszło na zachodzie, następnie na wschodzie, ponownie na zachodzie, i znów na wschodzie.

Czy katastrofa kosmiczna, która zakończyła epokę świata w dniach upadku Średniego Państwa i Eksodusu, była jednym z tych przypadków i czy Ziemia zmieniła wtedy kierunek obrotów? Jeśli nie jesteśmy

---

[1] J. A. Fleming, "The Earth's Magnetism and Magnetic Surveys" w *Terrestrial Magnetism and Electricity*, ed. J. A. Fleming (1939), p. 32.

[2] A. McNish, "On Causes of the Earth's Magnetism and Its Changes" w *Terrestrial Magnetism and Electricity*, wyd. Fleming, p. 326.

tego pewni, możemy co najmniej twierdzić, że Ziemia nie pozostała na tej samej orbicie, ani że jej bieguny nie pozostały na swoich miejscach oraz że kierunek jej osi nie pozostał taki jak przedtem. Położenie kuli ziemskiej i jej tor nie były ustalone kiedy Ziemia po raz pierwszy weszła w kontakt ze zbliżającą się kometą; w terminologii Platona, częściowo już przytaczanej, ruch Ziemi został zmieniony przez „zablokowanie jej biegu" i przeszła przez „wstrząsy obrotów" ze „zniszczeniami wszelkiego rodzaju", tak że położenie Ziemi było „raz odwrócone, raz ukośne, znowu do góry nogami" i poruszała się „wszędzie we wszystkich sześciu kierunkach".

Talmud i inne starożytne źródła rabiniczne mówią o wielkich zakłóceniach ruchu słońca w czasach Eksodusu, Przejścia Morza i Nadania Prawa[1]. W starych Midraszach wielokrotnie powtarza się, że czterokrotnie słońce zmieniało swój bieg w ciągu kilku tygodni między dniem Eksodusu i dniem Nadania Prawa[2].

Przedłużona ciemność (i przedłużony dzień na dalekim Wschodzie) i trzęsienie ziemi (tj. dziewiąta i dziesiąta plaga) i pożar świata były skutkiem jednego z tych zakłóceń ruchu Ziemi. Kilka dni później, gdy postępujemy za narracją biblijną, bezpośrednio przed tym jak huragan zmienił kierunek, „słup dymu oddalił się sprzed ich twarzy i stał za nimi"; oznacza to że kolumna ognia i dymu odwróciła się i pojawiła po przeciwnej stronie. Podobne górom fale odsłoniły dno morza; iskra przeskoczyła między dwoma ciałami niebieskimi i „ze zgaśnięciem poranka"[3] fale runęły niszczącą lawiną.

Midrasz mówi o zakłóceniach ruchu słońca w dniu Przejścia: słońce nie podążało swoją drogą[4]. W tym dniu, według Psalmów (76:9) „Ziemia zatrwożyła się i zamilkła". Możliwe, że Amos (8:8–9) przywołuje pamięć tego zdarzenia, kiedy mówi o „powodzi egipskiej" w czasie gdy „ziemia została wyrzucona z morza, a suchy ląd został pochłonięty przez morze", a „słońce obniżone w południe", choć, jak wykażę później, Amos mógł odnosić się do późniejszej katastrofy kosmicznej.

Również dzień Nadania Prawa, kiedy znów doszło do kolizji światów, był, według źródeł rabinicznych, dniem o niezwykłej długości: ruch słońca uległ zakłóceniu[5].

---

[1] Patrz np. Babylonian Talmud, Tractate Taanit 20: Tractate Anoda Zara 25 a.

[2] Pirkei Rabbi Elieser 41; Ginzberg, *Legends*, VI, 45–46.

[3] Rashi, komentator, zaskoczony jest kombinacją słów „z nastaniem poranka" (*lifnot haboker*). Słowo *lifnot* (od *pana*), kiedy używane jest w stosunku do czasu, oznacza „odwrócić" albo „zejść". Słowo zastosowano tutaj nie do „dnia", który zachodzi, ale do poranka, który wstaje, zmienia się w dzień, ale nie zachodzi.

[4] Midrasz Psika Rabowi; Likutim Mimidrash Ele Hadvarim (ed. Buber, 1885).

[5] Ginzberg, *Legends*, III, 109.

W tym przypadku i ogólnie w dniach i miesiącach następujących po Przejściu, mrok, ciężkie i naładowane chmury, błyskawice, huragany, oprócz zniszczeń spowodowanych przez trzęsienia ziemi i powodzie, utrudniły, jeśli wręcz nie uniemożliwiły dokonywanie obserwacji. „W ciemności postępują, chwieją się wszystkie posady ziemi" (Psalmy 82:5) to metafora użyta przez Psalmistę.

Papirus Ipuwera, który mówi, że „ziemia obróciła się jak koło garncarza" i „ziemia odwróciła się do góry nogami", został napisany przez naocznego świadka plag Eksodusu[1]. Zmiana opisana jest również w innym papirusie (Harrisa), który już cytowałem: „Południe stało się północą, a Ziemia odwraca się".

Czy w wyniku katastrofy kosmicznej w dniach Eksodusu miało miejsce całkowite odwrócenie stron świata, czy tylko znaczne przesunięcie, tego tu nie rozstrzygniemy. Odpowiedź nie była oczywista nawet dla współczesnych, przynajmniej przez szereg dekad. W mroku, który utrzymywał się przez pokolenie, obserwacje były niemożliwe, a bardzo utrudnione kiedy światło zaczęło się przebijać.

Kalewala podaje, że „przeraźliwe cienie" otoczyły Ziemię i że „słońce czasami zbacza ze swej zwykłej drogi"[2]. Wtedy Ukko-Jowisz wykrzesał ogień ze słońca, aby zapalić nowe słońce i nowy księżyc, i rozpoczęła się nowa epoka świata.

W *Völuspa* (Poetycka Edda) Irlandczyków czytamy:

Nie wiedziało {słońce} gdzie ma być jego dom,
Księżyc nie wiedział gdzie jego,
Gwiazdy nie wiedziały gdzie było ich miejsce.

Następnie bogini ustanowiła porządek wśród ciał niebieskich.

Aztekowie podawali:

„Słońce nie istniało przez wiele lat...{Wodzowie} zaczęli spoglądać poprzez mrok we wszystkich kierunkach, poszukując światła, i czynili zakłady, w której części nieba ono {słońce} powinno się najpierw pojawić. Jedni mówili »tu« inni »tam«; ale kiedy słońce wzeszło, okazało się, że wszyscy się mylili, gdyż nikt z nich nie patrzył w kierunku wschodu"[3].

---

[1] Patrz podrozdział „Czerwony Świat", uwaga 2.

[2] J. M. Crawford we Wstępie do swego tłumaczenia *Kalewali*.

[3] Cytowane przez I. Donnellyego, *Ragnarok*, p. 215, z Andres de Olmos. Donnelly uważał, że to podanie oznacza, że „w czasie długo trwającej ciemności utracili wiedzę o kierunkach świata"; nie brał pod uwagę, że może to się odnosić do przesunięcia stron świata.

Podobnie legenda Majów mówi, że „Nie było wiadomo gdzie pojawi się nowe słońce". „Patrzyli we wszystkich kierunkach, ale nie byli w stanie powiedzieć, gdzie słońce wzejdzie. Niektórzy myśleli, że to będzie miało miejsce na północy i ich wzrok skierował się w tym kierunku. Inni myśleli, że to będzie na południu. W rzeczywistości ich zgadywanie objęło wszystkie kierunki, ponieważ brzask pojawił się dookoła. Niektórzy jednak skierowali wzrok ku wschodowi i utrzymywali, że słońce tam się pojawi. To ich pogląd okazał się być prawdziwy"[1].

Według *Compendium* Wong-shi-Shinga (1526–1590) działo się to „wiek po okresie chaosu, kiedy niebo i Ziemia właśnie się rozdzieliły, to jest kiedy wielka masa chmur uniosła się nad Ziemię", kiedy niebo pokazało swoje oblicze[2].

W Midraszu powiedziano, że w czasie wędrowania po pustyni, Izraelici nie widzieli oblicza słońca z powodu chmur. Nie byli również w stanie orientować się w czasie marszu[3].

Wyrażenie użyte wielokrotnie w Księgach Liczb i Jozuego „wschód, w kierunku wschodu słońca"[4], nie jest tautologią, ale definicją która, nawiasem mówiąc, świadczy o starożytnym pochodzeniu materiałów pisanych, które służyły za źródła w tych księgach; jest to wyrażenie, które posiada odpowiednik w egipskim „zachód, gdzie słońce zachodzi".

U Greków kosmologiczną alegorię posiadał Zeus, który spiesząc na walkę z Tyfonem ukradł Europę (Erev, wieczorną krainę) i uprowadził ją na zachód. Arabia (również Erev) otrzymała swe imię, „wieczorna kraina"[5], mimo że leży na wschodzie od centrów cywilizacji – Egiptu, Palestyny, Grecji. Euzebiusz, jeden z Ojców Kościoła, przypisał epizod Zeusa z Europą czasom Mojżesza i Potopu Deukaliona, a Augustyn napisał, że Europa została uprowadzona przez króla Krety na jego wyspę na zachodzie „w czasie między wyjściem Izraela z Egiptu i śmiercią Jozuego"[6].

Grecy, podobnie jak inne ludy, mówili o odwróceniu stron świata i to nie tylko alegorycznie, ale dosłownie.

Odwrócenie kierunku obrotu Ziemi, o którym mowa w pisanych i ustnych źródłach wielu ludów, sugeruje związek jednego z tych zda-

---

[1] Sahagun, *Historia General de las cosas de Nueva España*, Bk. VII, Chap. 2.

[2] Cytowany przez Donnellyego, *Ragnarok*, p. 210.

[3] Exodus 14:3; Ks. Liczb 10:31.

[4] Ks. Liczb 2:3; 34:15; Ks. Jozuego 19:12.

[5] Patrz Ks. Izajasza 21:13. U Jeremiasza 25:20 nazwa „Arab" oznacza „mieszani ludzie".

[6] Eusebius *Werke*, Vol. V, *Die Chronik* (tłum. J. Karst, 1911), "Chronikon Kanon"; St. Augustine, *The City of God*, Bk. XVIII, Chap. 12.

rzeń z kataklizmem z dni Eksodusu. Buddyjskie teksty, podobnie jak w cytowanym fragmencie z *Visuddhi-Magga*, i cytowane podanie plemienia Cashinaua z zachodniej Brazylii, opisy plemion i ludów wszystkich pięciu kontynentów, zawierają te same elementy znane nam z Księgi Eksodusu: błyskawice i „rozpadnięcie nieba", które spowodowało, że Ziemia obróciła się „do góry nogami", lub też „niebo i ziemia zamieniły się miejscami". Na wyspach Andamańskich tubylcy obawiają się, że naturalna katastrofa spowoduje, iż świat się wywróci[1]. Na Grenlandii Eskimosi również obawiają się, że Ziemia się wywróci[2].

Co dziwne, przyczyna takich zakłóceń przejawia się w wierzeniach takich jak Flamandów w Belgii. Czytamy więc: „W Menin (Flandria) wieśniacy, gdy widzą kometę, mówią: »Niebo upadnie, Ziemia się obróci do góry nogami«"[3].

ZMIANY CZASU I PÓR ROKU

Wiele czynników współdziałało przy zmianie klimatu. Nasłonecznienie pogorszyło się z powodu ciężkich chmur pyłu, a promieniowanie ciepła z ziemi również zostało utrudnione[4]. Ciepło było również wytwarzane przez kontakt Ziemi z innym ciałem niebieskim; Ziemia została wyrzucona na orbitę dalszą od słońca; obszary polarne przemieściły się; oceany i morza parowały, a para na nowych obszarach polarnych i na wyższych szerokościach geograficznych skraplała się jako śnieg w długiej Fimbul-zimie[5] i tworzyła nowe powłoki lodowe; oś obrotu Ziemi skierowała się w innym kierunku, a porządek pór roku został zakłócony.

Wiosna następuje po zimie, a lato po wiośnie, ponieważ Ziemia obraca się wokół osi skierowanej ukośnie do płaszczyzny swoich obrotów wokół słońca. Jeśliby ta oś była prostopadła do tej płaszczyzny, na Ziemi nie byłoby pór roku. Jeśli zmieniłby się jej kierunek, pory roku zmieniłyby swoją intensywność i kolejność.

Egipski papirus, znany jako Papirus Anastasi IV, zawiera narzekanie na mrok i brak światła słonecznego; mówi również: „Zima nade-

---

[1] Hastings, "Eschatology", *Encyclopedia of Religion and Etics*.

[2] Olrik, *Ragnarok*, p. 406.

[3] *Revue des Traditions populaires*, XVII (1902–1903), 571.

[4] Cf. prace Arrheniusa o wpływie dwutlenku węgla w atmosferze na temperaturę, i J. Tyndall (*Heat a Mode of Motion*, 6th ed., pp. 417–418) o wpływie na klimat teoretycznej warstwy węglowodorów – składników ropy naftowej, otaczających naszą Ziemię w niewielkiej odległości od jej powierzchni.

[5] Straszliwa zima poprzedzająca zmierzch bogów [przyp. tłum.].

szła (zamiast) lata, odwróciła się kolejność miesięcy, a godziny uległy rozstrojeniu"[1].

„Oddech niebios utracił harmonię... Cztery pory roku nie przestrzegają odpowiadających im okresów", czytamy w *Texts of Taoizm*[2].

W historycznych pamiętnikach Se-Ma Ts'iena, jak też w kronikach Shu King, które już cytowaliśmy, mowa jest o tym, że cesarz Jahou wysłał astronomów do Doliny Ciemności i do Ponurej Rezydencji, aby zaobserwowali nowe ruchy słońca i księżyca i syzygie lub punkty orbitalne koniunkcji, jak również „zbadali i poinformowali ludzi o kolejności pór roku"[3]. Mowa jest również o tym, że Jahou wprowadził reformę kalendarza: uzgodnił pory roku z obserwacjami; to samo uczynił z miesiącami i „skorygował dni"[4].

Plutarch daje następujący opis chaosu pór roku: „Zgęszczone powietrze ukryło widok nieba, a gwiazdy pomieszały się w bezładny stos ognia i wilgoci i gwałtownie kotłujących się wiatrów. Słońce nie trzymało się stałego i niebłądzącego toru, tak aby odróżnić wschód od zachodu, ani nie doprowadziło do porządku pór roku"[5].

W innej ze swoich prac Plutarch przypisuje te zmiany Tyfonowi, „destrukcyjnemu, choremu i nieporządnemu", który spowodował „nienormalne pory roku i temperatury"[6].

Jest charakterystyczne, że w spisanych podaniach starożytnych ludów zakłócenia porządku pór roku powiązane są bezpośrednio z nieładem w ruchu ciał niebieskich.

Przekazy ustne ludów prymitywnych w różnych częściach świata również zachowują wspomnienia zmian ruchu ciał niebieskich, pór roku, upływu czasu, w okresie kiedy ciemność okryła świat. Jako przykład zacytuję podanie [plemienia] Oirabi z Arizony. Opowiadają oni, że firmament wisiał nisko i świat był pogrążony w ciemności, i nie było widoczne ani słońce, ani księżyc, ani gwiazdy. „Ludzie sarkali z powodu ciemności i chłodu". Następnie bóg planeta Machito „ustalił czas, pory roku i drogi ciał niebieskich"[7].

---

[1] A. Erman, *Egyptian Literature* (1927), p. 309. Cf. również J. Vandier, *La Famine dans l'Egypte ancienne* (1936), p. 118: Les mois sont à l'envers, et les heures se confondent" (Papyrus Anastasi IV, 10), i R. Weill, *Bases, méthodes, et résultants de la chronologie égiptienne* (1926), p. 55.

[2] *Texts of Taoism* (tłum. Legge), I, 301.

[3] *Les Mémoires historiques de Se-Ma Ts'ien* (tłum. E. Chavannes, 1895), p. 47.

[4] *Ibid.*, p. 62.

[5] Plutarch, "Of Eating of Flesh", *Morals* (tłum. „kilka osób"), poprawione przez W. Goodwina, ed. 1898).

[6] Plutarch, *Isis and Osiris*, 49.

[7] Donnelly, *Ragnarok*, p. 212.

Wśród Inków główną „siłą sprawczą w regulowaniu pór roku i dróg ciał niebieskich" był Wirakocza. „Słońce, księżyc, dzień, noc, wiosna, zima, nie na próżno są zarządzane przez ciebie, o Wirakoczo"[1].

Amerykańskie źródła, które mówią o świecie zabarwionym na czerwono, o deszczu ognia, o pożarze świata, o nowo wypiętrzonych górach, przerażających znakach na niebie, o dwudziestu pięciu latach mroku, sugerują również, że „porządek pór roku zmienił się w tej epoce". „Astronomowie i geolodzy, którzy się tym zajmują... powinni ocenić przyczyny, które mogły spowodować rozregulowanie dnia i okrycie Ziemi mrokiem", napisał duchowny, który spędził wiele lat w Meksyku i w bibliotekach Starego Świata, które przechowują starożytne manuskrypty Majów i poświęcone im najwcześniejsze prace Indian i Hiszpanów[2]. Nie skojarzył on, że biblijne opowieści czasów Eksodusu zawierają te same elementy.

Wraz z końcem Środkowego Państwa w Egipcie, kiedy Izraelici opuścili ten kraj, nastąpił koniec starego porządku pór roku i zaczęła się nowa epoka świata. Czwarta Księga Ezdrasza, która zapożycza z pewnych wcześniejszych źródeł, mówi o „końcu pór roku" tymi słowy: „Wysłałem go {Mojżesza} i wyprowadził mój lud z Egiptu, i przywiódł go do Góry Synaj, i trzymałem go tam przez wiele dni. Powiedziałem mu wiele cudownych rzeczy, ukazałem mu sekrety czasów, ogłosiłem mu koniec pór roku"[3].

Z powodu różnych równoczesnych zmian w ruchu Ziemi i księżyca, i z powodu tego, że obserwacja nieba była utrudniona, gdyż było ono ukryte za dymem i chmurami, nie można było dokładnie wyliczyć kalendarza; zmiany długości roku, miesiąca i dnia wymagały dłuższych niezakłóconych obserwacji. Słowa Midraszu, że Mojżesz nie był w stanie pojąć nowego kalendarza, odnoszą się do tej sytuacji; „sekrety kalendarza (*sod ha-avour*)", lub, bardziej precyzyjnie, „sekrety zmiany" z jednej rachuby czasu do innej, zostały objawione Mojżeszowi, ale miał on trudności z ich zrozumieniem. Ponadto mówi się w źródłach rabinicznych, że w czasach Mojżesza bieg ciał niebieskich uległ zakłóceniu[4].

Miesiąc Eksodusu, który miał miejsce na wiosnę, stał się pierwszym miesiącem roku: „Ten miesiąc będzie wam początkiem miesię-

---

[1] C. Markham, *The Incas of Peru*, pp. 97–98.

[2] Brasseur, *Sources de l'histoire primitive du Mexique*, pp. 28–29. W swojej późniejszej pracy *Quatre letters sur Mexique* (1868), Brasseur doszedł do wniosku, że w Ameryce miała miejsce niesłychana katastrofa i że migrujące plemiona przeniosły echo tej katastrofy do wielu ludów świata.

[3] IV Ks. Ezdrasza 14:4.

[4] Pirkei Rabbi Elieser 8; Leket Midrashim 2 a; Ginzberg, *Legends*, VI, 24.

cy, będzie wam pierwszym miesiącem roku"[1]. Tak więc w żydowskim kalendarzu powstała dziwna sytuacja, bo Nowy Rok obchodzi
się w siódmym miesiącu roku: początek roku kalendarzowego przesunął się o pół roku od Nowego Roku na jesieni.

Z upadkiem Średniego Państwa i Eksodusem zakończyła się jedna
z wielkich epok świata. Cztery strony świata uległy przemieszczeniu
i ani orbita [Ziemi], ani bieguny, ani prawdopodobnie kierunek obrotu
nie pozostały takie same. Trzeba było od nowa dostosować kalendarz.
Astronomiczne parametry roku i dnia nie mogły być takie same przed
i po wstrząsie, w którym, jak mówi cytowany Papirus Anastasi IV,
miesiące uległy odwróceniu a „godziny zakłóceniu".

Długość roku w okresie Średniego Państwa nie jest znana z żadnego współczesnego dokumentu. Ponieważ w Tekstach Piramid, da-
tujących się z okresu Starego Państwa, jest mowa o „pięciu dniach",
przyjęto błędnie, że znany był już wtedy rok składający się z 365 dni[2].
Ale nie ma żadnej inskrypcji w okresie Starego i Średniego Państwa,
w której by była mowa o roku 365-dniowym czy nawet 360-dniowym.
Nie znaleziono również żadnych odniesień do roku 365-dniowego lub
do „pięciu dni" w licznych inskrypcjach z okresu Nowego Państwa
przed dynastiami z siódmego wieku[3]. Zatem wniosek, że „pięć dni"
z Tekstów Piramid z okresu Starego Państwa oznacza pięć dni ponad
360, nie jest uzasadniony.

Istnieje bezpośrednie stwierdzenie podane jako przypisek na manuskrypcie *Timajosa*, że kalendarz roku słonecznego, równego trzysta sześćdziesiąt dni, został wprowadzony przez Hyksosów po upadku
Średniego Państwa[4]; rok kalendarzowy Średniego Państwa liczył wyraźnie mniej dni.

Faktem, który mam nadzieję ustalić, jest to, że od piętnastego
do ósmego wieku p.n.e. rok astronomiczny liczył 360 dni; ani przed
piętnastym stuleciem ani po ósmym stuleciu rok nie miał tej długości. W dalszych rozdziałach niniejszej pracy przedstawię obszerny
materiał dowodowy.

Liczba dni w roku w okresie Średniego Państwa była mniejsza
od 360; Ziemia krążyła wówczas po orbicie nieco bliższej [słońca]

---

[1] Exodus 12:2.

[2] Breasted, *A History of Egypt*, p. 14.

[3] Tablica dynastii Egiptu i ich porządek chronologiczny będą przedmiotem
następnej książki *Ages in Chaos*.

[4] Patrz Bissing, *Geschichte Aegyptens* (1904), pp. 31, 33; Weill, *Chronologie
égyptienne*, p. 32. Ale cf. również "The Book of Sothis" autorstwa Pseudo-Manetho
w *Manetho* (tłum. Waddell), Loeb Classical Library; tam wprowadzenie reformy,
polegającej na dodaniu pięciu dni do roku liczącego 360 dni, przypisuje się hyk-
soskiemu królowi Asethowi, który również wprowadził kult Apisa.

niż obecna orbita Wenus. Badaniem długości roku astronomicznego w okresach Starego i Średniego Państwa zajmę się w części niniejszej pracy, poświęconej tym katastrofom kosmicznym które miały miejsce przed początkiem Średniego Państwa w Egipcie.

Tu oddam głos staremu źródłu midraszowemu, które nie zgadzając się ze sprzecznościami w tekstach biblijnych odnoszących się do długości czasu przebywania przez Izraelitów w Egipcie, utrzymuje, że „Bóg przyspieszył bieg planet w czasie pobytu Izraela w Egipcie", tak że słońce wykonało 400 obrotów w okresie zwykłych 210 lat[1]. Liczb tych nie należy traktować jako dokładne, gdyż intencją było pogodzenie dwóch tekstów biblijnych, ale wzmianka o różnych ruchach planet w czasie pobytu Izraela w Egipcie w okresie Średniego Państwa jest warta zauważenia.

W Midrasz Rabba[2] mówi się, opierając się na świadectwie Rabbi Simona, że nowy porządek świata nastał wraz z końcem szóstej epoki świata w czasie objawienia na Górze Synaj. „Nastąpiło osłabienie (*metash*) stworzenia. Dotąd czas świata był liczony, ale odtąd liczymy go w inny sposób". Midrasz Rabba wspomina również o „większej długości czasu w odniesieniu do niektórych planet"[3].

---

[1] Nieznany Midrasz cytowany w Shita Mekubetzet, Nedarim 31 b; patrz Ginzberg, *Legends*, V, 420.

[2] Midrasz Rabba, Bereshit (wyd. Freeman and Simon), ix, 14.

[3] *Ibid.*, p. 73, uwaga wydawcy.

ROZDZIAŁ VI

CIEŃ ŚMIERCI

CAŁY ROK po wybuchu Krakatoa we Wschodnich Indiach w 1883 r. wschody i zachody słońca na obu półkulach były bardzo kolorowe. Pył lawy zawieszony w powietrzu i rozprowadzony wokół całej kuli ziemskiej, był odpowiedzialny za to zjawisko[1].

W 1783 r., po erupcji Skaptar-Jökull na Islandii, świat przyciemnił się na miesiące; opisy tego zjawiska można znaleźć u wielu współczesnych autorów. Pewien współczesny Niemiec porównał mroczny świat z roku 1783 z egipską plagą ciemności[2].

Świat pozostawał mroczny po śmierci Cezara w 44 r. p.n.e. „Po zamordowaniu dyktatora Cezara i w czasie wojny Antoniusza", panował „przez prawie cały rok mrok", pisał Pliniusz[3]. Wergiliusz opisał ten rok tymi słowy: „Słońce... przesłoniło swą świetlistą twarz pylistym mrokiem i bezbożny wiek przeraził się trwającą wiecznie nocą... w Niemczech słyszano szczęk oręża na całym niebie; Alpy drżały w niezwykłym lęku... i upiory, blade, w cudowny sposób były widziane w wieczornym zmroku"[4].

W dniu 23 września 44 r. p.n.e., krótko po śmierci Cezara, dokładnie w dniu kiedy Oktawian odprawiał rytuały ku czci zmarłego, dostrzeżono w dzień kometę; była bardzo jasna i poruszała się z północy na zachód. Była widziana tylko przez kilka dni i zniknęła, znajdując się wciąż na północy[5].

Wydaje się że mrok, który ogarnął świat w rok po śmierci Cezara, był spowodowany przez pył komety rozproszony w atmosferze. „Szczęk oręża", słyszany „na całym niebie", był prawdopodobnie dźwiękiem towarzyszącym wejściu gazów i pyłu do ziemskiej atmosfery.

Jeśli erupcja jednego wulkanu może przyciemnić atmosferę na całej kuli ziemskiej, to jednoczesna i długotrwała erupcja tysięcy wulkanów zaciemni niebo. I jeśli pył komety z roku 44 p.n.e. dał przyciemniający efekt, to kontakt Ziemi z wielką, ciągnącą za sobą pył

---

[1] *The Eruption of Krakatoa: Report*, wyd. G.J. Symons, pp. 40 f.

[2] *Ibid.*, p. 393; W. J. Pythian-Adams, *The Call of Israel* (1934), p. 165.

[3] *Natural History*, Bk. ii, 30.

[4] Virgil, *Georgics* (tłum. H. R. Fairclough, 1920), i, 466.

[5] Dio Cassius, *Roman History*, xlv. 7; Pliny ii. 71. 93; Suetonius *Caesar* 88; Plutarch *Caesar* 69. 3. Jest godne uwagi, że etruski wróżbita imieniem Volcanius ogłosił początek nowej epoki świata, która rozpoczęła się ze zbliżeniem komety w 44 r. p.n.e. Cf. „Komet" Stegemanna w *Handwörterbuch des deutschen Aberglaubens* (1927).

kometą, w piętnastym wieku p.n.e. mógł podobnie spowodować zaciemnienie nieba. Ponieważ ta kometa uaktywniła wszystkie wulkany i utworzyła nowe, łączne działanie tych erupcji i pyłu komety musiało nasycić atmosferę unoszącymi się cząstkami.

Wulkany wyrzucają parę wodną, jak również popioły. Efekt ogrzewający kontaktu kuli ziemskiej z kometą musiał spowodować wielkie parowanie z powierzchni mórz i rzek. Utworzyły się dwa rodzaje chmur – z pary wodnej i pyłu. Chmury przesłoniły niebo, a przesuwając się bardzo powoli, wisiały jak mgła. Zasłona z gazowego ogona wrogiej gwiazdy i dym wulkanów spowodowały ciemność, nie całkowitą, ale głęboką. Ten stan utrzymywał się przez dekady i dopiero stopniowo pył opadał, a para wodna kondensowała się.

„Głęboka noc panowała nad całą Ameryką, o której podania mówią jednomyślnie: w pewnym sensie słońce nie istniało dla zrujnowanego świata, który rozświetlany był co pewien czas przez przerażające pożary, ujawniając całą okropność sytuacji małej liczbie ludzi, którym udało się uciec przed tymi nieszczęściami"[1].

„Po kataklizmie spowodowanym przez wody, autor dzieła *Codex Chimalpopoca*, w swojej historii dotyczącej słońc przedstawia nam przerażające zjawiska niebiańskie, po których dwukrotnie następowała ciemność, która okryła oblicze Ziemi, w jednym przypadku przez dwadzieścia pięć lat". „Ten fakt wymieniony jest w *Codex Chimalpopoca* i w większości podań Meksyku"[2].

Gómara, Hiszpan, który przybył na zachodnią półkulę w połowie szesnastego wieku, krótko po podboju, napisał: „Po zniszczeniu czwartego słońca świat pogrążył się w ciemności na okres dwudziestu pięciu lat. W czasie tej głębokiej ciemności, dziesięć lat przed pojawieniem się piątego słońca, ludzkość odrodziła się"[3].

W latach tego mroku, kiedy świat przesłonięty był chmurami i mgłą, plemię Quiché wędrowało do Meksyku, przekraczając morze pogrążone w ponurej mgle[4]. W księdze zwanej *Manuscript Quiché* jest również mowa o tym, że było „mało światła na powierzchni Ziemi... twarze słońca i księżyca były zakryte chmurami"[5].

W Papirusie Ermitażu w Leningradzie, wspomnianym poprzednio, znajdują się lamenty dotyczące okropnej katastrofy, kiedy niebo i Ziemia wywróciły się do góry nogami ("Widzę cię kraino wywróconą do góry nogami; zdarzyło się to, co się nigdy przedtem nie zdarzy-

---

[1] Brasseur, *Sources de l'histoire primitive du Mexique*, p. 47.

[2] *Ibid.*, pp. 28–29.

[3] Gómara, *Conquista de Mexico*, II, 261. Patrz Humboldt, *Researches*, II, 16.

[4] Brasseur, *Histoire des nations civilisées du Mexique*, I, 11.

[5] *Ibid.*, p. 113.

ło"). Po tej katastrofie ciemność objęła ziemię: „Słońce jest przesłonięte i nie świeci przed oczyma ludzi. Nikt nie może żyć, kiedy słońce przesłonięte jest chmurami... Nikt nie wie że jest południe; nie można dostrzec cienia... Nie olśniewa wzroku {słońce} gdy jest postrzegane; wygląda na niebie jak księżyc"[1].

W tym opisie światło słońca porównane jest do światła księżyca, ale nawet w świetle księżyca obiekty rzucają cień. Jeśli nie można rozróżnić kiedy jest południe, to dysk słońca nie był widziany wyraźnie i tylko rozproszone światło pozwalało odróżniać dzień od nocy. Mrok rozrzedzał się stopniowo wraz z mijającymi latami, kiedy chmury stawały się mniej gęste; stopniowo niebo i słońce pojawiały się coraz mniej przesłonięte.

Lata ciemności w Egipcie opisane są w wielu innych dokumentach. Papirus Ipuwera, który zawiera historię plag egipskich, mówi, że kraj jest bez światła {ciemny}[2]. W Papirusie Anastasi IV, gdzie opisane są lata niedoli, powiedziane jest: „Słońce, które miało się pojawić, nie wzeszło"[3].

To był czas wędrówki Izraelitów po pustyni[4]. Czy istnieje jakaś wskazówka mówiąca o tym, że na pustyni było ciemno? Jeremiasz mówi (2:6): „I nie mówili: Gdzie jest Pan, który nas wyprowadził z ziemi egipskiej, który nas wiódł przez pustynię, przez kraj pusty i pełen wąwozów, przez kraj suchy i mroczny, kraj, przez który nikt nie przechodził i gdzie żaden człowiek nie mieszkał?".

„Cień śmierci" odnosi się do czasu wędrówek po pustyni, po Eksodusie z Egiptu. Złowrogie znaczenie słów „cień śmierci" koresponduje z opisem Papirusu Ermitażu: „Nikt nie może żyć, kiedy słońce przesłonięte jest chmurami".

W przerwach ziemia oświetlana była pożarami na pustyni[5]. Zjawisko trwającego latami mroku pozostawiło ślad w pamięci Dwunastu Plemion i wymienione jest w wielu fragmentach Biblii: „Okryłeś nas cieniem śmierci" (Psalmy 44:20); „Lud, który chodzi w ciemności... nad mieszkańcami krainy mroków" (Izajasz 9:1). Izraelici „błądzili po pustyni, po pustkowiu w samotności... Byli głodni i spragnieni, dusza w nich omdlewała", a Pan „wyprowadził ich z ciemności i cieni śmierci" (Psalmy 107)[6]. „Lęki cieni śmierci" (Hiob 24:17)[7].

---

[1] Papyrus 1116 b recto, opublikowany przez Gardinera, *Journal of Egyptian Archaelogy*, I (1914).

[2] Papyrus Ipuwer 9:8.

[3] Erman, Egyptian Literature, p. 309.

[4] Patrz podrozdział „Czerwony świat", uwaga 3.

[5] Ks. Liczb 11:3; 16:35.

[6] Polski przekład tego fragmentu Biblii odbiega od powyższego [przyp. tłum.]

[7] Polski przekład tego fragmentu Biblii odbiega od powyższego [przyp. tłum.]

W księdze Hioba 38 Pan mówi: „Kto zamknął morze drzwiami {zaworami}, gdy pieniąc się, wyszło z łona? Gdy obłoki uczyniłem jego szatą, a ciemne chmury jego pieluszkami..., a zorzy wskazałem jej miejsce, aby ogarnęła krańce ziemi, z której bezbożni zostaną strząśnięci?"[1].

Nisko wiszące i powoli przesuwające się chmury osłaniały wędrujących po pustyni. Chmury te mętnie jarzyły się w nocy; ich górna część odbijała światło słoneczne. Ponieważ promieniowanie to było blade w dzień i czerwone w nocy, Izraelici byli w stanie rozróżniać dzień i noc[2]. Chmury osłaniały ich przed słońcem w czasie wędrowania po pustyni, i zgodnie z literaturą midraszową, po raz pierwszy zobaczyli słońce i księżyc dopiero pod koniec wędrówki[3].

Chmury, które okrywały pustynię w czasie wędrówki Dwunastu Plemion, nazywane były „niebiańską szatą" lub „chmurami chwały". „Rozpostarł obłok jak zasłonę; i ogień, by oświetlał noc". „A obłok Pański był nad nimi w dzień"[4]. Przez dnie i miesiące chmura pozostawała w jednym miejscu i Izraelici „nie podróżowali"; ale kiedy chmura ruszyła, wędrowcy podążali za nią, i czcili ją z powodu jej niebiańskiego pochodzenia[5].

Również w źródłach arabskich czytamy, że Amalekici, którzy opuścili Hedjaz z powodu plag, podążali za chmurą w czasie swej wędrówki po pustyni[6].

W drodze do Palestyny i Egiptu napotkali Izraelitów i w bitwie z nimi przesłona z chmur odegrała ważną rolę[7].

Nihongi, kronika Japonii od najdawniejszych czasów, odnosi się do okresu, kiedy była „ciągła ciemność" i „żadnej różnicy między dniem i nocą". Opisuje ona w imieniu cesarza Kami Yamato starożytne czasy, kiedy „świat został poddany powszechnej dewastacji; była to epoka ciemności i zamętu. W tym mroku Hiko-ho-no-ninigino-Mikoto wsparł prawo i tak rządził tą zachodnią granicą"[8].

---

[1] Cf. także Hiob 28:3 i 36:32.

[2] Karaita d'Melekhet ha-Mishkan 14; Ginzberg, *Legends*, V, 439. Cf. także Hiob 37:15.

[3] Ginzberg, *Legends*, VI, 114.

[4] Psalmy 105:39; Ks. Liczb 10:34.

[5] Ks. Liczb 9:17–22; 10–11 ff. Imiona Bezalel i Rafael oznaczają „w cieniu Boga" i „cień Boga".

[6] Kitab-Alaghaniyy (franc. tłum. F. Fresnel), *Journal asiatique*, 1838. Cf. El-Macoudi (Mas'udi), *Les Praires d'or*, III, rozdz. 39. W *Ages in Chaos* zdarzenia te będą zsynchronizowane z Eksodusem.

[7] Źródła w Ginzberg, *Legends*, VI, 24, n. 141.

[8] *Nihongi* (tłum. W. G. Aston), pp. 46 i 110.

W Chinach, kronika opowiadająca o czasach cesarza Jahou mówi o Dolinie Ciemności i o Ponurej Rezydencji jako miejscach obserwacji astronomicznych[1].

Nazwa „cień śmierci" oddaje wpływ pozbawionego słońca mroku na procesy życiowe. Chińska kronika Wong-shi-Shinga, w rozdziale traktującym o Dziesięciu Łodygach (dziesięciu fazach pradawnej historii Ziemi) pisze, że „w czasie Wu, szóstej fazie..., ciemność niszczy wzrost wszelkich rzeczy"[2].

Buddyjscy uczeni twierdzą, że na początku szóstej epoki świata lub „słońca", „cały świat napełniony jest dymem i tłustością tego dymu". „Nie ma różnicy między dniem i nocą". Mrok spowodowany jest przez „niszczącą cykl wielką chmurę" kosmicznego pochodzenia i rozmiarów[3].

Na wyspach Samoa tubylcy opowiadają: „Wtedy pojawił się zapach...zapach stał się dymem, który znowu stał się chmurami... Morze również pojawiło się i w potwornej katastrofie natury ląd zatonął w morzu... Nowa ziemia (wyspy Samoa) wyłoniła się z łona ostatniej ziemi"[4]. W ciemności, która objęła świat, wyspy Tonga, Samoa, Rotuma, Fidżi i Uvea (Wyspy Wallisa), i Fotuna wydźwignęły się z dna oceanu[5].

Starożytne wiersze mieszkańców Hawajów odnoszą się do przedłużonej ciemności:

> Ziemia tańczy...
> Niech skończy się ciemność...
> Niebiosa są odgrodzone...
> Skończył się świat Hawajów.[6]

Plemię Quiché migrowało do Meksyku, Izraelici wędrowali po pustyni, Amalekici migrowali w stronę Palestyny i Egiptu – niespokojny ruch miał miejsce we wszystkich zakątkach zrujnowanego świata. O migracji w Centralnej Polinezji, otulonej mrokiem, opowiadają podania tubylców tej części świata, mówią o wodzu imieniem Te-erui, który „żył długo w całkowitej ciemności w Avaiki", który wędrował w łódce nazywanej „Znużenie Ciemnością", aby znaleźć krainę jasności, i który po wielu latach wędrówki zobaczył niebo troszeczkę się

---

[1] *Les Mémoires historiques de Se-Ma Ts'ien* (tłum. E. Chavannes, 1895), I. 47.

[2] Donnelly, *Ragnarok*, p. 211.

[3] Warren, *Buddhism in Translations*, pp. 322–327.

[4] Williamson, *Religious and Cosmic Beliefs of Central Polynesia*, I, 8.

[5] *Ibid.*, I, 37.

[6] *Ibid.*, I, 30.

przejaśniające i przybył do takich rejonów „gdzie mogli widzieć jeden drugiego wyraźnie"[1].

W *Kalewali*, fińskim eposie, który „pochodzi z odległej starożytności"[2], czas, kiedy słońce i księżyc zniknęły z nieba, i pokryły je przeraźliwe ciemności, opisany jest tymi słowy:

Nawet ptaki zachorowały i zginęły,
mężowie i niewiasty, słabi i wygłodzeni,
zginęli z głodu i zimna,
z braku światła słońca,
z braku światła księżyca...
Lecz mądrzy ludzie z Kraju Północy
nie znali brzasku poranka,
gdyż księżyc nie świeci o właściwej porze
ani słońce nie pojawia się w południe,
na swych miejscach na firmamencie nieba[3].

Wyjaśnienie próbujące racjonalizować ten obraz jako opis okresowej długiej nocy w północnych obszarach, potknie się o drugą część fragmentu: pory roku nie pojawiały się w zwykłej kolejności. Przeraźliwe ciemności okryły ziemię, gdy Ukko, najwyższy z fińskich bogów, zaniechał podpierania niebios. Żelazny grad opadł gwałtownie, a wtedy świat pogrążył się w trwającej przez pokolenie ciemności.

Ten „zmierzch bogów" ras nordyckich jest właśnie „cieniem śmierci" z Biblii. Całe pokolenie tych, którzy opuścili Egipt, zginęło na pozbawionej światła pustyni. Roślinność obumarła w katastrofie. Irańska księga *Bundahis* mówi: „Rdza zbożowa rozprzestrzeniła się na roślinność, i ta natychmiast uschła"[4]. Kiedy niebo rozpadło się, dzień stał się ciemny, a ziemia zaroiła się od szkodliwych stworzeń. Przez długi czas nie widać było żadnej zieleni, ziarna nie wschodziły w pozbawionym słońca świecie. Minęło wiele lat zanim na ziemię powróciła wegetacja; jest o tym mowa w pisanych i ustnych podaniach wielu narodów. Według źródeł amerykańskich, regeneracja świata i ludzkości odbywała się pod zasłoną mrocznych ciemności, mówi się o okresie końca piętnastego roku ciemności, dziesięć lat przed końcem mroku[5].

---

[1] *Ibid.*, I, 28–29.

[2] Crawford, we wstępie do angielskiego tłumaczenia *Kalewali*, odnosi poemat do czasów, kiedy Węgrzy i Finowie byli wciąż zjednoczeni jako jeden naród, „innymi słowy do czasów sprzed trzech tysięcy lat".

[3] *The Kalevala*, Rune 49.

[4] *The Bundahis*, Chap. 3, Sec. 16.

[5] Gómara, *Conquista*, cxix.

W biblijnej narracji był to prawdopodobnie dzień, kiedy zakwitła laska Aarona[1].

Pełen grozy świat, ciemny i jęczący, był nieprzyjemny dla wszystkich zmysłów poza węchem: świat był pełen aromatu. Kiedy wiał wietrzyk, chmury wydzielały słodki zapach.

W Papirusie Anastasi IV napisanym „w latach niedoli", w którym jest mowa o odwróceniu porządku miesięcy, bóg-planeta opisany jest jako przybywający „poprzedzony słodkim wiatrem"[2].

W podobnym tekście hebrajskim czytamy, że czas i pory roku są pomieszane i „aromat przepełnił cały świat", i że tę woń wywołał słup dymu. Był to zapach jak mirry i kadzidła. „Izrael otaczały chmury", a wkrótce po tym gdy chmury zaczęły się poruszać, wiatry „oddychały mirrą i kadzidłem"[3].

Wedy zawierają hymny ku czci Agni, który „promieniuje z nieba". Jego aromat stał się aromatem ziemi.

Twój aromat...
Który nieśmiertelni niegdyś zebrali[4].

Pokolenie tych dni, kiedy gwiazda przekazywała swój aromat ludziom na Ziemi, unieśmiertelnione jest w podaniach Hindusów. Hymny wedyjskie porównują zapach gwiazdy Agni do aromatu lotosu.

AMBROZJA

W jaki sposób rozpłynęła się ta mroczna zasłona?

Kiedy powietrze przesycone jest parą, opada rosa, pada deszcz, grad lub śnieg. Najprawdopodobniej atmosfera wytrącała swoje składniki, głównie węgiel i wodór, w podobny sposób.

Czy zachowało się jakieś świadectwo, że w ciągu tych wielu lat mroku wytrącały się węglowodory?

„A gdy warstwa rosy się podniosła, oto na powierzchnię pustyni opadła manna". Była jak „drobny szron na ziemi". Miała kształt ziaren kolendra, żółtawy kolor jak [żywica] bdelium i tłustawy smak, jak placek na oliwie. Nazwano ją „niebiańskim zbożem", zbierała się między kamieniami i można ją było gotować w garnkach[5]. Manna opadała z chmur[6].

---

[1] Ks. Liczb 17:8 [23]. Pokrywa chmur pozostała nad pustynią aż do śmierci Aarona. Cf. Ginzberg, *Legends*, VI, 114.

[2] Erman, *Egyptian Literature*, p. 309.

[3] Ginzberg, *Legends*, III, 158 i 235; VI, 71. Według Targum Yerushalmi, Exodus 35:28: „Chmury przyniosły woń z raju i rozsiały ją na pustyni przed Izraelem".

[4] *Hymns of the Atharva-Veda* (tłum. M. Bloomfield, 1897), 201–202.

[5] Exodus 16:14–34; Ks. Liczb 11:7–9.

[6] Psalmy 78:23–24.

Po nocnym ochłodzeniu, węglowodory wytrącały się i opadały z poranną rosą. Ziarna roztapiały się w cieple i parowały; ale w zamkniętym naczyniu substancja mogła być przechowywana długi czas[1].

Egzegeci próbowali wyjaśnić zjawisko manny i byli wspierani przez naturalistów, którzy odkryli, że tamaryszek na pustyni Synaj traci nasiona w pewnych miesiącach roku[2]. Ale czemu te nasiona miałyby być nazwane „zbożem z niebios", „chlebem niebieskim"[3], albo dlaczego powiedziano „spuszczę wam jako deszcz chleb z nieba"[4]. Nie jest również łatwo wyjaśnić, jak tłumy ludzi i zwierząt mogły żyć przez wiele lat na pustyni, żywiąc się niewielką ilością okresowo występujących ziaren jakiejś pustynnej rośliny. Gdyby to było możliwe, pustynia byłaby bardziej pożądaną krainą niż obszary rolnicze, które dają chleb tylko pracującym w pocie czoła.

Chmury dostarczały chleba z niebios, o czym jest mowa także w Talmudzie[5]. Ale jeśli manna padała z chmur, które otaczały cały świat, musiała opadać nie tylko na Pustyni Wędrówki, ale wszędzie; i nie tylko Izraelici, ale też inne narody musiały próbować jej i mówić o niej w swych podaniach.

Na świecie był pożar, mówią podania islandzkie, a po nim Fimbulzima, i na północy przeżyła tylko jedna para ludzi. „Ta para ludzi leżała ukryta w zagajniku w czasie pożaru Surt". Następnie nadeszła „okropna Fimbul-zima pod koniec epoki świata; w międzyczasie odżywiali się oni poranną rosą, a z nich wyrósł lud, który odnowił ziemię"[6].

---

[1] Exodus 16:21, 33–34.

[2] Patrz A. P. Stanley, *Lectures on the History of the Jewish Church* (1863), Pt. I, p. 147: „Manna... według żydowskiego przekazu Józefa i wierzeń plemion arabskich, oraz kościoła greckiego obecnie, wciąż znajdywana jest, kiedy opada z krzewów tamaryszku". Jednakże Józef, w swoich *Antiquities*, III, 26 ff., nie mówi o tamaryszku, ale o rosie która wyglądała jak śnieg i wciąż opada na pustyni, będąc „oparciem dla mieszkańców tych obszarów".
Ekspedycja Uniwersytetu Jerozolimskiego w 1927 r. badała tamaryszek na pustyni Synaj. Patrz F. S. Bodenheimer i O. Teodor, *Ergebnisse der Sinai Expedition* (1929), Pt. III.
Niemiecki profesor sugerował również *Blattläuse*. „Blattläuse wie Blattsauger schwitzen zuweilen auch aus dem After einen honigartigen Saft in solcher Menge aus, dass die Pflanzen, besonders im Juli, damit gleichsam überfirnisst sind" (W. H. Roscher, *Nektar und Ambrosia* {1883}, p. 14). Ale gdzie na pustyni są lasy, a w nich insekty które przygotowują na liściach drzew trzy posiłki dziennie dla miriada wędrowców?

[3] Psalmy 78:24 i 105:40.

[4] Exodus 16:4.

[5] Tractate Yoma 75 a.

[6] J. A. MacCulloch, *Eddic Mythology* (1930), p. 168.

Trzy elementy, które występują w islandzkich podaniach, są identyczne z trzema elementami w podaniach Izraelitów: pożar świata, mroczna zima, która trwała wiele lat, i poranna rosa, która służyła za pożywienie w tych czasach mroku, kiedy nic nie kwitło.

Maorysi z Nowej Zelandii opowiadają o gwałtownych wiatrach i chmurach, które zbijały wody w fale pływowe sięgające nieba i którym towarzyszyły gwałtowne burze gradowe. Skutkami burzy i gradu były „Mgła i ciężka rosa oraz lekka rosa". Po katastrofie „niewiele suchego lądu wystawało ponad morze. Wtedy pojawiło się na świecie czyste światło i istoty, które ukryły się pomiędzy {niebem i ziemią} zanim zostały rozdzielone, teraz rozmnożyły się na ziemi"[1].

To podanie Maorysów posiada w istocie te same elementy co podania Izraelitów. Zniszczeniu świata towarzyszyły huragany, grad (meteoryty) i sięgające nieba fale; ląd zatonął; mgła okryła ziemię na długi czas; ciężka rosa opadała na ziemię razem z lekką rosą, tak jak we fragmencie cytowanym z Księgi Liczb 11:9.

Pisma buddyjskie opowiadają, że kiedy cykl świata zbliża się ku końcowi, wraz ze zniszczeniem świata i wysychaniem oceanu, nie ma różnicy między dniem i nocą, a niebiańska ambrozja służy za pożywienie[2].

W hymnach *Rig-Wedy*[3] jest mowa o miodzie (*madhu*) pochodzącym z chmur. Chmury te pochodzą od słupa dymu. Wśród hymnów *Atharwa-Wedy* jest jeden poświęcony miodowi płynnemu: „Z nieba, z ziemi, z atmosfery, z morza, z ognia, i z wiatru, doprawdy wypłynął miód płynny. Jego to, okrytego amritą (ambrozją), wszystkie stworzenia, czcząc, chwalą w swych sercach"[4].

Egipska Księga Umarłych mówi o „boskich obłokach i wielkiej rosie", która łączy ziemię z niebiosami[5].

Grecy nazywali niebiański chleb ambrozją. Jest ona opisana przez greckich poetów w identycznych terminach co manna; ma smak miodu i aromat. Ten niebiański chleb nabawił nieraz klasycznych uczonych bólu głowy. Greccy autorzy, począwszy od Homera i Hezjoda, poprzez wieki, stale mówili o ambrozji jako o niebiańskim pożywieniu, które w swym stanie płynnym nazywane jest nektarem[6]. Używana była również jako maść[7] (miała aromat lilii), i jako pożywienie koni

[1] Tylor, *Primitive Culture*, I, 324.

[2] Warren, *Buddhism in Translations*, p. 322.

[3] Cf. Roscher, *Nectar und Ambrosia*, p. 19.

[4] *Hymns of the Atharva-Veda*, p. 229, *Rigveda* I, 112.

[5] E. W. Budge, *The Book of the Dead* (2nd ed., 1928), Chap. 98; cf. G. A. Wainwright, *Journal of Egyptian Archaeology*, XVIII (1932), 167.

[6] Roscher, *Nektar und Ambrosia*.

[7] *Iliad* xiv, 170 ff.

Hery, kiedy odwiedziła Zeusa w niebie[1]. Hera (Ziemia) była przesłonięta, kiedy spieszyła od swego brata Aresa (Mars) do Zeusa (Jowisz). Czym mógł być ten niebiański chleb, który służył również jako zasłona dla bogini-planety, i był stosowany także jako maść? Niektórzy uczeni mówią, że to był miód. Lecz miód jest zwykłym pożywieniem śmiertelników, podczas gdy ambrozja została dana tylko pokoleniu herosów.

Zatem, czym była ta substancja, która na ziemi służyła za paszę dla koni, była zasłoną dla planety, chlebem z nieba dla herosów, która również zmieniała się w płyn do picia, i była też olejem i aromatem dla maści?

Była to manna, z której pieczono chleb, miała smak oleisty i miodowy, znajdywana była na ziemi przez ludzi i zwierzęta, osłoniła Ziemię i ciała niebieskie zasłoną, nazywana była „zbożem niebiańskim" i „chlebem mocarnych"[2], była aromatyczna, i służyła kobietom na pustyni jako maść[3]. Mannę, podobnie jak ambrozję, porównywano do miodu i porannej rosy.

Przekonanie Arystotelesa i innych pisarzy[4], że miód opada w atmosferze wraz z rosą, oparte było na doświadczeniu z tych dni, kiedy świat przesłoniły węglowe chmury, które wytrącały się jako miodowy szron.

Chmury te opisane są w *Kalewali* jako „przerażające cienie". Z tych „przerażających cieni", jak opowiada epos, kapał miód: „A chmury rozsiewały swój aromat, rozsiewały miód... ze swego domu w niebiosach"[5].

Maorysi na Pacyfiku, Żydzi na pograniczu Azji i Afryki, Hindusi, Finowie, Irlandczycy, wszyscy opisują miodowe pożywienie, które kapało z chmur, gdy ponure cienie mroków ciemności otuliły Ziemię po kosmicznej katastrofie. Wszystkie podania są zgodne co do tego, że źródłem niebiańskiego chleba, opadającego z chmur z poranną rosą, było ciało niebieskie. Sybilla twierdzi, że słodki niebiański chleb przybył z gwiaździstego nieba[6]. O bogu-planecie Ukko, lub Jowiszu, mówi się, że był źródłem miodu, który kapał z chmur[7]. Atena okryła

---

[1] *Iliad* v, 368 ff.; patrz również *ibid.*, v. 775 ff.; xiii. 34 ff., i Ovid, *Metamorphoses*, ii. 119, ff.

[2] Tractate Yoma 75 a.

[3] Ginzberg, *Legends*, III, 49.

[4] Aristotle, *Historia Animalium* ("Generation of Animals"), v, 22. 32; Galen (wyd. C. G. Kühn, 1821–1823), VI, 739; Pliny, *Natural History*, xi, 30; Diodorus, *The Library of History*, xvii. 75.

[5] *The Kalevala* (tłum. Crawford), p. xvi i Rune 9.

[6] Ginzbeg, *Legends*, VI, 17.

[7] *The Kalevala*, Rune 15.

inną boginię-planetę „szatą ambrozji" i dostarczała nektar i ambrozję herosom[1]. Również inne podania widzą źródło miodowej rosy w ciele niebieskim, które otuliło Ziemię chmurami. Z tego powodu ambrozja lub manna nazywane są „niebiańskim chlebem".

RZEKI MLEKA I MIODU

Miodowy szron opadł w ogromnych ilościach. Literatura hagadyczna mówi, że każdego dnia spadało go tyle, że wystarczyłoby do wyżywienia ludzi przez dwa tysiące lat[2]. Wszystkie narody Wschodu i Zachodu mogły to widzieć[3].

Kilka godzin od świtu, ciepło pod pokrywą chmur roztapiało ziarna i powodowało ich parowanie[4]. Ziemia pochłaniała część upłynnionej masy tak jak pochłania rosę. Ziarna padały również na wodę i rzeki zaczęły wyglądać jak płynące mlekiem.

Egipcjanie opowiadają, że Nil przez pewien czas płynął zmieszany z miodem[5]. Dziwny wygląd rzek w Palestynie – na pustyni Izraelczycy nie widzieli żadnych rzek – spowodował, że wywiadowcy, którzy wrócili z przeszpiegów, nazwali tę krainę „płynącą mlekiem i miodem" (Księga Liczb 13:27). „Z nieba pada deszcz oliwy, wadi [wyschnięte koryta rzek] spływają miodem" mówi tekst znaleziony w Ras-Shamra (Ugarit) w Syrii[6].

W literaturze rabinicznej jest mowa o tym, że „stopiona manna tworzyła strumienie, które dostarczały napoju zwierzynie płowej i wielu innym zwierzętom"[7].

Hymny *Atharwa-Wedy* mówią, że płynny miód opadał wraz z ogniem i wiatrem; opadała ambrozja, a strumienie miodu spływały po ziemi. „Szeroka ziemia spuści nam cenny miód... wyleje nam mleko w obfitych strumieniach"[8]. Fińskie podania mówią o tym, że ziemia i woda zostały pokryte kolejno czarnym, czerwonym i białym mlekiem. Pierwsze i drugie były barwami substancji, popiołów

---

[1] *Iliad* xiv. 170 ff. Cf. Plutarch, *On the Face* (Die facie quae in orbe lunae apparet).

[2] Midrasz Tehillim do Psalmu 23; Tosefta Sota 4, 3.

[3] Tractate Yoma 76 a.

[4] Exodus 16:21.

[5] Manetho przypisuje to zjawisko czasom faraona Nephercheresa. Patrz tom Manetho w *Loeb Classical Library*, pp. 35, 37, 39.

[6] C. H. Gordon, *The Loves and wars of Baal and Anat* (1943), p. 10.

[7] Midrash, Tannaim, 191; Targum Yerushalmi o Eksodusie 16:21; Tanhuma Bashalla 21, i inne źródła.

[8] „Hymn to Goddes Earth", *Hymns of the Atharva-Veda* (tłum. Bloomfield), pp. 199 f.

i „krwi", które tworzyły plagi egipskie (Eksodus 7 i 9); ostatnie było barwą ambrozji, która na lądzie i na wodzie zamieniała się w nektar. Pamięć o czasach, kiedy „spływały strumienie mleka i strumienie słodkiego nektaru" zachowała się również u Owidiusza[1].

JERYCHO

Skorupa ziemska trzęsła się i pękała znowu i znowu, gdy jej warstwy osadzały się po poważnym przesunięciu. Otwierały się rozpadliny, znikały jedne źródła, a pojawiały się nowe[2]. Kiedy Izraelici zbliżyli się do rzeki Jordan, spadł kawałek brzegu, blokując przepływ na tyle długo, że plemiona mogły ją przekroczyć. „Wody zatrzymały się: płynące z góry stanęły jak jeden wał w znacznej odległości od miasta Adam, położonego w bok od Tartan, a płynące w kierunku morza stepowego, Morza Słonego, znikły zupełnie i lud przeprawił się naprzeciw Jerycha"[3].

Podobne zdarzenie miało miejsce ósmego grudnia 1267 r., kiedy Jordan został zablokowany na szesnaście godzin, i ponownie po trzęsieniu ziemi w 1927 r., kiedy to kawałek brzegu spadł do wody, niedaleko Adam i zablokował wodę na ponad dwadzieścia cztery godziny; koło Damieh (Adam) ludzie przekraczali rzekę po suchym dnie[4].

Upadek murów Jerycha na dźwięk trąb jest dobrze znanym epizodem, ale nie jest prawidłowo interpretowany. Rogi, w które dęli kapłani przez siedem dni, nie miały tu w istocie większego znaczenia niż laska Mojżesza, przy pomocy której, według legendy, otworzył on przejście w morzu. „A gdy lud usłyszał głos trąb" zdarzyło się, że „mur rozpadł się w miejscu"[5]. Głośny dźwięk trąb wytwarzała Ziemia; plemiona izraelskie, wierząc w magię, myślały, że dźwięk ten jest odpowiedzią Ziemi na dęcie w rogi baranie, przez siedem dni.

Wielkie mury Jerycha – miały one dwanaście stóp szerokości – zostały odkopane[6]. Stwierdzono, że zostały one zniszczone przez trzęsienie ziemi. Świadectwa archeologiczne dowodzą również, że mury te upadły na początku okresu Hyksosów lub też krótko po końcu Średniego Państwa[7]. Ziemia jeszcze nie pozbierała się po poprzedniej światowej katastrofie i reagowała ciągłymi wstrząsami kiedy zbliżyła

[1] *Metamorphoses* (tłum. F. J. Miller, 1916), i. 111–112.

[2] Ks. Liczb 16:31–35; 20:11; Psalmy 78:16; 107:33–35.

[3] Ks. Jozuego 3:16. Prawidłowe tłumaczenie powinno brzmieć: „bardzo daleko koło miasta Adam".

[4] J. Garstang, *The Foundations of Bible History* (1931), p. 137.

[5] Ks. Jozuego 6:20.

[6] E. Sellin i G. Watzinger, *Jericho: Die Ergebnisse der Ausgrabungen* (1913).

[7] J. Garstang i G. B. E. Garstang, *The Story of Jericho* (1940).

się godzina nowego kosmicznego nieszczęścia: zdarzenie, które opisaliśmy na początku tej książki, nawiązując do kataklizmu Eksodusu – wstrząs w dniach Jozuego, kiedy Ziemia stała spokojnie, w dniu bitwy pod Beth-horon.

ROZDZIAŁ VII

KAMIENIE ZAWIESZONE W POWIETRZU

GORĄCY GRAD, który za wstawiennictwem Mojżesza pozostał zawieszony w powietrzu, kiedy już miał opaść na Egipcjan, został teraz
spuszczony na Kanaanitów[1]. Słowa te oznaczają, że w dniach Eksodusu część meteorytów z warkocza komety pozostała na obszarze
nieba przez około pięćdziesiąt lat, opadając w dniach Jozuego, w dolinie Beth-horon, tego samego przedpołudnia kiedy słońce i księżyc
stały nieruchomo przez cały dzień.

Język Talmudu i Midraszu sugeruje, że ta sama kometa powróciła po pięćdziesięciu latach. Jeszcze raz przeszła blisko Ziemi. Tym
razem nie odwróciła biegunów Ziemi, ale utrzymała oś Ziemi pochyloną przez znaczny okres czasu. Znowu świat został, w języku rabi-
nów, „pochłonięty przez trąbę powietrzną", „i wszystkie królestwa się
chwiały", „Ziemia jęczała i drżała od hałasu grzmotów"; przerażona
ludzkość jeszcze raz została zdziesiątkowana, a martwe ciała walały
się jak śmieci, w ten Dzień Gniewu[2].

W dniu kiedy to się działo na ziemi, na niebie panował nieład.
Kamienie spadały z nieba, słońce i księżyc zatrzymały się na swych
ścieżkach, i musiała być również widziana kometa. Księga Habakuka
opisuje znak na niebie w tym pamiętnym dniu, kiedy, według jego
słów, „słońce i księżyc stały nieruchomo w swych miejscach"; miał
on postać człowieka na rydwanie wiezionym przez konie i uważano go
za anioła Boga.

W wersji King James'a ten fragment brzmi:

> „Jego wspaniałość okryła niebiosa... a jego jasność
> była jak światło; z jego ręki wystawały rogi... przed
> jego stopami biegły płonące węgle... {on} rozdzielił
> narody; a odwieczne góry poszły w rozsypkę... Czy
> twój gniew zwrócił się przeciw rzekom? Czy zwró-
> ciłeś swą popędliwość przeciw morzu, że pędziłeś
> na swych koniach i swym rydwanie zbawienia...?
> Ty rozdzieliłeś ziemię rzekami. Góry widziały Cie-
> bie i drżały: przelewające się wody przepłynęły:
> głębia wydała swój głos... Słońce i księżyc stały
> nieruchomo w swych miejscach: od światła twych
> strzał ruszyły i od blasku twej błyszczącej włóczni.

---

[1] Ginzberg, *Legends*, IV, 10; The Babylonian Talmud, Tractate Berakhot 54 b.

[2] Patrz podrozdział: „Najbardziej niewiarygodna historia".

Kroczyłeś gniewny przez krainy, uderzyłeś w pogan w swym gniewie... Ze swymi końmi kroczyłeś przez morze, przez wał wielkich wód"[1].

Ponieważ teksty Biblii, ze względów psychologicznych zakorzenionych u czytelników, bywają niewłaściwie odczytane, źle zrozumiane lub źle interpretowane, podaję również część fragmentów z trzeciego rozdziału Księgi Habakuka w innym, nowocześniejszym tłumaczeniu[poniżej tekst wg polskiego tłumaczenia Biblii]:

> „Jego wspaniałość okrywa niebiosa, a ziemia pełna jest jego chwały, pod nim jest blask jak światłość, promienie wychodzą z jego rąk. Trzęsie się ziemia, gdy powstaje, gdy patrzy, drżą narody. Pękają odwieczne góry, zapadają się prastare pagórki...Czy twoja popędliwość Panie zwraca się przeciw rzekom, czy gniewasz się na strumienie, czy oburzyłeś się na morze, że siadasz na swoje rumaki, na swoje wozy zwycięskie?... Strumieniami rozdzieliłeś ziemię. Na twój widok drżą góry, obłoki spuszczają ulewne deszcze, otchłań morska wydała swój głos... Słońce i księżyc wstrzymały swą jasność w świetle twych szybkich strzał, w blasku twojej lśniącej włóczni. W zawziętości kroczysz po ziemi, w gniewie depczesz narody... Jego rumaki wpędziłeś w morze, w potoki wielkich wód."

Kiedy zakłócony jest obrót Ziemi wokół osi, mechaniczne tarcie przesuniętych warstw i magmy musi spowodować pożar świata.

Świat płonął. Grecka opowieść o Faetonie zostanie przedstawiona tu ze względu na interpretację jaką usłyszał Solon, w czasie swego pobytu w Egipcie.

FAETON

Zarówno Grecy jak i Karyjczycy, oraz inne narody na wybrzeżach Morza Egejskiego, opowiadali o czasach, kiedy słońce zboczyło ze swej drogi i zniknęło na cały dzień, a ziemia była palona i zatapiana.

Grecka legenda mówi że młody Faeton, który twierdził że jest synem słońca, tego fatalnego dnia próbował powozić rydwanem słońca. Faeton nie był w stanie zapanować „nad kręcącymi się żerdziami" i „wirujące osie" porwały go. Faeton w języku greckim oznacza „świecący".

---

[1] Habakkuk 3:3–15.

Wielu autorów zajmowało się historią Faetona; najbardziej znana jest wersja autorstwa łacińskiego poety Owidiusza. Rydwan słońca, prowadzony przez Faetona, „nie poruszał się tą samą drogą co poprzednio". Konie „wyrwały się ze swej drogi" i „pędziły bez celu, najeżdżając na gwiazdy osadzone głęboko na niebie i porywając rydwan na niezbadane drogi". Gwiazdozbiory zimnych Niedźwiedzic próbowały zanurzyć się w zakazanym morzu, a rydwan słońca włóczył się po nieznanych rejonach przestrzeni. „Zachowywał się jak okręt, prowadzony na oślep podmuchem, którego sternik puścił bezużyteczny ster i powierzył okręt bogom i modlitwom"[1].

„Ziemia bucha płomieniem, najpierw jej górne warstwy, pojawiają się głębokie pęknięcia, a cała jej wilgoć wyschła. Łąki spaliły się na biały popiół; drzewa są spalone, zielone liście i wszystko, a dojrzałe ziarno dostarcza paliwa, na swą zgubę... Wielkie miasta znikają wraz ze swymi murami, a ogromny pożar przemienia całe narody w popiół".

„Lasy stoją w ogniu wraz z górami... Etna płonie bez przerwy...i bliźniaczy szczyt Parnasu... Nawet lodowaty klimat nie chroni Scytii; Kaukaz płonie... i wznoszące się nad chmurami Alpy i okryte chmurami Apeniny".

Przegrzane chmury buchały dymem. Faeton widzi, że Ziemia płonie. „Nie może znieść dłużej popiołu i wirujących iskier, otacza go gęsty, gorący dym. W smolistej ciemności nie widzi gdzie się znajduje, ani dokąd podąża".

„To wtedy, jak się uważa, mieszkańcy Etiopii stali się czarnoskórzy, gdyż gorąco sprawiło, że krew przeniosła się na powierzchnię ich ciał".

„Wtedy również Libia stała się pustynią, gdyż gorąco wysuszyło jej wilgoć... Wody Donu parują; babiloński Eufrat płonie; Ganges, Fazis, Dunaj, Alfejos gotują się; brzegi Spercheosu stoją w płomieniach. Złote piaski Tagu topią się w ogromnym gorącu, a łabędzie... spaliły się... Nil ucieka przerażony na krańce ziemi..., siedem ujść pozostaje puste, wypełnione pyłem; siedem szerokich kanałów, a wszystkie bez strumienia. To samo nieszczęście wysusza rzeki Tracji, Hebros i Strymon; również rzeki na zachodzie, Ren, Rodan, Po i Tyber... Wszędzie zioną wielkie pęknięcia... Nawet morze

---

[1] Ovid, *Metamorphoses* (tłum. F. J. Miller), Bk. II.

się kurczy, a to co dotychczas było wielkim wodnym obszarem, teraz jest suchą piaszczystą równiną. Góry, które poprzednio skrywało głębokie morze, wznoszą się, i rośnie liczba rozproszonych Cykladów".

Jeśli słońce nigdy by nie zmieniło swojej harmonijnej wędrówki ze wschodu na zachód, skąd poeta mógłby wiedzieć, że zmiana ruchu słońca na firmamencie musi spowodować pożar świata, wybuch wulkanów, gotowanie się rzek, zniknięcie mórz, powstanie pustyń, pojawienie się wysp?

Po zakłóceniu ruchu słońca nastąpił okres, o długości dnia, kiedy słońce w ogóle nie pojawiło się. Owidiusz kontynuuje: „Jeśli wierzyć przekazowi, miał miejsce cały dzień bez słońca[1]. Ale płonący świat dostarczał światła".

Przedłużonej nocy, w jednej części świata, musiał towarzyszyć przedłużony dzień, w innej części; u Owidiusza widzimy zjawisko opisane w Księdze Jozuego, ale na innej szerokości geograficznej. Może to nasuwać przypuszczenie co do pochodzenia geograficznego indoirańskich czy aryjskich wędrowców do Grecji.

Zmieniło się nachylenie osi kuli ziemskiej; zmieniły się również szerokości geograficzne. Owidiusz tak kończy opis światowej katastrofy, zawartej w historii Faetona: „Spowodowawszy, iż wszystko drżało wraz z jej potężnymi wstrząsami, {Ziemia} osiadła nieco poniżej zwykłego jej miejsca".

Platon opisał historię usłyszaną dwa pokolenia wcześniej od Solona, mądrego władcy[2] Aten[3]. Solon, w czasie pobytu w Egipcie, pytał [tamtejszych] kapłanów, biegłych w wiedzy dotyczącej starożytności, o początki historii. Odkrył, że „Ani on, ani nikt z Greków, można rzec, nie wiedział nic o tych sprawach". Solon przedstawił kapłanom historię potopu, jedyną znaną mu starożytną opowieść. Jeden z kapłanów, stary człowiek, powiedział[4] [tu i dalej podaję w tłumaczeniu W. Witwickiego]:

„Wiele razy i w różnym sposobie przychodziła zguba rodzaju ludzkiego i będzie przychodziła nieraz. Od ognia i od wody największa, a z niezliczonych innych przyczyn inne, krócej trwające. U was też mówią, że Faeton, syn Heliosa, zaprzągł raz konie

---

[1] „Si modo credimus, unum isse diem sine sole ferunt".

[2] Solon pełnił urząd archonta [przyp. tłum.]

[3] Plato *Timaeus* (tłum. R. G. Bury, 1929).

[4] Według Plutarcha (*Isis and Osiris*), imię kapłana brzmiało Sonchis z Sais.

do wozu ojca, a że nie umiał pędzić po tej samej drodze co ojciec, popalił wszystko na ziemi i sam zginął od pioruna. To się opowiada w postaci mitu, a prawdą jest zbaczanie ciał, biegnących około Ziemi i po niebie i co jakiś długi czas zniszczenie tego, co na ziemi, od wielkiego ognia"[1].

Egipski kapłan wyjaśnił Solonowi, że w tych katastrofach zginęli wykształceni ludzie i ich pisma; z tego powodu Grecy są wciąż jak dzieci, gdyż nie znają prawdy o koszmarach przeszłości.

Te słowa kapłana były tylko wstępem do przekazania wiedzy o krainach, które zostały zmiecione, gdy Greków i cały świat dotknął niebiański gniew. Opowiedział on historię o potężnym królestwie, leżącym na wielkiej wyspie na środku Oceanu Atlantyckiego, która zanurzyła się i zatonęła na zawsze w jego wodach.

ATLANTYDA

Historia opowiedziana przez Platona o wyspie Atlantydzie, która rządziła Afryką aż do granic Egiptu i Europą aż do Toskanii na półwyspie Apenińskim i która pewnej tragicznej nocy została zniszczona przez trzęsienie ziemi i zatonęła, nigdy nie przestała pobudzać wyobraźni literatów. Strabon i Pliniusz uważali, że historia Atlantydy była wymysłem starego Platona. Ale do dziś opowieść, skorygowana przez Platona, nie umarła. Poeci i powieściopisarze wykorzystywali swobodnie tę historię; naukowcy czynili to ostrożnie. Niepełny katalog literatury poświęconej Atlantydzie w roku 1926 obejmował 1700 tytułów[2]. Mimo że Platon powiedział wyraźnie, że Atlantyda leżała poza Słupami Herkulesa (Gibraltar), na oceanie Atlantyckim, na co również wskazuje nazwa wyspy, podróżnicy i inni zgadujący lokalizowali Atlantydę we wszystkich częściach świata, nawet na suchym lądzie, na przykład w Tunezji[3], Palestynie[4] i w Ameryce Południowej. Brano również pod uwagę Cejlon, Nową Funlandię i Spitzbergen. Spowodowane to było faktem, że podania dotyczące zalania i zatonięcia wysp są obecne we wszystkich częściach świata.

Platon zapisał to, co Solon usłyszał w Egipcie od uczonego kapłana. „Wtedy to morze tam [ocean Atlantycki] było dostępne dla okrętów. Bo miało wyspę przed wejściem, które wy nazywacie Słupami Heraklesa {Herkulesa}. Wyspa była większa od Libii i Azji {Azja

---

[1] Plato *Timaeus* 22 C–D.

[2] J. Gattefossé i C. Roux, *Bibliographie de l'Atlantide et des questions connexes* (1926).

[3] A. Herrmann, *Unsere Ahnen und Atlantis* (1934).

[4] F. C. Baer, *L'Atlantique des anciens* (1835).

Minor} razem wziętych. Ci, którzy wtedy podróżowali, mieli z niej przejście do innych wysp. A z wysp była droga do całego lądu, leżącego naprzeciw, który ogranicza tamto prawdziwe morze... A tamto morze jest prawdziwe i ta ziemia, która je ogranicza całkowicie, naprawdę i najsłuszniej może się nazywać lądem stałym. Otóż na tej wyspie, na Atlantydzie, powstało wielkie i podziwu godne mocarstwo pod rządami królów, władające nad całą wyspą i nad wieloma innymi wyspami i częściami lądu stałego. Oprócz tego, po tej stronie tutaj oni panowali nad Libią aż do granic Egiptu i nad Europą aż po Tyrrenię [współcześnie Toskania]"[1].

W dziewiętnastym wieku okręty badały dno oceanu Atlantyckiego w poszukiwaniu Atlantydy, a przed Drugą Wojną Światową istniały towarzystwa naukowe, których jedynym celem było badanie problemu zatopionej wyspy.

Przedstawiono wiele spekulacji, nie tylko co do położenia Atlantydy, ale również co do osiągnięć kulturalnych jej mieszkańców. Platon, w innej swojej pracy (*Krytiasz*), napisał traktat polityczny, a ponieważ żadne realne miejsce na ziemi nie mogło być sceną jego utopii, wybrał w tym celu zatopioną wyspę. Współcześni uczeni, znajdując pokrewieństwo między kulturami Ameryki, Egiptu i Fenicji, uważają że Atlantyda mogła stanowić pośrednie ogniwo. Istnieje wiele prawdopodobieństwa w tych spekulacjach; jeśli byłyby one uzasadnione, to Kreta, baza morska dla karyjskich żeglarzy, może ujawnić pewne informacje dotyczące Atlantydy, gdy tylko pisma kreteńskie zostaną właściwie odczytane.

Jeden punkt w historii Platona dotyczącej zatonięcia Atlantydy wymaga korekty. Platon powiedział, że Solon opowiedział historię Krytiaszowi Starszemu, i że młody Krytiasz, przyjaciel Platona, usłyszał ją od swego dziadka, gdy był dziesięcioletnim chłopcem. Krytiasz Młodszy zapamiętał, że katastrofa, która dotknęła Atlantydę, zdarzyła się 9000 lat wcześniej. W tej liczbie jest o jedno zero za dużo. Nie znamy żadnych pozostałości kultury ludzkiej poza tą z epoki neolitu, ani żadnego narodu żeglarzy 9000 lat przed Solonem. Liczby, które słyszymy w dzieciństwie, łatwo rosną w naszej pamięci. Kiedy odwiedzamy dom naszego dzieciństwa, jesteśmy zaskoczeni małymi rozmiarami pokojów – zapamiętaliśmy je jako znacznie większe. Jakiekolwiek byłoby źródło błędu, najbardziej prawdopodobną datą zatonięcia Atlantydy będzie połowa drugiego tysiąclecia p.n.e., 900 lat przed Solonem, kiedy Ziemia dwukrotnie doświadczyła wielkich katastrof w rezultacie „zbaczania ciał niebieskich". Te słowa Platona spotkały się z najmniejszą uwagą, choć zasługują na największą.

---

[1] Plato *Timaeus* 24E–25B.

Zagłada Atlantydy opisana została przez Platona tak jak usłyszał o niej od swego źródła: „Później przyszły straszne trzęsienia ziemi i potopy i nadszedł jeden dzień i jedna noc okropna – wtedy całe wasze {Greków} wojsko zapadło się pod ziemię, a wyspa Atlantyda tak samo zanurzyła się pod powierzchnię morza i zniknęła. Dlatego i teraz tamto morze jest dla okrętów niedostępne i niezbadane; bardzo gęsty muł stanowi przeszkodę – dostarczyła go wyspa, zapadająca się na dno"[1].

W czasie kiedy Atlantyda zaginęła w oceanie, mieszkańcy Grecji zostali unicestwieni: katastrofa była powszechna.

Jakby przypominając to, co się przydarzyło, Psalmista napisał: „Zgromiłeś narody, zgubiłeś bezbożnych, imię ich wymazałeś na wieki wieków"[2]. Modlił się również: „Bóg jest ucieczką i siłą naszą... przeto się nie boimy, choćby ziemia zadrżała i góry zachwiały się w głębi mórz. Choćby szumiały, choćby pieniły się wody"[3].

POTOPY DEUKALIONA I OGYGESA

Historia Grecji zna dwie wielkie naturalne katastrofy: potopy Deukaliona i Ogygesa. Jeden z nich, zwykle ten Deukaliona, greccy autorzy opisują jako jednoczesny z pożarem Faetona. Potopy Deukaliona i Ogygesa przyniosły druzgocące zniszczenie Grecji na lądzie i na otaczających wyspach i spowodowały zmiany w geograficznym profilu tego obszaru. Potop Deukaliona był bardziej niszczący: woda pokryła ląd i unicestwiła ludność. Według legendy, tylko dwie osoby – Deukalion i jego żona – pozostały przy życiu. Tej ostatniej informacji nie należy brać bardziej dosłownie niż podobnych stwierdzeń znajdywanych w opisach wielkich katastrof na świecie; na przykład dwie córki Lota, które schowały się wraz z nim w jaskini po katastrofie Sodomy i Gomory, były przekonane, że one i ich ojciec są jedynymi ocalałymi w kraju[4].

Chronologowie wśród Ojców Kościoła, znaleźli materiał, na podstawie którego przyjęli, że jedna z dwóch katastrof, potop Deukaliona lub Ogygesa, była współczesna z Eksodusem.

Juliusz Afrykański napisał: „Twierdzimy że Ogygus {Ogyges}, od którego pierwszy potop {w Attyce} wziął swoją nazwę, i który został ocalony gdy wielu zginęło, żył w czasach Eksodusu ludu z Egiptu wraz

---

[1] Plato *Timaeus* 25 C–D.
[2] Psalmy 9:6.
[3] Psalmy 46:1–3.
[4] Genesis 19:31.

z Mojżeszem"[1]. Dalej swoje przekonanie co do zbieżności katastrofy Ogygesa i tej która miała miejsce w Egipcie, wyraził w następujących słowach: „Pascha i Eksodus Hebrajczyków z Egiptu miały miejsce, jak też w Attyce potop Ogygesa. A to ma swoją przyczynę. Ponieważ gdy Egipcjanie zostali porażeni w gniewie Boga gradem i burzami, należy przypuszczać, że pewna część ziemi powinna cierpieć wraz z nimi"[2].

Euzebiusz umieszcza Potop Deukaliona i pożar Faetona w pięćdziesiątym drugim roku życia Mojżesza[3]. Również Augustyn synchronizuje Potop Deukaliona z czasami Mojżesza[4]; przyjmował on, że Potop Ogygesa miał miejsce wcześniej.

Chronologowie z siódmego wieku (Izydor, biskup Sewilli)[5] datowali Potop Deukaliona na czasy Mojżesza; chronologowie z siedemnastego wieku podobnie wyliczali, że Potop Deukaliona miał miejsce w czasach Mojżesza, blisko, ale nie równocześnie z Eksodusem[6].

Wydaje się bardziej prawdopodobne, że katastrofy nastąpiły jedna krótko po drugiej, katastrofa Ogygesa miała miejsce po tej Deukaliona, która praktycznie zniszczyła kraj, wyludniła go, i wymazała wszelką pamięć o tym co się zdarzyło do tego czasu. Według słów Platona, który cytował egipskiego kapłana rozmawiającego z Solonem, katastrofa musiała umknąć uwadze przyszłych pokoleń, ponieważ w rezultacie zniszczenia „ci, co pozostali, przez wiele pokoleń ginęli, głosu nie umiejąc zamykać w litery". Pamięć o katastrofie Ogygesa zaginęłaby w katastrofie Deukaliona gdyby Ogyges poprzedzał Deukaliona[7].

Wyraźnie rację mają ci, którzy lokują katastrofę Deukaliona w czasach Eksodusu; ale ci, którzy przypuszczają że Ogyges był współczesny Mojżeszowi, mają również rację, poza jednym: Mojżesz zmarł przed Potopem Ogygesa – miał on miejsce w czasach Jozuego.

---

[1] Julius Africanus w *The Ante-Nicene Fathers*, wyd. A. Roberts i J. Donaldson (1896), VI, 132.

[2] *Ibid.*, p. 134.

[3] Eusebius, *Werke*, Vol. V, *Die Chronik*, "Chronikon-Kanon".

[4] *The City of God*, Bk. XVIII, rozdz. 10, 11.

[5] Patrz J. G. Frazer, *Folklore in the Old Testament* (1918), I, 159.

[6] Seth Calvisius w *Opus chronologicum* (1629), przypisuje rok 2429 *anno mundi* lub 1519 przed naszą erą pożarowi Faetona, a 2432 (1516 p.n.e.) Potopowi Deukaliona, i 2453 (1495 p.n.e.) Eksodusowi.

Christopher Helvicus (1581–1617), w *Theatrum historicum* (1662), przypisuje 2437 *anno mundi* Potopowi Deukaliona i pożarowi Faetona, i 2453 (lub 797 *Diluvio universali*) Eksodusowi z Egiptu.

[7] Cf. Frazer, „Ancient Stories of a Great Flood", *Journal of the Royal Anthropological Institute*, XLVI (1916). Jednak Euzebiusz umieszczał Deukaliona przed Ogygesem.

Dla upamiętnienia potopu Deukaliona mieszkańcy Aten obchodzili święto w miesiącu Anthesterion, który należy do miesięcy wiosennych; święto nazywano Antesteria. Trzynastego tego miesiąca, w głównym dniu świąt, do szczeliny w ziemi wlewano ofiarę w postaci miodu i mąki[1].

Data tej ceremonii – trzynasty dzień Anthesterion wiosną – jest odkrywcza, gdy pamiętamy, co zostało powiedziane w podrozdziale zatytułowanym „13". Był to trzynasty dzień miesiąca wiosennego (Aviv), kiedy miał miejsce wielki kontakt planetarny, który poprzedził o kilka godzin Eksodus Izraelitów z Egiptu.

Co do pochodzenia imienia Deukalion, uczeni przyznają, że nie jest ono znane[2]. Co do imienia i osoby Ogygesa mamy pewne konkretne informacje. Mimo że Ogyges był królem, grecki kronikarz, który pisał o „potopie Ogygesa" jako jednym z wyjątkowych zdarzeń w przeszłości swego kraju, jednocześnie nic nie wiedział o królu tego imienia w Grecji[3]. Kim był Ogyges?

Możemy rozwiązać ten problem. Kiedy Izraelici pod wodzą Mojżesza zbliżyli się do granicy Moabu, Balaam, w swoim błogosławieństwie dla Izraela, użył tych słów: „Król jego przewyższy Agaga {Agoga}"[4]. Agog musiał być najważniejszym królem tego okresu na obszarze wschodniej części Morza Śródziemnego.

W mojej rekonstrukcji historii starożytnej przedstawię dowody, że król Amalekitów, Agog I, był identyczny z królem Hyksosów, którego imię egiptolodzy nieobowiązująco odczytują jako Apop I, i który kilka dekad po inwazji Egiptu przez Amu (Hyksosów) założył Teby, przyszłą stolicę Nowego Państwa w Egipcie.

Zgodnie z tym twierdzeniem mogę wskazać na fakt, że greckie podania, które nie znają żadnej działalności króla Ogygesa w Attyce, czasami umieszczają miejsce zamieszkania Ogygesa w egipskich Tebach, a Ajschylos nazywa Teby w Egipcie „ogygiańskie Teby", aby

---

[1] Cf. Pausanias, *Description of Greece*, I, xviii, 7. Pauly-Wissowa, *Real Encyclopädie*, s. v, "Anthesterion"; również Andree, *Die Flutsagen*, p. 41.

[2] „Podczas gdy znaczenie legendy jest jasne, znaczenie imienia Deukalion jest enigmatyczne". Roscher, „Deukalion" *Lexikon d. griech. und römisch. Mythologie*. Według Homera, Deukalion był synem Minosa, króla Krety, i wnukiem Zeusa i Europy. (*The Iliad*, xiv, 321 ff; xiii, 450 f.). Według Apollodora (*The Library*, I, vii), Deukalion był synem Prometeusza.

[3] Julius Africanus napisał: „Po Ogygusie {Ogygesie}, z powodu wielkich zniszczeń spowodowanych przez potop, obecna kraina Attyki pozostawała bez króla aż do Kekropsa, przez okres 189 lat". Fragment *Chronography* w *Ante-Nicene Fathers*, VI.

[4] Ks. Liczb 24:7. Cf. Samogłoski w imieniu w hebrajskim tekście I Ks. Samuela 15.

odróżnić je od greckich Teb w Beocji. Ogygesowi przypisuje się również założenie Teb w Egipcie[1].

Agog był współczesny starzejącemu się Mojżeszowi; był władcą, który w swoim czasie nie miał sobie równych na obszarze graniczącym ze wschodnią częścią Morza Śródziemnego[2]; katastrofa w czasach Jozuego, następcy Mojżesza, została nazwana imieniem Agoga.

Twierdzenie Solinusa, autora księgi *Polyhistor*, że po potopie Ogygesa zapadła trwająca dziewięć miesięcy noc, nie musi koniecznie oznaczać pomylenia z ciemnością, która nastąpiła po kataklizmie Eksodusu; ponieważ przyczyny były podobne, musiały nastąpić podobne skutki. Erupcja tysięcy wulkanów wystarczy do wytworzenia tej ciemności, trwającej krócej niż ta, która miała miejsce po kataklizmie Eksodusu[3].

Zatem greckie podania dotyczące potopów Ogygesa i Deukaliona zawierają elementy które, choć wymienne, można przypisać dwóm wielkim wstrząsom w połowie drugiego tysiąclecia przed naszą erą[4].

---

[1] Aeschylus, *The Persians*, I. 37. Patrz również *Scholium to Aristides*. Cf. Roscher, „Ogyges, als König des ägiptischen Thebes", *Lexikon d. griech. und römisch. Mythologie*, Vol 3[1], Col. 689.

[2] Źródła rabiniczne mówią, że Amalek wyruszył, aby podbić „cały świat". Pieczęcie hyksoskiego króla znaleziono na Krecie, w Palestynie, w Mezopotamii i w innych miejscach poza Egiptem.

[3] Cf. *Polyhistor* w tłumaczeniu A. Goldinga (Londyn,1587), rozdz. xvi, i w tłumaczeniu Agnanta (Paris, 1847), rozdz. vi.

[4] Jak się wydaje, legenda Deukaliona zawiera również elementy historii o powszechnym potopie.

ROZDZIAŁ VIII

PIĘĆDZIESIĘCIODWULETNI OKRES

W PRACACH Fernando de Alva Ixtlilxochitla, dawnego meksykań-
skiego uczonego (około 1568–1648), który potrafił czytać stare meksykańskie teksty, zachowały się starożytne przekazy, według których
wielokrotność okresów pięćdziesięciodwuletnich grała istotną rolę w
nawrotach światowych katastrof[1]. Twierdzi on również, że tylko pięćdziesiąt dwa lata minęły między dwiema wielkimi katastrofami, z których każda zakończyła epokę świata.

Jak już zaznaczyłem, według przekazów Izraelitów wędrowali oni
po pustyni przez czterdzieści lat; od opuszczenia pustyni i rozpoczęcia
trudnego zadania podboju [Kanaanu], do czasu bitwy pod Beth-horon
mogło upłynąć dwanaście lat. Podbicie Kanaanu zajęło czternaście
lat, a cały okres przywództwa Jozuego liczył dwadzieścia osiem lat[2].

Mamy teraz znaczący fakt: mieszkańcy prekolumbijskiego Meksyku spodziewali się nowej katastrofy pod koniec każdego okresu
pięćdziesięciu dwóch lat i zbierali się, aby oczekiwać tego wydarzenia. „Kiedy nadchodziła noc tej uroczystości, wszystkich opanowywał
strach i oczekiwali w podnieceniu na to, co się może zdarzyć". Obawiali się, że „nastąpi koniec rodzaju ludzkiego i że ciemność nocy będzie trwała już zawsze: słońce już się więcej nie pojawi"[3]. Oczekiwali
pojawienia się planety Wenus, a kiedy w oczekiwanym z lękiem dniu
katastrofa się nie wydarzyła, Majowie radowali się. Składali ofiary
z ludzi i ofiarowywali serca więźniów, którym otwierali klatki pier-
siowe przy pomocy krzemiennych noży. Tej nocy, kiedy kończył się
pięćdziesięciodwuletni okres, wielkie ognisko oznajmiało przerażonym

---

[1] Ixtlixochitl, *Obras históricas* (wyd. 1891–1892 w dwóch tomach). Francu-
skim tłumaczeniem jego kronik jest *Histoire des Chichimèques* (1840).

W *Codex Vaticanus* epoki świata liczy się za pomocą wielokrotności pięćdziesięciu dwóch lat ze zmienną liczbą lat jako dodatku do tych liczb. A. Humboldt
(*Researches*, II, 28) w manuskrypcie watykańskim (No. 3738) stawiał przeciwną
tezę co do długości epok świata i ich długości w systemie przekazu zachowanego
przez Ixtlilxochitla.

Censorinus (*Liber de die natali*) podaje, że według wierzeń Etrusków miały
miejsce cztery epoki po 105 lat, między światowymi katastrofami zapowiedzianymi
przez znaki na niebie.

[2] Seder Olam 12. Augustyn mówi o 27 latach przywództwa Jozuego (*The City
of God*), Bk. XVIII, rozdz. II).

[3] B. de Sahagun, *Historia general de la casas de Nueva España* (Francuskie
tłumaczenie: D. Jourdanet i R. Simeon, 1880), Bk. VII, rozdz. X–XIII.

tłumom, że został im darowany kolejny okres łaski i rozpoczął się nowy cykl Wenus[1].

Okres pięćdziesięciu dwóch lat, uważany przez starożytnych Meksykanów za przedział między dwiema katastrofami świata, wyraźnie łączony był przez nich z planetą Wenus; podobnie było w przypadku Majów i Azteków[2].

Stary meksykański zwyczaj poświęcania Gwieździe Porannej ofiar z ludzi przetrwał u Skidi Paunisów z Nebraski w latach gdy Gwiazda Poranna „świeciła szczególnie jasno, albo w latach gdy na niebie pojawiała się kometa"[3].

Co miała wspólnego Wenus z katastrofami, które doprowadziły świat na krawędź zagłady? To jest pytanie, które doprawdy zaprowadzi nas daleko.

ROK JUBILEUSZOWY

Na chwilę tylko odłożę odpowiedź na postawione wyżej pytanie. Najpierw chciałbym znaleźć wyjaśnienie dla zwyczaju roku jubileuszowego u Izraelitów.

Każdy siódmy rok, zgodnie z prawem, był rokiem sabatowym, kiedy ziemia leżała odłogiem, a żydowscy niewolnicy byli wypuszczani na wolność. Pięćdziesiąty rok był rokiem jubileuszowym, kiedy ziemię nie tylko pozostawiano odłogiem, ale musiała być też zwrócona pierwotnym właścicielom. Zgodnie z prawem nie można było przenosić własności ziemi na zawsze; akt sprzedaży był tylko aktem dzierżawy na taką liczbę lat jaka pozostawała do roku jubileuszowego. Rok ten ogłaszano dmąc w rogi w Dniu Pokuty. „W dniu pokuty każecie dąć w rogi po całej waszej ziemi. Poświęcicie pięćdziesiąty rok i obwołacie na ziemi wolność dla wszystkich jej mieszkańców. Będzie to dla was rok jubileuszowy. Wrócicie każdy do dawnej swojej własności i wrócicie każdy do swojej rodziny"[4].

Od tego czasu egzegeci pracowali nad biblijnym stwierdzeniem, że rok jubileuszowy miał być obchodzony co pięćdziesiąt lat. Siódmy rok sabatowy jest rokiem czterdziestym dziewiątym: „Czas tych siedmiu lat sabatowych obejmować będzie czterdzieści dziewięć lat... I będziesz święcić pięćdziesiąty rok"[5]. Pozostawienie ziemi odłogiem przez dwa kolejne lata było wielkim wymaganiem i nie można go

---

[1] Cf. Seler, *Gesammelte Abhandlungen*, I, 618 ff.

[2] W. Gates w De Landa, *Yucatan*, uwaga do p. 60.

[3] Ceremonia ta została opisana przez G. A. Dorseya. Patrz *infra*, podrozdział „*Wenus w folklorze Indian*".

[4] Leviticus [III Ks. Mojżeszowa] 25:9–10.

[5] *Ibid.*, 8–10.

wyjaśnić koniecznością dania odpoczynku uprawianej ziemi. Święto roku jubileuszowego, ze zwróceniem ziemi pierwotnym właścicielom, nosi charakter pokuty, a ogłaszanie go w Dniu Pokuty jeszcze to podkreśla. Czy istniał jakiś specjalny powód, aby lęk powracał co pięćdziesiąt lat? Rok jubileuszowy Majów musiał mieć genezę podobną co rok jubileuszowy Izraelitów. Różnica leży w ludzkim charakterze święta Żydów i nieludzkim u Majów; ale u obu narodów był to rok pokuty, powtarzający się co pięćdziesiąt lat w jednym przypadku i co pięćdziesiąt dwa lata w drugim.

Komety nie powracają w dokładnych okresach czasu, ze względu na zakłócenia spowodowane przez większe planety[1]. Majowie spodziewali się powrotu katastrofy każdego pięćdziesiątego drugiego roku, ponieważ to był okres między dwoma kataklizmami, które miały miejsce. Możliwe, że kometa była właśnie widziana ponownie w takich odstępach czasu. Żydzi pościli i przygotowywali się na Dzień Sądu, przy najwcześniejszej możliwej dacie jego powrotu; Majowie obchodzili święto, gdy straszny czas minął bez szwanku.

W Dniu Pokuty Izraelici zwykli wysyłać kozła „Azazelowi" na pustynię[2]. Była to ceremonia przebłagania Szatana. W Egipcie koza była zwierzęciem poświęconym Seth-Tyfonowi[3]. Azazel był upadłą gwiazdą lub Lucyferem. Nazywano go również Azzael, Azza, lub Uzza[4]. Według legendy rabinicznej, Uzza był aniołem gwiazdy Egiptu: został wrzucony do Morza Czerwonego gdy Izraelici dokonywali przejścia[5]. Arabska nazwa planety Wenus brzmi al-Uzza[6]. Arabowie składali al-Uzza ofiary z ludzi; również Mahomet, we wczesnym okresie, oddawał jej cześć, i nawet dziś Arabowie zwracają się do niej o pomoc[7].

W dniu, kiedy ogłaszano rok jubileuszowy, Izraelici wysyłali kozła jako ofiarę pojednania Lucyferowi. Ale co miała Wenus wspólnego z rokiem jubileuszowym i z pokutą?

---

[1] Kometa Halleya ma średni okres 77 lat, z poszczególnymi okresami od 74,5 roku do 79,5 roku.

[2] Leviticus 16:8–24. Kapłani rzucali losy dla dwóch kozłów; jeden kozioł dla Pana a drugi dla Azazela.

[3] Plutarch, *Isis and Osiris*, 73; Cf. Herodotus ii. 46, Diodorus i. 84. 4, i Strabo xvii. 1. 19.

[4] Ginzberg, *Legends*, V, 152, 170.

[5] *Ibid.*, 6, 293. Według innej legendy, upadły anioł Uzza jest przykuty do Gór Ciemności (*Ibid.*, V, 170), Kaukazu.

[6] Patrz „al-Uzza". *Encyclopaedia of Islam* (1913–1934), Vol. IV.

[7] J. Wellhausen, *Reste Arabischen Heidentums* (2nd ed., 1897), pp. 40–44; C. M. Doughty, *Travels in Arabia Deserta* (new. ed., 1921), II, 516; P. K. Hitti, *History of the Arabs* (1937), pp. 98 ff.

NARODZINY WENUS

Planeta obraca się i krąży po orbicie zbliżonej do kołowej, wokół większego ciała, słońca; wchodzi w kontakt z innym ciałem, kometą, która porusza się po wydłużonej elipsie. Planeta odchyla się od swej osi, ucieka w nieładzie ze swej orbity, porusza się raczej dziwacznie, a w końcu wyzwala się z objęć komety.

Ciało, poruszające się po wydłużonej elipsie, doświadcza podobnych zakłóceń. Odciągnięte od swojej trasy, szybuje ku nowej orbicie; jego długi warkocz gazów i kamieni zostaje oderwany przez słońce lub planetę, albo ucieka i krąży jako mniejsza kometa wzdłuż własnej elipsy; część warkocza zachowana jest przez macierzystą kometę na jej nowej orbicie.

Starożytne zapiski meksykańskie podają nam kolejność zdarzeń. Słońce zostało zaatakowane przez Quetzal-cohuatla; po zniknięciu tego ciała niebieskiego o kształcie węża, słońce odmówiło świecenia i przez cztery dni świat był pozbawiony jego światła; wielka liczba ludzi zmarła w tym czasie. Następnie podobne do węża ciało przekształciło się w wielką gwiazdę. Gwiazda zachowała imię Quetzal-cohuatl (Quetzal-coatl). Ta wielka i lśniąca gwiazda pojawiła się po raz pierwszy na wschodzie[1]. Quetzal-cohuatl to dobrze znana nazwa planety Wenus[2].

Czytamy zatem, że „słońce odmówiło świecenia i przez cztery dni świat był pozbawiony światła. Następnie wielka gwiazda... pojawiła się; otrzymała imię Quetzal-cohuatl... niebo, aby okazać swój gniew..., spowodowało wyginięcie wielkiej liczby ludzi, którzy utracili życie z powodu głodu i zarazy"[3]. Kolejność pór roku oraz długość dni i nocy uległa dezorganizacji. „To wówczas ... mieszkańcy {Meksyku} ustalili na nowo zasady liczenia dni, nocy i godzin, zgodnie z różnicą czasu"[4].

„Jest ponadto rzeczą godną uwagi, że czas od tej chwili mierzy się od jej {Gwiazdy Porannej} pojawienia... Tlahuizcal-panteutztli lub Gwiazda Poranna pojawiła się po raz pierwszy po wstrząsach ziemi zalanej potopem". Wyglądała jak olbrzymi wąż. „Wąż ten ozdobiony jest piórami: to dlatego nazywany jest Quetzal-cohuatl, Gukumatz

---

[1] Brasseur, *Histoire des nations civilisées du Mexique*, I, 181.
[2] Seler, *Gesammelte Abhandlungen*, I, 625.
[3] Brasseur, *Histoire des nations civilisées du Mexique*, I, 311.
[4] *Ibid.*, I, 120.

lub Kukulcan. Kiedy świat ma wyłonić się z chaosu wielkiej katastrofy, wtedy widać jak on się pojawia"[1]. Położenie piór Quetzal-cohuatla „przedstawia płomienie ognia"[2].

I znowu, stary tekst mówi „o zmianie, która w chwili wielkiej katastrofy potopu zaszła w stanie wielu konstelacji, wśród których główną była Tlahuiz-capanteutzli lub gwiazda Wenus"[3].

Kataklizm, któremu towarzyszyła przedłużona ciemność, wydaje się być tym, który miał miejsce w czasie Eksodusu, kiedy nawałnica popiołów zaciemniła świat o zakłóconych obrotach. Niektóre wzmianki mogą odwoływać się do kolejnych katastrof w czasie podboju [Kanaanu] przez Jozuego, kiedy słońce ponad dzień pozostawało na niebie starego świata. Ponieważ była to ta sama kometa, która w obu przypadkach miała kontakt z Ziemią, i przy każdym kontakcie kometa zmieniała swoją orbitę, nie jest właściwym pytanie „W jakim przypadku kometa zmienia swoją orbitę?" ale przede wszystkim „Która kometa zamieniła się w planetę?" lub „Która planeta była kometą w czasach historycznych?". Przekształcanie komety w planetę zaczęło się w czasie kontaktu z Ziemią, w połowie drugiego tysiąclecia przed naszą erą i posunęło się o krok dalej jeden okres jubileuszowy później.

Po dramatycznych wydarzeniach w czasie Eksodusu, Ziemia pozostawała okryta gęstymi chmurami przez dekady i obserwacja gwiazd nie była możliwa; po drugim kontakcie, Wenus, nowy i wspaniały członek rodziny solarnej, widziana była jak porusza się po swej orbicie. Było to w dniach Jozuego, określenie czasu znaczące dla czytelnika szóstej księgi Biblii; ale dla starożytnych był to „czas Agoga". Jak wyjaśniłem powyżej, był on królem, którego imieniem nazwano kataklizm (Potop Ogygesa) i który, według greckich przekazów, założył Teby w Egipcie.

W książce *Miasto Boga* [św.] Augustyna napisane jest:

„Z książki Marcusa Varro, zatytułowanej *De vita populi Romani*, cytuję słowo w słowo następujący przykład:»Zdarzył się niezwykły niebiański cud; jako że Castor pisze, iż u świetlistej gwiazdy Wenus, zwanej przez Plauta – Vesperugo, a przez Homera ślicznym Hesperusem, zdarzyły się dziwne cuda, gdyż zmieniła ona kolor, wymiar, kształt, bieg, co nigdy przedtem, ani odtąd się nie zdarzyło. Adrastus z Cyzicus i Dion z Neapolu, sławni matematycy, powiedzieli, że zdarzyło to się za panowania Ogygesa«"[4].

---

[1] Brasseur, *Sources de l'histoire primitive du Mexique*, p. 82.

[2] Sahagun, *A History of Ancient Mexico* (tłum. F. R. Bandelier, 1932), p. 26.

[3] Brasseur, *Sources de l'histoire primitive du Mexique*, p. 48.

[4] Bk. XXI, rozdz. 8 (tłum. M. Dods).

Ojcowie Kościoła uważali, że Ogyges był współczesny Mojżeszowi. Agog, wymieniony w błogosławieństwie Balaama, był królem Ogygesem. Wstrząs, który miał miejsce w czasach Jozuego i Agoga, potop, który zdarzył się w czasach Ogygesa, metamorfoza Wenus w dniach Ogygesa, gwiazda Wenus, która pojawiła się na niebie Meksyku po przedłużającej się nocy i wielkiej katastrofie – wszystkie te zdarzenia są ze sobą powiązane.

Dalej Augustyn podaje zadziwiający komentarz do metamorfozy Wenus: „Z pewnością te zjawiska zakłóciły kanony astronomów... tak że musieli stwierdzić, że to co przydarzyło się Gwieździe Porannej (Wenus) nigdy przedtem ani odtąd się nie zdarzyło. Ale czytamy w boskich księgach, że nawet słońce stanęło nieruchomo, kiedy święty mąż, Jozue, syn Nuna, poprosił o to Boga".

Augustyn nie domyślił się, że Castor, cytowany przez Varro, i Księga Jaszera, cytowana w Księdze Jozuego, mówią o tym samym zdarzeniu.

Czy źródła hebrajskie milczą o narodzinach nowej gwiazdy w dniach Jozuego? Nie. W kronice samarytańskiej zapisane jest, że w czasie podboju Palestyny przez Izraelitów pod wodzą Jozuego, nowa gwiazda narodziła się na wschodzie: „Nowa gwiazda pojawiła się na wschodzie, wobec której wszelka magia jest bezsilna"[1].

Chińskie kroniki zapisały, że „lśniąca gwiazda pojawiła się w czasach Jahu {Jahou}"[2].

BŁYSZCZĄCA GWIAZDA

Platon, cytując egipskiego kapłana powiedział, że pożar świata kojarzony z Faetonem, spowodowany był przemieszczeniem na niebie ciał, które poruszają się wokół Ziemi. Ponieważ mamy powód, aby przypuszczać że była to kometa Wenus, która po dwóch kontaktach z Ziemią stała się planetą, powinniśmy więc zapytać: Czy Faeton zamienił się w Gwiazdę Poranną?

Faeton, co oznacza „jaśniejąca gwiazda"[3], stał się Poranną Gwiazdą. Najwcześniejszym z pisarzy, który wspomina o przekształceniu Faetona w planetę, jest Hezjod[4]. O tej transformacji pisze Hyginus w swojej *Astronomii*, gdzie mówi jak Faeton, który spowodował pożar świata, porażony został piorunem przez Jowisza i został umieszczony

---

[1] Ginzberg, *Legends*, VI, 179.

[2] Legge, *The Chinese Classics* (Hong Kong ed., 1865), III, Pt. 112, uwaga.

[3] Cf. Cicero, *De natura deorum* (tłum. H. Rackham), ii. 52.

[4] *Theogony*, II. 989 ff.

przez słońce wśród gwiazd (planet)[1]. Było ogólnym przekonaniem, że Faeton zmienił się w Gwiazdę Poranną[2].

Na Krecie imię nieszczęsnego woźnicy rydwanu słońca brzmiało Atymnios; był on czczony jako Gwiazda Wieczorna, co jest nazwą identyczną z Gwiazdą Poranną[3].

Narodziny Gwiazdy Porannej, albo transformacja legendarnej osoby (Istehar, Faeton, Quetzal-cohuatl) w Gwiazdę Poranną, było szeroko znanym motywem w folklorze narodów Wschodu[4] i Zachodu[5]. Podania tahitańskie o narodzinach Gwiazdy Porannej opowiadane są na Wyspach Towarzystwa, na Pacyfiku[6]; legenda mieszkańców wyspy Mangaia mówi, że wraz z narodzinami nowej gwiazdy Ziemia została obrzucona niezliczonymi odłamkami[7].

Buriaci, Kirgizi i Jakuci z Syberii, oraz Eskimosi z Północnej Ameryki, również opowiadają o narodzinach planety Wenus[8].

Błyszcząca gwiazda zakłóciła widzialny ruch słońca, spowodowała pożar świata i stała się Gwiazdą Poranno-Wieczorną. Można to znaleźć nie tylko w legendach i podaniach, ale również w książkach astronomicznych starożytnych narodów obu półkul.

UKŁAD CZTERECH PLANET

Twierdząc że planeta Wenus narodziła się w pierwszej połowie drugiego tysiąclecia [p.n.e.], przyjmuję również, że w trzecim tysiącleciu widziane mogły być tylko cztery planety i że nie można znaleźć w tym wczesnym okresie tablic astronomicznych planety Wenus.

W starożytnych hinduskich tablicach planet, przypisanych do roku 3102 p.n.e., z widzialnych planet brakuje tylko Wenus[9]. Brahmany[10] z wczesnego okresu nie znały pięcioplanetarnego układu[11],

---

[1] Hyginus, *Astronomy*, ii. 42.

[2] Patrz Roscher, "Phaëton" w książce Roschera pt. *Lexikon d. griech. und röm. Mythologie*, Col. 2182.

[3] Nonnos *Dionysiaca* xi. 130 f.; xii, 217; xix. 182; Solinus, *Polyhistor* xi.

[4] Ginzberg, *Legends*, V, 170.

[5] Brasseur, *Histoire des nations civilisées du Mexique*, I, 311–312.

[6] Williamson, *Religious and Cosmic Beliefs of Central Polynesia*, I, 120.

[7] *Ibid.*, p. 43.

[8] Holmberg, *Siberian Mythology*, p. 432; Alexander, *North American Mythology*, p. 9.

[9] J. B. J. Delambre, *Histoire de l'astronomie ancienne* (1817), I, 407: „Brakuje tu tylko Wenus".

[10] Brahmany – część *Wed* [przyp. tłum.]

[11] „Często zaprzecza się, aby Hindusi *Wedów* wiedzieli o istnieniu pięciu planet". „Uderzającym faktem jest, że Brahmany ... nigdy nie wymieniają pięciu planet". G. Thibaut, „Astronomie, Astrologie und Mathematik" w *Grundriss der indoarischen Philol. und Altertumskunde*, III (1899).

dopiero w późniejszym („środkowym") okresie mówią o pięciu planetach.

Również babilońska astronomia miała układ czteroplanetarny.
W starożytnych modlitwach przywoływane są planety Saturn, Jowisz,
Mars i Merkury; brak planety Wenus; i mówi się o „czteroplanetar-
nym układzie starożytnych astronomów Babilonu"[1]. Te układy czte-
roplanetarne i niezdolność starożytnych Hindusów i Babilończyków
do zauważenia Wenus na niebie, mimo że jest ona bardziej widoczna niż inne planety, są intrygujące, chyba że Wenus nie było wśród
innych planet.

W późniejszym okresie Wenus „otrzymuje nazwę:»Wielka gwiazda, która dołącza do wielkich gwiazd«. Wielkimi gwiazdami są, oczywiście, cztery planety: Merkury, Mars, Jowisz i Saturn..., a Wenus
dołącza do nich jako piąta planeta"[2].

Apollonius z Rodos odwołuje się do czasów „kiedy nie wszystkie
ciała niebieskie były już na niebie"[3].

JEDNA Z PLANET JEST KOMETĄ

Demokryt (około 460–370 p.n.e.), współczesny Platonowi i jeden z największych uczonych starożytności, oskarżany jest przez współczesnych
o to, że nie rozumiał planetarnego charakteru Wenus[4]. Plutarch cytuje go, jako mówiącego o Wenus tak jak by nie była jedną z planet.
Ale widocznie autor traktatów o geometrii, optyce i astronomii, nie
zachowanych do dziś, wiedział więcej o Wenus niż sądzą jego krytycy.
Z cytatów, które zachowały się u innych autorów, wiemy, że Demokryt zbudował teorię powstawania i zagłady światów, która brzmi jak
współczesna teoria planetozymalna, bez jej wad. Napisał on: „Światy
nie są równomiernie rozmieszczone w przestrzeni; tu jest ich więcej,
tam mniej; niektórych przybywa, inne są w pełni, innych ubywa: powstają w jednej części świata, znikają w innej. Powodem ich ginięcia

---

[1] E. F. Weidner, *Handbuch der babylonischen Astronomie* (1915), p. 61, pisze
o liście gwiazd znalezionej w Boghaz Keui w Azji Mniejszej: „To, że brakuje planety Wenus, zaskoczy nie tylko każdego kto wie o wyjątkowym znaczeniu układu
czteroplanetarnego w babilońskiej astronomii". Weidner przypuszcza, że Wenus
brakuje na liście planet, ponieważ „należy ona do triady wraz z księżycem i słońcem". O Isztar we wczesnych inskrypcjach cf. infra, p. 175.

[2] *Ibid.*, p. 83.

[3] Apollonius Rhodius, *The Argonautica*, Bk. iv, II. 257 ff.

[4] „Demokryt {mówi}, że stałe gwiazdy znajdują się na najwyższym miejscu;
po nich planety; po nich słońce, Wenus i księżyc, w swej kolejności". Plutarch,
Morals [Moralia] (tłum. „kilku autorów", poprawione przez W. W. Goodwina),
Vol. III, Chap. XV. Cf. Roscher *Lexicon de Griech. u. Röm. Myth.*, col. 2182.

są zderzenia jednych z drugimi"[1]. Wiedział on, że „planety znajdują się w nierównych odległościach od nas" i że jest więcej planet niż jesteśmy w stanie dostrzec naszymi oczami[2]. Arystoteles cytował opinię Demokryta: „Zobaczono gwiazdy, kiedy komety zniknęły"[3].

Wśród wczesnych uczonych greckich, żyjący w szóstym wieku [p.n.e.] Pitagoras jest tym, który w ogólnym mniemaniu miał dostęp do wiedzy tajemnej. Jego uczniowie i ich uczniowie, tak zwani pitagorejczycy, byli ostrożni i nie ujawniali swej wiedzy nikomu, kto nie należał do ich kręgu. Arystoteles tak napisał o ich interpretacji natury komet: „Niektórzy z Italijczyków, zwani pitagorejczykami, mówią, że kometa jest jedną z planet, ale że pojawia się w wielkich odstępach czasu i wschodzi tuż nad horyzontem. Tak jest również w przypadku Merkurego; ponieważ wschodzi tuż nad horyzontem, często nie można go dostrzec i w konsekwencji widziany jest w dużych odstępach czasu"[4].

Jest to pogmatwane przedstawienie teorii; możliwe jest jednak wytropienie prawdy w naukach pitagorejczyków, czego nie rozumiał Arystoteles. Kometa jest planetą, która powraca w dużych odstępach czasu. Jedna z planet, która wschodzi tuż nad horyzontem, wciąż była uważana przez pitagorejczyków z czwartego wieku za kometę. Dysponując wiedzą uzyskaną z innych źródeł, łatwo domyślić się, że przez „jedną z planet" rozumie się Wenus; tylko Merkury i Wenus wschodzą tuż nad horyzontem.

Arystoteles nie zgadzał się z uczonymi pitagorejskimi, którzy traktowali jedną z pięciu planet jako kometę.

„Te poglądy obejmują rzeczy niemożliwe... To jest właśnie taki przypadek, po pierwsze, z tymi którzy twierdzą, że kometa jest jedną z planet... więcej niż jedna kometa często pojawiały się równocześnie... w gruncie rzeczy nie zaobserwowano żadnej planety poza pięcioma. I wszystkie one są często widziane razem ponad horyzontem w tym samym czasie. Dalej, komety często pojawiają się, zarówno wtedy gdy planety są widziane jak i wtedy gdy nie są"[5].

Tymi słowami Arystoteles, który nie poznał bezpośrednio tajemnic pitagorejczyków, próbował odrzucić ich nauki, argumentując, że wszystkie pięć planet znajdują się na swoich miejscach kiedy pojawia

---

[1] Hippolytus, *The Refutation of All Heresies*, I, Chap. XI. Platon, który był współczesny Demokrytowi, podobnie opisał zniszczenie Ziemi i jej późniejsze odrodzenie w odległym obszarze wszechświata (*Timaeus* 56 D).

[2] Seneka *Naturales quaestiones* vii. Iii. 2.

[3] Aristotle *Meteorologica* i. 6.

[4] *Ibid.*

[5] Aristotle *Meteorologica* i. 6.

się kometa, tak jakby pitagorejczycy uważali, że wszystkie komety są jedną i tą samą planetą porzucającą swą zwykłą trasę w pewnych okresach. Ale pitagorejczycy nie sądzili że jedna planeta reprezentuje wszystkie komety. Według Plutarcha[1] uważali oni, że każda kometa posiada swoją orbitę i okres obrotu. Stąd pitagorejczycy najwidoczniej wiedzieli, że kometą, która jest „jedną z planet", jest Wenus.

KOMETA WENUS

Przez wieki, kiedy Wenus była kometą, posiadała warkocz.

Wczesne przekazy mieszkańców Meksyku, spisane w okresie prekolumbijskim, podają, że Wenus dymiła. „Gwiazda, która dymiła *la estrelle quo humaeva*, była Sitlae choloha, którą Hiszpanie nazywają Wenus"[2].

„Teraz pytam", powiedział Alexander Humboldt, „jakie złudzenie optyczne mogło spowodować, że Wenus wyglądała jak gwiazda wyrzucająca dym?"[3].

Sahagun, szesnastowieczny hiszpański autorytet w sprawach Meksyku, napisał, że Meksykanie nazwali kometę „gwiazdą, która dymiła"[4]. Można więc wnioskować, że ponieważ Meksykanie nazwali Wenus „gwiazdą, która dymiła", uważali ją za kometę.

Powiedziano również w *Wedach*, że gwiazda Wenus wygląda jak ogień z dymem[5]. Wyraźnie gwiazda posiadała warkocz, ciemny w ciągu dnia i świecący w nocy. W sposób bardzo konkretny ten świecący warkocz, który Wenus posiadała w poprzednich wiekach, wymieniony jest w Talmudzie, w Traktacie Shabbat: „Ogień zwisa z planety Wenus"[6].

Zjawisko to zostało opisane przez Chaldejczyków. O planecie Wenus „twierdzi się, że posiada brodę"[7]. To samo techniczne określenie („broda") stosowane jest we współczesnej astronomii przy opisie komet.

---

[1] Plutarch, "Les Opinions des philosophes", w *Œuvres de Plutarque* (tłum. Amyot), Vol. XXI, Chap. III, Sec. 2.

[2] Humboldt, *Researches*, II, 174; patrz E. T. Hammy, *Codex Telleriano-Remensis* (1899).

[3] Humboldt, *Researches*, II, 174.

[4] Sahagun, *Historia general de las cosas de Nueva España*, Bk. VII, Chap. 4.

[5] J. Scheftelowitz, *Die Zeit als Schickalgottheit in der iranischen Religion* (1929), p. 4; Venus: "aussieht wie ein mit Rauch versehenes Feuer" ("wygląda jak ogień, któremu towarzyszy dym"). Cf. *Atharva-Veda* vi. 3, 15.

[6] Babylonian Talmud, Tractate Shabbat 156 a.

[7] M. Jastrow, *Religious Belief in Babylonia and Assyria* (1911), p. 221; cf. J. Schaumberger, "Der Bart der Wenus" w F. X. Kugler, *Sternkunde und Sterndienst in Babel* (3rd supp., 1935), p. 303.

Te zestawienia obserwacji dokonanych w dolinie Gangesu, na wybrzeżach Eufratu, i na wybrzeżach Zatoki Meksykańskiej, dowodzą ich obiektywności. Należy więc postawić pytanie nie w rodzaju »Jakiego złudzenia doznali starożytni Toltekowie i Majowie?« ale »Co to było za zjawisko i jaka była jego przyczyna?«. Z planety Wenus zwisał tren, dostatecznie duży, aby był widziany z Ziemi, i dający wrażenie dymu i ognia.

Wenus ze swym promieniującym warkoczem była bardzo jasnym ciałem; nie jest więc dziwnym, że Chaldejczycy opisywali ją jako „jasną pochodnię niebios"[1], również jako „diament, który oświetla jak słońce", i porównywali jej światło ze światłem wschodzącego słońca[2]. Obecnie światło Wenus jest ponad milion razy mniej jasne od światła słońca. Chaldejczycy nazwali ją „zdumiewającym cudem na niebie"[3].

Hebrajczycy podobnie opisywali planetę: „Jasne światło Wenus błyszczy od jednego krańca kosmosu do drugiego"[4].

Chiński astronomiczny tekst z Suczou odnosi się do przeszłości, kiedy „Wenus była widoczna w pełnym świetle dziennym i, kiedy poruszała się po niebie, konkurowała ze słońcem pod względem jasności"[5].

Jeszcze w siódmym wieku Assurbanipal pisał o Wenus (Isztar) „która okryta jest ogniem i nosi wysoko koronę przerażającego przepychu"[6]. Egipcjanie za panowania Setiego tak opisywali Wenus (Sekhmet): „Krążąca gwiazda rozsiewa swe płomienie w ogniu... płomień ognia w swej nawałnicy"[7].

Posiadając warkocz i poruszając się po jeszcze nie kołowej orbicie, Wenus była bardziej kometą niż planetą, i nazywana była przez Meksykanów „dymiącą gwiazdą" lub kometą. Nadali jej również przydomek Tzontemocque, albo „grzywa"[8]. Arabowie nadali Isztar (Wenus) przydomek Zebbaj lub „ta z włosami", podobnie jak uczynili to Babilończycy[9].

---

[1] "A Prayer of the Rising of the Hand to Ishtar", w *Seven Tablets of Creation*, wyd. L. W. King.

[2] Schaumberger w Kugler, *Sternkunde in Sterndienst in Babel*, 3rd supp., p. 291.

[3] *Ibid.*

[4] Midrash Rabba, Numeri 21, 245 a: "Noga shezivo mavhik me'sof haolam ad sofo". Cf. "Mazal" i "Noga" w J. Levy, *Wörterbuch über die Talmudim und Midrashim* (2nd ed., 1924).

[5] W. C. Rufus i Hsing-chih tien, *The Soochou Astronomical Chart* (1945).

[6] D. D. Luckenbill, *Ancient Records of Assyria* (1926–1927), II, Sec. 829.

[7] Breasted, Records of Egypt, III, Sec. 117.

[8] Brasseur, *Sources de l'histoire primitive du Mexique*, p. 48, uwaga.

[9] H. Winckler, *Himmels- und Weltenbild der Babylonier* (1901), p. 43.

„Czasami do planet przymocowane są włosy" napisał Pliniusz[1]; stare opisy Wenus musiały być podstawą dla tego stwierdzenia. Ale włosy lub *coma* są charakterystyczne dla komet i w gruncie rzeczy nazwa „kometa" pochodzi od greckiego słowa oznaczającego „włosy". Peruwiańskie imię „Chaska" (o falujących włosach)[2] jest wciąż imieniem Wenus, mimo że obecnie Gwiazda Poranna jest z pewnością planetą i nie posiada warkocza.

Koma Wenus zmieniała swój kształt wraz z położeniem planety. Obecnie, kiedy Wenus zbliża się do Ziemi, jest tylko częściowo oświetlona; część dysku pozostaje w cieniu; posiada fazy jak księżyc. W tym okresie, będąc najbliżej Ziemi, jest najjaśniejsza. Kiedy Wenus posiadała komę, rogi jej sierpa musiały być wydłużone przez oświetlone części komy. Miała więc dwa długie przydatki i wyglądała jak głowa byka.

Sanchoniathon mówi, że Astarte (Wenus) miała głowę byka[3]. Planeta była nawet nazywana Aszteroth-Karnaim, lub Rogata Astarte, miastu w Kanaanie nadano takie imię na cześć tej bogini[4]. Złoty cielec, któremu cześć oddawali Aaron i lud u stóp góry Synaj, był wizerunkiem gwiazdy. Źródła rabiniczne mówią, że „oddawanie przez Izrael czci temu bykowi częściowo tłumaczą warunki, jako że przy przekraczaniu Morza Czerwonego widzieli oni niebiański Tron, a najwyraźniej wśród czterech stworzeń wokół Tronu widzieli wołu"[5]. Podobieństwo cielca zostało umieszczone przez Jeroboama w Dan, w największej świątyni w Północnym Królestwie[6].

Tistria z *Zend-Awesty*, gwiazda, która atakuje planety, „jasna i wspaniała Tistria łączy swój kształt ze światłem, przyjmując kształt złotorogiego byka"[7].

Egipcjanie podobnie przedstawiali planetę i oddawali jej cześć pod postacią wizerunku byka[8]. Kult byka rozprzestrzenił się również

---

[1] Pliny, *Natural History*, ii. 23.

[2] „Peruwiańczycy nazywają planetę Wenus imieniem Chaska, [ta] o falujących włosach". H. Kunike, „Sternmythologie auf etnologischer Grundlage" w *Welt und Mensch*, IX–X. E. Nordenskjöld, *The Secret of the Peruvian Quipus* (1925), pp. 533 ff.

[3] Cf. L. Thorndike, *A History of Magic and Experimental Science* (1923–1941), I, Chap. X.

[4] Genesis 14:5. Patrz również I Maccabee v. 26, 43, i II Maccabee xii. 21–26; G. Rawlinson, *The History of Herodotus* (1858), II, 543.

[5] Ginzberg, *Legends*, III, 123.

[6] I Ks. Królewska 12:28.

[7] *The Zend-Avesta* (tłum. James Darmesteter, 1883), Pt. II, p. 93.

[8] Cf. E. Otto, *Beiträge zur Geschichte der Stierkulte in Ägypten* (1938).

w mykeneńskiej Grecji. Głowę złotej krowy z gwiazdą na czole znaleziono w Mykenach, na greckim lądzie[1].

Mieszkańcy odległego Samoa, prymitywne plemiona, które polegają na ustnych przekazach, jako że nie opanowały sztuki pisania, powtarzają do dziś: „Planeta Wenus stała się dzika i na głowie wyrosły jej rogi"[2].

Przykłady i przekazy można mnożyć *ad libitum*.

Teksty astronomiczne Babilończyków opisują rogi planety Wenus. Z czasem, jeden z dwóch rogów stawał się bardziej wydatny. Ponieważ prace astronomiczne starożytności mają tak wiele do powiedzenia o rogach Wenus, współcześni naukowcy stawiali sobie pytanie, czy Babilończycy mogli widzieć fazy Wenus, których nie można dostrzec gołym okiem[3]; Galileusz zobaczył je po raz pierwszy w czasach współczesnych, kiedy użył swego teleskopu.

Długie rogi Wenus mogły być widziane bez pomocy soczewek teleskopu. Tymi rogami były oświetlone części komy Wenus, wyciągnięte w stronę Ziemi. Rogi te mogły być również skierowane w stronę słońca, gdy Wenus zbliżyła się do kuli słonecznej, ponieważ wielokrotnie obserwowano, że komety były skierowane w stronę słońca, podczas gdy warkocze komet są stale skierowane w stronę przeciwną do słońca.

Kiedy Wenus zbliżyła się do jednej z planet, jej rogi stawały się dłuższe: jest to zjawisko, które zaobserwowali i opisali astrologowie Babilonu, kiedy Wenus zbliżyła się do Marsa[4].

---

[1] H. Schliemann, *Mycenae* (1870), p. 217.

[2] Williamson, *Religious and Cosmic Beliefs of Central Polynesia*, I, 128.

[3] „Jest rzeczą dobrze znaną, że niejeden fragment tekstów klinowych poświęconych astronomii mówi o prawym lub o lewym rogu Wenus. Wydedukowano, że fazy Wenus były widziane już przez Babilończyków i że Galileusz w szesnastym wieku nie był pierwszym, który je zobaczył". Schaumberger, „Die Hörner der Venus" w książce Kuplera, *Sternkunde*, 3rd Supl., pp. 302 ff.

[4] Schaumberger, „Die Hörner der Venus" w książce Kuplera, *Sternkunde*, 3rd Supl., pp. 302 ff.

ROZDZIAŁ IX

PALLAS ATENA

W KAŻDYM KRAJU starożytnego świata możemy prześledzić kosmologiczne mity o narodzinach planety Wenus. Jeśli szukamy boga lub bogini przedstawiających planetę Wenus, musimy zbadać, kto z bogów lub bogiń nie istniał na początku, ale narodził się w tej rodzinie. Mitologie wszystkich narodów zajmują się tylko narodzinami Wenus, a nie Jowisza, Marsa czy Saturna. Jowisz opisany jest jako następca Saturna, ale jego narodziny nie są tematem mitologicznym. Horus Egipcjan, a u Hindusów Wisznu narodzony z Śiwy, byli takimi nowonarodzonymi bóstwami. Horus walczył na niebie z potworem-wężem Setem; podobnie czynił Wisznu. W Grecji boginią, która nagle pojawiła się na niebie, była Pallas Atena. Wyskoczyła ona z głowy Zeusa-Jowisza. W innej legendzie była córką potwora Pallas-Tyfona, który zaatakował ją i którego pokonała i zabiła.

Zabicie potwora przez planetę-boginię – tak ludzie postrzegali konwulsje słupa dymu, kiedy Ziemia i kometa Wenus wzajemnie zakłóciły swoje orbity, a głowa komety i jej warkocz skoczyły ku sobie w gwałtownych wyładowaniach elektrycznych.

Narodziny planety Ateny opiewane są w hymnach homeryckich jej poświęconych: „wspaniała bogini, dziewica, Tritogeneia". Kiedy narodziła się, sklepienie nieba – wielki Olimp – „zaczął chwiać się okropnie", „Ziemia wirując krzyczała przeraźliwie", „morze poruszyło się i kołysało ciemnymi falami, podczas gdy nagle trysnęła piana", a słońce zatrzymało się „na długą chwilę"[1]. Grecki tekst mówi o „purpurowych falach"[2] i o „morzu {które} wznosi się jak ściana" i o słońcu, które zatrzymało się w swej drodze[3].

Arystokles powiedział, że Zeus ukrył nienarodzoną Atenę w chmurze, którą następnie otworzył błyskawicą[4], co jest mitologicznym sposobem opisania wyłonienia się ciała niebieskiego ze słupa chmury.

---

[1] „The Homeric Hymns to Athena" (tłum. Evelyn-White) w tomie dot. Hezjoda w Loeb Classical Library.

[2] Prawidłowe tłumaczenie wymaga „purpurowych fal"; patrz "The Homeric Hymn to Minerva" (tłum. A. Buckley) w *The Odyssey of Homer with the Hymns* (1878).

[3] L. R. Farnell, *The Cults of the Greek States* (1896), I, 281.

[4] *Ibid.*

Atena, lub łacińska Minerwa, nazywana jest Tritogeneia (lub Tritonia) od jeziora Triton[1]. Jezioro to zniknęło w czasie katastrofy w Afryce, kiedy wtargnęło do oceanu, pozostawiając za sobą pustynię Saharę, katastrofa związana była z narodzinami Ateny.

Diodor[2], powołując się na nieujawnione starsze źródła, mówi że jezioro Tritonia w Afryce „zniknęło z pola widzenia w czasie trzęsienia ziemi, kiedy jego części leżące opodal oceanu zostały rozerwane". Ta relacja wskazuje na to, że wielkie jezioro lub moczary w Afryce, oddzielone od oceanu Atlantyckiego przez barierę gór, zniknęło kiedy bariera została rozerwana lub obniżyła się w czasie katastrofy. Owidiusz podaje, że Libia stała się pustynią w konsekwencji pożaru Faetona.

W Iliadzie jest mowa o tym, że Pallas Atena „cisnęła w dół ku Ziemi lśniącą gwiazdę", z której wyskakiwały iskry; cisnęła gwiazdę „posłaną przez Jowisza, aby była znakiem dla żeglarzy lub dla wielkich zastępów wojowników, lśniącą gwiazdę"[3]. Odpowiednikiem Ateny w asyryjsko-babilońskim panteonie jest Astarte (Isztar), która roztrzaskuje góry, „jasna pochodnia niebios", przy której pojawieniu się „niebiosa i Ziemia drżą", która powoduje ciemność i pojawia się z huraganem[4]. Podobnie jak Astarte (Aszteroth-Karnaim), Atenę przedstawiano z rogami. „Atena, córka Zeusa... na swej głowie umieściła hełm z dwoma rogami" powiedział Homer[5]. Pallas Atena identyfikowana jest z Astarte (Isztar) lub planetą Wenus Babilończyków[6]. Również Anaitis Irańczyków identyfikowana jest z Pallas Ateną i planetą Wenus[7].

Plutarch identyfikował Minerwę Rzymian lub Atenę Greków z Izis Egipcjan, a Pliniusz identyfikował planetę Wenus z Izydą[8].

Koniecznie trzeba tu o tym przypomnieć, ponieważ na ogół przypuszcza się, że Grecy nie mieli żadnego ważnego bóstwa które personifikowałoby planetę Wenus[9], i że z drugiej strony „nie znaleźli nawet

---

[1] „Minerwa... jak podają, pojawiła się w dziewiczym wieku w czasach Ogygesa, koło jeziora zwanego Triton, od którego nazwano ją Tritonia". Augustine, *The City of God*, Bk. XVIII, Chap. 8.

[2] Diodorus of Sicily iii. 55 (tłum. C. H. Oldfather).

[3] *Iliad* iv. 75 f.

[4] „Modlitwa ... do Isztar" w *Seven Tablets of Creation* (tłum. King); Farnell, *The Cults of the Greek states*, I, 258 ff.

[5] *Iliad* v. 735.

[6] S. Langdon, *Tammuz and Ishtar* (1914), p. 97.

[7] F. Cumont, *Les Mistères de Mithra* (3rd ed., 1913), p. 111.

[8] Plutarch, *Isis and Osiris*, Chap. 62: „Często nazywają Izis imieniem Atena". Patrz G. Rawlinson, *The History of Herodotus*, II, 542; Pliny, Natural History, ii, 37.

[9] Imię Wenus lub Afrodyta należało do księżyca.

gwiazdy, do której mogliby przypisać" Atenę[1]. Współczesne książki dotyczące mitologii Greków powtarzają dziś to, co napisał Cyceron: „Wenus, nazywana jest przez Greków Fosforus, a po łacinie Lucyferem, kiedy poprzedza słońce, ale kiedy następuje po słońcu – Hesperosem"[2]. Fosforus nie odgrywał żadnej roli na Olimpie. Ale Cyceron, opisując planety, pisze również o „planecie zwanej Saturn, której grecka nazwa brzmi Faeton", mimo że znamy bardziej powszechną nazwę, Kronos, jak Grecy nazwali Saturna. Cyceron podaje greckie nazwy innych planet, które nie są powszechne. Jest więc całkowicie błędnym uważać, że Fosforus i Hesperos są głównymi czy jedynymi greckimi nazwami planety Wenus. Atena, na cześć której nazwano miasto Ateny, była planetą Wenus. Zaraz po Zeusie, była najbardziej czczonym bóstwem Greków. Nazwa Atena, po grecku, według Manethona, „wskazuje na samopoczątkujący ruch". Napisał on, że nazwa Atena oznacza „Przybyłam sama z siebie"[3]. Cyceron, mówiąc o Wenus, tak wyjaśnił pochodzenie tej nazwy: „Wenus została tak nazwana przez naszych rodaków jako bogini, która »przybywa« {venire} do wszystkich rzeczy"[4]. Imię Wiszniu oznacza „przenikający", od sanskryckiego vish, „wkraczać" lub „przenikać".

Narodziny Ateny przypisuje się na połowę drugiego tysiąclecia [p.n.e.]. Augustyn napisał: „Minerwa {Atena}, jak podają, pojawiła się... w czasach Ogygesa". To stwierdzenie, że planeta Wenus zmieniła swój tor i kształt w czasach Ogygesa, znajdujemy w *Mieście Boga*[5], księdze zawierającej cytaty z Varro. Augustyn również zsynchronizował Jozuego z czasem aktywności Minerwy[6].

Pokrywa chmur węglowodorowych, którymi kometa okryła Ziemię, jest „szatą z ambrozji" przygotowaną przez Atenę dla Hery

---

[1] Augustyn, *The City of God*, Bk. VII, Chap. 16. Farnell, *The Cults of the Greek States*, I, 263, omawia różne hipotezy dotyczące fizycznej natury Ateny i, nie mogąc się z żadną zgodzić, pyta: „Czy jest jakiś dowód na to, że Atena, jako bogini religii helleńskiej, była kiedykolwiek personifikacją jakiejkolwiek części fizycznego świata?".
Cyceron w *De natura deorum* i. 41, odniósł się do traktatu stoika Diogenesa Babyloniusa *De Minerwa*, w którym autor podaje naturalne wyjaśnienie narodzin Ateny. Praca nie zachowała się.

[2] Cicero *De natura deorum* ii. 53.

[3] „Użycie [go] przez Egipcjan jest również podobne: często nazywają oni Izydę imieniem Atena, co wyraża takie znaczenie jak »Przybyłam sama z siebie«, i wskazuje na samopoczątkujący ruch". Manethon, cytowany przez Plutarcha, *Isis and Osiris* (tłum. Waddell), Chap. 62 Ale cf. Farnell, *The Cults of the Greek States*, I, 258: „Znaczenie imienia pozostaje nieznane".

[4] Cicero *De natura deorum* ii. 53.

[5] *The City of God*, Bk. XVIII, Chap. 8.

[6] *Ibid.*, Bk. XVIII, Chap. 12.

(Ziemi)[1]. Źródło ambrozji było blisko związane z Ateną[2]. Pochodzenie Ateny jako komety sugeruje jej przydomek Pallas, który, jak powszechnie wiadomo, jest synonimem Tyfona; Tyfon, jak powiedział Pliniusz, był kometą.

Byk i krowa, koza i wąż były zwierzętami poświęconymi Atenie. „Koza, będąc zwykle nietykalna, była jednak wybierana jako wyjątkowa ofiara dla niej", zwierzę było corocznie składane w ofierze na Akropolu, w Atenach[3]. U Izraelitów koza była ofiarą dla Azazela, lub Lucyfera.

W kalendarzu babilońskim „dziewiętnasty dzień każdego miesiąca określony jest jako »dzień gniewu« bogini Gula (Isztar). Nie wykonywano żadnej pracy. Płacz i lamenty przepełniały kraj. ... Jakiegokolwiek wyjaśnienia tego *dies irae* Babilonu należy szukać w pewnym micie dotyczącym dziewiętnastego dnia pierwszego miesiąca. Dlaczego dziewiętnasty dzień po księżycu, w czasie wiosennego zrównania dnia z nocą, miałby być dniem gniewu? ...Odpowiada to quinquatrusowi w rzymskim kalendarzu rolników, dziewiętnastego marca, pięć dni po pełni księżyca. Owidiusz mówi, że tego dnia narodziła się Minerwa, która jest Pallas Ateną u Greków"[4]. Dziewiętnasty marca był dniem Minerwy.

Pierwsze pojawienie się Ateny-Minerwy miało miejsce w dniu, w którym Izraelici przekroczyli Morze Czerwone. Noc pomiędzy trzynastym i czternastym dniem pierwszego miesiąca po wiosennym zrównaniu dnia z nocą, była nocą wielkiego wstrząsu Ziemi; sześć dni później, ostatniego dnia tygodnia Paschy, według podań hebrajskich, wody wypiętrzyły się jak góry i uciekinierzy przeszli po suchym dnie morza.

Narodziny Pallas Ateny lub jej pierwsza wizyta u Ziemi, były powodem kosmicznych zakłóceń, a pamięć o tej katastrofie była „dniem gniewu, we wszystkich kalendarzach starożytnej Chaldei".

---

[1] *Iliad* xiv. 170 ff. W mitologii babilońskiej Marduk rozcina Tiamat na dwoje i z jednej połowy czyni zasłonę dla nieba.

[2] T. Bergk, „Die Geburt der Athene" u Fleckaisena *Jahrbücher für classische Philologie* (1860), Chap. VI, odnosi się do związku Ateny z "Quellen der Ambrosia" („źródłami ambrozji"). Apollodor (*The Library*) mówi, że Atena „zabiła Pallasa i użyła jego skóry", co wydaje się odnosić do pokrywy Wenus, która poprzednio tworzyła warkocz komety.

[3] Farnell, *The Cults of the Greek States*, I, 290.

[4] Langdon, *Babylonian Menologies and the Semitic Calendars* (1935), pp. 86–87.

ZEUS I ATENA

Jeśli w tych badaniach wystąpił jakiś problem, który wymagał od autora dłuższego zastanowienia, było to pytanie: Która z planet – Jowisz czy Wenus spowodowała katastrofę w czasach Eksodusu? Pewne starożytne źródła mitologiczne wskazują na Wenus, inne na Jowisza. Według jednych legend Jowisz (Zeus) jest protagonistą dramatu: opuszcza swoje miejsce na niebie, spieszy walczyć z Tyfonem i razi go piorunami. Ale inne legendy, jak również źródła historyczne, które cytowałem na poprzednich stronach, wskazują, że była to planeta Wenus, albo grecka Pallas Atena. Atena zabiła swego ojca Tyfona-Pallasa, niebiańskiego potwora, a opis tej bitwy nie różni się od bitwy, w której Zeus zabił Tyfona.

Waga argumentów sprawiła, że doszedłem do wniosku, co do którego nie mam już żadnych wątpliwości, że była to planeta Wenus, w tym czasie wciąż kometa, która spowodowała katastrofę w dniach Eksodusu. Zatem, dlaczego część legend wiąże to zdarzenie z Jowiszem?

Przyczyna tej dwoistości w mitologicznym potraktowaniu zdarzenia historycznego leży w fakcie, że sami starożytni nie mieli pewności, która z planet spowodowała zniszczenie. Niektórzy widzieli słup obłoków – Tyfona pokonanego przez Jowisza, kulę ognia, która wyłoniła się ze słupa i walczyła z nim. Inni interpretowali tę kulę jako ciało różne od Jowisza.

Greccy autorzy opisali narodziny Ateny (planety Wenus) mówiąc, że wyskoczyła z głowy Zeusa. „A potężny Olimp trząsł się bojaźliwie... a ziemia wokół strasznie wrzeszczała, i morze było poruszone, zmącone purpurowymi falami”[1]. Jeden lub dwóch autorów uważało, że Atena narodziła się z Kronosa. Ale starożytni autorzy zgodnie czynią Atenę-Wenus dzieckiem Jowisza: wyskoczyła z jego głowy, a tym narodzinom towarzyszyły wielkie zakłócenia w sferach niebiańskiej i ziemskiej. Kometa popędziła w stronę Ziemi i nie łatwo było rozróżnić czy to zbliża się planeta Jowisz czy też jego dziecko. Wyjawię tu coś, co należy do drugiego tomu tej pracy; mianowicie, że we wcześniejszym okresie Jowisz już spowodował zniszczenia w rodzinie planet, włączając w to Ziemię, i dlatego było naturalnym widzieć w zbliżającym się ciele planetę Jowisz.

We wstępnej części tej pracy odniosłem się do współczesnej teorii, która przypisuje narodziny ziemskich planet procesowi wyrzucenia ich przez większe planety. Wydaje się to być prawdą w przypadku Wenus. Inna współczesna teoria, która przypisuje pochodzenie komet

---

[1] „The Homeric Hymn to Minerva” (tłum. Buckley) w *The Odyssey of Homer with the Hymns.* Cf. tłumaczenie na str. 168.

krótkookresowych wyrzucaniu ich przez większe planety, jest również prawdziwa: Wenus została wyrzucona jako kometa, a następnie zmieniła się w planetę, po kontakcie z pewną liczbą członków układu słonecznego.

Wenus, będąc dzieckiem Jowisza, posiada wszystkie charakterystyki znane ludziom z wczesnych spotkań powodujących kataklizmy. Kiedy kula ognia rozdarła słup obłoków i obrzuciła słup piorunami, wyobraźnia ludzi widziała w tym planetę-boga Jowisza-Marduka, pędzącego uratować Ziemię, zabijającego węża-potwora Tyfona-Tiamat.

Nie jest więc dziwnym, że w miejscach tak odległych od Grecji jak wyspy Polinezji, opowiada się, że „planeta Jowisz przydeptała ogon wielkiej burzy"[1]. Ale mówi nam się, że w tych samych miejscach, mianowicie na wyspie Harveya, „Jowisz był często mylony z Gwiazdą Poranną"[2]. Na innych wyspach Polinezji „planety Wenus i Jowisz były ze sobą mylone". Badacze stwierdzili, „że imiona Fauma lub Paupiti nadano Wenus... i że te same imiona nadano Jowiszowi"[3].

Wczesna astronomia podzielała pogląd Ptolemeusza, że „Wenus posiada te same moce" jak też naturę Jowisza[4], opinię, która znalazła odzwierciedlenie również w wierze astrologicznej, że „Wenus, kiedy jest jedynym władcą zdarzeń, na ogół powoduje podobne skutki co Jowisz"[5].

W jednym z lokalnych kultów w Egipcie, imię Izis, jak wykażę w następnej książce, początkowo należało do Jowisza, a Ozyrys był Saturnem. W innym lokalnym kulcie Amon był imieniem Jowisza. Horus początkowo był również Jowiszem[6]. Ale kiedy nowa planeta narodziła się z Jowisza i stała się najwyższą na niebie, widzowie nie mogli łatwo rozpoznać właściwego charakteru zmiany. Nadali oni planecie Wenus imię Izis, a czasami Horus. To musiało powodować zamieszanie. „Można się czuć zakłopotanym z powodu różnych relacji między matką i synem (Izis i Horusem). Raz jest jej małżonkiem, raz jej bratem; raz jest młodzieńcem... raz niemowlęciem karmionym jej piersią"[7]. „Warte uwagi jest przedstawienie jej {Izis} w związku z Horusem jako Gwiazdy Porannej, a więc w dziwnym związku..., który nie daje się wyjaśnić na podstawie tekstów"[8].

---

[1] Williamson, *Religious and Cosmic Beliefs of Central Polynesia*, I, 123.

[2] *Ibid.*, p. 132. Patrz również W. W. Gill, *Myths and Songs from South Pacific* (1876), p. 44, i jego *Historical Sketches of Savage Life in Polynesia* (1880), p. 38.

[3] Williamson, I, 122, Patrz również J. A. Moerenhut, *Voyages aux isles du Grand Océan* (1837), II, p. 181.

[4] Ptolemy, *Tetrabyblos* (tłum. F. E. Robbins, 1940) I, 4.

[5] *Ibid.*, II, 8.

[6] S. A. B. Mercer, *Horus, Royal God of Egypt* (1942).

[7] Langdon, *Tammuz and Ishtar*, p. 24.

[8] W.M. Müller, *Egyptian Mytology*, p. 56.

Również asyryjsko-babilońska Isztar w dawnych czasach była imieniem planety Jowisz; później przeniesiono je na Wenus, Jowisz zachował imię Marduk.

Baal, jeszcze inne imię Jowisza, we wczesnym okresie był imieniem Saturna, potem stał się imieniem Wenus, czasem używano żeńskiej odmiany Baalath lub Belith[1]. Również Isztar była najpierw męską planetą, później zmieniła się w żeńską planetę[2].

ODDAWANIE CZCI GWIEŹDZIE PORANNEJ

Teraz, kiedy wykazano że to Wenus, w odstępie pięćdziesięciu dwóch lat, spowodowała dwie kosmiczne katastrofy w piętnastym wieku przed naszą erą, rozumiemy również różne historyczne związki między Wenus i tymi katastrofami.

W licznych biblijnych i rabinicznych ustępach jest mowa o tym, że kiedy Izraelici odeszli od Góry Synaj na pustynię, okrywały ich chmury. Chmury te oświetlone były przez słup ognia tak, że dawały blade światło[3]. Należy z tym łączyć stwierdzenie Izajasza: „Lud, który wędrował w ciemności, widział wielkie światło; ci, którzy żyli w krainie cieni śmierci, światło Nogi było nad nimi"[4]. Noga to Wenus; jest to faktycznie zwyczajowa nazwa tej planety w hebrajskim[5] i dlatego jest przeoczeniem nie tłumaczenie tego w ten sposób.

Amos mówi, że w czasie czterdziestu lat na pustyni Izraelici nie oddawali czci Panu, ale nieśli „gwiazdę waszego boga, którą sami sobie uczyniliście"[6]. Św. Jeremiasz tłumaczy tę „gwiazdę waszego boga" jako Lucyfera (Gwiazdę Poranną)[7].

Jaki wizerunek gwiazdy niesiony był na pustyni? Czy był to byk (cielec) Aarona, czy wykonany z brązu wąż Mojżesza? „I zrobił Mojżesz miedzianego węża i osadził go na drzewcu"[8]. O tym wężu po-

---

[1] J. Bidez i F. Cumont, *Les Mages hellénisés* (1938), II, 116.

[2] C. Bezold w F. Ball, *Sternglaube und Sterndeutung* (1926), p. 9.

[3] Patrz podrozdział „Cienie Śmierci".

[4] Izajasz 9:2 [polski przekład tego fragmentu Biblii odbiega od powyższego].

[5] Traktat Shabbat 156 a; Midrash Rabba, Ks. Liczb 21, 245 a; J. Levy, *Wörterbuch über die Talmudin und Midraschim* (2nd ed. 1924), s.v. W hinduskim panteonie Naga lub bogowie węże są wyraźnie kometami. Cf. J. Hewitt, „Notes on the Early History of Northern India", *Journal of the Royal Asiatic Society* (1827), p. 325.

[6] Amos 5:26. [w polskim przekładzie Biblii: „A teraz poniesiecie Sikkuta, waszego króla, i Kewana, obrazy waszych bóstw, które sami sobie uczyniliście"].

[7] Cf. Wulgata (łacińska) wersja proroka Amosa i Komentarz Jeremiasza do Proroków.

[8] Ks. Liczb 21:9.

wiedziano, że został wykonany, aby uleczyć ukąszonych przez węże[1]. Siedem i pół wieku później, ten wykonany z brązu wąż Mojżesza został rozbity przez króla Hiskiasza, którego monoteistyczny zapał podsycał prorok Izajasz, „do tego bowiem czasu synowie Izraelscy spalali mu kadzidło"[2].

Wąż z brązu był najprawdopodobniej wizerunkiem słupa chmur i ognia, który dla ludzi na świecie wyglądał jak poruszający się wąż. Św. Jeremiasz miał na myśli wyraźnie ten wizerunek, kiedy objaśniał gwiazdę, wspomnianą przez Amosa.

Egipska Wenus-Izis [Izyda] była boginią przedstawianą z wężami, a czasami pokazywanymi jako smoki. „Isztar, straszliwy smok", napisał Assurbanipal[3].

Gwiazda Poranna Tolteków, Quetzal-cohuatl (Quetzal-coatl), również przedstawiana jest jako wielki smok lub wąż: „cohuatl" w języku nahuatl oznacza „wąż", a imię oznacza „pierzasty wąż"[4]. Gwiazda Poranna Indian z plemienia Chichimec w Meksyku, nazywana jest „Wężową chmurą"[5]; znacząca nazwa z powodu jej związku ze słupem chmury oraz chmur, które pokryły Ziemię po jej kontakcie z Wenus.

Kiedy Quetzal-cohuatl, prawodawca Tolteków, zniknął wraz ze zbliżeniem się wielkiej katastrofy i Gwiazda Poranna, która nosiła to samo imię, pojawiła się po raz pierwszy na niebie, Toltekowie „uregulowali liczenie dni, nocy i godzin, zgodnie z różnicą czasu"[6].

Mieszkańcy Ugarit (Ras-Szamra) w Syrii, zwracali się do Anat, ich planety Wenus: „Odwracasz położenie jutrzenki na niebie"[7]. W mek-

---

[1] Ci, których ukąsiły węże, patrzyli na węża z brązu, aby uleczyć się. Czy psychosomatyczna zależność może podążać taką okrężną drogą? Praktyki czcicieli węży pozwalają w pewnym stopniu uwierzyć w podłoże psychologiczne Ks. Liczb 21:9. Ale wchodzenie w te szczegóły przekracza zakres niniejszej pracy.

Fakt, że Mojżesz uczynił wizerunek – gwałcąc drugie przykazanie Dekalogu – niekoniecznie jest sprzeczny z tym, że był on monoteistą: mamy obecnie wiele kościołów, gdzie ludzie uważający się za monoteistów oddają boską cześć symbolom, a nawet ludzkim postaciom. Ale z czasem obecność węża Mojżesza w Świątyni w Jerozolimie, stała się na tyle niepożądana dla ducha proroków, że w dniach Izajasza węża rozbito na kawałki. Mimo że pierwotnym celem mogło być leczenie, to będąc wizerunkiem anioła, który był wysłany w słupie ognia i chmur, aby uratować lud Izraela z niewoli, wąż z brązu, z upływem czasu, stał się obiektem czci.

[2] II Ks. Królewska 18:4. W źródłach rabinicznych znajdujemy opinię astrologiczną, że wąż z brązu był magicznym wizerunkiem, który uzyskał swą moc od gwiazdy, pod opieką której Mojżesz go sporządził.

[3] Langdon, *Tammuz and Isztar*, p. 67.

[4] Brasseur, *Sources de l'histoire primitive du Mexique*, pp. 81, 87.

[5] Alexander, *Latin American Mythology*, p. 87.

[6] Brasseur, *Histoire des nations civilisées du Mexique*, I, 120.

[7] Virolleaud, "La déesse Anat", *Mission de Ras Shamra*, IV.

sykańskim *Codex Borgia*, Gwiazda Wieczorna przedstawiana jest z dyskiem słonecznym na plecach[1].

W babilońskich psalmach Isztar mówi:[2]

> Dzięki temu, że sprawiam, iż niebiosa drżą i Ziemia się trzęsie,
> Dzięki jasności, która rozświetla niebo,
> Dzięki płonącemu ogniowi, który pada na wrogi kraj,
> Jestem Isztar.
> Isztar jestem dzięki światłu, które pojawia się na niebie,
> Isztar królową niebios jestem dzięki światłu, które pojawia się na niebie.
> Jestem Isztar; wędruję wysoko...
> Sprawiam, że niebiosa się trzęsą, powoduję, że ziemia drży,
> To jest moja sława. ...
> Ona, która oświetla horyzont niebios,
> Której imię czczone jest tam gdzie mieszkają ludzie,
> To jest moja sława.
> „Królowa niebios powyżej i poniżej" niechaj się mówi,
> To jest moja sława.
> Miażdżę wszystkie góry,
> To jest moja sława.

Poranno-Wieczorna gwiazda Isztar zwana była również „gwiazdą lamentów"[3].

Perski Mitra, podobnie jak Tistria, zstąpił z niebios i „sprawił, że strumień ognia popłynął ku Ziemi", „co oznacza, że świecąca gwiazda, stając się w pewien sposób obecna tu poniżej, napełniła nasz świat swym pochłaniającym żarem"[4].

W miejscowości Abaka, w Syrii, ogień spadł z nieba i twierdzono, że spadł z Wenus: „o którym należy sądzić, że to ogień, który spadł z Wenus"[5]. Miejsce stało się święte i każdego roku odwiedzane było przez pielgrzymów.

---

[1] Seler, *Wanmalerein von Mitla* (1895), p. 45.

[2] Langdon, *Sumerian and Babylonian Psalms* (1909), pp. 188, 194.

[3] Langdon, *Tammuz and Isztar*, p. 86.

[4] F. Cumont, "La Fin du monde selon les mages occidentaux", *Revue de l'histoire des religions* (1931), p. 41.

[5] F. K. Movers, *Die Phönizier* (1841–1856), I, 640. Źródła: Sozomen, *The Ecclesiastical History* ii. 5; Zosimus i. 58.

Święta planety Wenus obchodzono wiosną. „Nasi przodkowie poświęcili miesiąc kwiecień Wenus", napisał Makrobius[1].

Baalowi Kanaanitów i Północnego Królestwa Izraela oddawano cześć w Dan, mieście kultu cielca, i tłumy odwiedzały go w tygodniu Paschy. Kult Wenus rozprzestrzenił się również w Judei. Według II Księgi Królewskiej (23:5), król Jozjasz w siódmym wieku „złożył z urzędu bałwochwalczych kapłanów, których ustanowili królowie judzcy, aby palili kadzidło na wzgórzach, w osiedlach judzkich i wokoło Jeruzalem, jak również tych, którzy palili kadzidło dla Baala, dla słońca, dla księżyca, dla gwiazd zodiaku i dla całego zastępu niebieskiego". Baal, słońce, księżyc, i planety, to podział stosowany również przez Demokryta: Wenus, słońce, księżyc, i planety.

W Babilonie planetę Wenus wyróżniano wśród innych planet i oddawano jej cześć jako jednej z trójcy: Wenus, Księżyc i Słońce[2]. Ta triada stała się babilońską świętą trójcą w czternastym wieku przed naszą erą[3].

W *Wedach* planeta Wenus porównywana jest do byka: „Jak byk miotasz swój ogień na Ziemię i niebo"[4]. Gwiazdą Poranną Fenicjan i Syryjczyków była Aszteroth-Karnaim, Rogata Astarte. Podobnie sydońska Belith była Wenus, a Izebel, żona Achaba, uczyniła ją głównym bóstwem Północnego Królestwa[5]. „Królową niebios", o której często mówi Jeremiasz, była Wenus. Kobiety w Jerozolimie piekły ciastka dla królowej niebios i oddawały jej cześć na dachach swoich domów[6].

Na Cyprze nie był to ani Jowisz, ani inny bóg, ale „Królowa Cypryjska, którą próbowali ugłaskać świętymi darami... wylewając na ziemię libacje z żółtego miodu"[7]. Taką libację, jak już wspomniano, spełniano w Atenach dla uczczenia pamięci Potopu Deukaliona.

Nie tak dawno temu, w Polinezji, składano ofiary ludzkie Gwieździe Porannej, Wenus[8]. Arabskiej Gwieździe Porannej, królowej niebios – al-Uzza – składano ofiary z chłopców i dziewcząt, aż do czasów współczesnych[9]. Podobnie składano ofiary ludzkie Gwieździe Poran-

---

[1] Macrobe, *Oeuvres* (ed. Panckoncke, 1845), I, 253.

[2] H. Winckler, *Die babylonische Geisteskultur* (1919), p. 71.

[3] C. Bezold w F. Boll, *Sternglaube und Sterndeutung* (1926), p. 12.

[4] *Hymns of the Atharva-Veda* (tłum. Bloomfield), Hymn ix.

[5] I Ks. Królewska 18; Josephus, Jewish Antiquities, VIII, xiii, I; Philo of Byblos, Fragment 2.25; D. Chwolson, *Die Ssabier und der Ssabimus* (1856), II, 660.

[6] Jeremiasz 7:18, 44:17–25. Wellhausen, *Reste arabischen Heidentums*, p. 41.

[7] *The Fragments of Empedocles* (tłum. W. E. Leonard, 1908), Fragment 128, p. 59.

[8] Williamson, *Religious and Cosmic Beliefs of Central Polynesia*, II, 242.

[9] Wellhausen, *Reste arabischen Heidentums*, pp. 40–44, 115.

nej w Meksyku; zostało to opisane przez wczesnych autorów hiszpańskich[1] i było to wciąż praktykowane przez Indian zaledwie pokolenie temu[2]. Quetzal-cohuatl „był nazywany bogiem wiatrów" i „płomieni ognia"[3]; grecka Atena była nie tylko planetą, ale również boginią burzy i ognia. Planeta Wenus była Lux Divina, Boskim Światłem, czczonym w koloniach imperium rzymskiego[4].

W Babilonie Wenus przedstawiano jako sześcioramienną gwiazdę – która jest również herbem Dawida – lub jako pentagram – gwiazdę pięcioramienną (pieczęć Salomona) – a czasami jako krzyż; również jako krzyż była przedstawiana w Meksyku.

Atrybuty i czyny Gwiazdy Porannej nie zostały wymyślone przez ludzi na świecie: gwiazda ta roztrzaskiwała góry, potrząsała kulą ziemską z taką gwałtownością, że wyglądało to jakby niebiosa się trzęsły, była burzą, chmurą, ogniem, niebiańskim smokiem, pochodnią, błyszczącą gwiazdą, i spuszczała naftę na ziemię.

Assurbanipal mówi o Isztar-Wenus, „która odziana jest w ogień i nosi wysoko koronę straszliwej chwały, {i która} spuściła ogień na Arabię"[5]. Poprzednio wykazano, że kometa w dniach Eksodusu spuściła naftę na Arabię.

W atrybutach i czynach przypisanych planecie Wenus – Izis, Isztar, Atenie – rozpoznajemy atrybuty i czyny przypisane komecie opisanej we wcześniejszych rozdziałach tej książki.

ŚWIĘTA KROWA

Kometa Wenus, o której mówi się że „rogi wyrosły jej na głowie", albo rogata Astarte, Wenus *cornuta*, wyglądała jak głowa rogatego zwierzęcia; a ponieważ poruszyła Ziemię z miejsca jak byk z rogami, planetę Wenus przedstawiano jako byka.

Oddawanie czci wołu wprowadził Aaron u stóp góry Synaj. Kult Apisa pojawił się w Egipcie w okresie Hyksosów, po zakończeniu Środkowego Państwa[6], krótko po Eksodusie. Apis, albo święty byk, był bardzo czczony w Egipcie; kiedy święty byk zmarł, jego ciało mumifikowano i umieszczano w sarkofagu z królewskimi honorami, z zachowaniem pogrzebowych obrządków. „Wszystkie trumny i wszystko

---

[1] *Manuscript Ramirez.*

[2] G. A. Dorsey, *The Sacrifice to the Morning Star by the Skidi Pawnee.* Ceremonia ta opisana jest dalej w niniejszej książce.

[3] De Sahagun, *Historia general de las cosas de Nueva Espa¨na*, I, Chap. V.

[4] Movers, *Die Phönizier*, II, 652.

[5] Luckenbill, *Records of Assyria*, II, Sec. 829.

[6] „The Book of Sothis" w *Manetho* (tłum. W. G. Waddell, Loeb Classical Library, 1940) mówi, że w okresie hyksoskiego króla Asetha „deifikowano cielę-byka i nazwano Apisem".

co wspaniałe i korzystne dla tego czcigodnego boga (byka Apisa)"
przygotowywał faraon[1], kiedy „bóg ten był odprowadzany w pokoju
do nekropolii, aby zajął należne mu miejsce w swojej świątyni".

Oddawanie czci krowie lub bykowi było rozpowszechnione na minojskiej Krecie i w mykeńskiej Grecji, jako że znaleziono w wykopaliskach złote posążki tych zwierząt.

Izis [Izydę], planetę Wenus[2], przedstawiano jako postać ludzką
z dwoma rogami, podobnie jak rogatą Astarte (Isztar), a czasami
przedstawiano ją na podobieństwo krowy. Z czasem Isztar zmieniła
się z mężczyzny w kobietę i w wielu miejscach oddawanie czci bykowi
zostało zastąpione oddawaniem czci krowie. Główną przyczyną wydaje się być opad manny, która zamieniła rzeki w strumienie miodu
i mleka. Rogata planeta, która wytwarzała mleko, najbardziej przypominała krowę. W *Hymnach Atharwa-Wedy*, w których wychwala
się ambrozję spadającą z nieba, bóg wychwalany jest jako „wielka
krowa", która „sączy strumienie mleka" i jako „byk", który „miota
swój ogień na Ziemię i niebo"[3]. Fragment *Ramajany* o „niebiańskiej
krowie" mówi: „Miód dawała i pieczone ziarno...i zsiadłe mleko, i zupę w jeziorach ze słodzonym mlekiem"[4], co jest hinduską wersją „rzek
mlekiem i miodem płynących".

„Niebiańska krowa" czy „niebiańska Surabhi" („aromatyczna")
była córką Stwórcy: „wyskoczyła z jego ust"; w tym samym czasie,
według indyjskiego eposu[5], rozprzestrzeniły się nektar i „wspaniały
aromat". Ten opis narodzin córki z ust Stwórcy jest hinduską paralelą
Ateny wyskakującej z głowy Zeusa. Aromat i nektar wspomniane
są w związku z narodzinami niebiańskiej krowy; można zrozumieć tę
kombinację, gdy przypomnimy sobie czegośmy się dowiedzieli w podrozdziałach „Ambrozja" i „Narodziny planety Wenus".

Aż do czasów obecnych bramini oddają cześć krowie. Krowy uwa
ża się za córki „niebiańskiej krowy". W Indiach, jak i w innych miejscach, oddawanie czci krowom zaczęło się w jakimś punkcie historii.
„We wczesnej literaturze hinduskiej znajdujemy dość informacji, aby
postawić tezę, że krowy były składane w ofierze, a czasami stanowi
ły pożywienie"[6]. Potem nastąpiła zmiana. Krowy stały się świętymi
zwierzętami i od tego czasu prawo religijne zabrania spożywania ich

---

[1] Inskrypcja [dot.] Apisa, Necho-Wahibre w Breasted, *Records of Egypt*, IV,
976, ff.

[2] Pliny, *Natural History*, ii. 37.

[3] Hymn do manny [honey-lash] w *Hymns of the Atharva-Veda*, IX.

[4] L. L. Sundara Ram, *Cow-protection in India* (1927), p. 56.

[5] *Mahabharata*, XIII.

[6] Ram, *Cow-Protection in India*, p. 43.

mięsa. *Atharwa-Weda* wielokrotnie potępia zabijanie krów jako „naj-ohydniejsze z przestępstw". „Wszyscy, którzy zabijają, jedzą, lub do-puszczają do uboju krów, będą gnić w piekle przez tyle lat ile jest włosów na sierści zabitej krowy"[1]. Kara śmierci czekała tych, którzy ukradną, zranią, albo zabiją krowę. „Ktokolwiek zrani lub spowoduje że ktoś zrani, albo ukradnie lub spowoduje że ktoś ukradnie krowę, powinien zostać zabity". Nawet mocz i łajno krów są święte dla bra-minów. „Wszystkie ich odchody są poświęcane. Nawet ich cząstka nie powinna być odrzucana jako nieczysta. Przeciwnie, woda, jaką wy-dala, powinna być zachowana jak najlepsza ze świętych wód...Każde miejsce, które krowa raczyła uhonorować świętym depozytem swych ekskrementów, staje się od tej chwili na zawsze poświęconą ziemią"[2]. Opryskanie tym grzesznika „zmienia go w świętego".

Byk poświęcony jest Śiwie, „bogu zniszczenia, w hinduskiej Trój-cy". „Poświęcenie byków i puszczenie ich wolno jako uprzywilejowa-nych istot, aby wędrowały gdzie chcą i odbierały oznaki szacunku, na-leży odnotować ze szczególnym zainteresowaniem. ... Wolność i przy-wileje byka bramina są nienaruszalne". Nawet jeśli byk ma skłonność do niszczenia, nie należy go powstrzymywać[3].

Te cytaty opisują kult Apisa zachowany do naszych czasów. „Nie-biańska krowa", która ubodła Ziemię swymi rogami i zamieniła je-ziora i rzeki w miód i mleko, wciąż jest czczona pod postacią zwykłej krowy i byka przez setki milionów mieszkańców Indii.

BAAL ZEWUW (BELZEBUB)

Piękną Gwiazdę Poranną wiązano z Arymanem, Setem, Lucyferem, imionami odpowiadającymi Szatanowi. Była również Baalem Kana-anitów i Północnego Królestwa Dziesięciu Plemion [Izraela], bogiem znienawidzonym przez biblijnych proroków, jak również Belzebubem lub Baal Zewuw, czyli Baalem muchy.

W tekście [w języku] pahlawi, irańskiej księgi *Bundahis*, opisu-jącej katastrofy spowodowane przez ciała niebieskie, napisane jest, że pod koniec jednej z epok świata „zły duch {Aryman} podążył w kierunku ciał niebieskich". „Przesłonił jedną trzecią wnętrza nie-ba, a potem rzucił się jak wąż w dół, z nieba ku Ziemi". Był to dzień wiosennego zrównania dnia z nocą. „Wdarł się w południe" i „niebo było rozbite i przerażone". „Jak mucha wypadł na cały świat i zranił świat zaciemniając go w samo południe, jakby to była ciemna noc. I rozsiał szkodliwe stwory po ziemi, kąsające i jadowite, takie jak

---

[1] "Visishta Dharmasastra". Patrz Ram, *Cow-Protection in India*, p. 40.

[2] M. Monier-Williams, *Brahmanism and Hinduism* (1891), pp. 317–319.

[3] Ram, *Cow-Protection in India*, p. 58.

wąż, skorpion, żaba, i jaszczurka, tak że nie pozostało wolne od tych szkodliwych stworów miejsce wielkości czubka igły"[1].

Dalej *Bundahis* kontynuuje: „Planety z wieloma demonami {kometami} uderzały sferę niebios i pomieszały konstelacje; i cały świat był tak zniekształcony jakby ogień zniekształcił każde miejsce i wokół niego pojawił się dym".

Podobna plaga robactwa opisana jest w Biblii, w Eksodusie, rozdziały 8 i 10, a także w Psalmie 78, gdzie jest mowa o tym, że „zesłał na nich {mieszkańców Egiptu} robactwo, które ich pożerało, i żaby, które ich trapiły". [Owoce] ich pracy dostały się gąsienicom i szarańczy. „Wszystek proch ziemi zamienił się w komary w całej ziemi egipskiej"[2]. „I przedostało się mnóstwo much do pałaców faraona i do domów sług jego w całej ziemi egipskiej"[3]. Druga, trzecia, czwarta i ósma plaga były spowodowane przez robactwo. Plaga *eruv*, „obfitość much", wg Biblii w wersji King Jamesa, tłumaczona jest w *Septuagincie* jako „tnąca mucha", a Filon nazywa ją „psią muchą" [także „końska mucha"; mucha żywiąca się krwią ssaków], okrutny insekt[4]; rabini nazywają ją „komarem". Psalm 105 opowiada, że ciemność została zesłana na kraj i „spadła szarańcza i niezliczone mnóstwo chrabąszczy, i pożarły one wszelką zieleń w ich ziemi". „Ziemia ich zaroiła się od żab, były nawet w komnatach ich królów", i „zjawiło się robactwo, muchy w całym ich kraju".

Amalekici porzucili Arabię z powodu „bardzo małych mrówek" i wędrowali w stronę Kanaanu i Egiptu w tym samym czasie gdy Izraelici wyszli z Egiptu w stronę pustyni i Kanaanu.

W chińskich annałach opisujących czasy Jahou, które cytowałem poprzednio, mowa jest o tym, że kiedy słońce nie zaszło przez dziesięć dni i lasy w Chinach zostały zniszczone przez ogień, chmary obrzydliwego robactwa wylęgły się w całym kraju.

W czasie wędrówki po pustyni, Izraelitów dotknęła plaga węży[5]. Pokolenie później, szerszenie poprzedzały Izraelitów pod wodzą Jozuego, trapiąc krainę Kanaanu i wypędzając całe narody z ich siedzib[6].

Mieszkańcy wysp mórz południowych podają, że kiedy chmury zwisały tylko kilka stóp nad ziemią i „niebo znajdowało się tak blisko ziemi, że ludzie nie mogli chodzić", „miriady ważek rozdzieliły chmury skrzydłami, oddzielając niebo od ziemi"[7].

---

[1] *Bundahis* (w *Pahlawi Texts*, tłum. West), Chap. III.
[2] Exodus 8:17.
[3] Exodus 8:24.
[4] Philo *Vita Mosis* i. 23.
[5] Ks. Liczb, 21:6, 7; Deuteronomium 8:15.
[6] Exodus 23:28; Deuteronomium 7:20.
[7] Williamson, *Religious and Cosmic Beliefs of Central Polynesia*, I, 45.

Pod koniec Średniego Państwa proporzec Egiptu nosił emblemat muchy.

Kiedy Wenus wyskoczyła z Jowisza jako kometa i przelatywała bardzo blisko Ziemi, została pochwycona w jej objęcia. Wewnętrzne ciepło wytwarzane przez Ziemię oraz gorące gazy komety były wystarczającym czynnikiem powodującym niezwykle gorączkowe mnożenie się robactwa. Niektóre z plag, jak plaga żab („kraj zaroił się od żab"), albo szarańczy, należy przypisać takim przyczynom. Każdy, kto doświadczył hamzinu (sirokko), naładowanego elektrycznością wiatru wiejącego z pustyni, wie jak w ciągu kilku dni wiania wiatru ziemia wokół wiosek zaczyna roić się od robactwa[1].

Powstaje pytanie, czy to planeta Wenus skaziła Ziemię robactwem, które mogła ciągnąć za sobą w atmosferze warkocza, w formie larw, razem z kamieniami i gazami? Znaczące jest to, że ludzie na całym świecie łączą planetę Wenus z muchami.

W Ekronie, na ziemi Filistynów, wzniesiono wspaniałą świątynię Baal Zewuwowi, bogowi much. W dziewiątym wieku król Achazjasz z Jezreel, po tym jak został zraniony w wypadku, wysłał emisariuszy do Ekronu, aby poprosić o radę tego boga, a nie do wyroczni w Jerozolimie[2]. Ten Baal Zewuw jest Belzebubem Ewangelii[3].

Aryman, bóg ciemności, który walczył z Ormuzdem, bogiem światła, porównywany jest w *Bundahis* do muchy. O muchach, które zapełniły ziemię pogrążoną w mroku, powiedziano: „Ta mnogość much rozproszyła się po całym świecie, który jest zatruty od krańca do krańca"[4].

Ares (Mars) w *Iliadzie* nazywa Atenę „psią muchą". „Bogowie czynili wielki hałas, a szeroka Ziemia dźwięczała, a wokół wielkie niebiosa grzmiały jak trąba". A Ares przemówił do Ateny: „Z jakiej teraz znowu przyczyny, ty psia mucho, sprawiasz, że bogowie ścierają się ze sobą w walce?"[5].

Bororo, zamieszkujący obszary w centrum Brazylii, nazywają planetę Wenus „muchą piaskową"[6], określenie podobne do tego, jakiego użył Homer wobec Ateny. Plemiona Bantu w centralnej Afryce po-

---

[1] Zmiana warunków atmosferycznych może spowodować galopujące mnożenie się insektów.

[2] II Ks. Królewska 1:2 ff.

[3] Mateusz 10:25; 12:24, 27; Marek 7:22; Łukasz 11:15 ff.

[4] *Bundahis*, Chap. III, Sec. 12 Cf. H. S. Nyberg, "Die Religionen des alten Iran", *Mitteil. d. Vorderasiat.-ägypt. Ges.*, Vol. 43 (1938), pp. 28 ff.

[5] *Iliad* xxi. 385 ff. W greckiej mitologii, Metyda, będąc w ciąży z Pallasem, przyjęła postać muchy.

[6] Patrz Kunike, „Sternmythologie", *Welt und Mensch*, IX–X.

dają, że „mucha piaskowa sprowadziła ogień z nieba"[1], co wydaje się być odniesieniem do prometejskiej roli Belzebuba, planety Wenus.

Zend-Awesta, opisując bitwę Tistrii, „wodza gwiazd przeciw planetom" (Darmesteter), odnosi się do robaków-gwiazd, które „latają między Ziemią a niebem", co prawdopodobnie oznacza meteoryty[2]. Prawdopodobnie odnosi się to do ich związku z zarobaczeniem.

Tę ideę skażenia planety znajdujemy w wierzeniach Meksykanów, opisanych przez Sahaguna: „Meksykanie nazywają kometę *citalin popoca*, co oznacza dymiąca gwiazda... Tubylcy ci nazwali warkocz takiej gwiazdy *citalin tlamina*, wydechem komety; lub dosłownie 'gwiazda miota strzałką'. Wierzyli, że kiedy taka strzałka upadła na żywy organizm, jeża, królika, albo inne zwierzę, natychmiast w ranie pojawiały się robaki i sprawiały, że zwierzę nie nadawało się do jedzenia. Z tego to powodu przykrywali się bardzo starannie w nocy, aby się ochronić przed szkodliwym wpływem"[3].

Meksykanie uważali więc, że larwy z emanacji planety spadną na wszystkie żywe organizmy. Jak już wspomniałem, nazywali oni Wenus „dymiącą gwiazdą". Sahagun mówi również, że w czasie wschodu Gwiazdy Porannej, Meksykanie zasłaniali kominy i inne otwory, aby nie dopuścić, żeby jakieś nieszczęście dostało się do domu razem ze światłem gwiazdy[4].

Uporczywość, z jaką łączono planetę Wenus z muchą, w podaniach mieszkańców obu półkul, również emblematy noszone przez kapłanów egipskich i nabożeństwa świątynne odprawiane ku czci planety-boga „much", sprawiają wrażenie, że muchy w warkoczu Wenus nie były jedynie ziemskiego pochodzenia, rojąc się w cieple jak inne robactwo, ale były gośćmi z innej planety.

Stare pytanie, czy istnieje życie na innych planetach, jest wciąż tematem debat, bez widocznego postępu[5]. Atmosferyczne i termiczne warunki na innych planetach są tak różne, że wydaje się niemożliwe aby istniały tam te same formy życia co na Ziemi; z drugiej strony, błędem jest sądzić, że nie ma na nich w ogóle życia.

Współcześni biolodzy rozważają ideę, że mikroorganizmy przybywają na Ziemię z przestrzeni międzygwiezdnych, przenoszone na skutek ciśnienia światła. Stąd idea pojawienia się żywych organizmów

---

[1] A. Werner, *African Mythology* (1925), p. 135.

[2] *Zend-Avesta*, Pt. II, p. 95.

[3] Sahagun, *Historia General de las cosas de Nueva España*, Bk. VIII, Chap. 3.

[4] *Ibid.*

[5] Patrz H. Spencer Jones, *Life on Other Worlds* (1940) i Sir James Jeans, "Is There Life on Other Worlds?" *Science*, June 12, 1942.

z przestrzeni międzyplanetarnych, nie jest nowością. Każdy może zastanawiać się, czy prawdą jest przypuszczenie o skażeniu Ziemi larwami. Zdolność wielu małych insektów do znoszenia wielkiego chłodu i gorąca oraz do życia w atmosferze pozbawionej tlenu sprawia, że nie jest całkiem niemożliwa hipoteza, iż Wenus (jak również Jowisz, z którego Wenus wyskoczyła) są zamieszkałe przez robaki.

WENUS W FOLKLORZE INDIAN

Ludy prymitywne często przywiązane są do niezmiennych zwyczajów i przekonań, które sięgają wstecz setki pokoleń. Podania wielu ludów prymitywnych mówią o „niższym niebie" w przeszłości, „większym słońcu", wolniejszym ruchu słońca po firmamencie, krótszym dniu, który stał się dłuższy po tym kiedy słońce zostało zatrzymane na swej drodze.

Pożar świata jest częstym motywem folkloru. Według Indian z wybrzeża Pacyfiku w Północnej Ameryce, „strzelająca gwiazda" i „świdrujący ogień" sprawiły, że świat stanął w płomieniach. W płonącym świecie „nie widać było niczego prócz fal płomieni; płonęły skały, wszystko płonęło. Wznosiły się zwoje i słupy dymu; ogień buchał płomieniami ku niebu, wśród wielkich iskier i żagwi...Wielki ogień buchał i ryczał po całej ziemi, płonęły skały, ziemia, drzewa, ludzie, płonęło wszystko... Woda wdarła się... wdzierała się jak gromada rzek, pokryła ziemię i wygasiła ogień, kiedy potoczyła się na południe... Woda wzniosła się wysoko jak góra". Niebiański potwór latał „z gwizdkiem w ustach; a gdy poruszał się naprzód, dął w niego ze wszystkich sił i czynił okropny hałas... Nadszedł płynąc i dmąc; wyglądał jak ogromny nietoperz z rozpostartymi skrzydłami... {jego} pióra poruszały się w górę i w dół, {i} rosły, aż mogły dotknąć nieba po obu stronach"[1].

Strzelająca gwiazda, która pogrążyła Ziemię w morzu płomieni, okropny hałas, woda wznosząca się wysoko jak góry, i pojawienie się potwora na niebie, jak Tyfon lub smok, wszystkie te elementy nie pojawiły się w indiańskiej opowieści jako czysty wymysł; są one spójne.

Wiczita, plemię Indian z Oklahomy, opowiadają następującą historię o „Potopie i Ponownym Zaludnieniu Ziemi"[2]: „Pojawiły się ludziom pewne znaki, które pokazały, że na północy znajdowało się coś, co wyglądało jak chmury; i nadleciały ptaki, i widać było zwierzęta mieszkające na równinach. Wszystko to wskazywało na to, że

[1] Alexander, *North American Mythology*, p. 223.
[2] G. A. Dorsey, *The Mythology of the Wichita* (1904).

coś ma się stać. Chmury, które zobaczono na północy, to był potop. Potop pokrył całe oblicze Ziemi".

Wodny potwór zmarł. Pozostały tylko cztery giganty, ale i one padły na twarz. „Ten na południu, kiedy padał, powiedział, że kierunek w którym pada powinien być nazwany południem". Inny gigant powiedział, że „kierunek w którym padał powinien zostać nazwany zachodem – tam gdzie słońce podąża". Trzeci upadł i nazwał kierunek swego upadku północą; ostatni nazwał swój kierunek wschodem – „Tam gdzie słońce wschodzi".

Przeżyło niewielu ludzi. Wiatr również przetrwał na obliczu ziemi; wszystko inne zostało zniszczone. Kobieta urodziła dziecko (od wiatru), dziewczynkę-Marzenie. Dziewczynka szybko rosła. Urodził jej się chłopiec. Powiedział swemu ludowi, że podąży na wschód, i on miał stać się Gwiazdą Poranną".

To opowiadanie brzmi jak chaotyczna historia, ale odnotujmy jego różne elementy: „Coś na północy, co wyglądało na chmury", co sprawiło, że ludzie i zwierzęta zgromadzili się razem, bojąc się nadchodzącej katastrofy; dzikie zwierzęta wyszły z lasów i zbliżyły się do ludzkich siedzib; pochłaniająca wszystko fala, która wszystko zniszczyła, nawet zwierzęce potwory; wyznaczenie czterech kierunków świata; pokolenie później, narodziny Gwiazdy Porannej.

To połączenie elementów nie może być przypadkowe; wszystkie te zdarzenia, i w tej samej kolejności, zdarzyły się, jak stwierdziliśmy, w połowie drugiego tysiąclecia przed naszą erą.

Indianie z plemienia Chewkee [Czerokezi] nad zatoką Meksykańską opowiadają: „Było zbyt gorąco. Słońce podniosło się w powietrzu wyżej na szerokość dłoni, ale wciąż było zbyt gorąco. Siedem razy słońce podnosiło się wyżej i wyżej pod łukiem nieba, aż stało się chłodniejsze"[1].

We wschodniej Afryce możemy znaleźć to samo podanie. „W bardzo dawnych czasach niebo znajdowało się bardzo blisko ziemi"[2].

Plemię Kaska na terenie Kolumbii Brytyjskiej podaje: „Pewnego razu, bardzo dawno temu, niebo znajdowało się bardzo blisko ziemi"[3]. Niebo zostało popchnięte w górę i pogoda się zmieniła.

Słońce, po tym jak zostało zatrzymane na swej drodze przez firmament, „stało się małe, i od tego czasu pozostało małe"[4].

---

[1] Alexander, *North American Mythology*, p. 60.

[2] L. Frobenius, *Dichten und Denken in Sudan* (1925).

[3] J. A. Teit, "Kaska Tales", *Journal of American Folk-Lore*, XXX (1917).

[4] Frobenius, *Das Zeitalter des Sonnengottes*, pp. 205 ff.

Poniżej historia, którą opowiedziało Sheltonowi plemię Snohomi-
szów w Pudget Sound, o pochodzeniu okrzyku „Jahu"[1], o którym
już krótko wspominaliśmy. „Dawno temu, kiedy wszystkie zwierzęta
wciąż jeszcze były ludźmi, niebo znajdowało się bardzo nisko. Było
tak nisko, że ludzie nie mogli stać wyprostowani... Zebrali się razem
i dyskutowali o tym jak mogliby podnieść niebo. Ale mieli kłopot, bo
nie wiedzieli jak to zrobić. Nikt nie był dostatecznie silny, aby podnieść niebo. W końcu wpadli na pomysł, że może niebo da się poruszyć
wspólnym wysiłkiem ludzi, jeśli wszyscy pchną je w tym samym czasie. Ale wtedy pojawiło się pytanie, jak sprawić, aby wszyscy ludzie
wytężyli się w tej samej chwili. Jako że różni ludzie będą daleko od siebie, niektórzy będą się znajdować w tej części świata, inni w drugiej.
Jaki można dać sygnał, żeby wszyscy ludzie podnosili w tym samym
czasie? W końcu w tym celu wymyślono słowo »Jahu!«. Zdecydowano,
że wszyscy ludzie powinni krzyczeć razem »Jahu!« i wytężać wtedy
wszystkie siły na podniesienie nieba. Zgodnie z tym ludzie zaopatrzyli
się w tyczki, oparli je o niebo, a następnie wszyscy unisono krzyknę-
li »Jahu!«. Pod wpływem tych wspólnych wysiłków niebo nieco się
uniosło. Znowu ludzie zawołali »Jahu!« i unieśli ciężar. Powtarzali
to dotąd, aż niebo znalazło się dostatecznie wysoko". Shelton mówi,
że słowo »Jahu!« używane jest obecnie, kiedy trzeba podnieść jakiś
ciężki przedmiot, na przykład canoe.

Łatwo jest ustalić początek tej legendy. Chmury pyłu i gazów
otaczały Ziemię od dłuższego czasu; wydawało się, że to niebo się obniżyło. Ziemia jęczała wielokrotnie z powodu uporczywego skręcania
i przemieszczania, których doświadczyła. Tylko powoli i stopniowo
chmury wznosiły się coraz wyżej.

Chmury, które otaczały Izraelitów na pustyni, dźwięki podobne
do trąb, które słyszeli koło góry Synaj, i stopniowe wznoszenie się
chmur w latach Cieni Śmierci, są to te same elementy, które odnaj-
dujemy w indiańskiej legendzie.

Ponieważ te same elementy można zaobserwować w różnych miejscach, możemy być pewni, że nie miało miejsca zapożyczenie ich,
jednych ludzi od drugich. Wspólne doświadczenie stworzyło historie,
wydające się z początku tak różne, a po chwili – tak podobne.

Historia końca świata, opowiadana przez Indian Paunisów, zawiera coś ważnego. Została spisana[2] z opowieści starej Indianki:

---

[1] Shelton, "Mythology of Puget Sound", *Journal of American Folk-Lore*,
XXXVII (1924).

[2] Dorsey, ed., *The Pawnee Mythology* (1906), Pt. I, p. 35.

„Starzy ludzie opowiadali, że Gwiazda Poranna rządziła pomniejszymi bogami w niebie... Starzy ludzie powiedzieli nam, że Gwiazda Poranna mówiła, że kiedy nadchodzi czas końca świata, księżyc staje się czerwony..., że kiedy księżyc stanie się czerwony, ludzie powinni wiedzieć, że świat zmierza ku końcowi.

Gwiazda Poranna powiedziała dalej, że na początku wszystkiego umieściła Gwiazdę Północną [Polarną] na północy, tak żeby się nie poruszała... Gwiazda Poranna powiedziała również, że na początku wszystkiego obdarowała mocą Gwiazdę Południową, aby mogła co pewien czas zbliżyć się i popatrzeć na Gwiazdę Polarną, czy wciąż znajduje się na północy. Jeśli [stwierdziła że] wciąż się tam znajduje, mogła wrócić na swoje miejsce... Kiedy zbliży się czas końca świata, Gwiazda Południowa wzniesie się wyżej...Wtedy Gwiazda Polarna zniknie i odejdzie, a Gwiazda Południowa weźmie w posiadanie Ziemię i ludzi... Starzy ludzie wiedzieli również, że kiedy świat zbliża się ku końcowi, pojawia się wiele znaków. Wśród gwiazd pojawi się wiele znaków. Meteory będą latać po niebie. Księżyc co pewien czas będzie zmieniał barwę. Również słońce pokaże różne barwy.

Moje wnuki, pojawiły się pewne znaki. Gwiazdy spadły wśród ludzi, ale Gwiazda Poranna jest wciąż dla nas dobra, bo wciąż żyjemy... Rozkaz końca wszystkich rzeczy wyda Gwiazda Polarna, a Gwiazda Południowa wykona rozkaz... Kiedy nadejdzie czas końca świata, znowu gwiazdy będą padać na ziemię".

W tym opowiadaniu Indian Paunisów zebrane są razem elementy, które, jak już wiemy, rzeczywiście są wspólne. Planeta Wenus ustanowiła obecny porządek na Ziemi i umieściła północną i południową gwiazdę polarną na ich miejscach. Paunisi wierzą, że przyszłe zniszczenie świata zależy od planety Wenus. Kiedy zbliży się koniec świata, bieguny północny i południowy zamienią się miejscami. W przeszłości Gwiazda Południowa opuszczała kilkakrotnie swoje miejsce i wznosiła się wyżej, powodując przesunięcie biegunów, ale w tych przypadkach gwiazdy polarne nie zamieniały się miejscami.

Zmiana barwy słońca i księżyca była uwarunkowana obecnością gazów komety pomiędzy Ziemią i tymi ciałami; mowa jest o tym u proroków w Biblii. Kamienie spadające z nieba należą do tego samego kompleksu zjawisk.

Indianie Paunisi nie są biegli w astronomii. Przez sto dwadzieścia pokoleń ojciec przekazywał synowi, a dziadek wnukowi historię przeszłości i oznaki przyszłego zniszczenia.

Wiara, że świat jest zagrożony przez planetę Wenus, odgrywa ważną rolę w rytuale Indian Skidi Paunisów z Nebraski.

Gwiazda Poranna jest drugą co do ważności za Tirawą (Jowiszem). „Tirawa oddał większość swej mocy Gwieździe Porannej"[1]. „Poprzez swoich czterech pomocników: Wiatr, Chmurę, Błyskawicę i Piorun przekazywała ona rządy Tirawy ludziom na Ziemi". Następnymi co do ważności po Gwieździe Porannej „byli bogowie czterech stron świata, którzy stali na północnym wschodzie, południowym wschodzie, południowym zachodzie i północnym zachodzie i podtrzymywali niebiosa. Kolejną, co do ważności, była Gwiazda Polarna. Poniżej nich, po kolei, były słońce i księżyc". „Większa część bogów niebieskich była identyfikowana z gwiazdami. Święte zawiniątko w każdej wsi, jak wierzono, zostało przekazane przodkom mieszkańców przez jedną z tych niebiańskich istot".

Ceremonia składania ofiar Gwieździe Porannej jest głównym rytuałem Indian Paunisów. Jest to „dramatyzacja działań wykonywanych przez Gwiazdę Poranną". Ofiary z ludzi składano, kiedy Wenus "wydawała się być szczególnie jasna, albo w latach gdy na niebie pojawiała się kometa". Akt ugłaskiwania Wenus, gdy na niebie widziana jest kometa, nabiera jaśniejszego znaczenia w świetle obecnych badań[2].

Procedura składania ofiar przyjęła następującą formę. Schwytaną dziewczynę, człowiek, który ją schwytał, przekazywał człowiekowi wyjącemu jak wilk. Pozostawała ona pod strażą aż do dnia składania ofiary. „Strażnik malował jej całe ciało na czerwono i ubierał ją w czarną spódnicę i szatę. Jego twarz i włosy były pomalowane na czerwono, a do włosów przymocowywano pióropusz w kształcie wachlarza, wykonany z dwunastu piór orła". „To był kostium, w którym zwykle Gwiazda Poranna pojawiała się w wizjach".

Wznoszono platformę między czterema słupami skierowanymi w cztery strony świata (północny wschód, południowy wschód, południowy zachód, północny zachód). Wygłaszano kilka słów o ciemności, która zagraża pozostaniem na zawsze, i w imieniu Gwiazdy Porannej wydawano polecenie słupom, aby stały prosto „tak żebyście zawsze podtrzymywały niebo".

Następnie, główny kapłan „malował prawą połowę jej ciała na czerwono, a lewą na czarno. Mocowano jej na głowie pióropusz z dwunastu czarno zakończonych piór orlich, ułożonych w wachlarz".

---

[1] Ten i następne cytaty pochodzące z *The Thunder Ceremony of the Pawnee* i *The Sacrifice to the Morning Star*, opracował R. Linton na podstawie niepublikowanych notatek G. A. Dorseya, Field Museum of Natural History, Departament of Anthropology, Chicago (1922).

[2] Patrz podrozdział „Pięćdziesięciodwuletni okres".

„W chwili, kiedy pojawiła się Gwiazda Poranna, wystąpiło dwóch mężczyzn trzymających głownie". Rozcięto pierś dziewczyny i wyjęto serce, a „strażnik wcisnął rękę do klatki piersiowej i pomalował sobie twarz krwią". Ludzie wokół przeszywali strzałami ciało ofiary. „Chłopcom, którzy byli zbyt młodzi, aby naciągnąć łuk, pomagali ich ojcowie i matki". Położono cztery wiązki na północnym wschodzie, północnym zachodzie, południowym wschodzie i południowym zachodzie platformy i podpalono je.

„Jak się wydaje, z ofiarami łączą się wierzenia astronomiczne".

Te ofiary z ludzi, opisane przez Dorseya, składali Indianie zaledwie przed kilkoma dekadami. Przypominają one meksykańskie ofiary składane Gwieździe Porannej, opisane przez autorów z szesnastego wieku.

Znaczenie tych ceremonii i ich związek z planetą Wenus, szczególnie w latach komety, wzmianki o czterech kierunkach świata i przedłużonych ciemnościach, obawa aby niebo nie upadło, a nawet takie szczegóły jak czarny i czerwony kolor, tak ważne w czasie ceremonii, stają się zrozumiałe teraz, kiedy znamy rolę jaką odegrała Wenus we wstrząsach świata.

ROZDZIAŁ X

SYNODYCZNY ROK WENUS

PLANETA WENUS obecnie okrąża słońce w ciągu 224,7 dni, co stanowi syderalny [gwiezdny] rok planety. Jednakże patrząc z Ziemi, która krąży wokół słońca po dłuższej orbicie i z mniejszą prędkością, Wenus powraca do tego samego położenia w stosunku do Ziemi po 584 dniach, co stanowi jej rok synodyczny. Wschodzi ona przed słońcem, każdego dnia wcześniej, przez siedemdziesiąt jeden dni, aż osiąga zachodnią elongację, lub punkt położony najdalej na zachód od wschodzącego słońca. Potem każdego ranka Gwiazda Poranna wschodzi niżej i niżej i w ciągu 221 dni osiąga najwyższą koniunkcję. Około miesiąca przed końcem tego okresu ulega zaćmieniu i przez ponad sześćdziesiąt dni nie jest widziana z powodu promieni słonecznych: znajduje się poza słońcem lub w najwyższej koniunkcji. Potem pojawia się na chwilę, po zachodzie słońca, będąc obecnie Gwiazdą Wieczorną, na wschód od zachodniego słońca. Przez 221 nocy wycofuje się ze środkowego punktu najwyższej koniunkcji, a poczynając od wieczora, w którym po raz pierwszy pojawiła się jako Gwiazda Wieczorna, każdej nocy pojawia się dalej od zachodzącego słońca, aż osiąga wschodnią elongację. Następnie przez siedemdziesiąt jeden nocy zbliża się do słońca. W końcu, kiedy znajduje się między Ziemią a słońcem, wstępuje w dolną koniunkcję. Zwykle jest niewidoczna przez dzień lub dwa, a potem pojawia się na zachód od wschodzącego słońca i znowu jest Gwiazdą Poranną.

Te ruchy Wenus i dokładny czas ich trwania znane były mieszkańcom Wschodu i Zachodu od ponad dwóch tysięcy lat. W istocie „rok wenusjański", który następuje po synodycznym obrocie Wenus, wykorzystywany był w kalendarzach zarówno Starego jak i Nowego Świata. Pięć lat synodycznych Wenus równe jest 2919,6 dniom, podczas gdy osiem lat po 365 dni wynosi 2920 dni, a osiem lat juliańskich po 365,25 dnia równa się 2922 dniom. Innymi słowy, w ciągu czterech lat, różnica między kalendarzem wenusjańskim i juliańskim wynosi około jeden dzień.

Jak wykażę bardziej szczegółowo w mojej rekonstrukcji historii starożytnej, Egipcjanie w drugiej połowie pierwszego tysiąclecia przed naszą erą przestrzegali roku wenusjańskiego. Dekret opublikowany w języku egipskim i greckim, przez zgromadzenie kapłanów, które miało miejsce w miejscowości Kanopus [Canopus] za rządów Ptolemeusza III (Euergetesa) w 239 r. p.n.e., miało na celu reformę kalendarza „zgodnie z obecnym układem świata" i „poprawienie błędów nieba", zastępując rok regulowany przez wschód gwiazdy Izis [Izydy] – a Pliniusz twierdzi, że Izis to planeta Wenus[1] – rokiem regulowanym przez wschód stałej gwiazdy Sotis (Syriusza); tworzy to różnicę jednego dnia w ciągu czterech lat, a więc, jak mówi dekret, „święta zimowe nie powinny wypadać w lecie z powodu zmiany, o jeden dzień na cztery lata, wschodu gwiazdy Izis"[2].

Reforma zamierzona przez Dekret Kanopy nie zakorzeniła się, ponieważ ludzie i konserwatyści wśród kapłanów wierzyli w Wenus i obchodzili Nowy Rok oraz inne święta w dniach regulowanych kalendarzem wenusjańskim. W gruncie rzeczy wiemy, że ptolemaiccy faraonowie zmuszeni byli przysięgać w świątyni Izis (Wenus), że nie będą reformować kalendarza, ani dodawać jednego dnia co cztery lata. Juliusz Cezar w rzeczywistości postąpił zgodnie z Dekretem Kanopy ustalając kalendarz 365,25 dni. W roku 26 p.n.e. August wprowadził rok juliański w Aleksandrii, ale Egipcjanie poza Aleksandrią wciąż przestrzegali roku wenusjańskiego równego 365 dni, a Klaudiusz Ptolemeusz, astronom aleksandryjski z drugiego wieku n.e., napisał w swojej *Almagest*: „Osiem egipskich lat, bez znacznego błędu, równa się pięciu obrotom Wenus"[3].

Ponieważ ten okres ośmiu lat można podzielić na dwa, gdzie każda połowa równa jest dwóm i pół okresu synodycznego, a punkt podziału ma miejsce kolejno z heliakalnym (jednoczesnym ze słońcem) wschodem lub zachodem Wenus, Egipcjanie z drugiej połowy ostatniego tysiąclecia p.n.e. przestrzegali czterorocznego cyklu. Takie jest znaczenie informacji Horapolla, że rok egipski jest równy czterem latom[4]. W podobny sposób Grecy liczyli czterorocznymi cyklami poświęconymi Atenie: igrzyska olimpijskie odbywały się co cztery lata (z początku co osiem lat)[5], a czas odliczano według olimpiad. Igrzyska olimpijskie zaczęły się w ósmym wieku p.n.e. Na Partenonie w Atenach, co czwarty rok, urządzano procesje panatenajskie ku czci Ateny.

Inkowie w Peru, w Ameryce Południowej i Majowie oraz Toltekowie w Ameryce Centralnej wykorzystywali obroty synodyczne Wenus i rok wenusjański jako dodatek do roku słonecznego[6]. Liczyli również lata wenusjańskie grupami, po pięć lat równych ośmiu latom po 365 dni. Podobnie jak Egipcjanie i Grecy, Majowie liczyli czteroletnimi

---

[1] Pliny, *Natural History*, ii. 37.

[2] S. Scharpe, *The Decree of Canopus in Hierogliphics and Greek* (1870).

[3] Bk. X. Chap. iv.

[4] A. T. Cory, *The Hieroglyphics of Horapollo Nilous* (1840), II, lxxxix. Patrz również Wilkinson w G. Rawlinson, *The History of Herodotus*, II, 285.

[5] E. N. Gardiner, *Olympia* (1925), p. 71; Farnell, *The Cults of the Greek States*, IV, 293; Frazer, *The Dying God* (1911), p. 78.

[6] Brasseur, *Sources de l'histoire primitive du Mexique*, p. 27.

cyklami[1], od najniższej do najwyższej i od najwyższej do najniższej koniunkcji Wenus. Inkowie prawidłowo znakowali wenusjański kalendarz, zawiązując węzły na swoich kipu[2], a Majowie, w *Kodeksie Drezdeńskim*, prawidłowo podali długość synodycznego cyklu Wenus jako równą 584 dni[3]. Astronomiczne obserwacje Majów były tak dokładne, że obliczając długość roku słonecznego otrzymali liczby nie tylko bardziej dokładne od roku juliańskiego, ale również od gregoriańskiego, wprowadzonego w Europie w 1582 r., dziewięćdziesiąt lat po odkryciu Ameryki, który pozostaje naszym kalendarzem do dziś[4].

Wszystko to dowodzi, że kalendarz wenusjański zachował swoje religijne znaczenie przez długi czas, aż do końca średniowiecza i odkrycia Ameryki, a nawet później, jak również że już w ósmym wieku przed naszą erą stosowano w liczeniu czasu podwójny czteroroczny cykl Wenus i dlatego musiał być on ustanowiony w sferze nieba.

Kilka dekad po odkryciu Ameryki, mnich augustianin Ramón y Zamora napisał, że plemiona meksykańskie mają wielki szacunek dla Gwiazdy Porannej i prowadzą dokładne zapiski jej pojawiania się: „Tak dokładne były obserwacje dnia, kiedy pojawiała się i kiedy się chowała, że nigdy nie popełnili błędu"[5].

Był to bardzo stary zwyczaj pochodzący z przeszłości, kiedy Wenus poruszała się po wydłużonej orbicie.

Ruchy Wenus były obserwowane uważnie przez starożytnych astronomów Meksyku, Indii, Iranu i Babilonii. Świątynne obserwatoria dla kultu planet, budowano na obu półkulach. *Bamot* lub „wzgórza", tak często wspominane w Biblii, były obserwatoriami, jak również miejscami składania ofiar planetom-bogom, głównie Wenus (Baalowi). Na tych wzgórzach bałwochwalczy kapłani, wyznaczeni przez błądzących królów Judy, palili kadzidła Baalowi, słońcu, księżycowi i planetom[6].

W drugiej połowie drugiego tysiąclecia [p.n.e.] i na początku pierwszego tysiąclecia Wenus wciąż była kometą; i chociaż kometa może mieć kołową orbitę (jest taka kometa w układzie słonecznym)[7], Wenus nie poruszała się wtedy po orbicie kołowej, jak czyni to teraz; jej orbita przecinała orbitę Ziemi i zagrażała jej co pięćdziesiąt lat.

---

[1] J. E. Thompson, "A Correlation of the Mayan and European Calendars", *Field Museum of Natural History Anthropological Series*, Vol. XVII.

[2] Nordenskiöld, *The Secret of Peruvian Quipus*, II, 35.

[3] W. Gates, *The Dresden Codex*, Maya Society Publication No. 2 (1932).

[4] Gates w De Landa, *Yucatan*, p. 6.

[5] Seler, *Gesammelte Abhandlungen*, I, 624.

[6] II Ks. Królewska 23:5.

[7] Kometa Schwassmanna-Wachmanna, której orbita znajduje się między orbitami Jowisza i Saturna.

Ponieważ od drugiej połowy ósmego wieku p.n.e. cykl Wenus jest podobny do obecnego, wynika stąd, że jakiś czas przedtem Wenus musiała zmienić swoją orbitę i wstąpiła na obecną kołową ścieżkę między Merkurym i Ziemią i stała się Poranną i Wieczorną Gwiazdą.

Nieregularności ruchów Wenus musiały zostać zauważone przez starożytnych; dane w starożytnych zapiskach muszą różnić się bardzo od liczb określających ruch Wenus, podanych na początku tego podrozdziału.

WENUS PORUSZA SIĘ W SPOSÓB NIEREGULARNY

W bibliotece Assurbanipala w Niniwie przechowywano książki astronomiczne z jego okresu i z poprzednich wieków; w ruinach tej biblioteki Sir Henry Layard odnalazł tabliczki wenusjańskie[1].

Powstało pytanie: na jaki okres datować obserwacje podane w tych tabliczkach? Schiaparelli badał ten problem i „jako przykład metody, jego praca jest wspaniała"[2]. Zdecydował on, że „badanie można ograniczyć do siódmego i ósmego wieku".

Na jednej z tabliczek odkryto formułę roczną [wskazującą na] wczesny okres [panowania] króla Ammizadugi, i od tego czasu tabliczki przypisuje się pierwszej dynastii babilońskiej; jednakże naukowcy dostarczyli dowodów na to, że formuła roczna Ammizadugi została wstawiona przez pisarza w siódmym wieku[3]. (Jeśli tabliczki pochodziłyby z początku drugiego tysiąclecia, dowodziłoby to tylko tego, że Wenus nawet wtedy była wędrującą kometą).

Poniżej podaję kilka fragmentów z tablic wenusjańskich:

> „W dniu 11 [miesiąca] Sivan Wenus zniknęła na zachodzie, pozostając nieobecną na niebie przez 9 miesięcy i 4 dni, a 15-go [miesiąca] Adar była widziana na wschodzie".

---

[1] Opublikowane przez H. C. Rawlinsona i G. Smitha, *Table of the Movements of the Planet Venus and Their Influence*. Tłumaczenie Sayce'a opublikowano w *Transactions of the Society of Biblical Archaeology*, 1874; bardziej współczesne tłumaczenie S. Langdona i J. K. Fotinghama opublikowano jako *The Venus Tablets of Ammizaduga* (1928).

[2] Fotheringham w Langdon i Fotheringham, *The Venus Tablets of Ammizaduga*, p. 32. Patrz Schiaparelli, "Venusbeobachtungen und Berechnungen der Babylonier", *Das Weltall*, Vols. VI, VII.

[3] Kugler przypisał tabliczki wenusjańskie pierwszej Dynastii Babilońskiej, ponieważ odczytał na jednej z nich formułę roczną Ammizadugi. W 1920 r. F. Hommel (*Assyrologische Bibliotek*, XXV, 197–199) ogłosił, że formuła roczna Ammizadugi została wstawiona do tabliczek wenusjańskich przez pisarza, za rządów Assurbanipala, w siódmym wieku.

Następnego roku „10-go Arahsamna Wenus zniknęła na wschodzie, pozostając nieobecną na niebie
przez 2 miesiące i 6 dni, i była widziana 16-go Tebit,
na zachodzie".

W następnym roku Wenus zniknęła na zachodzie
26-go Ulul (Elul), pozostając nieobecną na niebie
przez jedenaście dni, i była widziana 7-go dodatko-
wego Ulul, na wschodzie".

Następnego roku Wenus zniknęła na wschodzie 9-go
Nisan, pozostając nieobecną przez 5 miesięcy i 16
dni, i była widziana 25-go Ulul, na zachodzie.

W piątym roku obserwacji, Wenus zniknęła na zachodzie 5-go Ayar (Ijar), pozostając nieobecną na
niebie przez siedem dni, i pojawiła się ponownie na
wschodzie 12-go Ayar; w tym samym roku zniknęła
20-go Tebit na wschodzie, pozostając nieobecną na
niebie przez miesiąc, a 21-go dnia Sabat (Shevat)
pojawiła się na zachodzie, i tak dalej.

Jak wyjaśnić te obserwacje starożytnych astronomów, pytali
współcześni astronomowie i historycy. Czy były one zapisane w try-
bie warunkowym („Jeśli Wenus zniknęła 11-go Sivan...")? Nie, były
to sformułowania kategoryczne.

Obserwacje zapisano „w sposób niedokładny", zdecydowali niektórzy autorzy. Jednakże niedokładność może dotyczyć różnicy kilku
dni, ale nie miesięcy.

„Niewidoczność Wenus w najwyższej koniunkcji podano jako równą 5 miesięcy 16 dni, zamiast prawidłowej różnicy 2 miesięcy 6 dni",
zanotował ze zdziwieniem tłumacz tekstu[1].

„Okres pomiędzy heliakalnym zachodem Wenus i jej wschodem
wynosi 72 dni. Ale w babilońsko-asyryjskich tekstach astrologicznych
okres ten zmienia się od miesiąca do pięciu miesięcy – to za długo
i za krótko: obserwacje były błędne", napisał inny uczony[2].

„Niemożliwa długość przerwy wskazuje na to, że dane nie są wia-
rygodne". „Oczywiste, że pomieszano dni i miesiące. Jak wykazują
niemożliwe długości przerw, miesiące są również podane błędnie",
napisał jeszcze inny autor[3].

---

[1] Langdon-Fotheringham, *The Venus Tablets*, p. 106.

[2] M. Jastrow, *Religious Belief in Babylonia and Assyria*, p. 220.

[3] A. Ungnad "Die Venustafeln und das neunte Jahr Samsuilunas", *Mitteilun-
gen der altorientalischen Gesellschaft* (1940), p. 12.

Trudno wyobrazić sobie jak można było popełnić tak oczywiste błędy. Dane zapisane są we współczesnym dokumencie; nie są jakąś poetycką kompozycją, ale suchym zapisem, a każdy punkt zapisu podany jest w datach, jak również podano liczbę dni między datami. Podobne trudności napotykali uczeni, którzy próbowali zrozumieć hinduskie tablice dotyczące ruchów planet. Jedyne wyjaśnienie, jakie zaproponowano, to: „Wszystkie manuskrypty zostały zupełnie przekręcone... Szczegóły odnoszące się do Wenus... są bardzo trudne do rozwiązania"[1]. „Zupełnie nie przywiązywano uwagi do rzeczywistych ruchów na niebie"[2].

Babilończycy nie odnotowywali tych nieregularności z czystego zainteresowania; byli nimi przerażeni. To przerażenie wyrażali w swoich modlitwach.

O Isztar, królowo wszystkich ludzi...
Jesteś światłem nieba i ziemi...
Na myśl o twoim imieniu drżą niebiosa i ziemia...
I tracą odwagę duchy ziemi.
Ludzkość składa hołd twemu potężnemu imieniu,
gdyż jesteś wielka i wyniesiona.
Cała ludzkość, cała ludzka rasa,
oddaje pokłon twej mocy...
Jak długo będziesz zwlekać, O pani niebios i zie-
mi...?
Jak długo będziesz zwlekać, O pani wszelkich bojów
i bitwy?
O wspaniała, która... wzniesiona wysoko i mocno
usadowiona,
O mężna Isztar, wielka w swej mocy!
Jasna pochodnio niebios i ziemi, światło wszelkich
siedzib,
Okropna w walce, ta, której nie można pokonać,
silna w boju!
Trąbo powietrzna, która ryczy na przeciwnika i ści-
na potężnych!
O rozjuszona Isztar, gromadząca armie![3]

---

[1] Thibaut, "Astronomie, Astrologie und Mathematik", Vol. 3, Pt. 9 (1899) w *Grundriss der indo-arisch. Philol. und Altertumskunde*, p. 27.

[2] *Ibid.*, p. 15.

[3] "Prayer of the Rising of the Hand" do Isztar (tłum. L. W. King) w *The Seven tablets of Creation.*

Jak długo Wenus powracała w stałych odstępach czasu, lęk przed planetą utrzymywał się w pewnych granicach; kiedy gwiazda przechodziła obok, nie powodując szkód jakie czyniła od kilku wieków, ludzie uspokajali się i czuli że niebezpieczeństwo minęło na kolejny okres. Ale kiedy Wenus z jakichś powodów zaczynała poruszać się w sposób nieregularny, narastał wielki lęk.

Kapłani irańscy modlili się[1]:

> Składamy ofiary Tistrii, jasnej i wspaniałej gwieździe,
> której wielkie gromady i tłumy ludzi
> szukają i są zawiedzeni w swych nadziejach:
> Kiedy zobaczymy ją jak wschodzi, jasna i wspaniała
> gwiazda Tistria?

Zend-Awesta odpowiada w imieniu gwiazdy:

> Jeśli ludzie będą mnie czcili składając ofiary,
> w których przywołują mnie mym imieniem...
> wtedy pojawię się wiernym
> we właściwym czasie.

Kapłan odpowiadał:

> Następne dziesięć nocy, O Spitama Zarathustra!
> Jasna i wspaniała Tistria zlewa swój kształt ze światłem,
> Zmieniając swój kształt w złotorogiego byka.

Wysławiali gwiazdę, która sprawiła, że „wszystkie wybrzeża oceanu kipiały, cały jego środek kipiał". Składali ofiary gwieździe, błagając ją, by nie zmieniała swego toru.

> Składamy ofiary Tistrii, jasnej i wspaniałej gwieździe,
> która od błyszczącego wschodu porusza się swym
> długim krętym torem,
> wzdłuż ścieżki, którą uczynili bogowie...
> Składamy ofiary Tistrii, jasnej i wspaniałej gwieździe,
> której pojawienie się obserwowane jest przez mądrych przywódców.

---

[1] *Zend-Avesta* (tłum. Darmesteter), Pt. II, pp. 94 ff. Wyrażane czasami przekonanie, że Tistria to Syriusz, jest oczywistym błędem: Syriusz nie porusza się krętym torem. Gwiazdą o kształcie złotorogiego byka była Wenus. Ponadto, nieregularne ruchy Syriusza nie mogły się przydarzyć bez podobnych nieregularności ruchów wszystkich innych gwiazd.

Gwiazda Wenus nie pojawiała się w wyznaczonych terminach. W Księdze Hioba, Pan pyta go: „Czy możesz wyprowadzić Mazzarotha w czasie mu właściwym...? Czy znasz porządek nieba?"[1].

Istnieje obszerna literatura egzegetyczna, dotycząca tego Mazzarotha[2], z której wynika tylko to, że „znaczenie Mazzarotha jest niepewne"[3]. Ale Wulgata, łacińskie tłumaczenie Biblii, podaje Lucyfera jako Mazzarotha. Greckie tłumaczenie (Septuaginta) podaje: „Czy możesz wyprowadzić Mazzarotha w czasie mu właściwym i poprowadzić Gwiazdę Poranną za jej długie włosy?". Słowa Septuaginty wydają się być bardzo dziwne. Wspomniałem już, że greckie słowo *komet* oznacza „ktoś z długimi włosami", albo gwiazdę z włosami, kometę. W łacinie *coma* oznacza „włosy".

Mazzaroth oznacza kometę, napisał egzegeta, i dlatego, jak argumentuje, nie może oznaczać Wenus[4]. Ale we wszystkich przypadkach jest mowa o tym że Gwiazda Wieczorna ma włosy. W rzeczywistości Mazzaroth oznacza Wenus i gwiazdę z włosami.

Wenus przestała się pojawiać w wyznaczonych terminach. Co się przydarzyło?

WENUS STAJE SIĘ GWIAZDĄ PORANNĄ

Od końca ósmego wieku p.n.e. aż do dziś Wenus podąża po orbicie usytuowanej między Merkurym i Ziemią. Stała się Gwiazdą Poranną i Wieczorną. Patrząc z Ziemi, nigdy nie odchyliła się więcej niż 48 stopni (kiedy znajduje się we wschodniej i zachodniej elongacji), lub trzy godziny i kilka minut na wschód lub zachód od słońca. Przerażająca kometa stała się łagodną planetą. Wśród planet posiada orbitę najbardziej zbliżoną do kołowej.

Koniec przerażenia, które Wenus budziła przez osiem wieków od dni Eksodusu, stanowił inspirację dla Izajasza, kiedy powiedział[5]:

„Jakże spadłeś z nieba, O Lucyferze, synu jutrzenki! Powalony jesteś na ziemię, pogromco narodów! A przecież to ty mawiałeś w swoim sercu: Wstąpię w niebiosa, swój tron wyniosę ponad gwiazdy Boże".

Septuaginta i Wulgata obie tłumaczą Gwiazda Poranna lub Lucyfer [polskie tłumaczenie: gwiazdo jasna, synu jutrzenki]. Cóż to

---

[1] Job 38:32–33. [polski przekład: „Czy możesz wyprowadzić gwiazdy Zodiaku w czasie właściwym...? Czy znasz porządek nieba albo czy możesz ustanowić jego władztwo na ziemi?"].

[2] Patrz Schiaparelli, *Astronomy in the Old Testament*, p. 74.

[3] Cambridge Bible, *Book of Job*, A. B. Davidson i H. C. Lanchester.

[4] J. S. Suschken, *Unforgreifliche Kometen-Gedanken: Ob der Kometen in der heiligen Schrift gedacht werde?* (1744).

[5] Izajasz 14:12–13. Patrz również *infra*, p. 259.

oznacza, że Gwiazda Poranna atakowała niebiosa i wznosiła się wysoko, i że została pchnięta w dół, nisko nad horyzont, i że nie będzie już więcej osłabiać narodów?

Ponad sto pokoleń komentatorów zajmowało się tym fragmentem i poniosło porażkę.

Dlaczego, pytano również, miałaby piękna Gwiazda Poranna, zwana Lucyferem, Niosącym Światło, żyć w wyobraźni ludzi jako zła moc, upadła gwiazda? Co jest takiego w tej miłej planecie, że sprawia iż jej imię jest odpowiednikiem Szatana, lub Seta Egipcjan, ciemnej mocy? W swym zmieszaniu Orygenes napisał takie pytanie odnoszące się do cytowanej strofy Izajasza: „Najwyraźniej tymi słowy pokazuje tego, co spadł z nieba, a poprzednio był Lucyferem, i który zwykł wschodzić o poranku. Gdyż, jak niektórzy sądzą, gdyby miał on naturę ciemności, jak można by mówić o Lucyferze, że istniał poprzednio? Lub jak mógłby wschodzić o poranku ten, kto nie miałby w sobie nic ze światła?"[1].

Lucyfer był cudem na niebie, którego się obawiano, a jego pochodzenie, jak wyjaśniono w tej książce, tłumaczy jak zaczął być traktowany jako ciemna moc i upadła gwiazda.

Po wielkiej walce Wenus uzyskała orbitę kołową i stałe miejsce w rodzinie planet. W czasie zakłóceń, które spowodowały tę metamorfozę, Wenus utraciła także warkocz komety.

W dolinie Eufratu „Wenus porzuca swą pozycję wielkiego bóstwa planetarnego, równego słońcu i księżycowi i dołącza do szeregu innych planet"[2].

Kometa stała się planetą.

Wenus narodziła się jako kometa w drugim tysiącleciu przed naszą erą. W połowie tego tysiąclecia dwukrotnie miała kontakt z Ziemią i zmieniła swoją kometarną orbitę. Od dziesiątego do ósmego wieku pierwszego tysiąclecia wciąż pozostawała kometą. Co spowodowało dalsze zmiany w ruchu Wenus w pierwszym tysiącleciu, że stała się planetą o kołowej orbicie?

---

[1] *The Writings of Origen*, „De principiis" (tłum. F. Crombie, 1869), p. 51.

[2] A. Jeremias, *The Old Testament in the Light of the Ancient East* (1911), I, 18.

Część 2

Mars

ROZDZIAŁ I

AMOS

OKOŁO SIEDEMSET PIĘĆDZIESIĄT lat minęło od wielkiej katastrofy czasów Eksodusu, albo siedem wieków od kosmicznych zakłóceń w dniach Jozuego. Przez cały ten czas, pod koniec każdego okresu jubileuszowego świat obawiał się powtórzenia katastrofy. Następnie, poczynając od około połowy ósmego wieku przed naszą erą, miała miejsce seria kosmicznych wstrząsów, występujących w krótkich odstępach.

Był to czas hebrajskich proroków, których księgi zachowały się na piśmie; królów asyryjskich, których annały zostały wykopane i odczytane; i egipskich faraonów z dynastii libijskiej i etiopskiej; mówiąc krótko, katastrofy, które zostaną teraz opisane, nie miały miejsca w jakiejś przesłoniętej mgłą przeszłości: okres ten jest częścią dobrze poświadczonej historii krajów na obszarze wschodniej części morza Śródziemnego. Ósme stulecie było również świadkiem narodzin narodów Grecji i Rzymu.

Wieszczowie, którzy prorokowali w Judei, byli biegli w wiedzy dotyczącej ruchu ciał niebieskich; obserwowali drogi planet i komet i, podobnie jak astronomowie w Asyrii i Babilonii, byli świadomi przyszłych zmian.

W ósmym wieku, w czasach Uzjasza, króla Jerozolimy, zdarzyła się niszcząca katastrofa zwana *raasz* lub „zgiełk, zamieszanie"[1]. Amos, który żył w czasach Uzjasza, zaczął przepowiadać wstrząs kosmiczny zanim *raasz* miał miejsce, a po katastrofie Izajasz, Joel, Ozeasz i Micheasz upierali się jednomyślnie i z wielkim naciskiem, że nieuniknione jest kolejne spotkanie Ziemi z jakimś ciałem kosmicznym.

Przepowiednia Amosa (1:1) miała miejsce dwa lata przed tym zanim nastąpił *raasz*. Ogłosił on, że ogień zesłany przez Pana zniszczy Syrię, Edom, Moab, Ammon i Filistię, jak również odległe kraje „w wichurze w dzień huraganu" (1:14). Ziemia Izraela nie będzie od niego wolna; „wielki zgiełk" będzie miał miejsce w górach i „nastąpi kres wielkich domów" (3:15). „Pan każe rozwalić wielki dom z murami, i dom mniejszy z rysami" (6:11)[2].

---

[1] *Raasz* tłumaczy się jako „trzęsienie ziemi", co w tym przypadku jest niedokładne; cf. Jeremiasz 10:22: „wielki zgiełk [*raasz*] z ziemi północnej". Trzęsienie ziemi wyraża się w Biblii słowami wyprowadzonymi z rdzeni *raad, hul, regoz, hared, palez, ruf* i *raasz* (zgiełk).

[2] *Rsisim*, tłumaczone jako „mury", nie jest dostatecznie mocne; lepiej byłoby powiedzieć „rozwali wielkie domy w kawałki". Słowa hebrajskie tłumaczone jako

Amos ostrzegł tych, którzy wzywali [nadejścia] dnia Pana i oczekiwali go: „Biada wam, którzy z utęsknieniem oczekujecie dnia Pana!
Na cóż wam ten dzień Pana? Wszak jest on ciemnością, a nie świa-
tłością...mrokiem, a nie jasnością" (5:18–20).

Amos, najwcześniejszy z proroków Judy i Izraela, których mowy
zachowały się na piśmie[1], przedstawia pojęcie Jahwe w tym odległym
okresie historii. Jahwe rządzi planetami. „On tworzy {rządzi} Khimę
i Khesila[2], i cienie śmierci przemienia w poranek, a po dniu zsyła
ciemną noc, wzywa wody morskie i rozlewa je po powierzchni ziemi – Pan {Jahwe} imię jego. On zsyła zgubę na mocarza i zagładę
sprowadza na twierdzę" (5:8–9).

Amos prorokował: Ziemia „cała podniesie się jak potop i opadnie
jak Rzeka Egipska. W owym dniu, mówi Wszechmogący Pan, sprawię,
że słońce zajdzie w południe, i mrokiem okryję ziemię w biały dzień"
(8:8–9).

„Potop egipski", wspomniany przez Amosa, może odnosić się do
katastrofy w dniu Przejścia Morza; ale jest bardziej prawdopodobne
że odnosi się do zdarzenia pozostającego w pamięci pokolenia, do
którego Amos mówił.

Za panowania Osorkona II z dynastii libijskiej w Egipcie, w trzecim roku panowania, pierwszego miesiąca drugiej pory roku, dwunastego dnia, według uszkodzonej inskrypcji „nadszedł potop, w całym
kraju... ten kraj znalazł się w jego mocy jak [w mocy] morza; ludzie
nie mogli stawić mu zapory, aby wytrzymać jego wściekłość. Wszyscy ludzie byli jak ptaki wobec niego... burza...zawieszone... jak
niebiosa. Wszystkie świątynie w Tebach były jak moczary"[3].

Że nie był to sezonowy wylew Nilu, wynika jasno z daty. „Ta
data wysokiego poziomu zalania zupełnie nie odpowiada dacie sezo-
nowej"[4].

W dniu, kiedy zdarzy się katastrofa, mówi Amos, nie będzie miejsca do ucieczki, nawet na górze Karmel, pełnej jaskiń. „Choćby się

„mur" w wersji King Jamesa, są *bedek, bkia, peretz, shever.* [W polskiej wersji
Biblii jest: „Pan każe rozwalić dom większy w gruzy, a dom mniejszy w kawałki"
– przyp. tłum.].

[1] Niektóre źródła rabiniczne uważają, że to Ozeasz był najstarszym z proroków tego okresu (Ozeasz, Amos, Izajasz).

[2] Materiał pozwalający zidentyfikować Khimę jako Saturna, a Khesil jako
Marsa, zostanie przedstawiony w następnej części niniejszej pracy. [w polskim
przekładzie Biblii mowa jest o Plejadach – przyp. tłum.].

[3] Breasted, *Records of Egypt*, IV, Sec. 743. Cf. J. Vandier, *La famine dans
l'Egypte ancienne* (1936), p. 123. „Woda sprowadziła kraj do takiego samego stanu
jak wtedy, gdy był pokryty pierwotnymi wodami stworzenia".

[4] Breasted, *Records of Egypt*, IV, Secs. 742–743.

wdrapali na niebiosa, ściągnę ich stamtąd w dół. A choćby się ukryli na szczycie Karmelu, wyśledzę ich tam i wyciągnę" (9:2–3).

Ziemia będzie rozpływać się i morze wzniesie się i opadnie na zamieszkałą krainę. „Wszechmogący, Pan Zastępów, to ten, który dotyka ziemi i ona rozpływa się [w polskim tłumaczeniu Biblii: drży]... Skrzykuje wody do morza i rozlewa je po powierzchni ziemi" (9:5–6). Amosa prześladowano i zabito. Katastrofa nie omieszkała nastąpić w przewidzianym czasie. Oczekując i obawiając się jej, król Uzjasz udał się do Świątyni, aby złożyć ofiarę z kadzidła[1]. Kapłani sprzeciwili się przywłaszczeniu sobie przez niego ich obowiązków: „Nagle ziemia zaczęła trząść się tak gwałtownie, że w Świątyni powstał wielki wyłom. Po zachodniej stronie Jerozolimy odłupała się połowa góry i stoczyła na wschód"[2]. Świetlisty serafin wzniósł się w powietrze[3].

Trzęsienia ziemi występują nagle, a ludność nie ma możliwości przewidzieć ich, aby uciec. Ale przed *raaszem* Uzjasza ludność uciekła z miast i schroniła się w jaskiniach i szczelinach wśród skał. Wiele pokoleń później, w okresie post-eksodusowym, pamiętano o tym jak ludność „uciekała przed *raaszem* [w polskim tłumaczeniu Biblii: trzęsieniem] w dniach Uzjasza, króla judzkiego"[4].

ROK 747 p.n.e.

Jeśli zamieszanie w dniach Uzjasza miało charakter globalny i spowodowane było przez czynnik pozaziemski, musiało spowodować pewne zakłócenia w ruchu Ziemi wokół swej osi i ruchu po orbicie. Takie zakłócenie musiało spowodować dezaktualizację starego kalendarza i wymagało wprowadzenia nowego.

W roku 747 p.n.e. na Środkowym Wschodzie został wprowadzony nowy kalendarz i rok ten znany jest jako „początek ery Nabonassara". Twierdzi się, że jakieś zdarzenie astronomiczne było powodem narodzin nowego kalendarza, ale natura tego zdarzenia nie jest znana. Początek ery Nabonassara, skądinąd nieznanego króla babilońskiego, stanowił datę astronomiczną stosowaną jeszcze w drugim wieku n.e. przez wielkiego matematyka i astronoma szkoły aleksandryjskiej, Ptolemeusza, jak również przez innych uczonych. Stanowiła ona punkt wyjścia dla starożytnych tablic astronomicznych.

„To nie była era polityczna czy religijna... Im dalej wstecz, tym mniej pewności co do liczenia czasu. To od tego momentu zaczynają

---

[1] II Ks. Kronik 26:16 ff.
[2] Ginzberg, *Legends*, IV, 262.
[3] *Ibid.*, VI, 358.
[4] Ks. Zachariasza 14:5.

się zapisy zaćmień, które podawał Ptolemeusz"[1]. Jakie to zdarzenie astronomiczne zamknęło poprzednią epokę i dało początek nowej?

Według retrospektywnych obliczeń, na obszarze asyryjsko-babilońskim nie było zaćmień słońca między latami 762 a 701 p.n.e.[2], jeśli przyjąć że Ziemia obracała się i krążyła od tego czasu w sposób równomierny [bez zakłóceń], co uważa się za oczywiste.

Uzjasz rządził od około 789 do około 740 r. p.n.e.[3] Ostatnich kilka lat jego rządów, poczynając od „zamieszania", spędził w odosobnieniu, kiedy stwierdzono, że jest trędowatym. Najwyraźniej to wstrząs w czasach Uzjasza rozdzielił dwie epoki. Czas liczono od „zamieszania w dniach Uzjasza"[4].

Jeśli ten wniosek jest słuszny, wstrząs miał miejsce w roku 747 p.n.e. Obliczenia, według których epoka rozpoczęła się dwudziestego szóstego lutego, muszą być ponownie zbadane w świetle faktu, że dalsze zakłócenia kosmiczne miały miejsce w dekadach po 747 r. p.n.e. Warto jednak zauważyć, że starożytni mieszkańcy Meksyku świętowali swój Nowy Rok w dniu, który odpowiada tej samej dacie w kalendarzu juliańskim: „Pierwszym dniem ich roku był dwudziesty szósty luty"[5].

Chronograf i bizantyjski mnich, Georgius Snycellus, jedno z głównych źródeł starożytnej chronologii, zsynchronizował czterdziesty ósmy rok Uzjasza i pierwszy rok pierwszej olimpiady[6]. Ale według współczesnych obliczeń pierwszym rokiem pierwszej olimpiady był 776 r. p.n.e.[7] Olimpiady zostały najprawdopodobniej zapoczątkowane przez jakieś wydarzenie kosmiczne. Tekst starożytnej chińskiej księgi Shiking wspomina o niebiańskim zjawisku w czasach króla Yen-Yanga; w 776 r. p.n.e. miało miejsce zaćmienie słońca[8]. Jeśli zdarzenie z roku 776 p.n.e. było tej samej natury co to z roku 747 p.n.e., wtedy proroctwo Amosa było przepowiednią opartą na wcześniejszym doświadczeniu.

---

[1] F. Cumont, *Astrology and Religion among the Greeks and Romans* (1912), pp. 8–9. Gwoli ścisłości, pierwsze zaćmienie wyliczone przez Ptolemeusza nosi datę 21 marca 747 r. p.n.e.

[2] T. von Oppolzer, *Canon der Finsternisse* (1887).

[3] K. Marti, "Chronology", *Ecyklopaedia Biblica*, wyd. przez Cheyne and Black.

[4] Cf. Amos 1:1, Zachariasz 14:5.

[5] J. de Acosta, *The Natural and Moral History of the Indies* (tłum. Grimston, 1604; wznowienie 1880).

[6] Georgius Snycellus (wyd. G. Dindorf, 1829), II, 203.

[7] S. Newcomb, *The American nautical Almanac*, 1891 (1890).

[8] A. Gaubil, *Traité de l'astronomie chionoise*, Vol. III *Observations mathématiques, astronomiques, géographiques, chronologiques, et physiques. . . aux Indes et à la Chine*, wyd. E. Souciet (1729–1732); J. B. du Halde, *A Description of the Empire of China* (1741), II, 128–129.

IZAJASZ

Według źródeł hebrajskich[1], Izajasz zaczął prorokować bezpośrednio po „zamieszaniu" w dniach Uzjasza, wręcz tego samego dnia. Zniszczenie kraju było bardzo duże. „Wasz kraj pustynią, wasze miasta ogniem spalone... Gdyby Pan Zastępów nie był nam pozostawił resztki, bylibyśmy jak Sodoma, podobni do Gomory" (1:7 ff). Sam horyzont Jerozolimy został zniekształcony przez odłupanie się góry po zachodniej stronie; a miasta wypełniły gruzy i okaleczone ciała. „Zadrżały góry, a ich trupy leżały jak gnój na ulicach" (5:25).

To zdarzenie rozpaliło w Izajaszu profetycznego ducha. W ciągu swego długiego życia – prorokował w „dniach Uzjasza, Jotama, Ahaza i Hiskiasza [Ezechiasza], królów Judy – nie zaprzestał przepowiadać nawrotu katastrof. Izajasz był biegły w obserwacji gwiazd i wyraźnie wiedział, że w okresowych odstępach czasu – co piętnaście lat – zdarzały się katastrofy, spowodowane, jak wierzył, przez posłańca Boga. „Nie ustawał jego gniew, a jego ręka {znak[2]} jeszcze jest wyciągnięta. I wywiesi chorągiew dla narodu z daleka" (5:25–26).

Izajasz nakreślił apokaliptyczny obraz chyżo poruszających się wrogich zastępów. Kiedy mówił o armii, która przybędzie szybko z końca świata, wezwana przez Pana, to czy przepowiadał, że będą to okrutni potężni wojownicy, albo chmary pocisków miotanych z oddali? Podkowy ich koni będą jak krzemień, a ich koła jak trąba powietrzna. „Gdy spojrzeć na ziemię, oto niepokojąca ciemność i światło przyćmione przez ciemne obłoki" (5:30).

To nie Asyryjczyków na koniach i w rydwanach porównuje się z krzemieniem i trąbą powietrzną, ale krzemień i trąba powietrzna porównywane są do wojowników[3]. Ciemność na końcu obrazu ujawnia to, co jest obiektem porównania, i to, do czego jest porównywany.

Katastrofa w dniach Uzjasza stanowiła tylko preludium: dzień gniewu [Bożego] powróci i zniszczy ludność „dopóki nie opustoszeją miasta i nie będą bez mieszkańców" (6:11). „Wejdź do jaskiń skalnych i skryj się w prochu" (2:10) – na całym świecie jaskinie w skałach uważane były za najlepsze miejsce schronienia. „I wejdą do jaskiń skalnych i do jam ziemnych ze strachu przed Panem i przed blaskiem jego majestatu, gdy powstanie, aby wstrząsnąć ziemią" (2:19).

Izajasz pojawił się u króla Ahaza i chciał przedstawić mu znak [od Boga] na ziemi lub „wysoko w górze" [wg polskiego tłum. Biblii powiedział: „proś dla siebie o znak od Pana"]. Ahaz odmówił: „Nie będę prosił i nie będę kusił Pana" (7:12).

---

[1] Seder Olam 20.

[2] *Yad* oznacza zarówno „ręka" jak i „znak".

[3] Patrz *infra* podrozdz. „Straszliwi".

Wtedy Izajasz zwrócił się do ludzi: „A gdy spojrzy na ziemię – oto trwoga i pomroka, straszna ciemność i nieprzenikniony mrok" (8:22). Mimo to, powiedział, ciemność nie będzie tak wielka jak w poprzednich przypadkach, kiedy „jak w przeszłości sprowadził Pan hańbę na ziemię Zabulona i na ziemię Naftalego, tak w przyszłości okryje chwałą drogę morską, Zajordanie i okręg pogan" (8:23). Wyliczył, że następna katastrofa przyniesie mniej szkody niż to miało miejsce w poprzednich przypadkach. Ale wkrótce po tym zmienił swoje przewidywania i stał się w najwyższym stopniu pesymistyczny.

„Z powodu gniewu Pana Zastępów wypalona jest ziemia, a lud stał się pastwą ognia" (9:18). Jego kij podniesie morze [w polskim tłum. Biblii: nad morzem] „jak niegdyś nad Egiptem" (10:26), jak w dniach przejścia przez Morze Czerwone. „I Pan całkowicie zniszczy zatokę Egipskiego Morza, i swym potężnym wichrem potrząśnie ręką {znak} nad rzeką i uderzy w siedem strumieni" (11:15) [w polskim tłum. Biblii: „I osuszy Pan zatokę Morza Egipskiego żarem swojego tchnienia, i wywinie swoją ręką nad rzeką Eufrat, dzieląc ją na siedem strumieni, tak iż w sandałach będzie się je przechodzić"]. Także Palestyna nie ocaleje: „Podniesie rękę {znak} przeciwko ... pagórkowi Jeruzalemu" (10:32).

Zatem ogłoszono wojnę niebiańskich zastępów, dowodzonych przez Pana, przeciw narodom ziemi. I narody ziemi zostały pobudzone w oczekiwaniu Sądu Ostatecznego. „Na górach wrzawa jakby licznego ludu. Zgiełk królestw, zgromadzonych narodów. Pan Zastępów dokonuje przeglądu zastępów bojowych" (13:4). Mnogie rzesze przybywają „z dalekiej ziemi, od krańców nieba, Pan i narzędzia jego grozy, aby zniszczyć całą ziemię" (13:5).

Cały świat pociemnieje. „Gdyż gwiazdy niebios i ich planety nie dadzą swojego światła, słońce zaćmi się zaraz, gdy wzejdzie, a księżyc nie błyśnie swym światłem" (13:10).

Świat zostanie wyrzucony ze swej osi: niebiańskie zastępy sprawią, że „niebiosa zadrżą, a ziemia ruszy się ze swojego miejsca z powodu srogości Pana Zastępów, w dniu płomiennego jego gniewu (13:13).

Narody „uciekają daleko i zostają uniesione przez wiatr jak plewa na górach, jak tuman kurzu przez huragan" (17:13).

Izajasz czujnie obserwował firmament i w „ustalonym czasie" spodziewał się „dymu z północy" (14:31) [w polskim tłum. Biblii: wielkiego wojska].

„Wy wszyscy, którzy mieszkacie na lądzie i przebywacie na ziemi! Gdy zatkną sztandar na górach, patrzcie, a gdy zadmą w trąby, posłuchajcie!" (18:3). Oczy wszystkich „mieszkańców ziemi" były skierowane ku niebu i wsłuchiwali się we wnętrze ziemi.

Wysyłano pytania do Jerozolimy z Seir w Arabii: „Stróżu, jaka to pora nocna?". Ze swojej wieży strażniczej („Przygotuj stół, obserwuj w swej wieży strażniczej") Izajasz przekazał pytającym swą przepowiednię (21:5, 21:11).

Rosło nerwowe napięcie, gdy zbliżał się „ustalony czas", i wystarczały pogłoski aby ludność miast wybiegała na dachy domów. „Co się z tobą dzieje, że cały wyszedłeś na dachy?" (22:1).

Większość miasta Dawida została zniszczona, a wiele gmachów miało pęknięcia od niemal ciągłych wstrząsów ziemi (22:9). Prorok straszył ludność swymi nieustannymi ostrzeżeniami, mówiąc: „dzień popłochu, zniszczenia i przerażenia przygotowuje Wszechmocny, Pan zastępów, w Dolinie Widzenia burzą mury, a okrzyk bojowy dosięga góry" (22:5). Ale wiele osób przyjęło postawę tych, którzy przed Dniem Sądu mówią: „Jedzmy i pijmy, bo jutro pomrzemy" (22:13).

Joel, który prorokował w tym samym czasie, również mówił „I ukażę znaki na niebie i na ziemi, krew, ogień i słupy dymu. Słońce przemieni się w ciemność, a księżyc w krew, zanim przyjdzie ów wielki, straszny dzień Pana" (Joel 3:3–4).

Micheasz, inny prorok „w czasach królów judzkich Jotama, Achaza, Hiskiasza" ostrzegał, że bliski jest dzień, kiedy „rozpływają się... góry, jak wosk od ognia, a doliny rozdzielają się, jak wody spływające ze stromych zboczy" (Micheasz 1:4). „Cuda" będą pokazane, jak w dniach kiedy Izrael opuścił Egipt: „Ujrzą narody i wstydzić się będą przy całej swej mocy... ich uszy ogłuchną... wyjdą ze swych dziur jak robactwo ziemne" (7:15–17) [polskie tłumaczenie nieco się różni].

Joel, Micheasz i Amos ostrzegali używając tych samych określeń „dzień głębokiej ciemności" i „dzień ciemny nocą". Astronomowie, którzy uważali że wszystko to odnosi się do zwykłego zaćmienia słońca, dziwili się: „Od 763 p.n.e. aż do zniszczenia Pierwszej Świątyni w 586 p.n.e. żadne całkowite zaćmienie słońca nie było widoczne w Palestynie"[1]. Przyjęli jako pewnik, że Ziemia krąży po dokładnie tej samej orbicie i z powoli wirującą osią, pytali więc: Dlaczego prorocy mówią o zaćmieniu, skoro żadnego nie było? Jednak także inne opisy światowej katastrofy u tych proroków nie odpowiadają skutkom zwykłego zaćmienia.

Słowo *shaog*, używane przez Amosa i Joela, wyjaśnione jest w Talmudzie[2] jako wstrząs ziemi, którego zakres działania obejmuje cały świat, podczas gdy zwykłe trzęsienie ziemi ma lokalny charakter. Taki

---

[1] Schiaparelli, *Astronomy In the Old Testament*, p. 43. Oppolzer i Ginzel opracowali reguły dotyczące zaćmień słońca w starożytności, przy założeniu, że nie miały miejsca zmiany w ruchu Ziemi lub księżyca.

[2] The Jeruzalem Talmud, Tractate Berakhot 13 b.

wstrząs ziemi, której obrót został zakłócony, przedstawiany jest jako „trzęsienie nieba", wyrażenie to znajdywano u Proroków, w tekstach babilońskich i w innych źródłach pisanych.

Następnie proroctwo spełniło się. Wśród katastrofy Izajasz wołał: „Groza i przepaść, i pułapka {smoła[1]} na ciebie, mieszkańcu ziemi! ... upusty w górze się otworzą, a ziemia zadrży w posadach. W bryły rozleci się ziemia, w kawałki rozpadnie się ziemia, zatrzęsie i zachwieje się ziemia." (24:17–19).

Katastrofa nadeszła w dniu pogrzebu króla Ahaza. Nastąpiło „zamieszanie": oś ziemska uległa przesunięciu lub odchyleniu i wschód słońca został przyspieszony o szereg godzin. Zakłócenie kosmiczne zostało opisane w Talmudzie, w Midraszach, i wspominają o nim Ojcowie Kościoła[2]. Mowa jest o nim także w zapiskach i opowieściach wielu narodów. Jak się wydaje, ciało niebieskie przeszło bardzo blisko Ziemi, poruszając się w tym samym kierunku co Ziemia, od jej nocnej strony.

„Oto Pan spustoszy ziemię i zniszczy ją, sprawi zamieszanie na jej powierzchni... przerzedzają się mieszkańcy ziemi i niewielu ludzi pozostaje" (Izajasz 24:1, 6).

TYRANI ARGIWSCY

W *Ages in Chaos* przedstawię dowody na to, że ogromne surowe budowle kamienne w Mykenach i Tirynsie, na równinie argiwskiej w Grecji, są ruinami pałaców tyranów argiwskich, wciąż pamiętanych przez Greków w następnych wiekach, i datują się na ósmy wiek p.n.e. Jeśli materialne pozostałości pałaców Myken i Tirynsu przypisać do drugiego tysiąclecia, wtedy nie znaleziono by nic, co by można było przypisać tyranom argiwskim, choć wiadomo że budowali oni przestronne pałace.

Tjestes i jego brat Atreus należeli do tych tyranów argiwskich. Żyjąc w ósmym wieku musieli być świadkami katastrof kosmicznych w dniach Izajasza. Grecka tradycja utrzymuje, że katastrofy kosmiczne zdarzyły się w czasach tych tyranów: słońce zmieniło swój bieg i noc nadeszła przed właściwym jej czasem.

Ludzie powinni być przygotowani na wszystko i nie dziwić się niczemu, napisał Archiloch, od czasu kiedy Zeus „zamienił południe

---

[1] *Pah* w hebrajskim pierwotnie znaczyło „smoła", co można wywieść z Psalmów 11:6.

[2] Trakctate Sanhedrin 96a, Pirkei Rabbi Elieser 52, Hipolit o Izajaszu. Cf. Ginzberg, *Legends*, VI, 367, n. 81.

w noc, skrywając światło jaskrawego słońca; i srogi lęk ogarnął ludzi"[1].

Wielu autorów klasycznych odnosiło się do tego zdarzenia. Podaję tu opis Seneki. W jego dramacie *Tjestes* chór pyta słońce:

„Dokąd, O ojcze krain niebieskich, przed którego wschodem gęsta noc w całej swej chwale umyka, dokąd skręciłeś swój bieg i czemu ukryłeś dzień pośrodku Olimpu {w południe}? Jeszcze Hesperyda, posłanka zmierzchu, nie gromadzi ogni nocy; ani też twoje koło, obracając się ku zachodowi, nie uwalnia twych rumaków po wykonanej pracy; ani też nie zabrzmiał trzeci głos trąby, kiedy dzień blaknie zlewając się z nocą; oracz wraz z wołami jeszcze nie utrudzonymi stanął zdziwiony tak szybkim nadejściem pory wieczerzy. Co przegnało cię z twego niebiańskiego szlaku?... Czy Tyfeus {Tyfon} zwalił bryłę gór i wyzwolił swe ciało?"[2].

Ten obraz przypomina nam opis dnia pochówku Ahaza.

Seneka opisuje lęk przed zagładą świata, jakiego doświadczali żyjący w czasach Atreusa i Tjestesa, tyranów równiny argiwskiej. Serca ludzi ścisnął strach na widok przedwczesnego zachodu słońca. „Pojawiają się cienie, choć noc jeszcze nie jest gotowa. Nie pojawiły się gwiazdy; na niebiosach nie zabłysły ognie: żaden księżyc nie rozprasza ciężkiego całunu ciemności... Dygocą, dygocą nasze serca, owładnął nimi ból z lękiem, że wszystkie rzeczy rozpadną się w ruiny i raz jeszcze bogów i ludzi pogrzebie bezkształtny chaos; że krainy, otaczające je morze, i gwiazdy wędrujące po migocącym niebie, natura ukryła raz jeszcze".

Czy nastąpi koniec pór roku, a księżyc zostanie uprowadzony? „Nigdy więcej" gwiazdy nie będą „odmierzać pór lata i zimy; nigdy więcej Luna, odbijająca promienie Feba, nie rozproszy lęków nocy".

Po katastrofie w czasach Atreusa i Tjestesa ciała niebieskie przecięły na ukos swoje poprzednie trasy; bieguny uległy przesunięciu; rok uległ wydłużeniu – orbita Ziemi poszerzyła się. „Zodiak, który wyznaczał drogę przez święte gwiazdy, przecina strefy na ukos, przewodnik i znak powoli mijających lat, sam upadłszy zobaczy upadłe konstelacje".

Seneka opisuje zmiany w położeniu każdej konstelacji – Baran, Byk, Bliźnięta, Lew, Panna, Waga, Skorpion, Koziorożec i Wielki Wóz (Wielka Niedźwiedzica). „I Wielki Wóz, który nigdy nie kąpał się w morzu, pogrąży się poniżej pochłaniających wszystko fal". Komentator, którego zastanowił opis położenia Wielkiej Niedźwiedzicy, napisał: „Nie było żadnych powodów mitologicznych, aby Wielki Wóz

---

[1] Archilochus, Fragment 74.
[2] Tłumaczył na ang. F. J. Miller (1917).

– znany też pod nazwą Wielkiej Niedźwiedzicy – nie kąpał się w Oceanie"[1]. Ale Seneka dokładnie powiedział tę dziwną rzecz: [konstelacja] Wielkiej Niedźwiedzicy – lub jedna z jej gwiazd – nigdy nie zachodziła poza horyzont, zatem Gwiazda Polarna znajdowała się wśród jej gwiazd w epoce która zakończyła się w czasach tyranów argiwskich.

Seneka mówi również wyraźnie, że bieguny uległy rozerwaniu w tym kataklizmie. Oś biegunów uległa teraz skręceniu w kierunku jednej z gwiazd, Gwiazdy Północnej [gwiazdozbioru] Małej Niedźwiedzicy.

W obliczu kataklizmu, kiedy ludzkość była przepełniona grozą, Tjestes, ze złamanym sercem, pragnący śmierci, w najwyższym pomieszaniu przyzywał upadek świata. Ten obraz nie został wymyślony przez Senekę: był on znajomy z powodu tego, co zdarzyło się w poprzednich epokach.

„O ty, wzniosły władco nieba, który zasiadasz w majestacie na tronie niebios, spowij cały świat straszliwymi chmurami, wzbudź wojujące wiatry z każdej strony, a z każdej części nieba niech toczy się głośny huk pioruna; nie tę rękę, którą wyciągasz ku domostwom i marnym siedzibom, używając swych mniejszych piorunów, ale tę rękę uwolnij, dzięki której potrójna masa gór upada...i zacznij nią ciskać swe ognie".

PONOWNIE IZAJASZ

Minął pewien czas od śmierci Ahaza i nadszedł czternasty rok panowania króla Hiskiasza. I znowu przerażony świat z niepokojem oczekiwał katastrofy. W czasie swoich dwóch poprzednich zbliżeń niebiański pocisk był doprawdy bardzo blisko. Tym razem obawiano się końca świata. Po katastrofie w dniach Uzjasza i w dniu pogrzebu Ahaza nie trzeba było być prorokiem aby przewidzieć nową kosmiczną katastrofę. Ziemia przemieści się, gorące płomienie pochłoną powietrze, rozpalone kamienie będą spadać z nieba, a wody morza wzniosą się i spadną na kontynenty.

„Oto przychodzi od Pana ktoś mocny i potężny, jak burza gradowa, jak niszczący huragan, jak ulewa potężnych rwących strumieni; ta rzuci ich z mocą na ziemię" (Izajasz 28:2).

„Możny i potężny" to było ciało niebieskie, pocisk Pana. Jeszcze raz pisane było, że doświadczy Ziemię. „Gdy nadejdzie klęska potopu" (28:18), tak brzmiała nowa przepowiednia Izajasza. Mimo że mieszkańcy Jerozolimy mieli nadzieję, że „gdy nadejdzie klęska

---

[1] Uwaga F. J. Millera do jego tłumaczenia *Tjestesa*.

potopu, nie dosięgnie nas" (28:15), Jerozolima nie miała umowy ze śmiercią[1].

Nie będzie bezpiecznego miejsca ucieczki. „Kryjówkę zaleją wody" (28:17). „Postanowiona jest zagłada całej ziemi" (28:22).

„Pan bowiem powstanie... jak w dolinie Gibeon się uniesie, aby dokonać swojego dzieła – niesamowite to jego dzieło, aby wykonać swoją pracę – dziwna ta jego praca!" (28:21).

Czym było „niesamowite dzieło" w dolinie Gibeon? W dolinie tej armia Jozuego była świadkiem deszczu meteorytów i widziała jak zakłócone zostały ruchy słońca i księżyca na firmamencie.

„Nagle, w okamgnieniu" kraj ulegnie inwazji „drobnego pyłu" i „hordzie nieprzyjaciół" i będzie nawiedzony „grzmotem i wstrząsem, i głośnym hukiem, huraganem i wichrem, i płomieniem ognia pożerającego" (29:5–6).

„Ogień pożerający" i „wezbrany potok" będzie „przesiewał narody" „wśród burzy i ulewy i ciężkiego gradu" (30:27–30).

Prorok, odczytując znaki nieba, przyjął na siebie rolę strażnika świata i ze swojej wieży strażniczej w Jerozolimie ogłasza alarm:

„Niech słucha ziemia... Gdyż rozgniewał się Pan na wszystkie narody... Przeznaczył je na rzeź" (34:1 ff).

Następnie przedstawiony jest smutny obraz zniszczonej ziemi i rozpadającego się nieba (34:4 ff):

> I wszystkie pagórki rozpłyną się.
> Niebiosa zwiną się jak zwój księgi i wszystkie ich
>   zastępy opadną...
> Gdyż mój miecz zwisa z nieba...
> Potoki... zamienią się w smołę, a glina w siarkę,
> a ziemia stanie się smołą gorejącą.
> Ani w nocy ani w dzień nie zgaśnie;
> Dym wznosić się będzie zawsze.

Izajasz wspomina swym czytelnikom o „Księdze Pana": „Badajcie Pismo Pana i czytajcie: żadnej z tych rzeczy nie brak, żadna z nich nie pozostanie bez drugiej" (34:16). Księga ta prawdopodobnie należała do tej samej serii co Księga Jaszera, w której zachowano zapiski z czasów Jozuego pod Gibeonem; stare podania i obserwacje astronomiczne musiały być spisane w nie zachowanej Księdze Pana.

---

[1] Cf. Psalmy 46:6: „Bóg jest w nim {mieście Jerozolimie}, nie zachwieje się: Bóg wspomoże go przed świtem".

MAJMONIDES I SPINOZA, EGZEGECI

Ego sum Dominus, faciens omnia,
extendens caelos solus, stabiliens teram,
et nullus mecum. Irrita faciens signa
divinorum, et ariolos in furorem vertens.
Convertens sapientes retrorsum: et
scientiam eorum stultam faciens.

—PROPHETIAE ISAIAE 44:24–25
(Vulgate)

Zanim przejdę do opisu dnia w którym wypełniły się proroctwa Izajasza, wygłoszone po śmierci Ahaza, przedstawię ogólne przeświadczenie pokoleń komentatorów. Księgi Majów trafiły do rąk niewielu naukowców; podobnie egipskie papirusy i gliniane tabliczki Asyryjczyków. Ale Księga Izajasza i inne księgi Biblii czytane były w ciągu stuleci przez miliony, w setkach języków. Czy Izajasz wyrażał się w sposób niejasny? Jest to jakiś rodzaj powszechnej psychologicznej ślepoty, która nie pozwala zrozumieć jasno przedstawionego, wielokrotnie powtarzanego opisu zjawisk astronomicznych, geologicznych i meteorologicznych. Opis traktowano jako szczególny rodzaj metafory poetyckiej, kwiecisty sposób wyrażania się.

Nawet skromna próba przeglądu różnych komentarzy dotyczących Izajasza przekroczyłaby ramy książki obszerniejszej niż niniejsza. Zatem powinno to usatysfakcjonować zarówno ortodoksyjnego jak i liberalnego czytelnika, jeśli przedstawię tu opinie dwóch wielkich autorytetów w świecie myśli, a pominę całkowicie tysiące komentatorów.

Mojżesz ben Majmon, zwany Rambam, jak też Majmonidesem (1135–1204), w swoim *Przewodniku błądzących*[1] wyraził pogląd, że wiara w Stworzenie jest podstawową zasadą religii żydowskiej, „ale nie jest zasadą naszej wiary, iż wszechświat znowu zostanie sprowadzony do nicości"; „zależy to od Jego woli", i „dlatego jest możliwe, że zachowa On wszechświat na zawsze"; „wiara w zniszczenie nie jest koniecznie zawarta w wierze w Stworzenie". „Zgadzamy się z Arystotelesem co do połowy jego teorii... Arystoteles uważa że wszechświat, będąc trwałym i niezniszczalnym, jest również wieczny i nie ma początku".

Mając takie teofilozoficzne podejście do całego problemu, Majmonides przejawiał niechęć do wyszukiwania słów czy zdań u Proroków czy gdzie indziej w Biblii, które sugerowałyby zniszczenie świata czy

---

[1] Angielskie tłumaczenie M. Friedlandera (1928).

nawet zmianę jego porządku[1]. Każde takie sformułowanie wyjaśniał
on jako poetycką namiastkę dla wyrażenia politycznych idei lub działań.

Majmonides mówi: „»Gwiazdy upadły«, »Niebo się wywróciło«,
»Słońce ściemniało«, »Ziemia jest spustoszona i drży« i podobne metafory" są „często stosowane przez Izajasza, i rzadziej przez innych
proroków, kiedy opisują ruinę królestwa". W tych wyrażeniach termin „ludzkość" stosowany jest rzadko; jest to również metafora, mówi
Majmonides. „Czasami prorocy używają terminu »ludzkość« zamiast
»ludzie z pewnego obszaru«, których zniszczenie prorokują; np. Izajasz, mówiąc o zniszczeniu Izraela, twierdzi: »Pan uprowadzi ludzi
daleko« (6:12). Również Sofoniasz (1:3–4): »I wytępię ludzi z powierzchni ziemi«".

Utrzymuje on, że Izajasz i inni prorocy Izraela, kiedy poddać
ich [wypowiedzi] badaniu przy pomocy realistycznej metody arysto-
telianizmu, okazali się osobami skłonnymi do przesadnych określeń
i zamiast powiedzieć „Babilon upadnie", lub „upada", mówili o fan-
tastycznych zakłóceniach w kosmosie w górze i na dole.

„Kiedy Izajasz otrzymał boską misję prorokowania o zniszczeniu
imperium babilońskiego, śmierci Sanheryba i Nebuchadnezara, który
powstał aby obalić Sanheryba[2], zaczyna w następujący sposób opi-
sywać ich upadek... »Gdyż gwiazdy niebios i ich planety nie dadzą
swojego światła« (13:10); i znowu »Dlatego sprawię, że niebiosa zadrżą, a ziemia ruszy się ze swojego miejsca, z powodu srogości Pana
Zastępów, w dniu płomiennego jego gniewu« (13:13). Nie sądzę żeby
ktokolwiek był tak głupi i ślepy i tak bardzo cenił dosłowne znaczenie metaforycznych i krasomówczych zwrotów, aby przyjmować, że
wraz z upadkiem królestwa Babilonu miały miejsce zmiany w naturze
gwiazd na niebie, albo światła słońca i księżyca, albo że ziemia przesunęła się ze swego centrum. Gdyż wszystko to jest jedynie opisem
pokonanego kraju; dla mieszkańców niewątpliwie to co jasne stało się
ciemne, a to co słodkie – gorzkie; cała ziemia zdaje się być zbyt mała
dla nich, a niebiosa odmieniły się w ich oczach".

„W podobny sposób mówi on, kiedy opisuje... utratę całej ziemi
Izraela, kiedy objął ją w posiadanie Sanheryb. Mówi on (24:18–20):
»... gdyż upusty w górze się otworzą, a ziemia zadrży w posadach.

---

[1] Majmonides wyraźnie zgadza się z Filonem, piszącym po grecku żydowskim
filozofem z pierwszego wieku, który w swojej *Wieczności świata* wyraził pogląd, że
świat był stworzony, ale jest niezniszczalny; jakkolwiek Filon dopuszczał zmiany
w naturze spowodowane okresowymi powodziami czy pożarami na wielką skalę,
mającymi przyczyny kosmiczne.
[2] Nabuchednezar żył stulecie po Sanherybie.

W bryły rozleci się ziemia, w kawałki rozpadnie się ziemia, zatrzęsie i zachwieje się ziemia. Wkoło zatacza się ziemia jak pijany«".

Podbój Judy przez Asyrię był rzeczą smutną, ale co było tak złego, z punktu widzenia Izajasza, w zniszczeniu Babilonu, że gwiazdy nie powinny świecić?

Przegląd literatury wykazuje, że żaden egzegeta nie był nigdy „tak głupi i ślepy", aby odczytać niebo jako niebo, gwiazdy jako gwiazdy, siarkę jako siarkę, ogień jako ogień, wybuch jako wybuch[1]. Odnosząc się do cytowanych strof – Izajasz 34: 4–5 – Majmonides pisze: „Czy ktokolwiek, kto posiada oczy do widzenia, znajdzie w tych strofach jakiekolwiek wyrażenie, które byłoby niejasne, lub które mogłoby skłonić go do myślenia, że zawierają one świadectwo tego co przytrafi się niebiosom? ... Prorok chce powiedzieć, że osoby, które były jak gwiazdy, jeśli idzie o ich wysoką, stałą i niezagrożoną pozycję, wkrótce upadną".

Majmonides cytuje Ezechiela, Joela, Amosa, Micheasza, Aggeusza, Habakuka, i Psalmy, i w strofach podobnych do cytowanych z Izajasza, znajduje przypadkiem opis „mnóstwa szarańczy", lub mowę poświęconą zniszczeniu Samarii lub „zniszczeniu Medów i Persów", o których mówi się „w metaforach, które są zrozumiałe dla tych, którzy rozumieją kontekst".

W niezmiennym świecie nic nie zmienia danego porządku. Dla podtrzymania tej doktryny, przetłumaczono proroctwa na metafory, gdyż zdaniem Majmonidesa, skoro świat nie zmienia swojej zorganizowanej harmonii, prawdziwi prorocy nie głosiliby, że jest inaczej. „Nasza opinia, na poparcie której cytowaliśmy te fragmenty", pisze Majmonides, „jest jasna, a mianowicie, że żaden prorok lub mędrzec nie głosił nigdy zagłady świata, lub zmiany jego obecnego stanu, albo stałej zmiany jakichkolwiek jego cech". Ten pogląd Majmonidesa, dotyczący zmiany stanu świata, jest dedukcją nie wywiedzioną na podstawie tekstów, które interpretuje, ale z filozoficznego podejścia a priori. Prorocy mogą się mylić w swoich proroctwach, ale nie może być tak, że kiedy mówią „gwiazdy" to mają na myśli „osoby". Odczytanie kolejnych rozdziałów Izajasza (36–39) i odpowiednich rozdziałów w Księdze Królewskiej oraz Kronik, jak też fragmentów Talmudu i Midraszów (dotyczących czasów inwazji Sanheryba), pokazuje wy-

---

[1] Ale jak to odczytywali można zilustrować za pomocą egzegezy Augustyna. Pisze on: „Grad i węgle ogniste (Psalm 18:13): Przedstawia się słowa nagany, gdzie jak gradem twarde serca ulegają obiciu". Do słów „Wypuścił strzały swe i rozproszył ich" (Psalm 18:15) Augustyn pisze: „I wysłał ewangelistów postępujących prostymi ścieżkami, na skrzydłach mocy". Św. Augustyn, *Expositions on the Book of Psalms*, ed. Ph. Schaff (1905).

raźnie, że tym razem prorocy nie mylili się, i że zmiana harmonijnego stanu miała miejsce za życia tych właśnie proroków, w dniach Hiskiasza.

Majmonides przyznaje, że proroctwa Joela odnoszą się do Sanheryba, ale jest zakłopotany: „Możecie zapewne zaprotestować – jak dzień upadku Sanheryba, według naszych wyjaśnień, może być nazwany 'wielkim i strasznym dniem Pana'?".

Na następnych stronach wykażę, że tego właśnie dnia, który poprzedzał noc, kiedy armia Sanheryba została zniszczona, porządek natury uległ wywróceniu. Mowy proroków należy interpretować nie w oderwaniu od, ale w świetle opisu tych zmian, tak jak został on zachowany w Biblii i w Talmudzie. Większą przenikliwością wykazano się w czasach bardziej starożytnych, przed Majmonidesem, i do tych starożytnych interpretatorów odniósł się on, kiedy napisał:

„Świat od zawsze podąża swym stałym torem. Takie jest moje zdanie; w to powinniśmy wierzyć. Jednak nasi Mędrcy opowiedzieli o bardzo dziwnych rzeczach dotyczących cudów; znajdujemy je w Bereshith Rabba, i w Midraszu Koheletha, a mianowicie że cuda są w pewnym stopniu również naturalne".

Baruch Spinoza wychodzi z przesłanki, że „Przyroda zawsze przestrzega praw i reguł..., chociaż mogą one nie być nam znane, i dlatego utrzymuje ona stały i niezmienny porządek". „Cuda" oznaczają jedynie zdarzenia, których naturalnej przyczyny nie można wyjaśnić. „Jeśli sądzi się, że cud niszczy, czy też zakłóca porządek przyrody lub jej prawa, nie tylko nie dostarcza nam to żadnej wiedzy o Bogu, ale przeciwnie... sprawia, że wątpimy w Boga i wszystko inne". „To, co Biblia rozumie jako cud, może być tylko działaniem przyrody"[1].

Wszystkie te przesłanki są prawdziwe od strony filozoficznej i nie można mieć wobec nich obiekcji. Oczywiście są one prawdziwe tylko tak długo, jak długo filozof nie utrzymuje, że prawa przyrody, które są mu znane, są prawdziwymi i jedynymi prawami.

Omawiając przykłady w Piśmie Świętym, do których należy stosować cytowane zasady, Spinoza obstaje przy tym, że subiektywne postrzeganie i szczególny sposób wyrażania się starożytnych Hebrajczyków są jedynym uzasadnieniem dla wytłumaczenia nienaturalnych zdarzeń.

„Zadowolę się jednym przykładem z Pisma, a ocenę pozostałych pozostawię czytelnikowi. W czasach Jozuego Hebrajczycy uważali powszechnie, że słońce porusza się w ciągu dnia i że Ziemia pozostaje

---

[1] *Tractatus Theologico-Politicus* (1670), rozdz. VII. Cytowane zdania zostały przetłumaczone przez J. Ratlera w jego *The Philosophy of Spinoza*.

nieruchoma; do tego wcześniej przyjętego poglądu dostosowali cud, który zdarzył się w czasie bitwy z pięcioma królami. Nie powiedzieli po prostu, że dzień był dłuższy niż zwykle, ale twierdzili, że słońce i księżyc stały nieruchomo, czy też przestały się poruszać".

Stąd wniosek: „Częściowo z powodów religijnych, częściowo z powodu wcześniej przyjętych opinii wymyślili i opowiedzieli coś całkiem różnego od tego, co się w rzeczywistości zdarzyło". „Konieczne jest poznanie opinii tych, którzy pierwsi o tym opowiadali...i odróżnić te opinie od rzeczywistych wrażeń naszych zmysłów, inaczej pomylimy opinie i oceny z prawdziwym cudem, jaki miał miejsce w rzeczywistości: mało tego, możemy pomylić rzeczywiste zdarzenia z symbolicznymi i wyobrażonymi".

Jako inny przykład Spinoza podaje Księgę Izajasza i cytuje rozdział dotyczący ostatecznego zniszczenia Babilonu: „Gwiazdy niebios...nie dadzą swego światła, słońce zaćmi się zaraz, gdy wzejdzie, a księżyc nie błyśnie swym światłem" [13.10]. Filozof pisze: „Przypuszczam, że nikt nie wyobraża sobie, że w czasie zniszczenia Babilonu te zjawiska rzeczywiście miały miejsce, nie bardziej niż te, o których prorok mówi:»Dlatego sprawię, że niebiosa zadrżą i ruszę ziemię z jej miejsca« [13.13]". „Wiele zdarzeń w Biblii należy traktować jako żydowskie określenia". „Biblia prowadzi narrację w takim porządku i stylu, który ma największą moc poruszania ludzi, szczególnie niewykształconych... i dlatego mówi niedokładnie o Bogu i zdarzeniach".

Zapewniając o subiektywnym postrzeganiu przez świadków, zamierzonej intencji aby przez emocjonalny opis stworzyć wrażenie u czytelnika lub słuchacza, osobliwego wyrażania się hebrajskich pisarzy, Spinoza mimo tego dochodzi do *non sequitur* [błędu formalnego]: „Zatem wszystkie te teksty uczą bardzo wyraźnie, że przyroda zachowuje stały i niezmienny porządek... Nigdzie Biblia nie zapewnia, że zdarza się cokolwiek co zaprzecza lub nie jest zgodne z prawami przyrody" i wspiera ten pogląd argumentem teologicznym: W Księdze Eklezjasty napisano: „Wiem, że wszystko, cokolwiek Bóg czyni, trwa na wieki" [3.14].

Zdarzenia nazwano cudami i wyjaśniono, że były to subiektywne postrzeżenia lub opisy symboliczne, gdyż w innym przypadku nie można by było ich wytłumaczyć. Ale poza samymi zdarzeniami, które niniejsze studium próbuje pokazać jako historyczne, słowa Izajasza i innych proroków i pisarzy Starego Testamentu nie pozostawiają żadnych wątpliwości co do tego, że przez „kamienie padające z nieba" rozumie się meteoryty; że przez siarkę i smołę rozumie się siarkę i smołę; że gorący podmuch ognia oznacza gorący podmuch ognia; że sztorm i burza to sztorm i burza; że zaćmione słońce, ziemia poruszona ze swego miejsca, zmiana czasu i pór roku, oznaczały te właśnie zmiany stałych procesów przyrody. Gdzie znajduje się podstawa „niezawodnej wiedzy", że ziemia musi poruszać się bez zakłóceń, kiedy każde ciało w systemie słonecznym mniej lub bardziej wpływa na pozostałe? Aż do upadku meteorytów w 1803 r., nauka uważała jako pewnik, że kamienie padające z nieba występują tylko w legendach.

Twierdzenie Spinozy, że „Nikt nie wyobraża sobie", nie jest już prawdą. Autor tej książki wyobraża sobie.

ROZDZIAŁ II

ROK 687 p.n.e.

OKOŁO 722 r. p.n.e., po trzech latach oblężenia, Samaria, stolica Dziesięciu Plemion, została zdobyta przez Sargona II, a ludność Północnego Królestwa, lub Izraela, została uprowadzona w niewolę, z której nigdy nie powróciła. Około 701 r. p.n.e., Sanheryb, syn Sargona, przedsięwziął trzecią kampanię za swego panowania; skierował się na południe, do Palestyny. Zapis tej i innych jego kampanii został wykonany w piśmie klinowym i zachowany na cegłach [graniastosłupach] z wypalanej gliny. Tak zwany „graniastosłup Taylora" zawiera relację z ośmiu kampanii Sanheryba. Napisał on o swojej drodze do zwycięstwa: „Koła mego rydwanu bojowego były obryzgane brudem i krwią".

Zapisowi trzeciej kampanii, sporządzonemu na graniastosłupie, odpowiada zapis zachowany w II Księdze Królewskiej (18:13–16). Według obu źródeł, Sanheryb zdobył wiele miast; „dumny Hiskiasz, Judejczyk" został „zamknięty jak ptak w klatce" w swej stolicy, Jerozolimie, ale Sanheryb nie zdobył Jerozolimy; zadowolił się okupem w złocie i srebrze[1], przesłanym mu do Lachisz w południowej Palestynie. Następnie oddalił się ze swym łupem.

Hiskiasz nie miał innego wyboru niż ulec; umocnienia w kraju były niedostateczne. Teraz wykorzystał czas, który uznał jedynie za odroczenie, do zbudowania otoczonych murem fortec i do obsadzenia ich wojskiem, i do przygotowania źródeł i studni w kraju tak, aby można było je zamknąć i zniszczyć na pierwszy znak. Opisane jest to w II Księdze Kronik (32:1–6).

Sanheryb, zaalarmowany rewoltą Hiskiasza, który zawarł sojusz z królem Etiopii i Egiptu, Tyrhaką [faraon Taharka], przybył ponownie ze swą armią i ponownie ustanowił swą główną kwaterę w Lachisz. Jeden z generałów Sanheryba, Rabszake, przybył do Jerozolimy i rozmawiał z wysłannikami Hiskiasza, głośno i po hebrajsku, tak że również wojownicy na murach mogli go słyszeć (Księga Izajasza 36:18 ff): „Niech nie zwodzi was Hiskiasz, mówiąc: Pan nas wyratuje! Czy wyratowali bogowie narodów – każdy swój kraj – z ręki króla asyryjskiego?". Powiedział im również, żeby rozważyli los Samarii, której bogowie nie ocalili przed szturmem Asyryjczyków. Poinformował ich, że Sanheryb zażądał poddania się i obiecał, że zostaną wygnani

---

[1] Trzydzieści talentów złota, według obu źródeł; 300 talentów srebra według Księgi Królewskiej; 800 talentów srebra według graniastosłupa.

do kraju równie dobrego jak ich własny. Wysłannicy Hiskiasza mieli rozkaz nie wdawania się w żadne dyskusje. Nie otrzymawszy odpowiedzi, Rabszake podążył do Libny, dokąd udał się król Sanheryb po opuszczeniu Lachisz. Etiopski król Tyrhaka przekroczył granice Egiptu i podążył przeciwko Sanherybowi, aby stoczyć z nim bitwę. Rabszake ponownie zażądał od Hiskiasza, aby się poddał: „Niechaj nie zwodzi cię twój Bóg, któremu ufasz, myśląc: Nie będzie Jeruzalem wydane w rękę króla asyryjskiego!" [37:10].

Proroctwo Izajasza mówiło, że Jerozolima nie wpadnie w ręce króla Asyrii i że król, który bluźnił Panu, będzie zniszczony przez „podmuch" zesłany przez Pana.

Historia opisana jest szczegółowo w Biblii trzykrotnie – w II Księdze Królewskiej 18–20, w II Księdze Kronik, w Księdze Izajasza, rozdziały 36–38. Sama pierwsza wersja zawiera pierwszą część historii dotyczącej Sanheryba, który podbił wszystkie umocnione miasta w Judei, i Hiskiasza, króla Judei, który poddał się królowi asyryjskiemu i zapłacił mu okup. Wszystkie trzy źródła biblijne mówią o buncie Hiskiasza przeciw Sanherybowi i odmowie poddania mu się lub zapłacenia okupu. Jest oczywiste, że mimo kilkakrotnego wymieniania Lachisz, musiały mieć miejsce dwie kampanie: w pierwszej Hiskiasz poddał się i zgodził się zapłacić okup; druga kampania miała miejsce szereg lat później. W międzyczasie Hiskiasz budował: „Naprawił nadwątlone mury, wznosił nad nimi baszty, dobudował jeszcze drugi, zewnętrzny mur, umocnił Millo w Mieście Dawidowym i kazał sporządzić wielką ilość pocisków i tarcz. Ustanowił dowódców wojskowych nad ludem. A kiedy Sanheryb przybył i wkroczył do Judei, Hiskiasz rozkazał zatkać źródła wód znajdujących się poza miastem i przemówił do mieszkańców, aby byli odważni i dzielni" [II Księga Kronik 32]. Następnie miało miejsce cudowne zniszczenie asyryjskiej armii.

Annały Sanheryba opisują tylko pierwszą części historii: zdobycie miast w kraju, poddanie się Hiskiasza, i okup, który zapłacił. Oblężenie Lachisz nie jest wzmiankowane na graniastosłupie, ale zachował się relief, na którym przedstawiono to oblężenie. Źródła asyryjskie nic nie wspominają o klęsce w Judei, i tylko w epilogu opisane jest zabójstwo Sanheryba przez jego synów, opis jest identyczny jak na wykonanej w piśmie klinowym inskrypcji Esarchadona, syna Sanheryba.

Klęska armii Sanheryba, która miała miejsce w czasie późniejszej – najwyraźniej ostatniej – kampanii Sanheryba przed jego zamordowaniem, nie została odnotowana na graniastosłupie opisującym ósmą kampanię; to musiała być jego dziewiąta, a możliwe że dziesiąta kampania. Jej katastrofalny wynik nie zainspirowałby króla do zamówienia nowego graniastosłupa, gdzie opisano by również tę kampanię.

W ostatnim stuleciu uświadomiono sobie, że pierwsza część historii w Księdze Królewskiej jest odpowiednikiem zapisu na graniastosłupie, i że druga część historii w Księdze Królewskiej, jak również cała historia w Księgach Kronik i w Księdze Izajasza jest oddzielnym zapisem oddzielnej kampanii w Palestynie[1].

Pierwsza kampania przeciwko Judzie miała miejsce w 702 lub 701 r. p.n.e. Datę drugiej kampanii ustalono na 687 r. p.n.e., lub – jako mniej prawdopodobne – na 686 r. p.n.e.

„O pozostałych ośmiu latach jego panowania {w związku z konkluzją zapisków na graniastosłupie} nie mamy informacji z jego własnych annałów, których obecnie brak. Sanheryb raz jeszcze przybył na zachód (687 lub 686?)"[2].

IGNIS E COELO [OGIEŃ Z NIEBA]

Zniszczenie armii Sanheryba opisane jest lakonicznie w Księdze Królewskiej: „I stało się tej samej nocy, że wyszedł anioł Pański i pozbawił życia w obozie asyryjskim sto osiemdziesiąt pięć tysięcy. Następnego dnia rano, oto wszyscy oni – same trupy – pomarli. Toteż Sanheryb, król asyryjski, zwinął obóz i wyruszywszy powrócił, i zamieszkał w Niniwie" [II Księga Królewska, 19:35, 36]. Podobnie opisane to jest w Księdze Kronik: „Modlił się król Hiskiasz i prorok

---

[1] H. Rawlinson pierwszy przyjął, że miały miejsce dwie kampanie Sanheryba w Palestynie. Tak samo uważał G. Rawlinson. Cylinder Taylora obejmuje okres aż do 20-go Adar 691 r. p.n.e. H. Winckler wsparł tę opinię argumentem, że Tyrhaka Etiopczyk został królem Etiopii i Egiptu po 691 r. p.n.e.: „To może oznaczać tylko nową kampanię Sanheryba, która musiała mieć miejsce po zniszczeniu Babilonu (689 n.e.) i o której nie mamy zapisków samego Sanheryba".

Odsyłacz „w czternastym roku Hiskiasza", na początku zapisu w Księdze Królewskiej, wyjaśnia, dlaczego oczywisty fakt, iż były dwie kampanie, umknął wcześniejszym komentatorom. Przeszkodę stanowiło również wymienienie Lachisz w obu kampaniach. W związku z tym K. Fullerton zauważył („The Invasion of Sennacherib", w *Biblioteca Sacra*, 1906), że Richard Cœur de Lion również uczynił Lachisz bazą swych działań, w dwóch różnych krucjatach.

Współcześni historycy podtrzymują pogląd, że Tyrhaka nie został królem przed 689 r. p.n.e.

Patrz również J. V. Prášek, „Sanheribs Feldzüge gegen Juda", *Mitt. d. Vorderasiat. Ges.* (1903), i R. Rogers, *Cuneiform Parallels to the Old Testament* (1926), p. 259.

[2] H. R. Hall, *Ancient History of the Near East* (1913), p. 490. „Żydowska ocena wydaje się być myląca, gdyż upiera się przy wcześniejszym najeździe w 701 r. p.n.e. W historii z II Księgi Królewskiej jest mowa o Tyrhace jako królu, którym nie był wcześniej niż w 689 r. p.n.e.". *(Ibid)* Patrz również D. D. Luckenbill, *The Annals of Sennacherib* (1924), p. 12.

Izajasz, syn Amosa, wołając ku niebiosom. Wtedy Pan wysłał anioła, który wytracił wszystkich dzielnych rycerzy i dowódców, i książąt w obozie króla asyryjskiego, tak że ze wstydem wrócił {Sanheryb} do swej ziemi" [II Księga Kronik, 32:20, 21].

Jaki to był rodzaj zniszczenia? *Malach*, tłumaczone jako „anioł", oznacza w hebrajskim „tego, kto został posłany, aby zaprowadzić porządek", jak można przypuszczać porządek Pana. Jest to wyjaśnione w tekstach Ksiąg Królewskiej i Izajasza, że był to „podmuch; uderzenie", zesłany na armię Sanheryba[1]. „Ześlę podmuch na niego... i powróci {on} do swego kraju", tak brzmiała przepowiednia poprzedzająca bezpośrednio katastrofę. Jednoczesna śmierć dziesiątków tysięcy żołnierzy nie mogła być spowodowana zarazą, jak się zwykle przyjmuje, ponieważ zaraza nie uderza tak nagle; rozwija się poprzez zakażenie, a jeśli ma ono charakter gwałtowny to trwa kilka dni, może zostać zarażony duży obóz, a jeśli atakuje ona duże grupy osób, to krzywa przypadków rośnie z dnia na dzień.

Talmud i źródła midraszowe, które są liczne, wszystkie zgadzają się co do sposobu w jaki została zniszczona armia asyryjska: był to podmuch, który spadł z nieba na obóz Sanheryba. Nie był to płomień, ale pochłaniający podmuch: „Ich dusze spłonęły, mimo że ich ubiory pozostały nienaruszone". Zjawisku temu towarzyszył okropny hałas[2].

Arad gibil to babilońskie określenie *ignis e coelo* (ogień z nieba)[3].

Inną wersję zagłady armii Sanheryba podaje Herodot. W czasie swej wizyty w Egipcie, usłyszał on od egipskich kapłanów lub przewodników po starożytności, że armia Sanheryba, kiedy zagroziła granicom Egiptu, została zniszczona w ciągu jednej nocy. Według tej historii, aby upamiętnić to cudowne wydarzenie, wzniesiono w egipskiej świątyni posąg myszy. Jako wyjaśnienie tego symbolu Herodot usłyszał, że miriady myszy zbiegły się do obozu Asyryjczyków i przegryzły cięciwy ich łuków i inną broń; oddziały pozbawione swej broni uciekły w panice.

Józef Flawiusz powtórzył wersję Herodota i dodał, że istnieje jeszcze inna wersja, podana przez chaldeo-hellenistycznego historyka Berossosa (Berosus). Józef napisał wprowadzenie do cytatu z Berossosa, ale samego cytatu brak w dostępnym tekście jego *Starożytności Żydowskich*. Najwyraźniej było to wyjaśnienie różne od podanego przez

---

[1] II Ks. Królewska 19:7, Izajasz 37:7 [w polskim tłumaczeniu nie ma tego sformułowania].

[2] Tractate Shabbat 113b; Sanhedrin 94a; Jerome o Izajaszu 10:16; Ginzberg *Legends*, VI, 363.

[3] Cf. Winckler, *Babylonische Kultur* (1902), p. 53; *Weltmantel und Himmelszelt*, II, 451 ff.

Herodota. Własna relacja Józefa, jak zwykle nieco racjonalistyczna, mówi, że to zaraza (dymienica morowa) była przyczyną nagłej śmierci stu osiemdziesięciu tysięcy żołnierzy w obozie Asyryjczyków pod bramami Jerozolimy, w czasie pierwszej nocy oblężenia. Herodot relacjonuje, że widział posąg boga trzymającego w dłoni mysz, wzniesiony dla upamiętnienia tego wydarzenia. Dwa miasta egipskie rościły sobie prawa do tego świętego zwierzęcia, ryjówki: Panpolis (Akhmim) na południu i Letopolis na północy. Herodot nie podróżował na południe Egiptu; musiał zatem widzieć posąg w Letopolis. Nawet dziś na gruntach Letopolis znajduje się wiele myszy z brązu, czasami z inskrypcjami pielgrzymów.

Oba miasta z kultem świętej myszy były „świętymi miastami pioruna i meteorytów"[1]. Egipska nazwa Letopolis opisana jest takim samym hieroglifem jak „piorun".

W tekście datowanym na okres Nowego Państwa i pochodzącym z Letopolis, jest mowa o tym, że ustanowiono święto w tym mieście dla upamiętnienia „nocy ognia dla wrogów". Ogień ten był jak „ogień przed wiatrem do krańca nieba i do krańca ziemi"[2]. „Zbliżam się i wstępuję w pochłaniający ogień w dniu odparcia wrogów" głosi tekst w imieniu boga. Zatem bóg ze świętą myszą był bogiem pochłaniającego ognia.

Jednakże, interpretując mysz jako symbol dymienicy morowej[3], komentatorzy zgodzili się z Józefem, że armia Sanheryba musiała zostać zniszczona przez zarazę.

Jest osobliwym, że liczni komentatorzy Herodota i nie mniej liczni komentatorzy Biblii nie zwrócili uwagi na pewną zbieżność w tych opisach klęski. Hiskiasz zachorował ciężko na morową zarazę i był bliski śmierci. Wezwano Izajasza. Powiedział on królowi, że umrze, ale wkrótce powrócił i przyniósł mu lekarstwo – trochę fig do zagotowania – i powiedział królowi, że Pan uratuje go od nagłej śmierci, a także wybawi „to miasto od ręki króla Asyrii".

„A taki będzie znak od Pana, że spełni Pan, co rzekł: oto Ja cofnę o dziesięć stopni cień na stopniach, po których zachodzi słońce na słonecznym zegarze Achaza. I cofnęło się słońce o dziesięć stopni na stopniach zegara, na których już zaszło"[4].

---

[1] G. A. Wainwright, "Letopolis", *Journal of Egyptian Archaelogy*, XVIII (1932).

[2] „Pochłaniający ogień z Letopolis przypomina »płomień przed wiatrem do krańca nieba i do krańca ziemi«, który jest powiązany z prymitywną formą znaku pioruna, takiego jak Letopolis". *Ibid.*

[3] Cf. Samuel 6:4.

[4] Izajasz 38:7–8; podobnie II Ks. Królewska 20:9 ff.

Powszechnie ten fragment tłumaczy się złudzeniem optycznym[1]. Przypuszcza się, że zegar słoneczny wymieniony wraz z nazwiskiem Achaza, to zegar zbudowany przez Achaza, ojca Hiskiasza. Ale tradycja talmudyczna wyjaśnia, że dzień został skrócony o dziesięć stopni w dniu pogrzebu Achaza, i został przedłużony w dniu, kiedy Hiskiasz był chory i wyzdrowiał, i że to jest znaczenie „cienia na stopniach, po których zachodzi słońce na słonecznym zegarze Achaza"[2].

Źródła rabiniczne twierdzą wyraźnie, że wystąpiło zakłócenie ruchu słońca w ten wieczór, kiedy miała miejsce zagłada armii Sanheryba przez pochłaniający podmuch[3].

Wracając do Herodota, powinniśmy zwrócić uwagę na następujący ważny fakt, pomijany przez komentatorów. Słynny akapit dzieła Herodota, gdzie zapisał, powołując się na kapłanów egipskich, iż od czasu, kiedy Egipt został królestwem, słońce wielokrotnie zmieniało kierunek ruchu, został umieszczony nie gdzie indziej niż bezpośrednio przed historią o zagładzie armii Sanheryba.

Zagłada armii Sanheryba i zakłócenie ruchu słońca opisane są również w dwóch kolejnych fragmentach Biblii. Teraz oba zapiski wydają się być bardziej zgodne.

23 MARCA

Wyraźnie to przyczyna kosmiczna była odpowiedzialna za nagłą zagładę armii Sanheryba i spowodowała zakłócenie obrotów Ziemi. Masy gazów, wchodząc do atmosfery, mogły powodować w pewnych obszarach uduszenie.

Wyjaśnienie to wymaga wsparcia wzmiankami z innych źródeł; zakłócenia ruchu słońca nie mogły być ograniczone tylko do słońca nad Palestyną i Egiptem. Także inne okoliczności tej katastrofy, takie jak masy gazów zakrywające niebo, powinny być zaobserwowane również na innych obszarach Ziemi.

---

[1] Schiaparelli w *Astronomy in the Old Testament*, p. 99, mówi o całej literaturze pełnej „dziwnych i ekscentrycznych idei", poświęconej tematowi „stopni Achaza" i odsyła do *Bibl. Realwörterbuch* Winera, I, 498–499, gdzie „rozpatruje się najbardziej niezwykłe przypowieści". „Żadnego z tych wyjaśnień nie można uznać za uzasadnione", napisał Winer, „i nigdy nie będzie można ustalić obiektywnego elementu, który stanowi podstawę tej relacji".

[2] Patrz Babylonian Talmud, Sanhedryn 96a; Pirkei Rabbi Elieser 52. Inne źródła wymienione są przez Ginzberga w *Legends*, VI, 367. M. Gaster, *The Exempla of the Rabbis* (1924), w rozdziale „Merodach and the Sun", wymienia wzmianki talmudyczne dotyczące opisanego zjawiska.

[3] Seder Olam 23. Cf. Eusebius i Jerome o Izajaszu 34:1. Patrz Ginzberg, *Legends*, VI, 366.

Najpierw należy określić dokładniejszą datę dla nocy, w której nastąpiła zagłada armii Sanheryba. Z badań współczesnych wiemy, że miało to miejsce w roku 687 p.n.e. (z mniejszym prawdopodobieństwem w roku 686). Talmud i Midrasz podają inną cenną wskazówkę: zagłada miała miejsce pierwszej nocy święta Pesach (Paschy). Ogromna armia została zgładzona, kiedy ludzie zaczęli śpiewać modlitwę Hallel w czasie nabożeństwa paschalnego[1]. Paschę obchodzono w okolicy dnia wiosennego zrównania dnia z nocą[2].

W książce Eduarda Biota *Catalogue général des étoiles filantes et des autres météores observés en Chine après le VIIe siècle J. C. avant*[3], zapis zaczyna się od takiego stwierdzenia:

„W roku 687 p.n.e., latem, czwartego księżyca, w dniu *sin mao* (23 marca), w nocy nie pojawiły się stałe gwiazdy, mimo że noc była bezchmurna. W środku nocy gwiazdy spadały jak deszcz".

Data 23 marca wynika z obliczeń Biota. Twierdzenie to oparto na starych chińskich źródłach przypisywanych Konfucjuszowi. W innym tłumaczeniu tekstu, którego dokonał Rémusat[4], ostatnia część tego fragmentu brzmi następująco: „Mimo że noc była jasna, gwiazdy spadały w postaci deszczu" (*il tomba une étoile en forme de pluie*).

Annały *Bamboo Books* wyraźnie odnoszą się do tego samego zdarzenia, kiedy informują nas, że dziesiątego roku panowania cesarza Kwei (siedemnasty cesarz dynastii Ju, lub osiemnasty monarcha od czasów Jahu) „pięć planet zboczyło ze swych torów. W nocy gwiazdy padały jak deszcz. Ziemia trzęsła się"[5].

Słowa w annałach „w nocy gwiazdy padały jak deszcz" są identyczne jak w zapisie Konfucjusza dotyczącym kosmicznego zdarzenia 23 marca 687 r. p.n.e. Annały uzupełniają informację podając, że przyczyną tego zjawiska były zakłócenia w ruchu planet. Zapis Konfucjusza jest cenny, ponieważ podany jest czas zjawiska – dzień, miesiąc i rok.

Niebo było bezchmurne, tak że gwiazdy powinny być widoczne – ale nie były, i to przypomina nam słowa proroków

Catalogue Biota, który rozpoczyna się tym opisem roku 687 p.n.e., następnie odnotowuje tylko pojedyncze meteory spadające z nieba

---

[1] The Jeruzalem Talmud, Tractate Pesachim; Seder Olam 23; Tosefta Targum, II Ks. Królewska 19:35–37; Midrasz Rabba, III, 221, (English ed. H. Freedman i M. Simon).

[2] W ciągu mniej więcej ostatnich dwóch tysięcy lat Święto Paschy, związane z kalendarzem księżycowym, obchodzono między połową marca i drugą połową kwietnia.

[3] Paris, 1846.

[4] *The Chinese Classics* (tłum. i przypisy J. Legge, wyd. Hong Kong), III, Pt. I, 125.

[5] Ks. Joela 2:10; 3:15.

przez wszystkie następne wieki aż do początku obecnej ery; cud roku 687 nie był takim widowiskiem jak znajdujemy to znów w chińskich annałach w późniejszych wiekach.

Rzadkie zjawisko miało miejsce w tym roku i w tej części roku – 23 marca 687 r. p.n.e. – kiedy, jak wyjaśniono powyżej, według współczesnych obliczeń i danych talmudycznych, miała miejsce zagłada armii Sanheryba. W chińskim zapisie mamy krótki ale dokładny opis nocy, którą rozpoznaliśmy jako noc zagłady.

Spodziewamy się również znaleźć w chińskich źródłach zapis o zakłóceniach ruchu słońca. Chiny znajdują się od czterdziestu pięciu do czterdziestu dziewięciu stopni długości geograficznej na wschód od Palestyny, różnica czasu wynosi trzy i pół godziny.

Huai-nan-tse[1], który żył w drugim stuleciu przed naszą erą, mówi nam, że „kiedy książę Lu-jangu wojował przeciwko Hanom, w czasie bitwy słońce obniżyło się. Książę, machając włócznią skinął na słońce, po czym słońce, przez wzgląd na niego, powróciło i przeszło przez trzy słoneczne rezydencje".

Subiektywno-mitologiczna część tej historii przypomina nam prymitywno-subiektywne podejście autora Księgi Jozuego, a prawdopodobnie również współczesnych Jozuego; jest to prymitywny sposób interpretacji zjawisk naturalnych. Jednakże różni się on od tego co opisano w Księdze Jozuego tym, że nie było to zjawisko przedłużonego zatrzymania się słońca, ale krótkiego wstecznego ruchu; w tym chiński opis odpowiada dwudziestemu rozdziałowi II Księgi Królewskiej.

Nie jest znana dokładna data panowania Hanów; czasem przyjmuje się, na podstawie obliczeń astronomicznych, że miało to miejsce w piątym wieku przed naszą erą, lub nawet później[2]. Jeśli to prawda, wtedy opisane zdarzenie odnosi się do okresu zanim dynastia Han stała się dominującą w Chinach.

Chiny są ogromne; były one podzielone na wiele księstw. Prawdopodobnie historia księcia Tau z Jin stanowi kolejny opis tego samego zjawiska w innej części Chin. Lu-Heng[3] odnotowuje, że kiedy książę Tau z Jin był przymusowo gościem króla Chin, słońce zawróciło do południka; interpretowano to jako znak, aby pozwolić księciu powrócić do domu.

---

[1] Huai-nan-tse VI. iv. Patrz Forke *The World Conception of the Chinese*, p. 86.

[2] Moyriac de Mailla (1679–1748), *Histoire général de la Chine: Tong-Kien-Kang-Mou* (1877), Vol. I, dynastia Han doszła do władzy w ostatniej ćwiartce piątego wieku; Forke, *The World Conception of the Chinese*, uważa, że wojna księcia Lu-jangu przeciw Hanom miała miejsce w piątym wieku. Ale obliczenia te oparte są na wyliczeniach astronomicznych, które mogą być błędne.

[3] Lu-Heng II, 176. Patrz Forke, *The Word Conception of the Chinese*, p. 87.

Historia tyranów argiwskich mówi o słońcu podążającym pospiesznie ku zachodowi i o wieczorze, który nadszedł przed właściwym mu czasem; rozpoznaliśmy w tym zjawisko opisane w źródłach rabinicznych, które wydarzyło się w dniu śmierci Achaza, ojca Hiskiasza. Cud, który miał miejsce w dniach Hiskiasza, lub księcia Lu-jangu, i księcia Tau z Jin, miał miejsce w czasach tych samych tyranów, lub został tak przypisany. „Atreus", mówi Apollodor[1], „ustalił z Tiestesem, że Atreus zostanie królem, jeśli słońce się cofnie; a kiedy Tjestes się zgodził, słońce zaszło na wschodzie".

Owidiusz opisuje takie zjawisko w czasach tyranów argiwskich: Febus wyłamał się „w środku biegu i skręciwszy swój powóz zawrócił rumaki i obrócił się ku świtowi"[2]. Również w *Tristia* Owidiusz odnosi się do tej tradycji literackiej[3] o „skręcających koniach [rydwanu] słońca"[4].

Inskrypcja Majów mówi, że planety przemknęły blisko Ziemi[5].

Chińskie trzy słoneczne rezydencje musiały być równe dziesięciu stopniom na tarczy w pałacu w Jerozolimie.

Według źródeł talmudycznych[6], identyczne zakłócenia, ale o przeciwnym kierunku, miały miejsce w dniu kiedy chowano Achaza: w tym czasie dzień uległ przyspieszeniu. Przykład dwóch kolejnych zakłóceń ruchu ciał niebieskich, gdzie drugie zakłócenie skorygowało efekt pierwszego, zapisany jest w annałach współczesnych obserwacji. W 1875 r. kometa Wolfa przeszła blisko wielkiej planety – Jowisza, i jej bieg uległ zakłóceniu. W 1922 r., kiedy ponownie przechodziła blisko Jowisza, jeszcze raz ruch jej uległ zakłóceniu, ale z takim skutkiem, który skorygował efekt pierwszego zakłócenia. Nie odnotowano żadnych zakłóceń ruchu Jowisza; również jego obroty prawdopodobnie przebiegały normalnie – miała miejsce wielka różnica mas tych dwóch ciał.

---

[1] Apollodorus, *The Library*, Epitome II.

[2] Ovid, *The Art of Love* (tłum. J. H. Mosley, 1929), i. 328 ff.

[3] Ovid, *Tristia* (tłum. A. L. Wheeler, 1924), ii. 391 ff.

[4] Więcej o ruchu słońca w kierunku wschodu, zamiast na zachód, w czasach tyranów argiwskich, powiedziano w rozdziale „Wschód i Zachód" i zacytowano kilku autorów greckich. Więcej zostanie powiedziane, kiedy zbadamy ustne przekazy ludów prymitywnych, w późniejszym rozdziale dotyczącym folkloru.

[5] Opublikowane przez Ronalda Stratha. Nie udało mi się znaleźć tej publikacji. Wymieniona jest w książce Bellamyego *Moons, Myths and Man* (1938), p. 258. Jedyne inne odniesienie do pracy Stratha znalazłem w Jean Gattefossé i Claudius Roux, *Bibliographie de l'Atlantide et des questions connexes* (Lyon, 1926), pod nr 1184, ale również ci autorzy nie byli w stanie wytropić publikacji. Cf. P. Jensen, Kosmologie, III, R561, 5a: „Wielka gwiazda spadła". Jowisz był znany Babilończykom jako „wielka gwiazda". Jak wielka była to gwiazda? pyta Jensen.

[6] Tractate Sanhedryn 96a.

KULT MARSA

Ciało, które okresowo – raz na czternaście do szesnastu lat – zbliżało się do orbity Ziemi, musiało posiadać znaczną masę, gdyż było w stanie zakłócić obrót Ziemi. Wyraźnie jednak było mniejsze od Wenus, lub nie zbliżyło się dostatecznie, ponieważ katastrofy w czasie Eksodusu i Podboju były większe od tych w czasach Uzjasza, Achaza i Hiskiasza. Mimo to, dla ludzi którzy wówczas żyli, musiały one być wyjątkowym doświadczeniem i musiały zostać włączone do ich kosmogonicznych mitologii.

Czy jesteśmy w stanie, badając tę sprawę, odnaleźć jakieś wskazówki, które pomogłyby nam znaleźć jakieś dane dotyczące ciała, które okresowo zbliżało się do Ziemi?

Znajdziemy je prawdopodobnie u ludzi kręgu łacińskiego, w tym czasie bardzo młodego, którzy dopiero co pojawili się na scenie historycznej, nie obciążeni jeszcze wiedzą, którzy oddają cudowi poczesne miejsce w swej mitologii. Mitologia rzymska została przejęta od Greków. Tylko jeden z bogów mitologii rzymskiej ogrywa rolę nieporównywalną z przypisywaną mu na greckim Olimpie. Jest to bóg Mars, którego odpowiednikiem u Greków jest Ares[1]. Mars, bóg wojny, był następnym zaraz po Jowiszu-Zeusie. Uosabiał on planetę Marsa, jemu dedykowano miesiąc marzec (Mars), i uważano, że jako bóg był on ojcem Romulusa, założyciela Rzymu. Był on narodowym bogiem Rzymian. Liwiusz we wstępie do swej historii Rzymu napisał o „najpotężniejszym z imperiów, następnym po niebiosach": „Rzymianie... twierdzą, że ich ojcem i ojcem ich imperium był nikt inny niż Mars".

Usytuowanie aktywności Marsa w okresie powstania Rzymu wskazuje, że Rzymianie posiadali podania mówiące, iż miasto nad Tybrem powstało za pokolenia które było świadkiem wielkiej działalności ich boga-planety.

Powstanie Rzymu miało miejsce blisko okresu wielkich zakłóceń w przyrodzie, w dniach Amosa i Izajasza. Według obliczeń Fabiusa Pictora, Rzym powstał w drugiej połowie pierwszego roku ósmej olimpiady, lub [inaczej] w 747 r. p.n.e.; inne źródła rzymskie podają daty różniące się tylko o kilka lat[2]. Rok 747 p.n.e. jest początkiem

---

[1] Oprócz Aresa, również Herkules reprezentuje planetę Mars. Eratostenes (*Eratosthenis catasterimorum reliquiae*, ed. C. Robert, 1878): "Tertia est stella Martis quam alii Herculis dixerunt" (Mars jest trzecią gwiazdą, o której inni mówią Herkules). Podobnie Macrobius (*Saturnalia* iii.12. 5–6), powołując się na Varro.

[2] Polibiusz datował założenie Rzymu na drugi rok siódmej olimpiady (750 p.n.e.); Porcjusz Katon na pierwszy rok siódmej olimpiady (751); Verrius Flaccus na czwarty rok szóstej olimpiady (752); Terencjusz Warron na trzeci rok szóstej olimpiady (753); Censorinus zgadzał się z Warronem.

ery astronomicznej na Bliskim Wschodzie; a „zamieszanie [w czasach] Uzjasza" miało miejsce, najwyraźniej, w tym samym roku.

Zgodnie ze znaną rzymską tradycją, poczęcie Romulusa przez matkę, założenie Rzymu, i śmierć Romulusa miały miejsce w latach wielkich zamieszek, którym towarzyszyły zjawiska na niebie i zakłócenia ruchu słońca. Zmiany te były w jakiś sposób związane z planetą Mars. Plutarch napisał: „Przydomek Kwirynus, nadany Romulusowi, według niektórych oznacza Marsa"[1]. Legenda mówi, że Romulus został poczęty w pierwszym roku drugiej olimpiady (772 p.n.e.), kiedy miało miejsce pełne zaćmienie słońca. Według historyków łacińskich, w dniu założenia Rzymu ruchy słońca uległy zakłóceniu i świat pociemniał[2]. W czasach Romulusa „zaraza spadła na kraj, powodując nagłą śmierć bez uprzedniego chorowania", i miał miejsce „deszcz krwi" oraz inne klęski. Trzęsienia ziemi trwały przez długi czas. Żydowska tradycja utrzymuje, że „pierwsi mieszkańcy Rzymu stwierdzili, że ich chaty zawalały się wkrótce po zbudowaniu"[3].

Śmierć Romulusa miała miejsce wtedy, gdy według Plutarcha „nagłe i niespodziewane zamieszanie wraz z niewiarygodnymi zmianami wypełniły powietrze; światło słońca zgasło i ogarnęła ich noc, ale nie spokojna, lecz pełna salw piorunów i dzikich błyskawic", i w czasie tej burzy Romulus zniknął[4].

Owidiusz następująco opisuje zjawisko w dniu śmierci Romulusa: „Zatrzęsły się oba bieguny, a Atlas przesunął brzemię niebios...Słońce zniknęło, a podnoszące się chmury przesłoniły niebiosa...niebo rozdarły strzelające płomienie. Ludzie uciekli, a król {Romulus} na rumakach swego ojca {Marsa} wzniósł się do gwiazd"[5].

Hiskiasz był współczesnym Romulusa i Numy; był to fakt znany Augustynowi: „Rozszerzmy te dni... aż do Romulusa, króla Rzymian, albo nawet do początków panowania jego następcy, Numy Pompiliusza. Hiskiasz, król Judei, z pewnością panował do tego czasu"[6].

Jeśli Mars naprawdę był ubóstwionym gościem kosmicznym w dniach Hiskiasza i Sanheryba, można spodziewać się nie tylko tego, że aktywność Marsa została przypisana pokoleniu Romulusa i założeniu Rzymu, ale że właśnie data zakłócenia będzie datą świętowaną w kulcie Marsa.

---

[1] Plutarch, *Lives*, „The life of Romulus" (tłum. B. Perrin, 1914).
[2] Cf. F. K. Ginzel, *Spezieller kanon der Sonnen- und Mondfinsternisse* (1899), i T. von Oppolzer, *Kanon der Finsternisse* (1887).
[3] Literatura u Ginzberga, *Legends*, VI, 280.
[4] Plutarch, *Lives*, „The life of Romulus".
[5] Ovid, *Fasti* (tłum. Frazer, 1931), II ll. 489 ff.
[6] Augustine, *The City of God*, Bk. XVIII, rozdz. 27.

Czas drugiej kampanii Sanheryba przeciwko Palestynie został określony przez współczesnych badaczy na 687 r. p.n.e. Talmud pomaga uściślić datę: była to noc święta wiosny, Paschy. Chińskie źródła podają dokładną datę, północ 23 marca 687 r. p.n.e., jako datę wielkiej aktywności kosmicznej.

Główne święto w kulcie Marsa miało miejsce w miesiącu poświęconym temu bogu-planecie. „Ancilia, lub święte tarcze... były niesione przez Saliów, lub tańczących wojowników-kapłanów Marsa, przy różnych okazjach w miesiącu marcu, aż do 23-go (tubilustrium), kiedy przeglądano trąby wojenne (tubae); i ponownie w październiku aż do 19-go (armilustrium), kiedy i ancilia i broń armii były czyszczone i chowane na zimę... Tylko w końcu lutego znajdujemy wskazówki dotyczące zbliżającego się kultu Marsa"[1]. „Najważniejszą rolę w kulcie Marsa wydaje się odgrywać święto tubilustrium, dwudziestego trzeciego marca"[2].

Data 23 marca, razem z wszystkimi wyżej wymienionymi okolicznościami, musi robić na nas wrażenie. Fakt, że Mars miał swoje święto w dwóch terminach (druga data, 19 października, wypada prawie miesiąc po jesiennym zrównaniu dnia z nocą), jest łatwo zrozumiały, jeśli pamięta się, że miały miejsca dwa zakłócenia związane z tą samą kosmiczną przyczyną.

Zakłócenie ruchu słońca, na kilka godzin przed zagładą armii asyryjskiej, wydarzyło się pierwszego dnia Paschy. Kataklizm w dniach Eksodusu spowodowany był przez planetę Wenus. Dlatego w okolicach wiosennego zrównania dnia z nocą miały miejsce dwa święta, jedno ku czci planety Mars, drugie ku czci planety Wenus, które zbiegały się w czasie. Święto ku czci Minerwy trwało od dziewiętnastego do dwudziestego trzeciego marca, a 23-go marca Mars, jak również Minerwa-Atena, byli czczonymi bóstwami[3].

MARS ODCHYLA ZIEMIĘ OD OSI

Wenus była kometą, a w czasach historycznych stała się planetą. Czy Mars był kometą w ósmym wieku przed naszą erą? Istnieje dowód, że na długo przed ósmym wiekiem Mars był planetą w systemie słonecznym. Układ czteroplanetarny znany był astronomii chaldejskiej, nie było wśród planet Wenus, ale był Mars.

Nie istnieje, przynajmniej w zachowanych materiałach, żadna wzmianka o pierwszym pojawieniu się Marsa, podczas gdy określe-

---

[1] Cytat z W. W. Flower, „Mars", Encyclopaedia Britannica, 14th ed.

[2] Roscher, "Mars" w Lexikon der griech. und röm. Mythologie Roschera.

[3] Ibid., Col. 2402.

nia odnoszące się do narodzin planety Wenus znajdujemy w źródłach pisanych narodów na obu półkulach.

Babilońskim imieniem planety Mars jest Nergal[1]. Nazwa ta używana jest we wczesnym okresie, wiele wieków przed ósmym stuleciem. Ale to w ostatnich wiekach planeta ta stała się najważniejszym bóstwem. Skomponowano wiele modlitw do niej. „Promienna siedzibo, która promieniujesz na kraj... któż ci dorówna?". Planecie tej budowano świątynie i wznoszono pomniki. Kiedy Samaria została podbita przez Sargona, ojca Sanheryba, i sprowadzono tam nowych osadników, wznieśli oni w Samarii sanktuarium planecie Mars[2].

Planety Mars obawiano się z powodu jej gwałtowności. „Nergal, wszechmocny wśród bogów, przerażenie, zgroza, budzący respekt przepych"[3], napisał Esarhaddon, syn Sanheryba. Szamaszszumukin, król Babilonu i wnuk Sanheryba, napisał: „Nergal, najgwałtowniejszy z bogów".

Jest charakterystyczne, że mieszkańcy Asyrii uważali, że Nergal jest bogiem przynoszącym klęskę. Inny wnuk Sanheryba, Assurbanipal, król Asyrii, napisał: „Nergal, doskonały wojownik, najpotężniejszy wśród bogów, wielki bohater, potężny pan, król bitwy, pan potęgi i mocy, pan burzy, który sprowadza klęskę"[4].

Rzuca się również w oczy fakt, że imię Nergal stało się powszechne jako składnik imion własnych, w siódmym i szóstym wieku. Wśród wodzów Nabuchodonozora[5] znajdowało się dwóch generałów o imieniu Nergalsharezer; król o imieniu Nergilissar panował w Babilonie[6]. Kapłani, wojownicy, handlarze bydła, przestępcy noszący imię Nergalsharezer, to znane postaci w dokumentach z siódmego wieku.

W ósmym wieku w Babilonii planetę Mars nazywano „nieprzewidywalną planetą"[7].

Historyczne inskrypcje z ósmego wieku mówią o opozycjach Marsa (Nergala). Były one, razem z koniunkcjami, uważnie obserwowane. „Ruchy Marsa były ogromnie ważne w astronomii babilońskiej – jego wschód i zachód, jego zniknięcie i pojawienie się... jego położenie względem równika, zmiana intensywności świecenia, jego relacja

---

[1] Böllenrücher, *Gebete und Hymnen an Nergal* (1904), p. 3.

[2] II Ks. Królewska 17:30.

[3] Luckenbill, *Records of Assyria*, II, Sec. 508.

[4] *Ibid.*, Sec 922.

[5] Ks. Jeremiasza 39:3.

[6] Porządek sukcesji królów w neobabilońskim imperium będzie omawiany w *Ages in Chaos*.

[7] Schaumberger, w książce Kuplera, *Sternkunde und Sterndienst in Babel*, 3rd supp., p. 307.

z Wenus, Jowiszem i Merkurym"[1]. W Indiach również „różne fazy w ruchu wstecznym planet, a szczególnie Marsa, jak się wydaje, były obiektem wielkiej uwagi"[2].

Modlono się do Nergala, wznosząc ręce do gwiazdy Mars[3]. „Ty, który wędrujesz po niebie... w przepychu i grozie... królu bitwy, szalejący boże ognia, boże Nergalu". Nergal-Mars nazywany był przez Babilończyków „ognistą gwiazdą"[4]. Nergal, ognista gwiazda, przybywa jak szalejąca burza. Nazywany jest również Szarappu, „palącym", i „światłem buchającym z niebios", oraz „panem zniszczenia"[5]. Mars powszechnie nazywany był także przez inne narody „ognistą gwiazdą"[6]. Jing-Huo, albo ognista planeta, to nazwa Marsa w chińskich atlasach astronomicznych[7]. Sargon (724 do 705 r. p.n.e.), ojciec Sanheryba, napisał pewnego razu: „W miesiącu Abu, miesiącu rodowym boga ognia"[8].

Ale my pytamy o jasne stwierdzenie, że planeta Mars-Nergal była bezpośrednią przyczyną kataklizmów w ósmym i siódmym wieku, kiedy świat, według słów Izajasza, był „niezwykle poruszony" i „został przesunięty ze swego miejsca". To właśnie działanie przypisane jest planecie Mars-Nergal: „Sprawia, że niebo ciemnieje, porusza Ziemię w jej zawiasach"[9]. I znowu: „Nergal... na wysokim bezmiarze niebios... sprawia, że Ziemia drży"[10].

---

[1] Bezold, w książce Bolla *Sternglaube und Sterndeutung*, p. 6.

[2] Thibaut, "Astronomie, Astrologie und Mathematik", *Grundriss der indoarischen Philologie und Alterthumskunde*, III, (1899).

[3] Böllenrücher, *Gebete und Hymnen an Nergal*, pp. 9, 19 ("Zauberspruch mit Handerhebung an der Mars-Stern").

[4] Schaumberger w książce Kuglera *Sternkunde*, p. 304; Böllenrücher, *Gebete und Hymnen an Nergal*, pp. 21 ff.

[5] Langdon, *Sumerian and Babylonian Psalms* (1909), p. 85.

[6] Apuleius, *Tractate of the World*; literatura u Chwolsona, *Die Ssabier und Ssabismus*, II, 188.

[7] Rufus i Hsing-Chih-tien, *The Soochow Astronomical Chart*.

[8] Luckenbill, *Records of Assyria*, II, Sec. 121.

[9] Böllenrücher, *Gebete und Hymnen an Nergal*, p. 9.

[10] Langdon, *Sumerian and Babylonian Psalms*, p. 79.

ROZDZIAŁ III

CO BYŁO PRZYCZYNĄ ZMIANY ORBIT
WENUS I MARSA?

KIEDY WENUS STAŁA SIĘ nowym członkiem układu słoneczne-go, poruszała się po wydłużonej elipsie i przez wieki zagrażała innym planetom. Z powodu tego niebezpiecznego krążenia, Wenus obserwo-wano uważnie na obu półkulach i zapisywano jej ruchy.

W ostatnich stuleciach przed naszą erą 225-dniowy rok Wenus i najwyraźniej także jej orbita były praktycznie takie same jak w cza-sach współczesnych. Już w drugiej połowie siódmego wieku przed naszą erą, Wenus, aż do tego czasu obserwowana z niepokojem, prze-stała już być przyczyną pełnego lęku oczekiwania; prawdopodobnie osiągnęła wtedy orbitę, którą obserwujemy w ostatnich wiekach przed naszą erą i na której znajdujemy ją także obecnie. Co spowodowało zmianę orbity Wenus?

Powinienem przedstawić także inny problem. Mars nie wzbudzał żadnych lęków w sercach starożytnych astrologów, a jego imię rzad-ko było wymieniane w drugim tysiącleciu. W Asyrii-Babilonii, w in-skrypcjach sporządzonych przed dziewiątym stuleciem, imię Nergal spotyka się tylko w rzadkich przypadkach. Na suficie astronomicz-nym Senmuta, Mars nie pojawia się wśród planet. Nie odgrywał on żadnej szczególnej roli we wczesnej mitologii bogów niebiańskich.

Ale w dziewiątym lub ósmym wieku przed naszą erą sytuacja radykalnie się zmieniła. Mars stał się przerażającą planetą. Konse-kwentnie, Mars-Nergal uzyskał pozycję boga straszliwej burzy i woj-ny. Samo więc nasuwa się pytanie: Dlaczego przed tym okresem Mars nie zagrażał Ziemi i co spowodowało że orbita Marsa przesunęła się w kierunku Ziemi?

Planety układu słonecznego poruszają się prawie w tej samej płaszczyźnie, i jeśli jedna planeta poruszałaby się wzdłuż wydłużonej elipsy, zagroziłaby innym planetom. Dwa problemy – co spowodowa-ło, że Wenus zmieniła swoją orbitę i co spowodowało że Mars zmienił swoją orbitę – mogą mieć wspólne wytłumaczenie. Wspólną przyczy-ną mogła być jakaś kometa, która zmieniła orbity Wenus i Marsa; ale prościej jest przyjąć że obie planety, z których jedna posiada bar-dzo wydłużoną orbitę, zderzyły się, i że żaden trzeci czynnik nie był konieczny do osiągnięcia tego rezultatu.

Konflikt między Wenus i Marsem, jeśli miał miejsce, mógł sta-nowić spektakl obserwowany z Ziemi. Nie można wykluczyć, że obie planety wielokrotnie zbliżały się do siebie, za każdym razem z innym skutkiem.

Jeśli kontakt między Wenus i Marsem rzeczywiście miał miejsce i był obserwowany z Ziemi, musiał zostać zapamiętany w podaniach lub w dokumentach literackich.

KIEDY POWSTAŁA ILIADA?

Potężne zmagania osłabiły mocarza
Wśród członków sfery.

—EMPEDOKLES[1]

Do dzisiejszego dnia nie określono daty powstania *Iliady* i *Odysei*. Nawet starożytni autorzy różnili się w obliczeniach czasu, kiedy żył Homer. Oceniano go na tak późny okres jak 685 r. p.n.e. (historyk Teopompos) i na tak wczesny jak 1159 r. p.n.e. (pewni autorzy cytowani przez Filostratosa). Herodot napisał, że „Homer i Hezjod" stworzyli grecki panteon „nie później niż 400 lat przede mną", co oznaczałoby nie wcześniej niż 884 r. p.n.e., przyjmując 484 p.n.e. za rok urodzenia Herodota. Sprawa jest wciąż dyskutowana. Niektórzy autorzy utrzymują, że miała miejsce długa przerwa między skomponowaniem epickich utworów Homera i ich spisaniem; inni uważają, że powstały one niedługo przed tym kiedy Grecy posiedli sztukę pisania, około 700 r. p.n.e[2]. Argumentuje się również, że Grecy musieli posiąść sztukę pisania na długo przed 700 r. p.n.e., przy założeniu, że dzieła Homera powstały na długo przed tą datą. Powszechnie przyjmuje się, że upadek Troi poprzedził Homera o kilka generacji, jak też że wielkie epickie utwory były dziełem pokoleń. Czasem przyjmuje się, że upadek Troi miał miejsce w dwunastym wieku[3].

Z drugiej strony wykazano, że tło kulturalne eposu Homera przynależy do ósmego wieku, albo nawet do siódmego; trwała właśnie epoka żelaza, a wiele innych szczegółów wykluczałoby wcześniejszy okres[4]. Jest wysoce prawdopodobne, że dzieła Homera powstały w tym czasie, lub krótko potem. To, czy poematy te były pierwotnie śpiewane przez barda, który żył wieki po zburzeniu Troi, zależy od czasu

---

[1]The *Fragments of Empedocles* (tłum. W. E. Leonard, 1908), p. 30.

[2] Patrz R. Carpenter, "The Antiquity of the Greek Alphabet" i B. Ullman "How Old Is the Greek Alphabet?" w *American Journal of Archeology*, odpowiednio XXXVII (1933) i XXXVIII (1934).

[3] Kiedy odkryto starożytne miejsce, Schliemann zidentyfikował drugie miasto (od dołu) jako Ilium z *Iliady*; ale później badacze mieli odmienne zdanie i ogłosili, że to ruiny szóstego miasta są homerycką Troją.

[4] G. Karo, „Homer" w *Reallexikon der Vorgeschichte* Eberta, Vol. V.

kiedy Troja została zburzona. Podanie dotyczące Eneasza, który uratował się po tym gdy Troja została zburzona i udał się do Kartaginy (miasta zbudowanego w dziewiątym wieku), a stamtąd do Italii, gdzie założył Rzym (miasto pierwotnie zbudowano w połowie ósmego wieku), implikuje, że Troja została zburzona w ósmym lub pod koniec dziewiątego wieku [p.n.e.].

Ale w jakim celu obarczam niniejszą pracę tym pytaniem? Mogłoby się wydawać, że dwa problemy – w jaki sposób Wenus zmieniła swoją orbitę na kołową, i jak Mars zmienił swoją orbitę tak żeby wejść w kontakt z Ziemią – obciążone są trzecim problemem, z bardzo odległej dziedziny i samemu w sobie skomplikowanym. A nawet jeśli te sprawy mają ze sobą coś wspólnego, jak można rozwiązać problem z trzema niewiadomymi?

Zbliżymy się do rozwiązania problemu astronomicznego, którym się zajmujemy, i do problemu epickiego Troi, jeśli rozpoznamy kosmiczną scenę dramatu.

Można przeprowadzić prosty test. Jeśli Ares, Mars Greków, nie jest wymieniony w utworach Homera, będzie to stanowiło poparcie poglądu, według którego *Iliada* i *Odyseja* powstały w dziesiątym wieku lub wcześniej, albo że przynajmniej dramat który opisują miał miejsce nie później niż w tym czasie. Ale jeśli Ares przedstawiony jest w tych utworach epickich, będzie to wskazywało na to, że powstały one w ósmym wieku lub później. To właśnie w ósmym wieku Mars-Nergal, mało znane bóstwo, stał się ważnym bogiem. Poematy epickie o bogatej mitologii, które powstały w ósmym lub siódmym wieku [p.n.e.], nie milczałyby o Marsie-Aresie, który w tym czasie stał się „niezwykły".

Bardzo dokładnie należy ponownie przebadać poematy epickie Homera. Zadanie nie będzie trudne; *Iliada* jest pełna opisów gwałtownych czynów Aresa.

W tej epickiej historii jest mowa o bitwach między Grekami oblegającymi Troję i ludźmi Priama, króla Troi. Bogowie brali znaczący udział w tych bitwach i potyczkach. Dwoje z nich – Atena i Ares – byli najbardziej aktywni. Atena była protektorką Greków; Ares stał po stronie Trojan. W całej epopei oni właśnie byli głównymi przeciwnikami.

Na początku Atena usunęła Aresa z pola bitwy:

> Jasnooka Atena wziąwszy za rękę groźnego Aresa, tak zawołała: „Krwią ubroczony Aresie, Aresie, zdobywco grodów, chyba już pozostawimy Trojan

i dzielnych Achajów [Greków] w walce"...z bitwy groźnego Aresa wywiodła[1].

Ale spotkali się znowu oboje na polu bitwy; „gwałtowny Ares" „przebywał po lewej stronie pola bitwy".

Afrodyta, bogini księżyca, chciała wziąć udział w walce, ale Zeus, przewodzący boskiemu Olimpowi, powiedział jej:

> „Dzieła wojenne, córeczko, to nie jest twoja dziedzina. Zajmij się lepiej miłością i małżeńskimi sprawami, Ares gwałtowny niech myśli o wojnie oraz Atena".

Zatem bóg planety Jowisz upomniał boginię księżyca aby opuściła pole walki, żeby mogli ją rozstrzygnąć bóg planety Mars i bogini planety Wenus. Febus Apollo, bóg słońca, przemówił do boga planety Mars:

> Do okrutnego Aresa zwrócił się Fojbos Apollon: „Krwią ubroczony Aresie, Aresie, murów zdobywco! Czyżbyś się nie mógł do bitwy włączyć?"... Trojan szeregi zaś Ares, co zaraz przybył, zagrzewał... „Dokąd pozwalać będziecie swój lud wybijać Achajom?".

Ares zaciemnił pole bitwy:

> A noc rozpostarł dookoła Ares gwałtowny, skrywając bitwę, bo wspomóc chciał Trojan. Bo Pallas Atena z pola odeszła. Ta była wielką pomocą Danajom [Grekom].

Hera, bogini Ziemi, „wsiadła do płomiennego pojazdu" i „same rozwarły się wrota nieba przez Hory strzeżone; im powierzony jest Olimp i całe niebo szerokie". Przemówiła do Zeusa:

> „Zeusie, nasz ojcze! Czy gniewu nie czujesz za czyny Aresa, który tak wielu wygubił mężów z narodu Achajów [Greków], ładu jakiegoś niepomny?... Czy będziesz gniewał się na mnie, jeżeli ciosem dosięgnę Aresa?"

A Zeus odpowiedział:

> „Wypraw więc żywo przeciwko niemu zwycięską Atenę, co najdotkliwsze mu ciosy zwykła zadawać wśród walki".

Nadeszła więc godzina bitwy.

---

[1] *The Iliad*, Bk. V (tłum. A. T. Murray; Loeb Classical Library, 1924–1925). Polskie tłumaczenie: Kazimiera Jeżewska, Homer, *Iliada*, Pruszyński i S-ka, 1999.

Bicz pochwyciła i lejce Pallas Atena, natychmiast
w stronę Aresa kierując konie o mocnych kopytach.
... hełm Hadesowy przywdziała, żeby jej Ares nie
dojrzał.

Ares, „zguba śmiertelnych", został zaatakowany przez Pallas Atenę, która skierowała włócznię „w dolną część brzucha".

Okropnie Ares spiżowy wykrzyknął – tak jak jedenaście albo dwanaście tysięcy mężów na wojnie,
gdy wiodą bój nienawistny Aresa.
Jaki wydaje się przestwór od chmur żałobnych
ponury, kiedy wiatr zerwie się wściekły po cało-
dziennym upale, takim wydał się ...spiżowy Ares,
gdy razem z chmurami wstępował w niebo szerokie.

W niebie zwrócił się do Zeusa, gorzko oskarżając Atenę:

„Wszyscy jesteśmy przeciwko tobie, boś córę sza-
loną zrodził, co zgubę nam niesie, czynom oddana
przeklętym. Przecież my, wszyscy bogowie, mieszkańcy wiecznego Olimpu, tobie jesteśmy posłusz-
ni...ale tej nigdy nie skarcisz ani słowami, ni czy-
nem... przecież to twoje dziecko rodzone".

A Zeus odpowiedział:

„Jesteś mi wrogi najbardziej ze wszystkich bogów
Olimpu, miła ci bowiem jest zawsze niezgoda, bitwa
i wojna".

Ares przegrał pierwszą rundę. „Hera i Atena... od mordów wstrzy-
mały Aresa, zgubę śmiertelnych".
W tym duchu biegnie poemat, a jego alegoryczne elementy zbyt
łatwo przeoczono. W piątej księdze *Iliady* Ares wymieniany jest z imienia ponad trzydzieści razy, a w całym poemacie nigdy nie znika ze
sceny, czy to na niebie, czy na polu bitwy. Księgi dwudziesta i dwudziesta pierwsza opisują kulminacyjny moment bitwy bogów pod murami Troi.

Krzyk jej [Ateny] polatał rozgłośny. Krzyczał ze
swej strony Ares podobny do burzy ponurej, Trojan
wzywając do bitwy.
Tak zagrzewając dwa wojska, błogosławieni bogowie doprowadzili do starcia i ciężką waśń rozpę-
tali. Ozwał się grzmotem straszliwym Zeus, ojciec

bogów i ludzi, z wyżyn Olimpu. A z głębi Posejdon wstrząsnął obszarem ziemi bezkresnej i stromych gór z wyniosłymi szczytami. Wszystkie podnóża zadrżały na Idzie wielostrumiennej, wszystkie wierzchołki, gród Trojan oraz okręty Achajów; zadrżał też w głębinach podziemia umarłych król Aidoneus... aby mu z góry ziemi nie rozdarł Posejdon, bóg wstrząsający lądami, i nie ukazał śmiertelnym i nieśmiertelnym [jego] przybytku... Taki był zgiełk, gdy w niezgodzie starli się ze sobą bogowie.

W tej bitwie bogów, powyżej i poniżej, Trojanie i Achajowie starli się ze sobą, a cały świat huczał i drżał. Walczono w mroku; Hera rozprzestrzeniła gęstą mgłę. Rzeka „wylała i wzniosły swe wody wszystkie strumienie". Nawet ocean został pobudzony „z lęku przed błyskawicą wielkiego Zeusa i jego strasznego pioruna, gdy z hukiem spadał z nieba". Następnie na pole bitwy wpadł „cudownie płonący ogień. Wpierw na równinie pożogę rozpalił i trupy pochłonął liczne... Cała równina wnet wyschła". Następnie płomień zwrócił się ku rzece. „Słabły w pożodze węgorze i inne ryby, co w głębi nurtów prześlicznych pląsały to w jedną, to w drugą stronę. ... Jasne strumienie wrzały i gotowały się". Rzeka „płynąć nie była już zdolna" i nie była w stanie chronić Troi.

Pomiędzy bogami „zawrzała niezgoda".

„Z wrzawą ruszyli na siebie, szeroka ziemia zagrzmiała i zatrąbiły niebiosa w krąg wielkie. To wszystko usłyszał Zeus na Olimpie i miłe nasycił serce radością. Śmiał się, gdy bogów zobaczył przygotowanych do walki".

Ares... najpierwszy wprost na Atenę uderzył włócznią spiżową i takie powiedział słowa zelżywe: „Czemu ty wciąż doprowadzasz, psia mucho, bogów do waśni, ze strasznym zuchwalstwem? Czy nie pamiętasz, jak... włócznię świetlistą nakierowałaś przeciwko mnie, piękną skórę mi raniąc?"

To drugie starcie między Aresem i Ateną, Ares również przegrał.

[Ares] w straszną egidę, zdobną frędzlami, z mocą uderzył. Wstecz się cofnęła Atena, chwyciła głaz w dłoń mocarną, który tam tkwił na równinie, czarny i ostry, i wielki... w kark nim trafiła Aresa, kolana mu rozwiązała...

Zaśmiała się Pallas Atena... „Głupcze, więc nic
nie wiedziałeś, że większą dzielnością od ciebie szczy-
cę się? Myślisz, że możesz potęgą równać się ze
mną?"

Afrodyta podeszła do zranionego Aresa, „wzięła go za rękę i wiodła". Ale Atena „doścignęła Kiprydę [Afrodytę], cios dłonią jej krzep-
ką zadając w pierś. Wnet osłabły kolana Kiprydzie i serce omdlało".
Te urywki *Iliady* pokazują, że jakiś dramat kosmiczny rzutowany
był na pola Troi. Komentatorzy byli świadomi tego, że pierwotnie
Ares nie był jedynie bogiem wojny, i że ta cecha jest wydedukowana
i wtórna. Grecki Ares jest rzymską planetą Mars; w literaturze klasycznej wspomina się o tym wielokrotnie. W tak zwanych poematach
Homera również jest mowa o tym że Ares jest planetą. Homerycki
hymn do Aresa mówi:

> Najpotężniejszy Aresie... odważny wodzu, krążący
> po swym ognistym okręgu w eterze, wśród siedmiu
> wędrujących gwiazd {planet}, gdzie twe ogniste ru-
> maki unoszą cię ku górze, trzecim rydwanem[1].

Ale cóż to może oznaczać, że planeta Mars burzy miasta, albo że
planeta Mars wznosi się na niebie w ciemnej chmurze, albo że wdaje
się w walkę z Ateną (planetą Wenus)? Ares musiał uosabiać jakiś ele-
ment przyrody, domyślali się komentatorzy. Musiał być uosobieniem
szalejącej burzy, lub boga nieba, albo boga światła, lub boga-słońca
itd.[2]. Te wyjaśnienia są bezcelowe. Ares-Mars jest tym, na co wskazuje jego imię – planetą Mars.
Znajduję u Lukiana stwierdzenie, które potwierdza moją interpretację kosmicznego dramatu w *Iliadzie*. Autor ten, żyjący w II w.
naszej ery, w swojej pracy *O Astrologii* napisał najbardziej znaczący
i najbardziej pomijany komentarz do epiki Homera:
„Wszystko co {Homer} powiedział o Wenus i o namiętnościach
Marsa, zostało w sposób oczywisty wyprowadzone nie z innego źródła

---

[1] *The Odyssey of Homer with the Hymns* (tłum. Buckley), p. 399. W tłumaczeniu H. Evelyn-White (Hesiod volume, Loeb Classical Library): „Kto obraca
twą ognistą kulę wśród planet w ich siedmiorakich torach przez eter, gdzie twe
płomienne rumaki wznoszą cię ponad trzeci firmament nieba". Allen, Holliday
i Sikes, The Homeric Hymns (1936), p. 385, uważają, że hymn do Aresa jest post-
homerycki.

[2] Te różne opinie przedstawili: L. Preller (*Griechische Mythologie* [1894]), G.
F. Lauer (*System der griechischen Mythologie* [1853], p. 224), F. G. Welcker (*Griechische Götterlehre*, I {1857}, p. 415), I H. W. Stoll (*Die ursprüngliche Bedeutung
des Ares* {1855}).

niż ta nauka {astrologia}. Doprawdy, stan rzeczy między Marsem i Wenus tworzy epos Homera[1]."

Lukian nie jest świadom tego, że Atena jest boginią planety Wenus[2], a jednak zna prawdziwe znaczenie kosmicznej intrygi homeryckiej epiki, co wskazuje na to, iż źródła jego wiedzy astrologicznej znały fakty dotyczące niebiańskiego dramatu.

Moja interpretacja poematu Homera, jak stwierdziłem, była podzielana również przez innych. Kim oni byli, trudno powiedzieć. Jednakże Heraklit, mało znany autor z pierwszego wieku, którego nie należy mylić z filozofem, Heraklitem z Efezu, napisał pracę o homeryckich alegoriach[3]. Uważał, że Homer i Platon to największe duchy [umysły] Grecji, i próbował pogodzić antropomorficzny i satyryczny opis bogów u Homera z idealistycznym i metafizycznym podejściem Platona. W rozdziale 53 swojej *Alegorii* Heraklit odpiera argumenty tych, którzy uważają, że walki bogów w *Iliadzie* oznaczają kolizje planet. Stwierdzam zatem, że niektórzy ze starożytnych filozofów musieli mieć te same poglądy do których ja doszedłem niezależnie, po serii dedukcji.

Poruszono tu zagadnienie daty powstania eposu Homera, które miało być rozstrzygnięte z pomocą takiego kryterium: Jeśli wspomniano tu o kosmicznej walce między planetami Wenus i Marsem, to epos nie mógł powstać na długo przed 800 r. p.n.e. Jeśli Ziemia i księżyc brały udział w tych zmaganiach, to czas powstania *Iliady* powinien być przesunięty co najmniej do 747 r. p.n.e., a prawdopodobnie nawet na późniejszy termin. Pierwszy kontakt z naszą planetą, powodujący trzęsienie ziemi, miał już miejsce wcześniej, i dlatego Ares stale nazywany jest „zgubą śmiertelnych, krwią ubroczonym zdobywcą murów".

Homer był więc najprędzej współczesnym proroków Amosa i Izajasza, a najprawdopodobniej żył krótko po nich. Wojna trojańska i kosmiczny konflikt były synchroniczne; czas Homera nie był odległy od wojny trojańskiej o kilka wieków, może nawet nie o wiek.

Stwierdzenie Lukiana dotyczące inspirującego dramatu w epice Homera – koniunkcji planet Wenus i Marsa – można jeszcze uściślić. Miała miejsce więcej niż jedna brzemienna w skutki koniunkcja Wenus i Marsa – co najmniej dwie opisane są w *Iliadzie*, w księgach

---

[1] Lucian, *Astrology* (tłum. A. M. Harmon, 1936), Sec. 22.

[2] W tym samym zdaniu Lukian identyfikuje Wenus z Afrodytą z *Iliady*.

[3] *Heracliti questiones Homericae* wyd. Teubner, 1910). Cf. F. Boll, *Sternglaube und Sterndienst* (wyd. W. Gundel, 1926), p. 201.

piątej i dwudziestej pierwszej. Koniunkcje oznaczały tu bliski kontakt; samo przejście jednej planety obok drugiej nie dostarczyłoby materiału dla kosmicznego dramatu.

HUITZILPOCHTLI

Grecy wybrali na swoją protektorkę Atenę, boginię planety Wenus, ale mieszkańcy Troi uważali za swego patrona Aresa-Marsa. Podobna sytuacja miała miejsce w starożytnym Meksyku. Quetzalkoatl, znany jako planeta Wenus, był protektorem Tolteków. Ale Aztecy, którzy przybyli później do Meksyku i wyparli Tolteków, czcili boga Huitzilpochtli (Wiclipucli) jako swego protektora[1].

Sahagun mówi, że Huitzilpochtli był „wielkim burzycielem miast i zabójcą ludzi". Epitet „zguba śmiertelnych, krwią ubroczony zdobywca murów" znany nam jest z *Iliady*, gdzie stale stosowany jest wobec Marsa. „W działaniach wojennych był jak żywy ogień, którego wielce obawiali się wrogowie", pisze Sahagun[2].

W swojej pracy poświęconej Indianom amerykańskim, H. H. Bancroft pisze:

„Podobnie jak Mars i Odyn, w prawej ręce dzierżył włócznię lub łuk, a w lewej czasami pęk strzał, a czasem okrągłą białą tarczę... Od tych broni zależał dobrobyt państwa, tak jak od ancile [owalnej tarczy] rzymskiego Marsa, która spadła z nieba, lub palladium [posągu] wojowniczej Pallas Ateny. Również przydomki wskazują na to, że Huitzilpochtli był bogiem wojny; jest więc on nazywany straszliwym bogiem Tetzateotlem, lub wściekłym Tetzahuitlem"[3]. Bancroft kontynuuje: „Ze względu na wojowniczego ducha można by porównać stolicę Azteków do starożytnego Rzymu, i dlatego słusznym było uczynienie narodowym bogiem Azteków boga wojny, podobnego do rzymskiego Marsa"[4].

Ale Huitzilpochtli nie był jak Mars, on był Marsem. Ich identyczny wygląd, charakter i działania wynikają z faktu, że Mars i Huitzilpochtli byli tą samą planetą-bogiem.

Konflikt między Wenus i Marsem symbolizowały również ceremonie religijne starożytnych Meksykanów. W jednej z tych ceremonii kapłan Quetzalkoatla wystrzeliwał strzałę do wizerunku Huitzilpochtli, która przebijała boga, którego uznawano wtedy za zmarłego[5].

---

[1] J. G. Müller, *Der Mexikanische Nationalgott Huitzilpochtli* (1847).

[2] Sahagun, *A History of Ancient Mexico* (tłum F. R. Bandelier, 1932), p. 25.

[3] H. H. Bancroft, *The Native Races of the Pacific States* (1874–76), III, 302.

[4] *Ibid.*, p. 302.

[5] Sahagun, *Historia general de las cosas de la Nueva España*, III, rozdz. I, Sec. 2.

Wydaje się to być symbolicznym odwzorowaniem wyładowania elektrycznego, które Wenus wyrzuciła w kierunku Marsa.

Ale Aztekowie nie uznali śmierci Marsa, wojowniczego burzyciela miast, boga miecza i zarazy, i prowadzili dalej swoje wojny z Toltekami, narodem liczącym na planetę Wenus. Te wojny między Toltekami i Aztekami musiały mieć miejsce wcześniej niż się ogólnie przypuszcza; mogły mieć miejsce przed naszą erą, kiedy miała miejsce rywalizacja między narodem oddanym Wenus i narodem oddanym Marsowi, i kiedy pamięć o kosmicznym konflikcie była wciąż żywa.

TAO

Czym jest to, co nazywamy Tao?
Jest Tao, lub Droga Niebios;
I jest Tao, lub Droga Człowieka.

—KWANG TZE

Planety układu słonecznego ulegały zakłóceniom z powodu kontaktów Wenus, Marsa i Ziemi. Przytaczaliśmy już annały *Bamboo Books*, gdzie napisano, iż dziesiątego roku panowania cesarza Kwei, osiemnastego władcy od czasów Jahu, „pięć planet zboczyło ze swych torów. W nocy gwiazdy padały jak deszcz. Ziemia trzęsła się"[1]. Zakłócenia w rodzinie planet spowodowane były kolizją Wenus i Marsa. Bitwy dwóch gwiazd, jaśniejących jak słońce, wspomniane są w innej chińskiej kronice, jako mające miejsce w czasach tego samego cesarza Kwei (Koei-Kie):

„W tym czasie widziano dwa słońca toczące walkę na niebie. Pięć planet było pobudzonych do niezwykłych ruchów. Część Góry T'aichan zawaliła się"[2].

Dwie walczące gwiazdy zostały przez nas rozpoznane jako Wenus i Mars. W języku Eratostenesa, bibliotekarza z Aleksandrii żyjącego w trzecim wieku p.n.e. „Na trzecim miejscu jest gwiazda {stella} Mars... Była ona ścigana przez gwiazdę {sinus} Wenus; następnie Wenus pochwyciła ją i zapaliła z wielką pasją"[3].

W atlasie astronomicznym z okresu Średniowiecza (1193 r.), wykorzystywanym do edukacji cesarzy i znanym jako Atlas Astronomiczny Suczou[4], twierdzi się, powołując się na starożytne źródła, że zdarzyło się iż planety zboczyły ze swoich torów. Mówi się, że pewnego razu Wenus odbiegła daleko od zodiaku i zaatakowała „Wilczą

---

[1] J. Legge (wyd.), *The Chinese Classics*, III, Pt. I, 125.
[2] L. Wieger, *Textes historiques* (wyd. 2, 1922–23), I, 50.
[3] Eratosthenes, wyd. Robert, p. 195.
[4] *The Soochow Astronomical Chart* (tłum. i wyd. Rufus i Hsing-chih tien).

Gwiazdę". Zmianę toru planet uważano za oznakę niebiańskiego gniewu, gdyż miało to miejsce w okresie, kiedy cesarz i jego ministrowie grzeszyli.

Zgodnie ze starożytną chińską kosmologią „Ziemia jest ciałem zawieszonym w powietrzu, poruszającym się w kierunku wschodnim"[1], a zatem traktowana była jako jedna z planet.

Następujący fragment, z taoistycznego tekstu autorstwa Wen-Tze[2], zawiera opis nieszczęść które, jak stwierdziliśmy, należy rozpatrywać wspólnie:

„Kiedy niebo, nieprzyjazne żyjącym istotom, pragnie je zniszczyć, spala je; słońce i księżyc tracą swoje kształty i są zaćmione; pięć planet opuszcza swoje ścieżki; cztery pory roku nakładają się na siebie; światło dzienne jest przyćmione; żarzące się góry walą się; rzeki wysychają; grzmi wtedy w zimie, szron występuje w lecie; atmosfera jest gęsta i ludzie się duszą; państwo ginie; aspekty i porządek nieba ulegają zmianie; obyczaje wieku zmieniają się {następuje nieporządek}... wszystkie żywe istoty prześladują się wzajemnie".

Hoei-nan-tze, taoistyczny autor z trzeciego wieku n.e., mówi o słońcu i Ziemi porzucających swoje ścieżki; przekazuje on podanie o tym, że „jeśli pięć planet błądzi na swych szlakach", państwo i prowincje ogarnia powódź[3].

Taoizm jest dominującą religią Chin. „Termin Tao pierwotnie oznaczał obrót drogi niebios wokół Ziemi. Ten ruch niebios uważano za przyczynę zjawisk na Ziemi. Tao lokalizowano wokół bieguna ziemskiego, który traktowano jako siedzibę mocy, ponieważ wszystko obraca się wokół niego. Z czasem zaczęto traktować Tao jako uniwersalną energię kosmiczną poza widzialnym porządkiem przyrody"[4].

YUDDHA

W starym podręczniku hinduskiej astronomii, *Surya-Siddhanta*, znajduje się rozdział „O koniunkcjach planet". Współczesna astronomia zna tylko jeden rodzaj koniunkcji między planetami, kiedy to jedna planeta (lub słońce) znajduje się między Ziemią i inną planetą (rozróżniane jako wyższa i niższa koniunkcja i opozycja). Ale starożytna hinduska astronomia rozróżniała wiele różnych koniunkcji, które tłumaczy się następująco: *samjoga* (koniunkcja), *samagama* (podążanie

---

[1] J. C. Ferguson, *Chinese Mythology* (1928), p. 29.

[2] Wen-Tze w *Textes Taoistes*, tłum. C. de Harlez (1891).

[3] Hoei-nan-tze w *Textes Taoistes*.

[4] L. Hodus, "Taoism", *Encyclopaedia Britannica*, wyd. 14.

razem), *joga* (połączenie), *melaka* (zespolenie), *juti* (związek), *yuddha*
(spotkanie, w znaczeniu konflikt, walka)[1].

W pierwszym akapicie rozdziału „O planetarnych koniunkcjach"
w *Surya-Siddhanta* jest mowa o tym, że między planetami dochodzi
do spotkań w bitwach (*yuddha*) i do zwykłych koniunkcji (*samjoga
samagama*). Moc planet, która przejawia się w koniunkcjach, nazywana jest *bala*.

Planeta może zostać pokonana (*dżita*) w „spotkaniu *apaswja*",
powalona (*widhwasta*), całkowicie zwyciężona (*widżita*). Potężna planeta nazywana jest *balin*, a planeta zwycięska w spotkaniu – *dżajin*.
„Wenus zazwyczaj jest zwycięzcą".

Do ostatniego zdania w *Surya-Siddhanta* tłumacz dopisał: „W tym
fragmencie opuszczamy właściwą domenę astronomii i wkraczamy
w domenę astrologii". Poza paru wierszami wstępu, w których praca
przedstawiona jest jako objawienie słońca (zwyczajowy wstęp w astronomicznych pracach Hindusów), jest ona napisana w bardzo rzeczo-
wych terminach. Wykorzystuje ona pierwiastki kwadratowe i figury
geometryczne, i używa pojęć algebraicznych; każde zdanie pracy napisane jest językiem naukowym, bardzo precyzyjnym[2].

Podręcznik *Surya* zawiera również prawidłowe określenia dotyczące Ziemi jako „kuli", albo „globu w eterze", co wskazuje na to, że
Hindusi w dawnych czasach wiedzieli, iż Ziemia jest jedną z planet,
chociaż uważali że znajduje się w centrum wszechświata[3]. Aryabhat-
ta był zdania, że Ziemia obraca się wokół swojej osi[4]. Podobnie jak
autor Księgi Hioba, który napisał, że Ziemia zawieszona jest „nad
nicością" (26:7), *Surya* zawiera wiedzę, że „powyżej" i „poniżej" są
pojęciami względnymi: „I wszędzie na kuli ziemskiej ludzie uważają,
że to ich miejsce jest najwyższe – ale ponieważ kula ziemska znajduje
się w eterze, gdzież znajduje się góra, a gdzie dół?"[5].

Dziwny rozdział w *Surya-Siddhanta* traktujący o koniunkcjach
planet i ich konfliktach, gdy znajdują się w pobliżu siebie, sprawił, że
współcześni naukowcy sądzą, że ta część książki nie ma wartości naukowej takiej jak reszta pracy i powstała jako astrologiczny wymysł,

---

[1] *Surya-Siddhanta*, rozdz. VII (tłum. Burges).

[2] Przykładem może być następujący wzór metody stosowanej w *Surya*: „Prze-
mnóż obwód Ziemi przez deklinację słońca wyrażoną w stopniach i podziel przez
liczbę stopni w okręgu; wynik, w jodżanach, określa odległość od miejsca o nieznanej szerokości geograficznej, nad którym przechodzi słońce" (Rozdz. vii).

[3] Tycho de Brache, w czasach postkopernikańskich, wciąż obstawał przy tym
poglądzie.

[4] *Surya-Siddhanta*, uwaga do str. 13.

[5] *Ibid.*, p. 248.

albo nawet jest wstawką. Wiemy teraz, że rozdział ten ma równą wartość naukową jak pozostałe rozdziały i że zbliżenia planet w układzie słonecznym miały rzeczywiście wielokrotnie miejsce.

W astronomii hinduskiej połączenie planet nazywa się *joga* {*juga*}. Wiele mówiącym jest fakt, że epoki świata również nazywają się *jogami*, planetarnymi koniunkcjami[1] (albo bardziej dokładnie – połączeniami).

BUNDAHIS

Teomachia, wojna bogów opisana w epice homeryckiej, w *Eddzie*, i w eposie o Huitzilpochtli, przedstawiona jest również w indoirańskim tekście *Bundahis*[2]. „Planety biegły przez niebo i wywołały zamieszanie" w całym kosmosie[3].

W czasie długo trwającej bitwy ciał niebieskich, jedno z nich sprawiło, że cały świat stał się zupełnie ciemny, oszpeciło świat i zapełniło go robactwem. Ten akt kosmicznego dramatu poznaliśmy jako pierwszy kontakt Ziemi z kometą Tyfonem, tą samą co Pallas Atena. Dalej miały miejsce następne akty dramatu. Planetarne zakłócenia trwały przez długi czas. „Sfera niebieska obracała się... Planety, wraz z wieloma demonami, pędziły po sferze nieba i pomieszały konstelacje; i cały świat był oszpecony tak jakby ogień zniekształcił każde miejsce i pojawił się tam dym"[4].

Planeta o imieniu Gokihar lub „Potomek Wilka" i „szczególnie niepokojący księżyc"[5], oraz ciało niebieskie nazywane Mievish-Muspar, „które posiadało ogony", lub kometa[6], sprowadziło zamieszanie wśród słońca, księżyca i gwiazd. Ale w końcu „słońce przywiązało Muspara do własnego promieniowania, za obopólną zgodą, tak że mógł on czynić mniej szkody"[7].

W tym opisie „bitwy planet" rozpoznajemy potomka wilka, jako powodującego zakłócenie księżyca, planetę Gokihar, jako Marsa; Muspar z ogonami to ewidentnie Wenus, zwana również Tistrią, lub „przywódcą gwiazd wśród planet". W rezultacie tej bitwy słońce zamieniło Wenus w gwiazdę wieczorno-poranną lub [inaczej] obniżyło

---

[1] Bentley, *A Historical View of the Hindu Astronomy* (1825), p. 75: „Same okresy nazwano jugami, lub koniunkcjami".

[2] *The Bundahis, Pahlawi Texts* (tłum. West).

[3] "Die Planeten rannten, Verwirrung stiftend, gegen den Himmel an". J. Hertel, "Der Planet Venus in Avesta", *Berichte der Sächsischen Akademie der Wissenschaften, Phil. hist. Klasse.* LXXXVII (1935).

[4] *Bundahis*, Rozdz. 3, Secs. 19–25.

[5] Patrz infra podrozdziału „Fenris-Wolf", nota 5.

[6] Orlik, *Ragnarok*, p. 339.

[7] *Bundahis*, Rozdz. V, Sec. 1.

położenie Lucyfera tak, że nie mógł czynić szkody. W *Bundahis* ścierające się siły nie są nazywane „bogami", ale wyłącznie „planetami".

STRĄCONY LUCYFER

Można powiedzieć, że planeta Mars, zderzając się z Wenus, ocaliła kulę ziemską od wielkiej katastrofy. Od czasów Eksodusu i Jozuego, mieszkańcy Ziemi obawiali się Wenus. Przez około siedemset lat ta groźba wisiała nad ludzkością niczym miecz Damoklesa. Na obu półkulach składano Wenus ofiary z ludzi, aby ją przebłagać.

Po stuleciach strachu miecz Damoklesa został usunięty znad głów ludzkości, po to aby zostać zastąpionym przez inny. Mars stał się zagrożeniem dla ludzi i co piętnaście lat obawiano się jego powrotu. Przed tym Mars przyjął cios, a nawet wiele kolejnych ciosów Wenus, i ocalił Ziemię.

Wenus, która miała kolizję z Ziemią w piętnastym stuleciu przed naszą erą, w ósmym stuleciu weszła w kolizję z Marsem. W tym czasie Wenus poruszała się z mniejszą prędkością eliptyczną niż w chwili pierwszego spotkania z Ziemią, ale Mars, posiadając masę równą około jednej ósmej masy Wenus, nie był dla niej równym przeciwnikiem. Było to zatem godne uwagi osiągnięcie, że Mars, mimo że został wyrzucony poza ring, przyczynił się do zmiany orbity Wenus z eliptycznej na prawie kołową[1]. Patrząc z Ziemi, Wenus została usunięta ze swej ścieżki biegnącej wysoko w stronę zenitu i ponad zenitem, na obecną ścieżkę[2], na której nigdy nie oddala się od słońca więcej niż o 48 stopni, stając się tym samym poranną lub wieczorną gwiazdą, która poprzedza wschód słońca, lub pojawia się po jego zachodzie. Będąc przez wiele stuleci bojaźnią dla świata, Wenus stała się łagodną planetą.

Izajasz, odnosząc się, w przenośni, do króla Babilonu, który zburzył miasta i wyludnił kraj, wypowiedział znaczące słowa o Lucyferze, który spadł z nieba i został strącony na ziemię. Komentatorzy rozpoznali, że poza słowami odnoszącymi się do króla Babilonu, musi istnieć jakaś legenda o Gwieździe Porannej. Metafora dotycząca króla Babilonu sugerowała, że jego los i los Gwiazdy Porannej nie były różne; oboje spadli z wysoka. Ale cóż to mogło oznaczać, że Gwiazda Poranna spadła z wysoka? pytali komentatorzy.

Znaczące są słowa Izajasza o Gwieździe Porannej, która „osłabiła narody" zanim została zrzucona na ziemię. Osłabiła ona narody w czasie dwóch kolizji z Ziemią, i osłabiła narody, utrzymując je przez stulecia w stałym lęku.

---

[1] Mimośród orbity Wenus wynosi 0,007.
[2] Pochyloną $3°4'$ do płaszczyzny ekliptyki (Duncan, 1945).

Księga Izajasza w każdym rozdziale dostarcza obficie dowodów na to, że wraz z usunięciem Wenus tak, że nie przecinała już więcej orbity Ziemi, niebezpieczeństwo nie tylko nie zostało wyeliminowane, ale stało się jeszcze większe.

ROZDZIAŁ IV

BÓG-MIECZ

W BABILONIE w ósmym wieku [p.n.e.] planeta Mars stała się wielkim bogiem, którego się obawiano i dla którego komponowano modlitwy, śpiewano hymny i inwokacje i wymawiano magiczne formuły. O tych formułach mówi się jako o „magicznych słowach [wymawianych] z ręką wzniesioną ku planecie Nergal {Mars}" Modlitwy te były skierowane bezpośrednio do planety Mars[1]. Podobnie jak grecki Ares, Nergal nazywany jest „królem bitwy, przynoszącym porażkę, przynoszącym zwycięstwo". Nie można uważać, że Nergal sprzyjał mieszkańcom Międzyrzecza; w najbardziej pechowej nocy zadał on klęskę Sanherybowi.

> Blask grozy, bóg Nergal, książę bitwy,
> Twoją twarzą jest blask, twymi ustami jest ogień,
> Szalejący Bóg-płomień, bóg Nergal
> Tyś jest Cierpieniem i Zgrozą,
> Wielkim Bogiem-mieczem,
> Pan, który wędruje nocą,
> Straszny, szalejący Bóg-płomień...
> Którego szał jest burzą potopu.

W czasie jednej ze swych wielkich koniunkcji, atmosfera Marsa była tak rozciągnięta, że przypominała miecz. Często, zarówno przedtem jak i potem, cuda na niebie przybierały postać miecza. Tak więc w dniach Dawida pojawiła się kometa w kształcie człowieka „między ziemią a niebem, z mieczem wydobytym w jego ręce wyciągniętej nad Jeruzalem"[2].

Rzymskiego boga Marsa przedstawiano z mieczem; stał się on bogiem wojny. O tym mieczu mówił Izajasz, kiedy przewidywał powtórzenie katastrofy, strumień siarki, płomień, burzę i kołysanie się nieba. „I padnie Asyria od miecza, lecz nie miecza ludzkiego, i nie miecz człowieczy ją pożre... a jej wodzowie opuszczą w popłochu

---

[1] Böllenrücher, *Gebete und Hymnen an Nergal*, p. 19. Bezold u Bolla w *Sternglaube und Sterndeutung*, p. 13: "Gebete der Handerhebung: von denen eine Anzahl an Planetengötter andere dagegen ausdrücklich an die gestirne selbst (Mars) gerichtet sind" (modlitwy ze wzniesieniem ręki: niektóre skierowane do planetarnych bogów, a inne specjalnie do samych planet).

[2] I Księga Kronik 21:16.

sztandar"[1]. „Niebiosa zwiną się jak zwój księgi i wszystkie ich zastępy opadną... Gdyż mój miecz zwisa z nieba"[2].

Starożytni klasyfikowali komety według ich wyglądu. W starych tekstach astrologicznych, takich jak księga *Proroctwa Daniela*, komety, które przybierały kształt miecza, były pierwotnie kojarzone z planetą Mars[3].

Poza przypominającą miecz atmosferą Marsa, rozciągniętą w czasie jego zbliżania się do Ziemi, był jeszcze inny powód aby mianować Marsa bogiem wojny. Planecie przypisano wojowniczy czy wojskowy charakter, z powodu wielkiego podniecenia jakie powodowała, podniecenia które wywoływało niepokój u wielu ludzi, i które prowadziło do migracji i wojen. Od najdawniejszych czasów cuda na niebie uważano za zwiastuny wielkiego zamieszania i wielkich wojen.

Planeta, która weszła w kolizję z innymi planetami na niebie i podążyła w stronę Ziemi jakby z ognistym mieczem, stała się bogiem wojny, wydarłszy ten tytuł z rąk Ateny-Isztar.

„Bogowie niebios wydali ci wojnę", mówią hymny do planety Nergal, i to jest wojna opisana w *Iliadzie*.

Nergala nazywano *quarradu rabu*, „wielkim wojownikiem", toczył on wojnę z bogami i z Ziemią. Najczęściej spotykany ideogram, określający Nergala w semickim piśmie klinowym, odczytuje się jako *namsaru*, co oznacza „miecz"[4]; planetę Mars w inskrypcjach babilońskich z siódmego wieku nazywano „najgwałtowniejszym z bogów".

Herodot powiedział, że Scytowie czcili Aresa (Marsa), i że jego obrazem był sejmitar [orientalna szabla z wypukłym ostrzem]; jemu składali ofiary z ludzi i polewali sejmitar krwią[5]. Solinus napisał o Scytach: „Bogiem tych ludzi jest Mars; zamiast obrazów czczą oni miecze"[6].

Wojna na niebie między zderzającymi się planetami, wojna na ziemi między niespokojnie wędrującymi narodami, planeta podążająca ku Ziemi z wyciągniętym płomiennym mieczem, atakująca ziemię i morze, biorąca udział w wojnach między narodami – wszystko to uczyniło Marsa bogiem wojny.

Miecz boga wojny nie był taki jak miecz „mocarnego człowieka"; nie był wbijany w brzuch, a jednak powodował chorobę i śmierć. Bóg

---

[1] Izajasz 31, 8–9.

[2] Izajasz 34, 4–5.

[3] Gundel, „Kometen", u Pauly-Wissowa, *Real-Ecyclopädie*, XI, Col. 1177, z odniesieniem do *Cat. cod. astr.*, VIII, 3, p. 175.

[4] Böllenrücher, *Gebete und Hymnen an Nergal*, p. 8.

[5] Herodotus iv. 62.

[6] Solinus *Polyhistor* (tłum. A. Golding, 1587), Rozdz. xxiii.

wojny rozsiewał zarazę. W modlitwie do planety Mars (Nergal) mówi się[1]:

> Promienna siedzibo, która promieniujesz na ziemię...
> Któż jest tobie równy?
> Kiedy jedziesz w czas bitwy,
> Kiedy obalasz,
> Kto umknie twemu spojrzeniu?
> Kto umknie twemu naporowi?
> Twoje słowo jest potężną łowiącą siecią,
> Rozciągniętą nad Niebem i Ziemią...
> Jego słowo sprawia, że ludzie chorują,
> Osłabia ich ono.
> Jego słowo – kiedy wędruje w górze –
> Sprawia, że kraj jest chory.

Wybuch zarazy, który jak się wydaje towarzyszył pierwszemu kontaktowi z planetą Mars, powtarzał się w każdym kolejnym kontakcie. Amos wypowiedział te słowa: „Smagałem was posuchą i rdzą... Zesłałem na was mór, jak na Egipt" [Amos 4:9–10].

Planetę Nergal Babilończycy uważali za boga wojny i zarazy; tak Grecy traktowali Aresa, a Rzymianie planetę Mars.

FENRIS-WILK

W babilońskich tekstach astrologicznych jest mowa o tym, że „gwiazda przybiera kształty różnych zwierząt: lwa, szakala, psa, świni, ryby"[2]. To, naszym zdaniem, wyjaśnia oddawanie czci zwierzętom przez starożytne ludy, szczególnie przez Egipcjan.

Planeta Mars, wraz ze swą atmosferą zniekształcaną w czasie zbliżeń do innych ciał niebieskich – Wenus, Ziemi, księżyca – przybierała różne kształty. Meksykanie opowiadali, że Huitzilpochtli, wojowniczy burzyciel miast, przybierał formę różnych ptaków i zwierząt[3]. Pewnego razu Mars w bardzo charakterystyczny sposób przypominał wilka lub szakala. W Babilonii Mars posiadał siedem imion – Szakal był jednym z nich[4]. Także w egipskim panteonie bóg z głową szakala lub wilka był w sposób oczywisty Marsem. O nim powiedziano „grasujący wilk, okrążający ten kraj"[5].

---

[1] Böllenrücher, *Gebete und Hymnen an Nergal*, p. 36.

[2] Kugler, *Babylonische Zeitordnung*, Vol. II *Sternkunde und Sterndienst in Babel*, 91.

[3] Sahagun, *Historia general de las cosas de Nueva España*, Vol. I.

[4] Bezold, w książce Bolla *Sternglaube und Sterndeutung*, p. 9.

[5] Breasted, *Records of Egypt*, III, Sec. 144.

W chińskim atlasie astronomicznym z Soochow, z powołaniem się
na jeszcze bardziej starożytne źródła, jest mowa o tym, że „Pewnego
razu Wenus napadła na Gwiazdę Wilka", gdzie Gwiazda Wilka to
najwyraźniej Mars[1].

Wilk, albo Lupus Martius, był zwierzęcym symbolem Marsa w religii Rzymian[2]. Dało to początek legendzie o Romulusie, synu Marsa,
wykarmionym przez wilczycę. Według tradycji, poczęcie Romulusa
miało miejsce w czasie długo trwającego zaćmienia.

Słowiański Wukadlak, który podążył za chmurami, pożarł słońce
i księżyc, miał postać wilka[3]. Również plemiona północno-germańskie
mówiły o wilku imieniem Sköll, który ścigał słońce[4]. W *Edda*, planetarny bóg, który zaciemnił słońce, nazywa się Fenris-Wilk. „W jaki
sposób powróci słońce na czyste niebo, skoro połknął je Fenris?". Bitwa między Marsem i Wenus przedstawiona jest w islandzkim eposie
jako walka między wilkiem Fenrisem i wężem Midgardem.

„Jasny wąż rozpostarty w niebiosach" i „spieniony wilk" walczyli
na niebie. W lecie nadeszły burze. Następnie nadchodzi dzień i „słońce staje się ciemne"; w wielkim wstrząsie „niebo się rozszczepiło".
„W gniewie uderza strażnika Ziemi, wszyscy ludzie muszą uciekać ze
swych domów... Słońce staje się czarne, ziemia tonie w morzu, gorące gwiazdy spadając z nieba wirują, gwałtownie wzbiera strumień...
aż ogień wzbija się wysoko ponad niebiosa"[5].

CZAS MIECZA, CZAS WILKA

Trzęsienia w wielu miejscach,
tumult wśród ludzi,
knowania narodów,
zamieszanie wśród przywódców.

—IV EZDRASZ 9

Obawa przed Dniem Sądu nie tylko nie uspokoiła narodów, ale na od-
wrót – spowodowała ich przesiedlenia, zmuszając do migracji i wojen.

Scytowie ruszyli się ze swych równin nad Dnieprem i Wołgą i podążyli na południe. Grecy w latach kosmicznych zakłóceń opuścili

---

[1] Tłumacze atlasu domyślali się, że Gwiazda Wilka to Syriusz.

[2] Cf. Virgil *Aeneid* iv. 566; Livy, *History of Rome*, Bk. XXII, i. 12. Posąg
Marsa przy Via Appia stał między figurami wilków. „Wśród zwierzęcych symboli
Marsa pierwsze miejsce zajmuje wilk... Wilk przynależał tak zdecydowanie do
Marsa, że Lupus Martius lub Martialis stało się jego typowym imieniem. Co do
znaczenia tego symbolu, to trudno go pojąć". Roscher w swoim *Lexikon d. griech.
und röm. Myth., s.v.* "Mars", Col. 2430.

[3] J. Machal, *Slavic Mythology* (1918), p. 229.

[4] L. Frobenius, *Das Zeitalter des Sonnengottes* (1904), I, 198.

[5] *The Poetic Edda: Völuspa* (tłum. Bellows, 1923).

swoje siedziby w Mykenach i na wyspach morza Egejskiego i podążyli oblegać Troję. Wojny domowe wśród narodów, konflikty między plemionami, niesnaski wśród domowników były tak powszechne, że te same narzekania można było usłyszeć w wielu miejscach na świecie. Jak już powiedziałem, Mars został nazwany bogiem wojny nie tylko ze względu na swój wygląd przypominający miecz, ale również z powodu tych konfliktów.

„...wypalona jest ziemia, a lud stał się pastwą ognia, nikt nie lituje się nad swym bratem" (Izajasz 9:18). W Egipcie inskrypcja z ósmego wieku [p.n.e.], która mówi o zakłóceniach w ruchu księżyca, wspomina także o nieustających wojnach na ziemi: „W minionych latach, pełnych wrogości, każdy starał się pojmać swego sąsiada, nie myśląc o ochronie swego syna"[1]. Izajasz, mówiąc o Dniu Gniewu, mówi: „I podjudzę Egipt przeciwko Egiptowi, tak że walczyć będzie brat z bratem i bliźni z bliźnim, miasto z miastem, królestwo z królestwem"[2]. Nie inaczej było siedemset lat wcześniej, w dniach katastrof spowodowanych przez Wenus. Wtedy egipski mędrzec narzekał: „Popatrz na wywrócony kraj; słońce jest przesłonięte i nie widać jego światła. Popatrz, syn jest nieprzyjacielem, brat jest wrogiem, człowiek morduje swego ojca"[3].

Islandzka *Völuspa* mówi: „Słońce wstaje ciemne... Bracia będą walczyć i powalą się wzajemnie... Czas topora, czas miecza, tarcze są rozbite, czas wichru, czas wilka, niebawem świat runie, a człowiek nie oszczędzi drugiego".[4]

Wojny Salmanasara IV, Sargona II i Sanheryba prowadzone były w przerwach między katastrofami i w czasie kiedy się one zdarzały. Kampanie wojenne były wciąż przerywane przez siły natury. O swojej drugiej kampanii Sanheryb napisał: „Nastąpił miesiąc deszczu z ostrym zimnem, a silne burze zsyłały deszcz za deszczem i śnieg. Obawiałem się wezbranych strumieni górskich; zawróciłem me jarzmo i podążyłem w stronę Niniwy"[5]. Zanim Sanheryb wyruszył na swoją ostatnią kampanię do Palestyny, jego astrologowie powiedzieli mu, że musi się spieszyć, jeśli chce uniknąć klęski[6]; jak wiemy, nie udało mu się jej uniknąć. W tym samym czasie Izajasz, który zagrzewał Hiskiasza do stawienia oporu Sanherybowi, liczył się z możliwością

---

[1] Breasted, *Records of Egypt*, IV. Sec. 764.
[2] Izajasz 19:2.
[3] Gardiner, „New Literary Works from Ancient Egypt", *Journal of Egyptian Archaelogy*, I (1914).
[4] *The Poetic Edda: Völuspa* (tłum. Bellows).
[5] Luckenbill, *Records of Assyria*, II. Sec. 250.
[6] Ginzberg, Legends, IV, 267, n. 53.

kataklizmu w roku opozycji Marsa, a zatem opierał swą nadzieję na interwencji sił natury.

Babilończycy nazywali rok bliskiej opozycji Marsa „rokiem boga ognia", a miesiąc „miesiącem zstąpienia boga ognia", jak to podane jest na przykład w inskrypcji Sargona[1].

W *Narodzinach Boga Wojny* hinduski poeta Kalidasa przedstawia żywy obraz wojen ponad i na ziemi, splatając je w jedną wielką bitwę.

„Nadleciały obrzydliwe ptaki, straszne stado... i zaciemniły słońce... A potworne węże, czarne, jakby obsypane sadzą, wypluwając gorącą truciznę wysoko w powietrze, zasiały strach w armii znajdującej się u ich stóp...Słońce otaczała dookoła niezdrowa aureola; a przerażony wzrok widział wijące się wewnątrz niej ogromne węże...a w samym dysku słońca widać było widma szakali".

> Spadł przeszywającym płomieniem i oślepiającym
>   błyskiem
> oświetlając najdalsze niebiosa, z wysokości
> piorun, którego dręczący grzmot
> wywołał lęk i drżenie, z bezchmurnego nieba.
> Nadciągnął bębniący deszcz płonących węgli
> zmieszany z krwią i kośćmi martwych ludzi;
> dym i dziwne błyski przeraziły ich dusze;
> niebo było pokryte szarym kurzem jak skóra osła.
> Słonie potykały się, a konie padały,
> piechurzy potrącali się porzucając swoje stanowi-
>   ska,
> ziemia pod nimi drżała u brzegu
> oceanu, kiedy trzęsienie ziemi potrząsnęło tłumem[2].

Piorun przeskakuje zwykle między dwoma chmurami lub chmurą i ziemią. Ale jeśli z jakichś powodów ładunek jonosfery, naelektryzowanej górnej warstwy atmosfery, wzrośnie dostatecznie, wyładowanie może zajść między górną częścią atmosfery i ziemią, i piorun uderzy z bezchmurnego nieba.

Bóg-planeta Śiwa, jak mówi Kalidasa, „złożył swoje nasienie w ogniu" i narodził się Kumara, który pokonał wielkiego demona o imieniu Taraka, który „sprawiał kłopot światu".

Babilońscy astrologowie przypisali swojej planecie-bogu zdolność wydawania dźwięków różnych zwierząt: lwa, świni, szakala, konia, osła i dwóch gatunków ptaków[3]. Starożytni Chińczycy również za-

---

[1] Luckenbill, *Records of Assyria*, II. Sec. 121.
[2] Wg tłumaczenia A. W. Rydera (1912).
[3] Kugler, *Babylonische Zeitordnung*, p. 91.

pewniali, że planety wydają dźwięki jak zwierzęta, kiedy zbliżają się do Ziemi z deszczem kamieni[1]. Jest dość prawdopodobne, że w pewnych przypadkach grzmot wyładowania „z bezchmurnego nieba" brzmiał jak Ta-ra-ka, czyli jak imię demona, który walczył z planetami.

Etiopski król, który wystąpił przeciw Sanherybowi, nazwał siebie Taharka lub Tyrhaka[2]. W wielu miejscach na Bliskim i Środkowym Wschodzie podobne imiona stały się nagle bardzo popularne około ósmego wieku przed naszą erą; przedtem nie były znane.

> Taraka sprawiał kłopot światu tak że
> Pory roku zapomniały teraz
> jak postępować jedna za drugą;
> jednocześnie przynoszą
> kwiaty jesieni, lata, wiosny.

W nocy, kiedy armia Sanheryba uległa zniszczeniu, on sam ocalał, ale według źródeł rabinicznych, uległ poważnemu poparzeniu. Jakiś czas po niesławnym powrocie z Palestyny bez swej armii, został zabity przez dwóch swych synów, gdy klęczał w świątyni; Esarhadon ścigał swych braci-ojcobójców, zabił ich i został królem. W czasie jednej ze swych kampanii przeciwko Egiptowi, jego armie wpadły w taką panikę z powodu naturalnego zjawiska, że rozproszyły się i uciekły z Palestyny, gdzie Sanheryb utracił swą armię z powodu boga burzy Nergala. Lakoniczne zapiski w piśmie klinowym spisane w dniach Nabonidusa, ostatniego króla babilońskiego, który żył w szóstym wieku, odnotowują główne wydarzenia wojny Esarhadona: „W szóstym roku wojska Asyrii udały się do Egiptu. Uciekły one przed wielką burzą"[3]. Tak zdyscyplinowana armia jak asyryjska, pod wodzą jednego ze swoich sławnych królów, nie uciekłaby przed ulewą. Zdarzenie wymienione w tej inskrypcji sugerowało, że biblijna historia podmuchu, który niszczył oddziały asyryjskie, odnosi się nie do armii Sanheryba, ale do jego syna-sukcesora; w przeciwnym przypadku musielibyśmy przyjąć, że w dwóch podobnych sytuacjach jakaś naturalna przyczyna spowodowała pobicie armii asyryjskiej. Jednakże jest możliwe, że po tym jak armia Sanheryba została unicestwiona, gwałtowne wyładowania atmosferyczne i pewne znaki na niebie, tak liczne w tych latach, wywołały panikę oddziałów asyryjskich, do tego stopnia że uciekły.

---

[1] F. Arago, *Astronomie populaire*, IV, 204.
[2] Izajasz 37:9.
[3] Sidney Smith, *Babylonian Historical Texts* (1924), p. 5.

Trzęsąca się ziemia, przesunięcie biegunów, zmiany klimatu, przerażające cuda na niebie, spowodowały wielkie migracje ludzi. Aztekowie opuścili swoją ojczyznę. „Meksykanie ci nieśli ze sobą bożka, którego nazywali Huitzilpochtli... Zapewniali, że ten bożek kazał im opuścić ich kraj, obiecując, że uczyni ich panami i władcami wszystkich krajów... obfitujących w złoto, srebro, pióra... i wszystkie rzeczy niezbędne do życia. Meksykanie wyruszyli jak dzieci Izraela w poszukiwaniu swojej Ziemi Obiecanej"[1]. W Indiach patronem najeźdźców – Ariów, był Indra, bóg wojny, hinduski Mars.

Jonowie i Dorowie rozprzestrzenili się na wyspy, Latynowie byli naciskani przez przybyszów na Półwyspie Apenińskim, Kimmerowie wędrowali z Europy przez Bosfor do Azji Mniejszej, Scytowie przekroczyli Kaukaz i weszli do Azji.

SYNODOS

Pamiętamy, że Józef Flawiusz, po przytoczeniu relacji Herodota o zniszczeniu armii Sanheryba, zamierzał zacytować odmienną relację Berosusa (Berossos) i poprzedził ją następującymi słowy: „Tu podaję co napisał Berosus", ale relacja ta nie zachowała się. Teraz, jeśli wiemy co zdarzyło się w nocy 23 marca 687 r. p.n.e., czy nie możemy domyślić się jak wyglądała relacja Berosusa?

Możemy przyjąć, że Berosus wiedział o tym iż katastrofę spowodował kontakt planety z Ziemią. Seneka w swojej pracy *Naturales questiones* opisał kataklizm wody i ognia, który nawiedził świat i doprowadził go do granic zniszczenia. Również on przedstawił opinię Berosusa, która jest warta odnotowania, gdyż daje obraz starożytnej wiedzy podobny do tego do czego żeśmy doszli w wyniku długiej serii dedukcji i wniosków. Seneka napisał: „Berosus, tłumacz Bel, przypisał tym planetom przyczynę zakłóceń". I dodał: „Jego pewność w tej materii była tak wielka, że wyznaczył daty powszechnego pożaru i potopu. Wszystko co ziemskie, mówi on, spłonie, kiedy gwiazdy, które obecnie podążają po różnych orbitach, połączą się w znaku Raka i ustawią się w jednej linii, tak że linia prosta będzie przebiegać przez środki tych globów. Potop będzie miał miejsce, kiedy te same planety znajdą się w koniunkcji w znaku Koziorożca"[2].

---

[1] *Manuscrit Ramirez* (z szesnastego wieku) tłumaczony przez D. Charnaya, *Historie de l'origine des Indiens qui habitent la Nouvelle Espagne selon leurs traditions* (1903), p. 9.

[2] Tę samą ideę, ale z odmiennymi położeniami gwiazd, jako powód katastrof, znajdujemy u Nigidiusa, cytowanego przez Lukana i w *Commentary to Aristotle* Olympiodora. Patrz Boll, *Sternglaube*, p. 201, i *idem, Sphaera*, p. 362; Gennadius (Georgie Scholarius, patriarcha Konstantynopola), *Dialogus Christiani cum Judeo* (1464). Francuskie wydanie prac Gennadiusa opublikowano w 1930 r.

Pomijając specyficzne szczegóły tych przypuszczeń, pozostaje w nich ziarno prawdy. Katastrofy potopu i pożogi przypisano wpływowi planet, a koniunkcję nazwano zgubną chwilą. Taka była opinia Berosusa dotycząca przyczyny światowych katastrof; katastrofa, która przydarzyła się Sanherybowi, została prawdopodobnie wyjaśniona przez niego w ten sam sposób. Jesteśmy zatem w stanie zrekonstruować zapis Berosusa, który został pominięty u Józefa.

Chaldejscy uczeni byli świadomi tego, że układ planetarny nie jest czymś sztywnym i że planety podlegają zmianom. U Diodora Sycylijskiego znajdujemy: „Każda z planet, według nich {Chaldejczyków} posiada swój szczególny bieg, a ich prędkości i okresy czasu podlegają zmianom i wahaniom"[1]. Zaliczali oni Ziemię do planet, jako że Diodor napisał, iż Chaldejczycy twierdzili „że światło księżyca jest światłem odbitym, a jego zaćmienia spowodowane są przez cień Ziemi"[2]. To sugeruje, że wiedzieli o tym, iż Ziemia jest kulą w przestrzeni, fakt ten był znany również wielu greckim filozofom[3].

Kilku greckich filozofów było świadomych tego, że planety, w czasie bliskich kontaktów, ulegają wielkim zakłóceniom i że z ich pobudzonych atmosfer rodzą się komety. Perturbacje w czasie takich kontaktów mogą być tak silne, że – kiedy zaangażowana jest w nich Ziemia – może mieć miejsce potop lub pożar świata.

Zenon, twórca stoickiej szkoły filozoficznej[4], i podobnie Anaksagoras (500–428 r. p.n.e.) i Demokryt (460–370 r. p.n.e.), twierdzili, że planety w czasie koniunkcji mogą się łączyć, przyjmując kształt komet. Arystoteles, który nie zrozumiał ich nauk, stwierdził: „Sami obserwowaliśmy zbieżność Jowisza z jedną z gwiazd Bliźniąt, którą zasłonił, a mimo to nie powstała żadna kometa"[5].

Diogenes Laertios napisał, że Anaksagoras sądził, iż komety są „koniunkcją planet, które emitują płomienie"[6]; a Seneka, nie wymieniając Anaksagorasa i Demokryta, napisał: „Poniżej [przytaczam] wyjaśnienie podane przez niektórych starożytnych autorów. Kiedy planeta wchodzi w koniunkcję z inną, ich światła mieszają się tworząc jedno i wyglądają one jak wydłużona gwiazda...Przerwa między nimi oświetlana jest przez obie planety, rozpala się i zamienia w smugę

---

[1] Diodorus of Sicily, *The Library of History*, ii. 31 (tłum. Oldfather).

[2] *Ibid.*

[3] Arystarchus z Samos przyjmował, że Ziemia obraca się wraz z innymi planetami wokół słońca.

[4] Seneka, *De Cometis*.

[5] Aristotle, *Meteorologica*, i. 6 (tłum. E. W. Webster, 1931).

[6] Diogenes Laërtius, *Lives*, „Life of Anaxagoras".

ognia"[1]. Seneka, który traktował to jako wyjaśnienie natury komet, poddawał je w wątpliwość, rozumując, że „planety nie mogą pozostawać przez długi czas w koniunkcji, gdyż z powodu prawa prędkości rozdzielą się".

Platon, opierając się na pracach mędrców egipskich, przypisał potop i pożar świata działaniu ciała niebieskiego, które – zmieniwszy swą ścieżkę – przeszło blisko Ziemi, i nawet wymienił planety jako przyczynę okresowych katastrof świata[2]. Greckim określeniem kolizji planet jest *synodos*, które, według współczesnego tłumacza, wymaga spotkania w przestrzeni, jak też kolizji planet[3].

Rzymianie wiedzieli, że Ziemia jest jedną z planet; na przykład Pliniusz pisał: „Istoty ludzkie rozmieszczone są na całej Ziemi i stoją na swych wzajemnie skierowanych nogach... Innym cudem jest, że sama Ziemia jest zawieszona i nie spada i dźwiga nas"[4].

Ziemia, jedna z planet, była uczestnikiem konfliktów z innymi planetami, i ślady wiedzy o tych zdarzeniach można znaleźć u wczesnych autorów. Orygenes, pisząc przeciw Celsusowi, stwierdził: „Nie odnosimy ani potopu, ani pożogi do cyklów i planetarnych okresów; ale za przyczynę ich uważamy wielkie rozpowszechnienie się niegodziwości i (w konsekwencji) jej usunięcie przez potop lub pożogę"[5]. Celsus i Orygenes znali pogląd, że potop i pożoga świata spowodowane były przez planety, i że te światowe katastrofy można przewidywać wcześniej.

Pliniusz napisał: „Większość ludzi nie zna prawdy znanej twórcom nauki z ich żmudnych badań nieba", a mianowicie, że pioruny „są to ognie trzech wyższych planet"[6]. Odróżniał je od błyskawic spowodowanych przez zderzenie dwóch chmur. Seneka, jego współczesny, również rozróżniał błyskawice, które „poszukują domów" lub „mniejsze pioruny" i pioruny Jupitera „z powodu których upada potrójna masa gór"[7].

[1] Seneca, *De Cometis.*

[2] Plato, *Timaeus*, 22 C, 39 D.

[3] Boll, *Sternglaube*, pp. 93 I 201. Grecki termin „określa spotkanie w tej samej poziomej i pionowej płaszczyźnie oraz kolizję. Planety napierają jedna na drugą i powodują zniszczenie świata" („ein Zusammentreffen und auch ein Zusammmenstossen auf derselben Ebene, also nach Breite und Höhe stossen die Planeten ineinander und lösen dadurch das Weltende aus").

[4] Pliny, *Natural History*, ii. 45.

[5] Origen, *Against Celsus*, Bk. iv, Chap. xii, w Vol. IV The Ante-Nicene Fathers (wyd. A. Robert I J. Donaldson, 1890).

[6] Pliny, *Natural History*, ii. 18.

[7] Seneca, *Thyestes.*

Żywy obraz wyładowania międzyplanetarnego podaje Pliniusz: „Ogień niebieski jest wyrzucany przez planetę jak skwiercząca skra z płonącego polana"[1]. Jeśli takie wyładowanie spadnie na ziemię, „towarzyszy mu wielkie zakłócenie powietrza" wytworzone „przez bóle narodzin, żeby tak to nazwać, rodzącej planety"[2].

Pliniusz mówi również, że piorun z Marsa upadł na Bolsenę, „najbogatsze miasto w Toskanii", i że miasto spłonęło całkowicie z powodu tego pioruna[3]. Powołuje się on na pisma toskańskie jako na źródło informacji. Toskańskie pisma oznaczają etruskie księgi.

Bolsena, lub starożytne Volsinium, było jednym z głównych miast Etrusków, których cywilizacja poprzedziła cywilizację Rzymian na półwyspie Apenińskim. Państwa etruskie zajmowały obszar znany później jako Toskania, między Tybrem i Arno.

Niedaleko Bolseny, albo Volsinium, znajduje się jezioro o tej samej nazwie. Jezioro to zapełnia zbiornik o długości dziewięciu mil, szerokości siedmiu mil, i głębokości 285 stóp. Przez długi czas zbiornik ten uważano za wypełniony wodą krater wulkanu. Jednakże jego powierzchnia 117 kilometrów kwadratowych znacznie przekracza powierzchnie największych znanych kraterów na ziemi – tych w Andach w Ameryce Południowej i tych na Wyspach Hawajskich (Sandwich) na Pacyfiku. Dlatego ostatnio kwestionuje się ideę, że jezioro znajduje się w kraterze wygasłego wulkanu. Ponadto, mimo że dno jeziora pokrywa lawa, a teren wokół jeziora obfituje w popioły i lawę oraz kolumny bazaltu, brak jest osypiska wulkanu.

Biorąc pod uwagę to co Pliniusz powiedział o międzyplanetarnych wyładowaniach, oraz to co znajdujemy w Volsinium, można się zastanawiać, czy popioły i lawa i kolumny bazaltu nie mogłyby stanowić pozostałości kontaktu, o którym wspomina Pliniusz. Ponadto, jeżeli wyładowanie spowodował Mars, miało ono prawdopodobnie miejsce w ósmym wieku p.n.e. Katastrofy, które miały miejsce w tym stuleciu, doprowadziły wielką etruską cywilizację do nagłego upadku i zapoczątkowały migrację przybyszów do Włoch, co doprowadziło do powstania Rzymu. Etruskowie, jak cytował Censorinus i jak cytowano w rozdziale „Epoki Świata", uważali, że cuda niebieskie zapowiadały koniec każdej epoki. „Etruskowie byli biegli w wiedzy o gwiazdach i po uważnej obserwacji cudów zapisywali swoje spostrzeżenia w księgach".

---

[1] Pliny, ii. 18.
[2] *Ibid.*
[3] *Ibid.*, ii. 53.

ZDOBYWCA MURÓW

Po zderzeniach, w których – według słów Babilończyków – Mars-Nergal „poruszył Ziemię w posadach", a według Izajasza „Ziemia nadmiernie się poruszyła", potężne i powtarzające się trzęsienia ziemi spustoszyły całe państwa, zniszczyły miasta i roztrzaskały mury fortec. „Splamiony krwią zdobywca murów" jest stale powtarzanym określeniem Aresa u Homera. Również Hezjod nazywa Aresa „łupieżcą miast"[1]. „Patrz", mówi Amos, „Pan rozkazał i porazi wielki budynek wyłomem {rozbije na kawałki}". Następnie nadeszło „zamieszanie" w dniach Uzjasza, i w dniach Ahaza, i w dniach Hiskiasza, kiedy „mury z cegły runęły" (Izajasz 9:9) i „pozostały resztki" ludzi (Izajasz 1:9). Był to „dzień popłochu, zniszczenia i przerażenia przygotowuje Wszechmocny, Pan Zastępów" i „burzenia murów" (Izajasz 22:5).

Ustawiczne przemieszczenia w kuli ziemskiej, skręcenie litosfery, migracja wewnętrznych części globu, musiały powodować serię trzęsień ziemi trwających przez długi czas. Ale w porównaniu z wielkimi katastrofami, kiedy „niebiosa wirowały", miejscowe trzęsienia ziemi skupiały niewielką uwagę.

W raportach astrologów Niniwy i Babilonu wymienia się trzęsienia ziemi w jednej linijce, jak na przykład w następującej wiadomości: „Ostatniej nocy miało miejsce trzęsienie ziemi". Częste drżenie ziemi stało się źródłem znaków dla magów, które sprowadzano do schematu: „Kiedy ziemia trzęsie się w miesiącu Szewat", lub „Kiedy ziemia trzęsie się w miesiącu Nisan", wtedy będzie miało miejsce takie czy inne zdarzenie. Tak jak w poniższym zdaniu, obserwacja mogła być zasadniczo słuszna: „Kiedy ziemia trzęsie się przez cały dzień, nastąpi zniszczenie kraju. Kiedy trzęsie się stale, nastąpi inwazja nieprzyjaciela"[2].

Zapiski dotyczące trzęsienia ziemi w Mezopotamii w ósmym i siódmym wieku [p.n.e.] są bardzo liczne i są datowane[3]. Nie znamy nic porównywalnego w czasach współczesnych. W jednym z raportów wymienia się Nergala (Marsa) jako przyczynę nieszczęścia. „Ziemia trzęsła się; w całym kraju katastrofy zawalenia się; Nergal uciska kraj"[4]. Świątynie skonstruowane bardzo starannie, tak że ich fundamenty

---

[1] Hesiod, *Theogony*, II. 935 ff. *Purandara* albo „niszczyciel miast" jest powszechnym określeniem Indry.

[2] R. C. Thompson (wyd.), *The Reports of the magicians and Astrologers of Nineveh and Babylon in the British Museum* (1900), Vol. II, Nos. 263, 265.

[3] Patrz Kugler, *Babylonische Zeitordnung*, p. 116.

[4] *Ibid.*

mogły zamortyzować wstrząsy i stawić im opór, często ulegały katastrofom, a przyczyną znowu był Nergal. Tak więc mówi się o Nergalu
w związku z runięciem świątyni w Nippur, która została zniszczona
w czasie trzęsienia ziemi[1].

Królowie Babilonu, następcy Sanheryba, opisali w wielu inskrypcjach naprawę wyłomów powstałych w pałacach i świątyniach kraju.
Czasami te same świątynie lub pałace były naprawiane przez dwóch
krótko po sobie następujących królów, tak jak w przypadku Nergi-
lissara (Nergalszarussura) i Nabuchodonozora[2]. W wielkich katastrofach, od ósmego do siódmego stulecia, praktycznie żadna budowla nie
uniknęła uszkodzenia, a nowe budowle wznoszono w taki sposób, aby
mogły zamortyzować częste wstrząsy. Pod koniec siódmego stulecia
Nabuchodonozor opisał środki zapobiegawcze przedsięwzięte w czasie budowy fundamentów pałaców „na piersi otchłani"; fundamenty
te, z ogromnych kamieni, z dopasowanymi złączami, zostały odkryte
w czasie wykopalisk[3]. Babilończycy odkryli również, że ściany z wypa-
lonych cegieł były bardziej elastyczne od ścian z kamieni; budowano
je na podwalinach z wielkich bloków kamiennych[4].

Te stale powtarzające się trzęsienia ziemi, w kraju tak zasobnym
w ropę naftową jak Mezopotamia, powodowały również erupcje ze
złóż: „Ziemia wyrzuciła ropę i asfalt" jako skutek trzęsienia ziemi,
zauważyli urzędowi astrologowie[5].

Biblia i źródła rabiniczne odnotowały powtarzające się naprawy
uszkodzeń w Domu Pana. W dniu „zamieszania" za Uzjasza w świątyni powstał wielki wyłom[6]. Wzmianki o wyłomach w domach, wielkich
pałacach i małych domkach występują licznie u proroków ósmego stulecia. Izajasz mówi: „I oglądaliście szczerby w murze grodu Dawida –
a były liczne"[7]. Naprawa wyłomów w Świątyni była stałym zmartwie-
niem królów Jerozolimy, jak też „wyłom w murze" na zewnętrznych
wałach wokół miasta[8].

---

[1] Langdon, *Sumerian and Babylonian Psalms*, p. 99.

[2] Porządek sukcesji królów w neobabilońskim imperium będzie omawiany
w *Ages in Chaos*.

[3] R. Koldeway, *The Excavations at Babylon* (1914); *idem, Das wieder ent-
standene Babylon* (4 wyd., 1925)

[4] Koldeway, *Die Königsburgen von Babylon* (1931–1939), Vols. I i II. Cf. Pliny,
ii. 84: „Solidnie zbudowana część miasta, specjalnie podatna na zawalenia tego
rodzaju... ściany zbudowane z glinianych cegieł ulegają mniejszym zniszczeniom
na skutek wstrząsów".

[5] Kugler, *Babylonische Zeitordnung*, p. 117.

[6] Josephus, *Antiquities*, IX, x. 4. Patrz Ginzberg, *Legends*, VI, 358.

[7] Izajasz 22:9.

[8] II Księga Królewska 12:15; 22:5; II Księga Kronik 32:5; Amos 6:11; 9:11.

Ponieważ w czasach współczesnych trzęsienia ziemi w Palestynie zdarzają się bardzo rzadko, częste wzmianki o nich u proroków
i psalmistów sprawiły zakłopotanie: „Trzęsienie ziemi zajmowało nie-
proporcjonalne miejsce w religijnych koncepcjach Izraela, w porównaniu do mało znaczącego i względnie rzadkiego ich występowania
w Palestynie"[1].

Troja, scena eposu Homera, została zniszczona przez trzęsienie
ziemi. Słynne „szóste miasto" koło Hissarlik, rozpoznane jako forteca
Priama, króla Trojan, upadła z powodu wstrząsów ziemi, fakt ten
został stwierdzony, w czasie wykopalisk, przez ekspedycję archeolo-
giczną uniwersytetu w Cincinnati[2].

Istnieją liczne teorie dotyczące przyczyn trzęsień ziemi, ale żadna
z nich nie jest powszechnie przyjmowana. Jedni łączą przyczynę trzęsień ziemi z procesem powstawania gór. Twierdzi się, że powstanie gór
wiąże się z ochłodzeniem Ziemi i kurczeniem się skorupy ziemskiej[3].
Teoria ta opiera się na założeniu, że początkowo Ziemia pozostawała w stanie płynnym. Fałdowanie się skorupy ziemskiej tworzy góry
i powoduje trzęsienia ziemi.

Inna teoria widzi przyczynę trzęsień ziemi w migracji płyt lądowych, a nawet całych kontynentów. Również ta teoria opiera się
na koncepcji cienkiej skorupy spoczywającej na lepkim podłożu. Podobieństwa geologiczne oraz fauny Południowej Ameryki i zachodniej Afryki sugerowały ich rozdzielenie się w niedawnych geologicznie
czasach i migrację w przeciwnych kierunkach. Według tej teorii, termiczna konwekcja stanowi mechaniczną przyczynę tej migracji, przy
czym magma dostarcza ciepła.

Jeszcze inna teoria zakłada, że po wewnętrznej stronie skorupy
znajdują się wielkie góry i głębokie doliny, skierowane w kierunku
magmy. Poślizg ogromnych skał wzdłuż zboczy tych gór, pod wpływem grawitacji, przyjmuje się za przyczynę trzęsień ziemi.

Górzyste zachodnie wybrzeże Północnej i Południowej Ameryki
lub brzeg Kordylierów i wschodnie wybrzeże Azji, rozciągające się aż
do Wschodnich Indii, tworzą obszar największej aktywności trzęsień
ziemi, gdzie koncentruje się 80 procent mechanicznej energii wyzwo-
lonej w czasie trzęsień. Inny obszar rozciąga się od basenu morza
Śródziemnego w stronę wyżyn Azji.

W poszukiwaniu związku między trzęsieniami ziemi a innymi zjawiskami naturalnymi, w połowie dziewiętnastego wieku przeprowa-

---

[1] A. Lods, *Israel: From Its Beginnings to the Middle of the Eight Century*
(tłum. S. H. Hooke, 1932), p. 31.

[2] C. W. Blegen, "Excavation at Troy", *American Journal of Archaeology*,
XXXIX (1935), 17.

[3] Patrz dyskusja na temat powstawania gór w rozdziale „Planeta Ziemia".

dzono badania statystyczne, a ich wyniki sugerowały, że trzęsienia ziemi są częstsze, kiedy księżyc jest w nowiu oraz kiedy jest w pełni, lub kiedy przyciąganie księżyca działa w tym samym kierunku co przyciąganie słońca, lub kiedy działa w kierunku przeciwnym. Stwierdzono także, że okres kiedy księżyc znajduje się w perygeum, czyli najbliżej Ziemi, również sprzyja trzęsieniom ziemi[1]. Obserwacje te były kwestionowane pod względem ich powszechnej ważności.

Jednakże powstawanie gór jest procesem, którego przyczyny nie zostały ustalone; migracja kontynentów jest zaledwie hipotezą, a kruszenie się skorupy ziemskiej musi mieć jeszcze jakąś inną przyczynę poza siłą grawitacji, gdyż siła ta działała kiedy powstawała ta skorupa i umożliwiła utworzenie skorupy w jej obecnym kształcie. Stąd wszystkie te teorie są tylko hipotezami dotyczącymi nieznanych przyczyn znanych zjawisk.

Na podstawie materiału przedstawionego na poprzednich stronach, przyjęto tu założenie, że trzęsienia ziemi są wynikiem skręceń skorupy ziemskiej, spowodowanych zmianą położenia równika i przemieszczeniem materii wewnątrz globu ziemskiego, wywołanych bezpośrednim przyciąganiem ciała kosmicznego w czasie bliskiego kontaktu [z Ziemią]. Przyciąganie, skręcenie i przemieszczanie były odpowiedzialne również za powstanie gór.

Jeśli ta koncepcja przyczyn trzęsień ziemi jest słuszna, to wraz z biegiem czasu, począwszy od ostatniej kosmicznej katastrofy, powinno być coraz mniej trzęsień. Obszary Półwyspu Apenińskiego, wschodniej części basenu Morza Śródziemnego, i Mezopotamii, dla których posiadamy rzetelne zapiski, można porównać pod tym względem z czasami obecnymi.

Trzęsienia ziemi w Azji Mniejszej, Grecji i Rzymie zostały opisane lub wzmiankowane przez wielu klasycznych autorów. Dla porównania z obecną aktywnością sejsmiczną wystarczy wskazać na pięćdziesiąt siedem trzęsień ziemi wymienionych w Rzymie, w ciągu jednego roku[2], w czasie wojen punickich (217 r. p.n.e.).

Jeśli nasza interpretacja przyczyny trzęsień ziemi jest właściwa, to w dawnych czasach musiało być nie tylko więcej i silniejszych wstrząsów, ale również ich przyczyna musiała być znana starożytnym.

Pliniusz napisał: „Babilończycy uważają, że nawet trzęsienia ziemi i pęknięcia gruntu spowodowane są przez siłę gwiazd, która jest przyczyną wszystkich innych zjawisk, ale tylko tych trzech gwiazd (planet), którym przypisują oni pioruny"[3].

---

[1] Cf. naukowe publikacje A. Perrey'a.
[2] Pliny, ii. 86.
[3] Pliny, ii. 81.

ROZDZIAŁ V

RUMAKI MARSA

PRZYPADEK Abrahama Rockenbacha i Dawida Herliciusa, którzy pisali około 1600 roku i wiedzieli o kometach w starożytności[1], wykazuje, że treść starych manuskryptów była wtedy znana światu naukowemu, chociaż nie współczesnym uczonym.

Uczony i pamflecista, Jonathan Swift, w swych *Podróżach Guliwera* (1726 r.) napisał, że planeta Mars ma dwa satelity, bardzo małe. „Pewni astrologowie ... podobnie odkryli dwie mniejsze gwiazdy, lub satelity, które krążą dookoła Marsa, z czego najbliższy jest odległy od środka swojej planety dokładnie o trzy jej średnice, a zewnętrzny o pięć; ten pierwszy dokonuje obrotu w dziesięć godzin, a drugi w dwadzieścia jeden i pół... co wyraźnie wskazuje na to, że rządzi nimi to samo prawo grawitacji, które ma wpływ na inne ciała niebieskie"[2].

Rzeczywiście Mars posiada dwa satelity, zwykłe skały, jeden posiadający około dziesięciu (?) mil średnicy, drugi tylko pięć (?)[3]. Jeden okrąża Marsa w 7 godzin 39 minut, drugi w 30 godzin 18 minut. Ich odległości od środka Marsa są nawet mniejsze od tych które wymienił Swift[4]. Odkrył je w 1877 r. Asaph Hall. Przy pomocy urządzeń optycznych znanych w czasach Swifta nie można ich było zobaczyć, i ani Newton ani Halley, współcześni Swifta, ani William Herschel w osiemnastym, czy Leverrier w dziewiętnastym stuleciu, nie podejrzewali ich istnienia[5]. Było bardzo śmiałym ze strony Swifta przyjąć ich bardzo krótkie okresy obrotu, mierzone zaledwie w godzinach; doprawdy, byłaby to bardzo rzadka zbieżność jeśliby Swift wymyślił te satelity, zgadując prawidłowo nie tylko ich istnienie, ale również ich liczbę (dwa), a szczególnie ich bardzo krótkie okresy obrotu. Ten fragment prozy Swifta dosłownie zdumiał krytyków.

Istnieje pewna szansa, że Swift wymyślił dwa satelity Marsa i dzięki rzadkiemu przypadkowi był bliski prawdy. Ale mogło również być tak, że Swift czytał o trabantach [satelitach] w jakimś tekście nie-

---

[1] Patrz rozdział „Kometa Tyfona".

[2] *Travels into Several Remote nations of the World*, by Lemuel Gulliver (London, 1726), II, 43.

[3] Średnice tych satelitów nie są dokładnie znane (Russel, Dugan i Stewart, 1945). [Wymiary Fobosa: 26,8 × 21 × 18,4 km; Deimosa: 15,0 × 12 × 10,4 km – przyp. tłum.]

[4] Fobos odległy jest od powierzchni planety mniej niż jedna średnica planety (od środka planety mniej niż półtora średnicy planety).

[5] Leverrier zmarł miesiąc po tym jak Asaph Hall dokonał odkrycia.

znanym nam ani jego współczesnym. Faktem jest, że Homer wiedział
o „dwóch rumakach Marsa", które ciągnęły jego rydwan; również Wergiliusz pisał o nich[1].

Kiedy Mars znajdował się blisko Ziemi, jego dwa satelity były
widoczne. Pędziły przed Marsem i dookoła niego; w czasie zakłóceń, które miały miejsce, prawdopodobnie porywały ze sobą część
atmosfery Marsa, do pewnego stopnia rozpraszały ją, i pojawiały się
z lśniącymi grzywami[2]. Rumaki były zaprzęgnięte, kiedy Mars (Ares)
szykował się do zstąpienia na Ziemię z karną ekspedycją.

Kiedy Asaph Hall odkrył księżyce Marsa, nadał im imiona Fobos
(Zgroza, Strach) i Deimos (Panika), dwa rumaki Marsa[3]; nie zdając
sobie w pełni sprawy z tego co zrobił, nadał satelitom te same imiona
jakie były znane starożytnym.

Czy Swift zapożyczył swą wiedzę o istnieniu dwóch trabantów
Marsa ze starożytnych dzieł astrologicznych czy też nie, starożytni
poeci wiedzieli o istnieniu satelitów Marsa.

STRASZNI

Wenus posiadała ogon, znacznie krótszy niż wtedy kiedy była kometą, ale wciąż dostatecznie długi aby stwarzać wrażenie wiszącego
płomienia lub dymu, albo przyczepionych włosów. Kiedy doszło do
starcia Marsa z Wenus, wtedy asteroidy[4], meteoryty i gazy zostały
oderwane od tej ciągnącej się części i rozpoczęły w pewnym stopniu
niezależne istnienie, część z nich podążała wzdłuż orbity Marsa, część
innymi szlakami.

Roje meteorytów wraz z gazowymi dodatkami były to nowonarodzone komety; latając grupami i przyjmując różne kształty, musiały
sprawiać niesamowite wrażenie. Te, które podążały tuż za Marsem,
wyglądały jak oddział podążający za swym wodzem. Poruszały się
również wzdłuż różnych orbit, szybko rosły od małych do gigantycznych rozmiarów i siały postrach wśród ludzi na Ziemi. A kiedy, wkrótce po zderzeniu Wenus i Marsa, Mars zaczął zagrażać Ziemi, nowe ko-

---

[1] *Iliad*, xv. 119; *Georgics*, iii. 91. Konie były poświęcone Marsowi (Plutarch,
Roman Questions, xcvii) albo dlatego że były zwierzętami wykorzystywanymi
w wojnie, albo z powodu trabantów Marsa, które wyglądały jak konie ciągnące rydwan.

[2] G. A. Atwater sugeruje, że mogły to być efekty elektryczne.

[3] Asaph Hall, *The satellites of Mars* (1878): „Z różnych imion, które zaproponowano dla satelitów, wybrałem sugerowane przez pana Madana z Eton w Anglii"
Deimos i Fobos.

[4] Między Marsem i Jowiszem znajduje się ponad tysiąc asteroidów, o których
sądzono, że kiedyś były planetą. G. A. Atwater stawia pytanie, czy mogły one
powstać skutkiem spotkania Marsa i Wenus.

mety, przebiegając blisko Ziemi, zwiększyły lęk, stale przypominając o godzinie nieszczęścia.

Kiedy u Homera Ares przystępuje do bitwy, towarzyszą mu nigdy nie spoczywające stwory: Strach, Klęska i Niezgoda. Strach i Klęska zaprzęgają znane również ze swych imion błyszczące konie Aresa, które same są strasznymi bestiami; Niezgoda, „siostra i towarzyszka zabójcy ludzi, Aresa, wścieka się nieustannie; najpierw tylko odrobinę unosi swój grzbiet, a potem chowa głowę w niebiosach, podczas gdy stopami kroczy po ziemi".

Podobnie Babilończycy widzieli planetę Marsa-Nergala w towarzystwie demonów i pisali w swoich hymnach do Nergala[1]: „Olbrzymy, wściekłe demony, ze strasznymi członkami, pędzą po jego prawej i po lewej stronie". Te „wściekłe demony" opisane są również w poemacie poświęconym Nergalowi-Eriskigalowi [Ereszkigalowi][2]; sprowadzają one epidemię i wywołują trzęsienia ziemi.

Jak się wydaje, mitologiczne postaci łacińskich Furii i greckich Erynii, z wężami wijącymi się wokół ich głów i ramion, błyskające ogniem z oczu, machające wokół pochodniami, wyrosły na bazie tych samych cudów na niebie, poruszających się gwałtownie, w ciągu godzin zmieniających kształty i działających w sposób gwałtowny. Erynie poruszały się w grupach, jak łowczynie, lub jak „sfora dzikich psów"[3], ale czasami wydawały się być podzielone na dwie grupy[4].

To tym kometom, wędrującym w grupach z Marsem lub [inaczej] Indrą, poświęcono bardzo dużo hymnów wedyjskich. Nazywają się one Maruty „błyszczące jak węże", „promieniujące swą mocą", „lśniące jak ognie"[5].

> O Indro, O mocarny bohaterze, udziel nam swej
> 　　　chwały
> wraz z Marutami, strasznymi, okropnymi,
> mocarny dawco zwycięstwa[6].

Mówi się też o tym, że ich „moc jest taka jak wigor ich ojca".

> Wasz marsz, O Maruty, wygląda wspaniale...
> Wzywamy was, wielkie Maruty,

---

[1] Böllenrücher, *Gebete und Hymnen an Nergal*, p. 29.

[2] Fragmenty tego poematu znaleziono prawdopodobnie w el-Amarna. Bardzo możliwe, że Etiopczycy, którzy podbili Egipt w ósmym wieku, okupowali Akhet-Aten (Tell-el-Amarna) i zdeponowali część archiwów.

[3] J. Geffcken, „Eumenides, Erinyes" w *Encyclopaedia of Religion and Ethics*, wyd. J. Hastings, Vol. V.

[4] Euripides, *Iphigenia in Tauris*, l. 968; Aeschylus, *Eumenides*.

[5] *Vedic Hymns* (tłum. F. Max Müller, 1891).

[6] *Ibid.*, Mandala I, Hymn 171.

nieustający wędrowcy. . .
Jak świt, odsłaniają one ciemne noce
z czerwonymi promieniami, mocarne,
swym olśniewającym światłem,
jak morzem mleka. . .
Spływając w dół gwałtownie z przepychem,
przybrały swoje jasne i olśniewające barwy[1].

Komety te ciskały głazami.

O potężne, z błyszczącymi włóczniami,
potrząsające swą mocą nawet to co niewzruszone. . .
Ciskające głazy w locie!
Wszystkie istoty boją się Marutów[2].
Niechaj wasz przemarsz będzie olśniewający, O Ma-
        ruty. . .
Lśniące jak węże.
Niechaj wasz skierowany na wprost wał, O Maruty
szczodrzy dawcy, pozostanie z dala od nas,
a także głazy, które ciskacie![3]

Meteoryty, kiedy wstępują w ziemską atmosferę, czynią przerażający hałas. Podobnie czynią Maruty:

Nawet w dzień Maruty stwarzają ciemność. . .
Następnie od krzyku Marutów
na całej przestrzeni Ziemi,
ludzie zatoczyli się[4].

O tej ciemności i hałasie opowiadają biblijne i rabiniczne źródła,
rzymskie podania i hymny do Nergala. Ponieważ podobieństwa opisu
„strasznych" w hymnach wedyjskich i u Joela są uderzające, choć nie
zostały zauważone, przytoczymy jeszcze kilka cytatów.

Komety, kiedy zaczynały wirować, wyglądały jak wirujące po-
chodnie, albo wijące się węże; przyjmowały kształt wirujących kół,
a niebiańskie fantasmagorie wyglądały jak szybkie rydwany; zmieniając kształty, Maruty wyglądały jak konie mknące po niebie, a następnie jak zastępy wojowników, skaczące, wspinające się, gwałtowne.

Poniżej podano po kolei wersy z drugiego rozdziału [Księgi] Joela
(2:2–11) przeplecione z niektórymi z hymnów wedyjskich poświęconych Marutom.

---

[1] *Vedic Hymns* (tłum. F. Max Müller, 1891), Hymn 172.
[2] *Ibid.*, Hymn 85.
[3] *Ibid.*, Hymn 172.
[4] *Ibid.*, Hymn 48.

JOEL 2:2 Dzień ciemności i mroku,
dzień pochmurny i mglisty.

Jak zorza poranna kładzie się na góry,
tak nadciąga lud wielki i potężny,
któremu równego nie było od wieków
i po nim już nie będzie
aż do lat najdalszych pokoleń.

HYMNY WEDYJSKIE Nawet w dzień Maruty stwarzają ciemność[1].

Straszliwa armia Marutów,
zawsze młodych bohaterów[2].

Wszystkie istoty boją się Marutów:
to ludzie, wyglądający straszliwie, jak królowie[3].

JOEL 2:3 Przed nim ogień płonący,
a po nim płomień gorejący.

Przed nim kraj jest jako ogród Eden,
a po nim jak step pusty.

Nikt też przed nim nie ujdzie

HYMNY WEDYJSKIE Jak podmuch ognia...

Świecący w swej mocy,
lśniący jak ognie, i zapalczywi[4].

JOEL 2:4 Wyglądają jak konie,
a biegną jak rumaki.

HYMNY WEDYJSKIE Kiedy ścigają się, ziemia
się trzęsie,
jak rozbita,
kiedy na niebiańskiej ścieżce zbroją się ku zwycię-
stwu.

Myją swe konie jak przed wyścigami,
ponaglają trzciną
na swych rączych rumakach[5].

JOEL 2:5 Podskakują na wierzchołkach gór
z turkotem wozów bojowych,
z trzaskiem płomienia ognia,
który pożera ściernisko,
podobnie jak potężny lud, gotowy do bitwy.

---

[1] *Ibid.*, Mandala I, Hymn 38.
[2] *Ibid.*, Mandala V, Hymn 53.
[3] *Ibid.*, Mandala I, Hymn 85.
[4] *Ibid.*, Hymny 39, 172.
[5] *Ibid.*, Hymny 86, 172.

HYMNY WEDYJSKIE Są oni jak woźnice rydwa-
    nów
pędzący na złamanie karków.
Ci, którzy są lśniący, o strasznym wyglądzie,
Potężni, pożeracze wrogów.
Na swych rydwanach naładowanych błyskawicami...

Gromada rydwanów, okropny Marutów zastęp[1].
JOEL 2:6 Przed nimi ze strachu drżą ludy,
wszystkie twarze bledną.
HYMNY WEDYJSKIE Kiedy zbliżacie się, syn czło-
    wieczy opuszcza głowę...
To wy sprawiliście, że ludzie drżą,
wy sprawiliście, że drżą góry[2].
JOEL 2:7 Biegną naprzód jak bohaterowie,
wdzierają się na mury jak wojownicy;
każdy idzie prosto swoją drogą
i nie zbacza ze swojej ścieżki.
HYMNY WEDYJSKIE Twój najazd jest gwałtow-
    ny, wspaniały, straszny,
całkowity i miażdżący...
Straszliwy orszak niestrudzonych Marutów...
Pełni strasznych znaków, jak olbrzymi[3].

Joel opisuje jak ci wojownicy, przybywający w ogniu i w chmurach, uderzą w mury, wkroczą przez okna, popędzą tam i z powrotem
po mieście, a miecz nie uczyni im krzywdy. W podobnych słowach
hymny wedyjskie opisują najazd tych straszliwych zastępów.

Jeśli pozostałaby jakakolwiek wątpliwość co do natury „straszliwych", rozproszy ją następujący fragment:

JOEL 2:10 Drży przed nimi ziemia,
trzęsie się niebo,
słońce i księżyc są zaćmione,
a gwiazdy tracą swój blask.

Maruty często są nazywane „potrząsający niebem i ziemią".

HYMNY WEDYJSKIE Wy potrząsacie niebem.
Straszliwi... nawet to co jest mocne i nieporuszone
jest potrząśnięte.
Kiedy ci, których marsz jest przerażający,

---

1 *Ibid.*, Mandala I, Hymny 172, 19, 36; Mandala V, Hymn 53.
2 *Ibid.*, Mandala I, Hymn 37.
3 *Ibid.*, Hymny 168, 64.

powodują że drżą skały,
albo gdy mężne Maruty potrząsnęły grzbietem niebios.
Ukryjcie szkaradną ciemność,
dajcie nam światło, za którym tęsknimy![1]

Ziemia jęczała, meteoryty – zastęp Pana – wypełniły niebo bi-
tewnym krzykiem „na całej przestrzeni Ziemi" a „ludzie zatoczyli
się".

Były to, według słów Joela, „znaki na niebie i na ziemi, krew,
ogień i słupy dymu" kiedy „słońce przemieni się w ciemność, a księżyc
w krew" [3: 3,4].

Chmury, ogień, przerażający łoskot, ciemność w środku dnia; na
niebie fantastyczne kształty pędzących rydwanów, biegnących koni,
maszerujących wojowników; wstrząsy ziemi, wirowanie nieboskłonu,
wszystko to było postrzegane, odczuwane i budziło strach zarówno
w basenie Morza Śródziemnego jak i Oceanu Indyjskiego, gdyż nie
były to lokalne zakłócenia, ale przejawy sił kosmicznych, o kosmicznych wymiarach. Joel nie przepisywał z *Wed* ani *Wedy* z Joela. Nie
tylko w tym jednym przypadku można wykazać, że ludzie, oddzieleni
nawet szerokimi oceanami, opisali jakieś widowisko w podobnych słowach. Były to widowiska ukazujące się na ekranie nieba, które kilka
godzin po tym jak były widziane w Indiach, pojawiały się nad Niniwą,
Jerozolimą i Atenami, wkrótce potem nad Rzymem i Skandynawią,
a parę godzin później nad ziemiami Majów i Inków.

Widzowie postrzegali w niebieskich cudach albo demony, jak greckie Erynie, lub łacińskie Furie, lub bogów, do których zwracano się
w modłach, tak jak w hinduskich *Wedach*, albo wykonawców gniewu
Pana, jak u Joela i Izajasza.

W rozdziale „Izajasz" twierdzimy, że armia Pana to nie były asyryjskie oddziały, ale zastępy niebiańskie. Izajasz nazwał armię Najwyższego „straszliwymi".

I wywiesi chorągiew dla narodu z daleka,
i świstem zwabi go od krańców ziemi,
a oto ten śpiesznie i szybko nadejdzie.
Nikt wśród nich nie jest zmęczony ani się nie poty-
ka,
nikt nie drzemie ani nie śpi.
Nie rozluźnia się pas na jego biodrach,
nie rozrywa się rzemyk jego sandałów.
Jego strzały są ostre,

---

[1] *Ibid.*, Mandala I, Hymny 168, 167, 106, 38, 86.

a wszystkie jego łuki napięte,
kopyta jego koni są jak krzemień,
a jego koła jak huragan.
Jego ryk jak u lwa i ryczy jak lwiątka...
I zahuczy nad nim w owym dniu jak huczy morze.
Gdy spojrzeć na ziemię, oto niepokojąca ciemność
i światło przyćmione przez ciemne obłoki[1].

Potężny ryk, koła obracające się jak trąba powietrzna, konie z krzemiennymi podkowami, światło ciemniejące w niebiosach, są to powszechne cechy.

HYMNY WEDYJSKIE Te silne, mężne, dobrze uzbrojone Maruty
nie walczą ze sobą;
mocne są rogi, oręża na waszych rydwanach,
i na waszych tarczach są wspaniałe[2].
Ci, którzy dzięki własnej mocy
wydają się wznosić ponad niebem i ziemią...
są wspaniali jak lśniący bohaterowie,
błyszczą oni jak niszczący wroga młodzieńcy[3].
Ryczący i pędzący niby wichry,
lśniący jak języki ognia,
mocarni jak odziani w kolczugi żołnierze...
zwarci jak szprychy w kołach rydwanu,
spoglądający jak zwycięzcy bohaterowie,
szybcy jak najlepsze z koni[4].

Okropne postaci ciskały grad meteorytów, które bombardowały mury gorącym żużlem i wlatywały przez okna; jednocześnie miasta zamieniały się w gruzy z powodu drgań ziemi.

„Hordy straszliwych" są „jak drobny pył", a ich inwazja „stanie się nagle, w oka mgnieniu", mówi Izajasz[5]. Pan ześle swe zastępy z „grzmotem i wstrząsem, i głośnym hukiem, huraganem i wichrem, i płomieniem ognia pożerającego" [Izajasz 29:6]

Maruty są to mężowie lśniący błyskawicą,
strzelają piorunami,
płoną z wichrem,
potrząsają górami[6].

---

[1] Izajasz 5:26 ff.
[2] *Vedic Hymns*, Mandala VIII, Hymn 20.
[3] *Ibid.*, Mandala X, Hymn 77.
[4] *Ibid.*, Hymn 78.
[5] Izajasz 29:5.
[6] *Vedic Hymns*, Mandala V, Hymn 54.

Izajasz mówi, że „podmuch straszliwych zburzy mury obronne".

Ty {Panie} wycisz harmider obcych... niechaj ugnie
się gałąź straszliwych[1].

Maruty nazywane są często „straszliwe", tego samego określenia
użył Izajasz. „Straszliwi" z *Wed* nie były to zwykłe chmury burzowe,
ani też „straszliwi" Joela i Izajasza nie były to istoty ludzkie. Z pewnością tylko przez przypadek podobieństwo nazw i obrazów umknęło
uwagi badaczy religii.

Przez Maruty rozumiemy tutaj komety, które w wielkiej liczbie
zaczęły się kręcić po niebie, na krótkich orbitach, po zderzeniu Marsa i Wenus. Podążały one za planetą Mars i wyprzedzały ją. Imię
Mars (dopełniacz: Martis) ma to samo źródło co Marut. Z satysfakcją
można więc przeczytać, że został już ustalony związek filologiczny[2].
Jeszcze bardziej satysfakcjonujące jest to, że to równanie filologiczne
sporządzono bez wiedzy o rzeczywistych związkach między planetą
Mars i „straszliwymi".

Porównując hebrajskie materiały historyczne, chińskie astronomiczne i łacińskie kościelne, ustaliliśmy, że to planeta Mars spowodowała szereg katastrof w ósmym i siódmym wieku przed naszą erą.
Grecki epos wyjaśnił jak to się stało, że Wenus przestała, a Mars
zaczął stanowić zagrożenie dla Ziemi. W bitwach niebiańskich Ares
lub Nergal, obaj znani jako planeta Mars, posiadał świtę demonicz-
nych postaci. Imię Mars wyprowadzono z indyjskiego Marut; Maruty,
„straszliwi", są „straszliwymi" Izajasza i Joela.

Filologowie dyskutowali nad źródłem greckiego imienia Ares[3] i
przedstawiono argumenty przeciwko identycznemu źródłu z Marsem.
Wydaje mi się, że tak jak Mars został wyprowadzony z Marut, „straszliwych" z *Wed*, tak też Ares powstał ze „straszliwy" w języku hebrajskim, który, używany przez Joela i Izajasza, brzmi *ariz*.

W nie zachowanym fragmencie Pliniusza powiedziano coś o kometach wytworzonych przez planety[4]. Również atlas astronomiczny

---

[1] Izajasz.

[2] „Czemu mamy protestować przeciwko Marsowi, Martis jako formą analo-
giczną do Marutów? Nie twierdzę, że te dwa słowa są identyczne, utrzymuję tylko,
że mają to samo źródło... Jeśli istniałaby jakakolwiek wątpliwość co do pierwotnej
tożsamości [słów] Marut i Mars, powinna ona zostać rozwiana przez umbryjskie
imię *cerfo Martio*, które, jak wykazał Grassmann (w Kuhna *Zeitschrift*, XVI, 190,
etc.), odpowiada dokładnie wyrażeniu *sardha-s maruta-s*, zastępom Marutów. Taka szczegółowa zbieżność nie może być przypadkowa". F. Max Müller, (1891), I,
xxv.

[3] *Ibid.*, p. xxvi.

[4] Cf. Pauly-Wissowa, *Real-Encyclopädie*, Vol. XI, Col. 1156.

Soochow mówi o sytuacji z przeszłości, kiedy komety narodziły się z planet: Marsa, Wenus i innych.

PRÓBKI Z PLANET

W hymnach wedyjskich błaga się Maruty, aby „trzymały się od nas z daleka same i głazy, które ciskają". Kiedy komety przechodzą blisko Ziemi, czasami spadają głazy; klasycznym przykładem jest upadek meteorytu w Ajgospotamoj, kiedy na niebie jaśniała kometa[1]. Hinduska księga *Varahasanhita* widzi w meteorytach zwiastuny zniszczenia spowodowanego przez ogień i trzęsienia ziemi[2].

Ponieważ planety były bogami, obawiano się głazów ciskanych przez nie lub przez komety z ich otoczenia, jako boskie pociski[3], a kiedy spadły i zostały znalezione, oddawano im cześć.

Kamień Kronosa w Delfach[4], posąg Diany w Efezie, który według Dziejów Apostolskich (19:35) był posągiem, który spadł z Jowisza, kamienie Amona i Seta w Tebach[5], wszystko to były meteoryty. Również posąg Wenus na Cyprze był kamieniem, który spadł z nieba[6]. Palladium z Troi był kamieniem, który upadł na ziemię „z Pallas Ateny"[7] (planety Wenus). Święty kamień Tyru również był meteorytem przypisanym Astarte, planecie Wenus. „Wędrując po świecie {Astarte} napotkała gwiazdę spadającą z powietrza, lub z nieba, którą zabrała i konsekrowała na świętej wyspie {Tyr}"[8]. W Aface, w Syrii, spadł meteoryt i „uważano, że jest to sama Astarte" i zbudowano tam świątynię poświęconą Astarte; urządzano tam święta „w regularnych okresach zbieżnych z pojawieniem się Wenus, czyli Wieczornej lub Porannej Gwiazdy"[9].

---

[1] Aristotle, *Meteorologica*, i. 7.

[2] Frazer, *Aftermath* (suplement do *The Golden Bough*) (1936), p. 312.
Dwa greckie miasta, Bura i Helice, zostały zniszczone przez trzęsienie ziemi i falę pływową i pochłonięte przez ziemię i morze w roku 373 p.n.e., kiedy na niebie jaśniała kometa.

[3] Według Mahometa, głazy, które spadały na grzeszne plemiona, miały wypisane imiona tych, których miały zabić.

[4] G. A. Wainwright, „The Coming of Iron", *Antiquity*, X (1936), 6.

[5] Wainwright, *Journal of Egyptian Archaeology*, XIX (1933), 49–52.

[6] Olivier, *Meteors*, p. 3.

[7] Cf. Bancroft, *The Native Races*, III, 302.

[8] R. Cumberland, *Sanchoniatho's Phoenician History* (1720), p. 36. Lucian twierdzi, że Astarte była upadłą gwiazdą Sanchoniathona. *Ibid.*, p. 321. Patrz również F. Movers, *Die Phönizier*, I, 639.

[9] Frazer, *The Golden Bough*, V, 258 ff. Cf. rozdział „Oddawanie czci Gwieździe Porannej".

Kamień, na którym zbudowano Świątynię Salomona – Eben She-tiya – jest bolidem, który spadł na początku dziesiątego wieku, w czasach Dawida, kiedy na niebie widoczna była kometa, która wyglądała jak człowiek z mieczem[1]. Święta tarcza Numy w Rzymie, ancile rzymskiego Marsa, była bolidem; spadła ona z nieba[2] na początku siódmego wieku, a jej pochodzenie łączono z Marsem.

W latach kiedy planeta Mars dawno się już uspokoiła, wciąż obserwowano jej położenie, kiedy miały miejsce upadki meteorytów. Tak więc Chińczycy zanotowali w 211 r. p.n.e.: „Kiedy planeta Mars znajdowała się w sąsiedztwie Antaresa, gwiazda spadła w Toung-Kiun, a zbliżywszy się do ziemi zamieniła się w głaz"[3]. Ludzie w tym miejscu wykuli na kamieniu niepomyślną przepowiednię dla cesarza, a cesarz ją zniszczył. Wykuwanie przesłania dla ludzi lub królów, na kamieniach które spadły, znane było już przedtem i było także praktykowane potem.

Jednemu z kamieni, który spadł z nieba, do dziś jest oddawana cześć – to czarny kamień z Kaaba w Mekce. Obecnie jego powierzchnia jest czarna od dotykania i całowania niezliczoną ilość razy, ale pod powierzchnią brudu zachował swój czerwonawy kolor. Jest to najświętsza rzecz w Mekce, znajdująca się za murami [świątyni] Kaaba, a pielgrzymi podróżują tysiące mil, żeby go ucałować.

Kaaba jest starsza niż mahometanizm. Mahomet, we wczesnym okresie swojej kariery, oddawał cześć Wenus (al-Uzza) i innym bogom planetarnym, które nawet dziś cieszą się wielką czcią wśród muzułmanów, jako „córki boga"[4].

Czarny kamień z Kaaba, według muzułmańskiej tradycji, spadł z planety Wenus[5], ale inna legenda mówi, że został sprowadzony przez archanioła Gabriela[6]. Przyjmując, że ta legenda może zawierać jakąś informację o pochodzeniu kamienia, powinniśmy zadać sobie pytanie: Kim jest archanioł Gabriel?

ARCHANIOŁOWIE

W Biblii jest mowa o tym, że zniszczenie armii Sanheryba zostało spowodowane przez „podmuch", a parę wersów dalej jest mowa o tym

---

[1] I Księga Kronik 21, II Księga Samuela 24. Patrz Tractate Yoma 5, 2; Cf Tractate Sota 48b; także Ginzberg, *Legends*, V, 15.

[2] Olivier, *Meteors*, p. 3.

[3] Abel-Rémusat, *Catalogue des bolides et des aérolithes observés à la Chine*, p. 7.

[4] Wellhausen, *Reste arabischen Heidentums*, p. 34.

[5] F.Lenormant, *Lettres assyriologiques* (1871–1872), II, 140.

[6] *Ibid.*

że było to działanie anioła bożego[1]. Źródła talmudyczne i midraszowe, które podają, że armia Sanheryba została zniszczona przez podmuch i plagę, a towarzyszył temu okropny łoskot w nocy, która nastąpiła po dniu, kiedy cień słońca cofnął się o dziesięć stopni, są bardziej konkretne: plaga została sprowadzona przez archanioła Gabriela „pod osłoną kolumny ognia"[2]. W niniejszej pracy wykazano, że było to działanie Marsa.

Czy archaniołowie to planety? „W starym podaniu, sięgającym wstecz do czasów gaonów [VI–XI w. n.e.], jest mowa o tym, że istnieje siedmiu archaniołów, z których każdy związany jest z inną planetą"[3]. „Jak wierzono, siedmiu archaniołów gra istotną rolę w powszechnym porządku [świata] poprzez swoje związki z planetami i konstelacjami. Istnieją pewne rozbieżności w różnych wersjach co do tego, którzy aniołowie przypisani są [konkretnym] planetom"[4]. „W pewnych średniowiecznych pismach Gabriel przypisany jest księżycowi, ale w jednym lub dwóch – Marsowi"[5]. Jednak następująca rzecz pozwala zidentyfikować Gabriela: jest on związany z założeniem Rzymu. Żydowska legenda mówi, że kiedy Salomon pojął za żonę córkę faraona, „archanioł Gabriel zstąpił z nieba i wetknął w morze trzcinę. Wokół tej trzciny osadzało się stopniowo coraz więcej ziemi, a w dniu, kiedy Jeroboam ustawił złotego cielca, na wyspie zbudowano małą chatkę. To było pierwsze zamieszkałe miejsce w Rzymie"[6]. Tutaj Gabriel występuje w roli jaką Rzymianie przypisali Marsowi, założyciela Rzymu[7]. Nasze założenie, że to planeta Mars spowodowała zniszczenie armii Sanheryba na wiosnę 687 r. p.n.e., oparte jest również na źródłach rabinicznych: Ponieważ archanioł Gabriel jest to inna nazwa planety Mars, starożytni Żydzi znali źródło „podmuchu" i tożsamość „anioła Pana", który zniszczył armię asyryjską.

Gabriel jest aniołem ustanowionym nad ogniem; jest również, według Orygenesa[8], aniołem wojny. Tak więc znowu rozpoznajemy w nim Marsa-Nergala. Tradycja rabiniczna utrzymuje, że Asyryjczykom w wojsku Sanheryba, zanim zmarli, archanioł Gabriel pozwolił

---

[1] II Księga Królów 19:7 i 35; Księga Izajasza 37:7; 37:36.

[2] Babylonian Talmud, Tractate Sanhedrin 95b; Tosefta Targun Isaiah 10:32; Aggadat Shir 5, 39 i 8; 45; Jeremiasz o Izajaszu 30:2.

[3] J. Trachtenberg, *Jewish Magic and Superstition* (1939), p. 98.

[4] *Ibid.*, p. 250.

[5] *Ibid.*, p. 251.

[6] Ginzbeg, *Legends*, VI, 128 i 280, w oparciu o Tractate Shabbat 56b i inne źródła; również Grünbaum, *Gesammelte Aufsätze zur Sprach- und Sagenkunde* (1901), pp. 169 ff.

[7] Livy, *History of Rome*, i. Preface; Macrobius, *Saturnalia*, xii.

[8] Origen, *De principiis*, i. 8. „Szczególne zadanie przypisano konkretnemu aniołowi ... Gabrielowi: prowadzenie wojen". Cf. Tractate Shabbat 24.

usłyszeć „pieśń mieszkańców niebios", co można zinterpretować jako
dźwięk spowodowany przez zbliżenie planety. Słowa Izajasza (33:3)
„na donośny łoskot {hamon} pierzchają ludy", powinny, według żydowskiej tradycji przekazanej przez Hieronima, odnosić się do Gabriela, gdyż Hamon to inne z jego imion[1].

Planeta Mars jest czerwona, a Maadim (czerwony lub ktoś, kto
poczerwieniał) jest imieniem Marsa w hebrajskich tekstach astronomicznych. Pewien tekst mówi: „Święty stworzył Marsa-Maadim – aby
strącić je {narody} do piekła"[2].

Kilka źródeł rabinicznych przypisuje zniszczenie armii Sanheryba
działaniu archanioła Michała; niektóre przypisują je obu archaniołom[3]. Kim więc jest archanioł Michał?

Cała historia Eksodusu łączy się z archaniołem Michałem. W Eksodusie [II Księga Mojżeszowa] 14:19 słup ognia i obłoku nazywany
jest aniołem Bożym. Według Midraszu[4], to archanioł Michał uczynił
siebie „murem ognia" między Izraelitami a Egipcjanami. O Michale
mówi się, że został stworzony z ognia. Hagada stwierdza: „Michał
został mianowany Wysokim Kapłanem w niebiańskim sanktuarium
w tym samym czasie kiedy Aaron został wysokim kapłanem Izraela",
to jest w czasie Eksodusu. Michał był też aniołem, który pojawił się
Jozuemu, synowi Nuna.

Niebiańską walkę nad Morzem Przejścia przedstawia archanioł
Michał, zabijający smoka. Michał wytwarza ogień dotykając ziemi,
i emanacja właśnie tego archanioła była widziana w płonącym krza-
ku. Ma on swą siedzibę w niebie i jest zwiastunem Szechiny lub [ina-
czej] obecności Boga, ale jako Lucyfer Michał spada z nieba, a ręce
ma związane przez Boga. Wszystkie te atrybuty i działania archanioła Michała[5] pozwalają nam rozpoznać, którą planetę on reprezentuje:
to Wenus.

Archanioł Michał, lub planeta Wenus, i archanioł Gabriel, lub planeta Mars, uratowali lud Izraela w dwóch dramatycznych sytuacjach.
Przy Morzu Przejścia, kiedy zastępy Egipcjan, ścigające uciekających
niewolników, mogły być widziane z oddali („synowie izraelscy pod-
nieśli oczy swoje i ujrzeli, że Egipcjanie ciągną za nimi, i zlękli się

---

[1] Jeremiasz o Izajaszu 10; Aggadat Shir 5, 39; Ginzberg, *Legends*, VI, 363. Cf.
V. Vikentiev, Le Dieu 'Hemen' „*Recueil de Travaux* (1930), Faculté des Lettres,
Université Egyptienne, Cairo.

[2] Pesikta Raba 20, 38b

[3] Midrash Shemot Raba (wyd. Vilna, 1887) 18:15; Tosefta Targum, II Księga
Królów 19:35.

[4] Pirkei Rabbi Elieser 42.

[5] Obszerną literaturę dotyczącą archanioła Michała można znaleźć w książce
Ginzberga, *Legends*, Index Volume, pod „Michael".

bardzo"[1]), morze zostało rozdzielone i niewolnicy przeszli po dnie na drugi brzeg. Ich nieprzyjaciele zostali wyrzuceni w górę przez uwolnione fale, które opadły, kiedy między Wenus i Ziemią przeskoczyła iskra. Osiemset lat minęło od Eksodusu. Zastępy Asyryjczyków, którzy pokolenie wcześniej wypędzili Dziesięć Plemion Izraela na wygnanie, z którego nigdy nie powrócili, najechali Judeę z wyraźnym celem zgniecenia zbuntowanego Judę [plemię Judy] i usunięcia go z ojczyzny i ze sceny historii. Podmuch z planety Mars spadł na obóz Asyryjczyków i unicestwił go. Te źródła rabiniczne, które przypisały ten akt obu archaniołom, nie myliły się. Wenus pchnęła Marsa w stronę Ziemi, zatem obie przyczyniły się do zniszczenia.

Autor apokryfu o wniebowstąpieniu {wniebowzięciu} Mojżesza wiedział, że „Wenus i Mars są, każde, tak duże jak cała Ziemia"[2]. Z powodu ich interwencji w chwilach kiedy narodowe istnienie Izraela było zagrożone, Michała i Gabriela traktowano jako „aniołów stróżów" narodu.

Gabriel jest hebrajskim Herkulesem (Heraklesem). W istocie, autorzy klasyczni wypowiedzieli się jasno, że Herkules jest innym imieniem planety Mars[3]. W Ewangelii Łukasza (1:26) Gabriel jest aniołem Zwiastowania Dziewicy.

W rzymskim Kościele Katolickim, Michał jest zwycięzcą szatana, „głową zastępów nieba i pierwszym świętym po Marii".

KULT PLANET W JUDEI W SIÓDMYM WIEKU [p.n.e.]

W Północnym Królestwie proces oddzielenia bóstwa od niebiańskich obiektów nie zakończył się jeszcze, kiedy nastąpiła zagłada Królestwa (723 lub 722 r. p.n.e.), a jego ludność została uprowadzona do niewoli, z której nie powróciła. „Odrzucili [chodzi o plemiona z Północnego Królestwa] wszystkie przykazania Pana, Boga swego, i sporządzili sobie dwa odlewane cielce, sporządzili sobie posąg Aszery i oddawali pokłon całemu zastępowi niebieskiemu, i służyli Baalowi" (II Księga Królewska 17:16).

Zaledwie kilka lat po wyzwoleniu Judei z rąk Sanheryba, Manasses, syn Hiskiasza, „Zbudował też ołtarze dla całego zastępu niebieskiego na obydwu podwórcach świątyni Pana" (II Księga Królewska

---

[1] Eksodus [II Księga Mojżeszowa] 14:10.

[2] Ginzberg, *Legends*, II, 307.

[3] Patrz uwaga 1 w rozdziale „Oddawanie czci Marsowi". Plutarch w *Of the Fortune of Romans*, rozdz. XII napisał: „Jest pewnym, że Herkules został poczęty w czasie długiej nocy, *kiedy dzień cofnął się i spowolnił się przeciwko porządkowi natury, a słońce zatrzymało się*".

21:5). „[Manasses] z powrotem pobudował świątynki na wyżynach, które zburzył Hiskiasz, jego ojciec, wznosił też ołtarze dla Baalów i sporządził aszery, oddawał pokłon całemu zastępowi niebieskiemu i służył mu" (II Księga Kronik 33:3).

To za czasów Jozjasza, wnuka Manassesa, i krótko przed wygnaniem Judy do Babilonu, wyłonił się monoteizm jako, z jednej strony, wynik postępu uczynionego przez Żydów w czasie długiej walki o narodowe istnienie, a z drugiej strony – wyklarowania pojęcia Boga. „Potem król [Jozjasz] nakazał arcykapłanowi Chilkiaszowi...wynieść z przybytku Pana wszystkie naczynia sporządzone dla Baala, dla Aszery i dla całego zastępu niebieskiego i spalić je poza Jeruzalem, na polach nad Kidronem, a ich popiół zanieść do Betel. I złożył z urzędu bałwochwalczych kapłanów, których ustanowili królowie judzcy, aby palili kadzidło na wzgórzach w osiedlach judzkich i wokoło Jeruzalemu, jak również tych, którzy palili kadzidło dla Baala, dla słońca, dla księżyca, dla gwiazd zodiaku i dla całego zastępu niebieskiego" (II Księga Królewska 23:4–5).

Biblia nie ukrywa faktu, że w Judei, jak też i w Izraelu, kult planet był kultem oficjalnym, z kapłanami i królami, z wieloma prorokami i z ludźmi. Tak więc Jeremiasz, współczesny królowi Jozjaszowi, mówi: „W owym czasie – mówi Pan – dobędzie się z grobów kości królów judzkich i kości ich książąt, kości kapłanów, kości proroków i kości mieszkańców Jeruzalemu. I rozłoży się je na słońcu i w świetle księżyca, i wszystkich ciał niebieskich, które kochali, które czcili, za którymi chodzili, których się radzili i którym się kłaniali" (Księga Jeremiasza 8:1–2). I znowu mówi: „I będą domy Jeruzalemu i domy królów judzkich nieczyste jak miejsce Tofet, wszystkie domy, na których dachach spalali kadzidła wszystkim zastępom niebieskim i lali ofiary z płynów cudzym bogom" Księga Jeremiasza 19:13).

W dniach Jeremiasza i króla Jozjasza znaleziono w jednej z komnat Świątyni zwój [księgę] (II Księga Królewska 22). Powszechnie sądzi się, że była to Księga Powtórzonego Prawa [V Księga Mojżeszowa, łac.: Deuteronomium], ostatnia z ksiąg Tory [Pięcioksięgu]. Tekst zwoju sprawił wielkie wrażenie na królu.

„I abyś, gdy podniesiesz swoje oczy ku niebu i ujrzysz słońce, księżyc i gwiazdy, cały zastęp niebieski, nie dał się zwieść i nie oddawał im pokłonu, i nie służył im, skoro Pan, twój Bóg, przydzielił je wszystkim ludom pod całym niebem" (V Księga Mojżeszowa 4:19).

„Nie uczyń sobie podobizny rzeźbionej czegokolwiek, co jest na niebie w górze i co jest na ziemi w dole..." (5:8), co jest verbatim [dosłownie] ustępem z Dekalogu (Exodus, czyli II Księga Mojżeszowa 20:4).

„Jeśli znajdzie się wpośród was... mężczyzna lub kobieta, którzy uczynią coś złego... i pójdą, i będą służyć innym bogom, i będą oddawać im pokłon, więc słońcu albo księżycowi, albo całemu zastępowi niebieskiemu, co zakazałem... wyprowadzisz tego męża czy tę kobietę...i będziesz kamienował ich aż umrą" (V Księga Mojżeszowa 17:2–5).

Widzimy więc trwającą od wieków walkę o żydowskiego Boga, Stwórcę, a nie nieożywioną planetę, samą będącą tworem. Walkę tę prowadzono w końcowych dekadach przed wygnaniem do Babilonu, z pomocą książki, której autorstwo przypisywano Mojżeszowi.

Kiedy mieszkańcy Jerozolimy przebywali na wygnaniu w Babilonie, a grupom uciekinierów udało się ujść do Egiptu, zabierając Jeremiasza, powiedzieli mu: „Raczej chętnie... będziemy spalać kadzidło królowej niebios i wylewać dla niej ofiary z płynów, jak to czyniliśmy i my, i nasi ojcowie, nasi królowie i nasi książęta w miastach Judy i na ulicach Jeruzalemu, a mieliśmy chleba do syta, byliśmy szczęśliwi i nie zaznawaliśmy złego. Lecz odkąd przestaliśmy spalać kadzidła królowej niebios i wylewać dla niej ofiary z płynów, wszystkiego nam brakuje i giniemy od miecza i głodu" (Księga Jeremiasza 44:17–18).

Widać z tego fragmentu, że ludność Jerozolimy, która poszukiwała schronienia w Egipcie, sądziła, że katastrofa dotknęła naród nie z tego powodu że opuścili Pana, Boga, ale dlatego że w dniach Jozjasza i jego synów zaprzestali oddawania czci bóstwom planetarnym Manassesa, a szczególnie Królowej Niebios, planecie Wenus.

Z tych resztek ludności, która udała się do Egiptu na początku szóstego wieku, powstała kolonia militarna w Ebb (Elefantyna), w południowym Egipcie. Na początku tego stulecia [XX] odkopano dokumenty (papirusy) tej kolonii. Żydowska kolonia w Elefantynie wiernie czciła Jahu (Jahwe), Pana niebios, co potwierdza wiele teoforycznych [tj. odnoszących się do bóstw] imion wielu członków kolonii. Uczeni byli jednak zaskoczeni znajdując na jednym z papirusów imię Anat-Jahu; nie byli pewni, czy należało do bogini, czy do miejsca, czy też do osoby. „Anat jest znanym imieniem bogini kanaanejskiej, identyfikowanej z Ateną na inskrypcji cypryjskiej"[1]. Fakty historyczne, ujawnione w niniejszych badaniach, pozwalają łatwiej zrozumieć taki kult. Za ten synkretyzm imion odpowiedzialna była mroczna tradycja, że to planeta Wenus odgrywała tak ważną rolę w dniach, kiedy przodkowie tych uciekinierów porzucili swój kraj i przeszli przez kataklizmy ognia i wody, morza i pustyni.

---

[1] E. Sachau, *Aramäische Papyrus and Ostraka aus einer Jüdischen Militärkolonie zu Eelephantine* (1911), p. xxv.

Żydzi nie uzyskali całej swojej „przewagi"[1] tego jednego dnia na Górze Nadania Prawa; naród ten nie otrzymał przekazu monoteizmu w podarunku. Walczył o niego; i krok po kroku, począwszy od dymu wznoszącego się nad zniszczoną doliną Sodomy i Gomory, egipskiego piekła nieszczęść, wyratowania nad Morzem Czerwonym wśród sięgających nieba fal, wędrówki po przesłoniętej chmurami pustyni, walki wewnętrznej, poszukiwania Boga i sprawiedliwości między ludźmi, desperackiej i heroicznej walki o narodowe istnienie na swoim wąskim pasie ziemi przeciw potężnym imperiom Asyrii i Egiptu, stał się narodem wybranym do przekazania przesłania braterstwa ludzi wszystkim narodom świata.

---

[1] S. A. B. Mercer, *The Supremacy of Israel* (1945).

ROZDZIAŁ VI

ZBIOROWA AMNEZJA

*W każdym razie wydają się oni mieć
bardzo krótką pamięć dotyczącą
katastrofy.*

—PLATON, *Prawa* iii.

JEST ZNANYM faktem, dotyczącym umysłu, że najstraszniejsze zdarzenia z dzieciństwa (w pewnych przypadkach nawet z okresu dojrzałego) są często zapominane, pamięć o nich jest wyrzucana ze świadomości i przeniesiona do podświadomości, gdzie dalej sobie istnieją i przejawiają się w dziwacznych formach lęków. Czasami mogą przekształcić się w symptomy nerwicy natręctw, a nawet przyczynić się do rozszczepienia osobowości.

Jednym z najbardziej przerażających zdarzeń w przeszłości ludzkości był pożar świata, któremu towarzyszyły okropne zjawiska na niebie, trzęsienia ziemi, wypluwanie lawy przez tysiące wulkanów, rozpływanie się gruntu, gotowanie morza, zatapianie kontynentów, pierwotny chaos wraz z bombardowaniem przez latające gorące głazy, ryk popękanej ziemi i głośny świst huraganów popiołów.

Zdarzył się więcej niż jeden pożar świata; najokropniejszy miał miejsce w dniach Eksodusu. W setkach fragmentów swojej Biblii Hebrajczycy opisali co się zdarzyło. Kiedy wracali z babilońskiego wygnania w szóstym i piątym wieku przed naszą erą, Hebrajczycy nie przestawali uczyć się i powtarzać podań, ale utracili z pola widzenia straszliwą rzeczywistość tego czego się uczyli. Wyraźnie, pokolenia narodzone po wygnaniu traktowały te opisy jako poetycki wyraz literatury religijnej.

Talmudyści na początku obecnej ery dysputowali, czy potop ognia, przepowiedziany w starych podaniach, mógłby mieć miejsce czy nie; ci, którzy zaprzeczali temu że mógłby on nadejść, opierali swoją argumentację na boskiej obietnicy zawartej w I Księdze Mojżeszowej (Genesis), że potop już się nie powtórzy; ci, którzy argumentowali przeciwnie, rozumując że chociaż wody potopu już nie powrócą, to może nadejść potop ognia, byli atakowani za interpretowanie zbyt wąsko obietnicy Pana[1]. Obie strony przeoczyły najważniejszą część podań: historię Eksodusu i wszystkie fragmenty dotyczące kosmicznej katastrofy, bez końca powtarzane w Eksodusie [II Księdze Mojżeszowej], Księdze Liczb i u Proroków, oraz w pozostałej części Biblii.

---

[1] Cf. Ginzberg, „Mabul shel esh" w *Ha-goren*, VIII 35–51.

Egipcjanie w szóstym wieku przed naszą erą wiedzieli o katastrofach, które dotknęły inne kraje. Platon opowiada historię, którą Solon usłyszał w Egipcie, o świecie niszczonym przez potopy i pożary: „Wy naprzód pamiętacie tylko jeden potop, a przed tym było ich wiele". Egipscy kapłani, którzy to powiedzieli, i którzy utrzymywali że ich kraj został ocalony w czasie tych zdarzeń, zapomnieli, co przydarzyło się Egiptowi. Kiedy w czasach Ptolemeuszów kapłan Manetho rozpoczyna swoją historię inwazji Hyksosów od przyznania się do ignorancji co do przyczyn i natury podmuchu niebiańskiego niezadowolenia, który dotknął jego kraj, staje się jasne, że wiedza, która prawdopodobnie była żywa w Egipcie w czasie kiedy odwiedzali go Solon i Pitagoras, odeszła w zapomnienie w czasach Ptolemeuszów. Powtarzano tylko jakieś mgliste podania o pożarze świata, nie wiedząc ani kiedy ani jak to się zdarzyło.

Egipski kapłan, który według opisu Platona rozmawiał z Solonem, przypuszczał, że pamięć o katastrofach spowodowanych przez ogień i potop została utracona, gdyż ludzie umiejący pisać zginęli wówczas wraz ze wszystkimi osiągnięciami ich kultury, i te wstrząsy „umknęły waszej uwadze, dlatego że ci, co pozostali, przez wiele pokoleń ginęli, głosu nie umiejąc zamykać w litery"[1]. Podobne argumenty znajdujemy u Filona z Aleksandrii, który pisał w pierwszym wieku naszej ery: „Z powodu ciągle powtarzających się zniszczeń wywołanych przez ogień i wodę, późniejsze pokolenia nie otrzymały od poprzednich przekazu o porządku i sekwencji zdarzeń"[2].

Mimo że Filon wiedział o powtarzających się zniszczeniach świata przez wodę i ogień, nie przyszło mu do głowy, że katastrofa pożogi została opisana w Księdze Eksodusu. Nie pomyślał też, że coś podobnego miało miejsce w czasach Jozuego czy nawet Izajasza. Uważał, że Księga Genesis zawiera historię „o tym jak woda i ogień spowodowały wielkie zniszczenie tego co jest na ziemi" i że zniszczenie na skutek ognia, o którym wiedział z pism greckich filozofów, było identyczne ze zniszczeniem Sodomy i Gomory.

Pamięć o kataklizmach została wymazana nie tylko z powodu braku pisemnych przekazów, ale z powodu pewnych charakterystycznych procesów, które później spowodowały, iż całe narody, wraz z wykształconymi przedstawicielami, widziały w tych przekazach alegorie lub metafory, podczas gdy opisywały one rzeczywiste kosmiczne zakłócenia.

Jest to zjawisko psychologiczne w życiu jednostek, jak i całych narodów, że najstraszniejsze zdarzenia z przeszłości mogą zostać zapom-

---

[1] Platon, *Timaeus*, 23 C.
[2] Philo, *Moses*, ii.

niane lub przeniesione do podświadomości. I tak zostają wymazane z pamięci zdarzenia, które nie powinny być zapomniane. Odkrycie ich pozostałości i zniekształconych odpowiedników w życiu fizycznym narodów nie różni się od przezwyciężania amnezji poszczególnych osób.

FOLKLOR

Dzień dniowi przekazuje wieść, a noc nocy podaje wiadomość.
Nie jest to mowa, nie są to słowa, nie słychać ich głosu.

—PSALMY 19:3–4

Naukowcy, którzy poświęcili swoje wysiłki na zebranie i zbadanie folkloru ludów, są stale świadomi tego że opowieści ludowe wymagają interpretacji, gdyż, ich zdaniem, opowieści te nie są niewinnymi i niedwuznacznymi tworami wyobraźni, ale skrywają pewne wewnętrzne i ważniejsze znaczenie.

Legendy narodów klasycznych, a przede wszystkim Greków, także należą do folkloru. Już w czasach przedchrześcijańskich legendy te były przedmiotem interpretacji, a wielu interpretatorów uznawało symboliczny charakter mitologii.

Od Makrobiusa, w czwartym wieku naszej ery, zaczyna się tendencja postrzegania w wielu starożytnych bogach egipskich i greckich personifikacji słońca. Makrobius porównał Ozyrysa do słońca, a Izis do księżyca, nie zważając na opinie wcześniejszych autorów. Również Jowisza interpretował jako słońce.

Ponieważ rola, jaką planety odegrały w historii świata, popadła w jeszcze większe zapomnienie, interpretacja natury mitów, jako odnoszących się do słońca lub księżyca, stawała się coraz bardziej powszechna. W dziewiętnastym wieku modnym stało się wyjaśnianie starych mitów jako inspirowanych przez ruchy słońca i księżyca w ciągu dnia, nocy, miesiąca, i roku. Nie tylko Ra, Amon, Marduk, Faeton, a nawet Zeus[1], ale również królowie-herosi, tacy jak Edyp, stali się symbolami słońca[2].

Ta wyjątkowa rola słońca i księżyca w mitologii stanowi odbicie ich znaczenia w przyrodzie. Jednakże wcześniej planety odgrywały zdecydowanie ważniejszą rolę w wyobraźni ludów, co poświadczają ich religie. Owszem, słońce i księżyc (Szamasz i Sin, Helios, Apollo i Selene) wymieniano wśród planet-bogów, ale zwykle nie oni byli

---

[1] W historii Faetona Owidiusz wyjaśnia, że słońce i Zeus to dwa odrębne bóstwa.

[2] W oddzielnej pracy mam zamiar wytropić historyczny prototyp legendy o królu Edypie.

najważniejsi. To, że były wymieniane wśród siedmiu planet, zaskaku-
je czasem współczesnych uczonych, ponieważ te dwa ciała niebieskie
rzucają się w oczy o wiele bardziej niż planety; dominacja Saturna,
Jowisza, Wenus i Marsa musi nas nawet bardziej zaskakiwać, jak długo nie wiemy co pokazywały one na scenie niebiańskiej kilka tysięcy
lat temu.

Współcześni badacze folkloru zajmują się głównie folklorem ludów prymitywnych, materiałem nie zepsutym przez pokolenia kopi-
stów i tłumaczy. Sięgając do tego źródła spodziewają się rzucić światło nie tylko na mentalność tych prymitywnych ludów, ale również na
wiele problemów ogólnych socjologii i psychologii.

Metoda socjologiczna bada mitologię pod kątem jej społecznych
zastosowań. Badacze folkloru, tacy jak James Frazer, skupiali swoje
wysiłki na tym aspekcie. Freud, psycholog, skupił swoją uwagę na
motywie ojcobójstwa, przedstawiając to w ten sposób jak by to był
powszechny zwyczaj w czasach starożytnych. Przedstawia on to tak
jak by to była powszechna praktyka w przeszłości i podświadome
pragnienie u współczesnego człowieka.

Jednakże powszechne zwyczaje i praktyki w życiu rodziny nie powodują powstania mitów. Pisarz, zajmujący się tym tematem, w sposób właściwy zwrócił na to uwagę: „To, co normalne w naturze i społeczeństwie, rzadko pobudza wyobraźnię tworzącą mit, bardziej prawdopodobne jest że pobudzi ją to co nienormalne, jakaś zaskakująca
katastrofa, jakieś okropne pogwałcenie zasad społecznych"[1].

W jeszcze mniejszym stopniu niż codzienne życie plemienne, codzienne zjawiska przyrody powodują powstanie legend. Słońce wschodzi każdego ranka, podąża ze wschodu na zachód; księżyc wstępuje
w nową fazę cztery razy w miesiącu; rok ma cztery pory – takie regu-
larne zmiany nie poruszają wyobraźni ludzi, ponieważ same w sobie
nie zawierają niczego nieoczekiwanego. Codzienne sprawy nie wywołują zdumienia i w niewielkim stopniu wpływają na zdolności twórcze
ludzi. Wschód i zachód słońca, poranna rosa i wieczorna mgła, stanowią powszechne doświadczenia, i jeśli pojedynczy spektakl sprawi
na nas wrażenie, to wiele wschodów i zachodów słońca blednie w naszej pamięci, każdy wygląda podobnie do innych. Sezonowe zamiecie
czy burze nie pozostawiają niezatartych wspomnień. Tylko uderzające doświadczenia, zakłócające porządek społeczny czy fizyczny, mogą
pobudzić wyobraźnię ludzi. Seneka mówi: „To z tego właśnie powodu zbiór gwiazd, który użycza piękna wielkiemu firmamentowi, nie

---

[1] L. R. Farnell, „The value and the methods of mythological study", *Proce-
eding of the British Academy*, 1919–1920, p. 47.

skupia uwagi mas; lecz kiedy następuje zmiana w porządku świata, wszystkie spojrzenia utkwione są w niebo"[1].

Nawet lokalne katastrofy, bardzo gwałtowne, nie przyczyniają się do powstania kosmicznych mitów. Na rodzaju ludzkim w największym stopniu wywołują wrażenie kataklizmy z przeszłości, a tymi zajmowaliśmy się szczegółowo. Komety, z powodu ich przypadkowych związków z katastrofami światowymi, a także z powodu ich przerażającego wyglądu, były tymi zjawiskami które rozpalały wyobraźnię ludzi. Ale z jakiegoś powodu wrażenie, które musiały one wywrzeć na ludziach w starożytności, nie jest brane pod uwagę przy wyjaśnianiu mitów i legend.

Od wynalazku druku można śledzić we współczesnych książkach i pamfletach, jak wielkie wzburzenie i masową histerię wywoływały jaśniejsze komety. Czy starożytni byli odporni na takie uczucia? A jeśli nie, to dlaczego egzegeci Biblii i komentatorzy epickich opracowań starożytności zaniedbują to i nie biorą pod uwagę zjawisk które musiały zrobić wrażenie na starożytnych? Może w starożytności nie pojawiały się na niebie żadne komety? Jest to oczywiście tylko pytanie retoryczne.

Pamiętając o tym, powinniśmy być w stanie odpowiedzieć na pytanie dotyczące uderzającego podobieństwa pewnych koncepcji wśród ludzi różnych kultur, czasem rozdzielonych przez oceany.

O „PREEGZYSTENCJI IDEI" W DUSZACH LUDZI

Podobieństwo motywów folkloru u różnych ludów na pięciu kontynentach i na wyspach oceanów, stanowiło trudny problem dla etnologów i antropologów. Migracja idei może nastąpić po migracji ludzi, ale w jaki sposób niezwykłe motywy folkloru mogły dotrzeć na izolowane wyspy, gdzie aborygeni nie posiadają żadnych środków dla przepłynięcia morza? I dlaczego cywilizacje techniczne nie podróżowały razem z duchowymi? Ludzie, żyjący wciąż w epoce kamiennej, posiadają takie same, często bardzo dziwne motywy, jak narody cywilizowane. Szczególny charakter niektórych składników folkloru czyni niemożliwym przyjęcie, że to tylko dzięki przypadkowi te same motywy powstały w różnych zakątkach świata. Problem jest tak kłopotliwy dla naukowców, że z braku innych propozycji przyjęto wyjaśnienie, iż motywy folkloru preegzystują w duszy ludzkiej; ludzie rodzą się z tymi ideami tak jak zwierzę rodzi się z pragnieniem rozmnażania swego gatunku, opieki nad potomstwem, budowania legowiska czy gniazda, poruszania się w grupach czy migrowania w stadach do odległych

---

[1] *Naturales questiones* vii.

krain. Ale nie jest tak prosto wyjaśnić w tych kategoriach, dlaczego na przykład tubylcy w Ameryce wyobrażali sobie wiedźmę jako kobietę latającą na miotle po niebie, dokładnie tak jak wyobrażali ją sobie Europejczycy. „Meksykańska wiedźma, podobnie jak jej europejska siostra, miała miotłę, na której latała w powietrzu i kojarzona była ze skrzeczącą sową. Rzeczywiście, królowa wiedźm, Tlagoltiotl, przedstawiona jest jak lata na miotle i nosi spiczasty kapelusz"[1]. Tak jak z wiedźmą na miotle, podobnie jest z wieloma dziwnymi wyobrażeniami i wierzeniami.

Odpowiedź na problem podobieństwa motywów w folklorze różnych ludów jest, według mnie, następująca: bardzo wiele idei odzwierciedla rzeczywistą historyczną treść. Istnieje legenda rozpowszechniona na całym świecie, że potop przetoczył się po całej ziemi i pokrył wzgórza, a nawet góry. Mamy nienajlepszą opinię o zdolnościach umysłowych naszych przodków jeśli sądzimy, że jakiś wyjątkowy wylew Eufratu zrobił takie wrażenie na nomadach z pustyni, że pomyśleli, iż to cały świat został zatopiony, i że tak narodzona legenda wędrowała wśród ludów. Jednocześnie czekają na wyjaśnienie problemy geologiczne dotyczące pochodzenia i rozmieszczenia gliny morenowej, lub złóż dyluwialnych.

Ludzie w czasach starożytnych, którzy, podobnie jak obecnie ludy prymitywne, nie posiadali nowoczesnych środków ochrony przed siłami natury, i żyli narażeni na tropikalne burze i tornada, lub mróz i zawieje, musieli być bardziej przyzwyczajeni do sezonowych zakłóceń niż my, i wylew rzeki nie zrobiłby na nich wrażenia do tego stopnia żeby przenieść swoje doświadczenie do wszystkich krańców ziemi, jako historię o kosmicznym wstrząsie.

Podania o wstrząsach i katastrofach, znajdywane u wszystkich ludów, są dyskredytowane z powodu krótkowzrocznego przekonania, że nie było takich sił w przeszłości wpływających na kształt świata które nie działałyby także obecnie – przekonania, które stanowi samą podstawę współczesnej geologii i teorii ewolucji. „Obecna ciągłość implikuje nieprawdopodobieństwo przeszłego katastrofizmu i gwałtowności zmian, zarówno w świecie ożywionym jak i nieożywionym; ponadto próbujemy zinterpretować zmiany i prawa działające w przeszłości, na podstawie tych, które obserwujemy obecnie. To była tajemnica Darwina, którą poznał u Lyella"[2]. Jednak, jak wykazano w niniejszej książce, siły, które obecnie nie działają na ziemi, działały w czasach historycznych i mają czysto fizyczny charakter. Zasady naukowe nie dają podstawy do twierdzenia że siły, które nie działają obecnie, nie

---

[1] Lewis Spence, *The History of Atlantis* (1930), p. 224.
[2] H. F. Osborn, *The Origin and Evolution of Life* (1918), p. 24.

mogły działać w przeszłości. Czy musimy znajdować się stale w kolizji z planetami i kometami żeby uwierzyć w takie katastrofy?

WIDOWISKA NA NIEBIE

Miały miejsce kosmiczne zakłócenia, katastrofy omiotły glob, ale czy wiedźmy latały w powietrzu na miotłach? Czytelnik zgodzi się, że kosmiczne katastrofy, jeśli zdarzyły się, mogły, a nawet musiały pozostawić podobne wspomnienia na całym świecie; ale są fantastyczne obrazy, które wydają się nie odzwierciedlać rzeczywistości. Powinniśmy trzymać się tej zasady: jeśli pojawia się fantastyczny obraz na tle nieba i powtarza się on na całym świecie, jest to najprawdopodobniej obraz który był widziany na tle nieba przez wielu ludzi w tym samym czasie. Pewnego razu kometa przyjęła zadziwiającą formę kobiety jadącej na miotle, a obraz na niebie był tak wyraźny, że to samo wrażenie odnieśli ludzie na świecie. Jest dobrze znane, że w czasach współczesnych kształty komet robią wrażenie na ludziach. O pewnej komecie mówiono, że wygląda jak *„un crucifix tout sanglant"*, inna jak miecz; w rzeczywistości każda kometa posiada określony kształt, który jeszcze może się zmieniać w okresie kiedy kometa jest widoczna.

Aby to, co tutaj powiedziano, zilustrować za pomocą innego przykładu, można zapytać: Co skłoniło Majów aby nazwać Skorpionem konstelację, którą my i starożytni znamy pod tym samym imieniem?[1] Zarysy konstelacji nie przypominają kształtu tego owada. Jest to „jedna z najbardziej niezwykłych zbieżności w nazewnictwie"[2].

Konstelacja, która zupełnie nie przypomina skorpiona, prawdopodobnie została nazwana tym imieniem, ponieważ pojawiła się tam kometa, która wyglądała jak skorpion. I rzeczywiście, na jednej z astronomicznych tabliczek babilońskich czytamy, że „zapłonęła gwiazda, a jej światło było jasne jak dzień, a kiedy błyszczała, biła swym ogonem jak wściekły skorpion"[3]. Nie tylko to określone pojawienie się komety spowodowało że konstelację nazwano Skorpionem, musiało mieć miejsce podobne zdarzenie, w innym czasie.

Innym przykładem jest smok. Na całym świecie ten obraz jest obecny w literaturze i sztuce oraz w religiach ludów. Prawdopodobnie nie ma narodu który nie używałby tego symbolu lub tego stwo-

---

[1] Sahagun w czwartym rozdziale siódmej księgi swojej pracy historycznej mówi, że mieszkańcy Meksyku nazwali konstelację Skorpiona tym samym imieniem.

[2] Seler, *Ges. Abhand. zur amer. Sprach- und Alterthumskunde*, II (1903), 622. Jego przypuszczenie, sprzeczne z zapewnieniem De Sahaguna, było takie, że Skorpion starożytnych znajdował się bardziej na południu. Jednak z przesunięciem biegunów, gwiazdy znalazły się w nowych położeniach.

[3] Kugler, *Babylonische Zeitordnung*, p. 89.

rzenia jako ważnego motywu, mimo że ono nie istnieje. Niektórzy naukowcy sądzili, że może przedstawiało ono coś, co stanowiło kiedyś zagrożenie, ale wymarło, coś co wywarło na ludzkości znacznie większe wrażenie niż jakiekolwiek inne stworzenie, jako że pojawia się na chińskiej fladze, i na obrazach przedstawiających archanioła Michała lub świętego Jerzego walczącego z nim, w mitologii egipskiej, na meksykańskich hieroglifach i płaskorzeźbach, i na asyryjskich płaskorzeźbach. Jednakże nie odnaleziono kości tego prawdopodobnie wymarłego gada.

W opisie komety Tyfon, która rozpostarła się na niebie jak zwierzę z wieloma głowami i uskrzydlonym ciałem, z ogniem zionącym z jej pysków, jak to opisano w poprzednim rozdziale w cytatach z Apollodora i innych, rozpoznajemy źródło tego szeroko rozpowszechnionego motywu.

SUBIEKTYWNA INTERPRETACJA ZDARZEŃ ORAZ ICH WIARYGODNOŚCI

Tym, co pomogło zdyskredytować podania ludzi o katastrofach, była ich subiektywna i magiczna interpretacja zdarzeń. Morze zostało rozdzielone. Ludzie przypisali to zdarzenie interwencji swego przywódcy; on podniósł swą laskę nad wodami i wody się rozdzieliły. Oczywiście nie ma takiej osoby która potrafiłaby to uczynić, ani takiej laski przy pomocy której można by to zrobić. Podobnie w przypadku Jozuego, który rozkazał słońcu i księżycowi zatrzymać się. Ponieważ naukowy umysł nie może uwierzyć, że człowiek może sprawić aby słońce i księżyc zatrzymały się, nie wierzy również w przywołane zdarzenie. Przyczynia się do tego również fakt, że najmniej wierzymy książkom, które żądają od nas wiary, księgom religijnym, mimo że na nie przysięgamy.

Ludzie w przeszłości byli gotowi zobaczyć cuda w niezwykłych zdarzeniach; z tego powodu współczesny człowiek, który nie wierzy w cuda, odrzuca zdarzenie razem z interpretacją. Ale kiedy znajdujemy to samo zdarzenie w przekazach wielu ludów, i kiedy każdy lud rozumiał je inaczej, jego historyczność może być zbadana, i to niezależnie od kontroli jaką nam oferują nauki przyrodnicze. Na przykład, jeśli bieguny geograficzne zmieniły swoje położenie, albo oś ziemi swoje nachylenie, to starożytny zegar słoneczny nie wskaże właściwego czasu; lub jeśli bieguny magnetyczne uległy kiedyś w przeszłości odwróceniu, to lawa będąca skutkiem wcześniejszej aktywności wulkanów musi wykazywać odwrotną biegunowość magnetyczną.

Lecz istnieje również możliwość sprawdzenia poprzez folklor. Izajasz przepowiedział królowi Hiskiaszowi, prawdopodobnie na kilka godzin przed zdarzeniem, że cień na zegarze słonecznym cofnie się o dziesięć stopni. (Jak teraz wiemy, planeta Mars znajdowała się bardzo blisko Ziemi i Izajasz mógł dokonać oceny w oparciu o doświadczenia z poprzednich zakłóceń ruchu Ziemi, spowodowanych przez Marsa). Chińczycy wyjaśnili, że to zjawisko miało na celu pomoc ich książętom w ich strategii, lub spowodować kłótnię między nimi. Grecy uważali, że zjawisko było wyrazem gniewu bożego z powodu zbrodni tyranów argiwskich. Latynowie potraktowali zjawisko jako omen związany z Romulusem, synem Marsa. W islandzkim eposie temu samemu zdarzeniu przypisano inną przyczynę, w fińskim eposie inną, a jeszcze inne w Japonii, w Meksyku i w Polinezji. Amerykańscy Indianie opowiadają, że słońce cofnęło się o kilka stopni ze strachu przed chłopcem, który chciał złapać je w sidła, albo z powodu pewnego zwierzęcia, które je przestraszyło. Właśnie dlatego że istnieją wielkie różnice w ocenie przyczyn lub celów zjawiska, możemy przyjąć, że folklor różnych ludów traktuje o tym samym rzeczywistym zdarzeniu, a tylko magiczne wyjaśnienia cudu są subiektywnymi wymysłami. Wiele towarzyszących szczegółów zachowało się w wariantach u różnych ludów, których nie można wymyślić nie posiadając odpowiedniej wiedzy o prawach ruchu i termodynamiki. Jest niepojęte, że starożytni, albo ludy prymitywne mogliby, na przykład, zupełnie przypadkowo wymyślić historię o tym, że ogromny pożar objął amerykańskie prerie i lasy, ponieważ słońce, przestraszone przez zastawiającego sidła, cofnęło się nieco na swej drodze.

Jeśli zjawisko zostało podobnie opisane przez wiele ludów, możemy przypuszczać, że historia mająca początek w jednym narodzie, rozprzestrzeniła się po świecie i w konsekwencji nie ma dowodu na autentyczność opisanego zdarzenia. Ale ponieważ to samo zdarzenie ujęte jest w podaniach, które istotnie się różnią, jego prawdopodobieństwo jest wysoce prawdopodobne, szczególnie jeśli zapisy historyczne, atlasy, zegary słoneczne, i fizyczne dowody przyrodnicze świadczą na jego korzyść.

W podrozdziale „Wenus w folklorze Indian" przedstawiono kilka przykładów celem wyjaśnienia tej tezy. Chcąc wyjaśnić ją przy pomocy dodatkowych przykładów, wybieramy motyw folklorystyczny związany z przyrodą – zatrzymanie ruchu słońca na firmamencie – w opowieściach Polinezyjczyków, Hawajczyków i Indian Ameryki Północnej.

Najbardziej znanym cyklem legend na wyspach Pacyfiku jest cykl, którego bohaterem jest półbóg Maui[1]. Cykl obejmuje trylogię: „Z wielu czynów Maui trzy wydają się być najbardziej rozpowszechnione. Są to: wyłowienie lądu, złapanie słońca w sidła i poszukiwanie ognia"[2]. Istnieją dwie wersje tego cyklu, jedna na Nowej Zelandii i jedna na Hawajach, ale oba warianty należą do wspólnej tradycji.

Wersja hawajska o pochwyceniu słońca w sidła jest następująca: „Matka Mauiego martwiła się bardzo tym, że dzień jest krótki, co było spowodowane szybkim ruchem słońca; a ponieważ nie można było dobrze wysuszyć płacht tapa używanych do ubierania się, bohater postanowił odciąć słońcu nogi, aby nie mogło szybko się poruszać.

Następnie Maui udał się w kierunku wschodnim, do miejsca gdzie słońce codziennie wspinało się ze świata podziemnego, a kiedy ciało niebieskie się pojawiło, bohater spętał mu nogi, jedną po drugiej, a liny przymocował dobrze do wielkich drzew. Dobrze związane słońce nie mogło się oddalić i Maui zbił je mocno swą magiczną bronią. Słońce, aby ocalić życie, zaczęło błagać o litość, i po obietnicy, że odtąd już będzie poruszało się wolniej, zostało uwolnione z pęt".

„Wyławianie wysp", albo pojawienie się nowych wysp miało miejsce w tym samym czasie; związek przyczynowy ze zmianą kosmiczną na niebie jest oczywisty. W jednej z wersji wyławiania wysp, opowiadanej w Polinezji, jest mowa o tym, że jako przynęty użyto gwiazdy.

Poniższa historia opowiadana jest przez Indian Menomini, ze szczepu Algonkinów[3]. „Mały chłopiec sporządził pętlę i rozciągnął ją w poprzek ścieżki, a kiedy słońce zbliżyło się do tego miejsca, złapał je za szyję i zaczął dusić, aż prawie straciło oddech. Stało się ciemno i słońce zawołało do ma'nidów »Pomóżcie mi bracia i odetnijcie ten sznur zanim mnie zabije«[4]. Przybyły ma'nidy, ale nić tak zagłębiła się w szyi słońca że nie mogły jej zerwać. Kiedy już wszyscy się poddali, słońce zawołało mysz, żeby spróbowała przeciąć linkę. Przyszła mysz i zaczęła gryźć linkę, ale to była trudna praca, ponieważ linka była gorąca i głęboko wryła się w szyję słońca. Po dłuższym czasie udało się jednak myszy przegryźć linkę, a wtedy słońce znów odetchnęło i ciemność zniknęła. Gdyby myszy się nie udało, słońce by zmarło".

---

[1] „Ze wszystkich mitów na obszarze Polinezji, prawdopodobnie żadne nie są częściej cytowane niż te, które opowiadają o czynach i przygodach półboga Maui. Cykl Maui jest jednym z najważniejszych dla badań całego tego obszaru". Dixon, *Oceanic Mythology*, p. 41.

[2] *Ibid.*, p. 42.

[3] Hoffman, *Report of the Bureau of American Ethnology*, XIV, 181, przedstawiony przez S.Thompson, *Tales of the North American Indians* (1929).

[4] Ma'nido jest to „duch lub istota duchowa; każda osoba lub przedmiot obdarzony mocą duchową".

Historia o usidlonym słońcu kojarzy nam się z jedną z sytuacji, kiedy ruch słońca po niebie uległ zakłóceniu. Historia zawiera ważny szczegół i pozwala nam zrozumieć zjawisko naturalne. W poprzednim rozdziale omawialiśmy różne wersje zniszczenia armii Sancheryba i zjawiska fizyczne, które to spowodowały. Według Biblii, w dniach Izajasza słońce przerwało swą podróż i cofnęło się o dziesięć stopni na zegarze słonecznym. Tej nocy armia Sancheryba została zniszczona przez podmuch. W Egipcie to zwycięstwo nad wspólnym wrogiem Żydów i Egipcjan czczono w czasie święta w Letopolis, „mieście pioruna"; świętym zwierzęciem w tym mieście była mysz; na tym terenie znaleziono mysz z brązu, z wypisanymi modlitwami pielgrzymów. Herodot widział posąg boga z myszą w ręce, upamiętniający zniszczenie armii Sancheryba. Historię, którą usłyszał, przytoczył jako powód zdarzenia – inwazję myszy, które przegryzły cięciwy łuków. Opowiedział również historię o zmianach ruchu słońca, bezpośrednio po zapisku o zniszczeniu armii asyryjskiej. Widzimy, że obraz myszy musiał mieć jakiś związek z dramatem kosmicznym. Najlepiej jeśli zinterpretujemy mysz jako symbol pojawiającej się jednocześnie plagi, którą ilustruje choroba króla Hiskiasza.

Opowieść Indian, która pochwycenie słońca w sidła łączy z działaniami myszy, wyjaśnia związek tych dwóch elementów. Wyraźnie atmosfera ciała niebieskiego, które pojawiło się w ciemności i było oświetlone, przyjęła wydłużoną formę, podobną do myszy. To wyjaśnia dlaczego podmuch, który zniszczył armię Sancheryba, został upamiętniony symbolem myszy. Opowieść Indian wyrosła z obrazu na ekranie nieba, gdzie wielka mysz uwolniła usidlone słońce.

Widzimy zatem jak ludowa historia prymitywnych ludów może pomóc w rozwiązaniu nierozstrzygniętego problemu między Izajaszem i Herodotem.

Czteronogie zwierzę na niebie, zbliżające się do słońca, było postrzegane przez Egipcjan i Indian Menomini jako mysz. W opowieści południowych Indian Ute, stworzeniem, które łączy się z zakłóceniem ruchu słońca, jest królik amerykański[1]. Udał się on na wschód z zamiarem rozbicia słońca na kawałki. Tam czekał na wschód słońca. „Słońce zaczęło wschodzić, ale widząc królika cofnęło się. Następnie znowu zaczęło się powoli wznosić i nie zauważyło zwierzęcia. Królik uderzył je pałką, odłamując kawałek, który dotknął ziemi i spowodował pożar świata.

Ogień zaczął ścigać królika, a ten zaczął uciekać. Podbiegł do pnia i zapytał go, czy mógłby go ochronić gdyby wszedł do środka. »Nie,

---

[1] R. H. Lowie, „Shoshonean Tales", *Journal of American Folk-lore*, XXXVII (1924), 61 ff.

ja spalam się całkowicie«. Pobiegł więc dalej i zapytał skałę, która miała szczelinę. »Nie, nie mogę cię ochronić, bo kiedy się rozgrzeję to wybucham...«. Wreszcie dotarł do rzeki. Rzeka powiedziała »Nie, nie mogę cię ochronić; ja się gotuję i ty się zagotujesz«".

Na równinie królik biegł przez zielsko, ale ogień bardzo się zbliżył, zielsko się zapaliło i upadło mu na szyję, „od tego czasu króliki amerykańskie mają żółte szyje".

„Wszędzie widział unoszący się dym. Kawałek drogi przeszedł po gorącym gruncie i jedna z jego nóg spaliła się aż do kolana; przedtem miał długie nogi. Szedł dalej na dwóch nogach i jedna z nich spłonęła. Skakał więc na jednej, aż i ta spłonęła".

W tej wersji ataku słońca dwa punkty warte są odnotowania: pożar świata, który nastąpił po zakłóceniu ruchu słońca, i zmiany w świecie zwierząt, którym towarzyszyły silne mutacje. W podrozdziale „Faeton" zastanawialiśmy się, skąd rzymski poeta Owidiusz mógł znać relacje między zakłóceniem ruchu słońca i pożarem świata, chyba że taka katastrofa rzeczywiście miała miejsce. To samo rozumowanie odnosi się do Indian. Historia o usidleniu słońca lub o atakowaniu słońca opowiadana jest w wielu wersjach, ale stale pożar świata jest tu skutkiem. Lasy i pola płoną, góry dymią i wypluwają lawę, rzeki gotują się, jaskinie w górach zapadają się, a skały wybuchają, kiedy słońce pojawia się nad horyzontem, a następnie znika i znów się pojawia nad horyzontem.

Jest w historii Indian jeszcze jeden przykład słońca powstrzymanego na swej drodze i wywołującego pożar świata. Przed katastrofą „słońce poruszało się blisko ziemi". Przyczyną ataku na słońce było sprawienie, aby „słońce świeciło nieco dłużej; dni są zbyt krótkie" Po katastrofie „dni stały się dłuższe".

Przodkowie Indian Szoszonów, plemiona z Utah, Kolorado i Newady, jak się wydaje, żyli w czasach Sancheryba i Hiskiasza pod taką szerokością, że słońce znajdowało się właśnie na wschodnim horyzoncie, kiedy zmieniło kierunek ruchu i cofnęło się, a następnie powróciło.

ROZDZIAŁ VII

PRZEMIESZCZENIE BIEGUNÓW

CO ZMIENIŁO SIĘ w ruchu Ziemi, księżyca i Marsa w wyniku ich kontaktów w ósmym i siódmym wieku [p.n.e.]?

Księżyc, będąc mniejszy od Marsa, znalazłby się pod silnym wpływem Marsa gdyby znajdował się dostatecznie blisko tej planety. Mógłby zostać przyciągnięty bliżej Ziemi albo odrzucony na bardziej odległą orbitę. Jest zatem interesujące zbadanie, czy w okresie krótko po 687 r. p.n.e. miały miejsce reformy kalendarza.

Także Ziemia mogła być „przesunięta ze swego miejsca", co oznaczałoby zmianę orbity, a zatem i długości roku, lub pochylenie osi ziemskiej względem płaszczyzny ekliptyki, a więc zmianę pór roku, położenia biegunów ziemskich, prędkości obrotu wokół osi, długości dnia i tak dalej. Niektóre z tych zmian można byłoby prześledzić, jeśli zbadano by atlas nieba sporządzony przed 687 r. p.n.e. Taki atlas istnieje; namalowany jest na suficie grobowca Senmuta, egipskiego wezyra. Jak wyjaśniono poprzednio[1], grobowiec pochodzi z czasów po Eksodusie, ale przed czasami Amosa i Izajasza.

Atlasy Senmuta pokazują niebo nad Egiptem z dwóch różnych epok; jeden z nich przedstawia niebo Egiptu zanim nastąpiła zamiana biegunów, prawdopodobnie w katastrofie która położyła kres Średniemu Państwu; inny przedstawia niebo Egiptu w czasach Senmuta. Pierwszy atlas zaskoczył badaczy, ponieważ ma odwrócone kierunki zachodni i wschodni. Ich ocena drugiego atlasu, na którym wschód i zachód nie są zamienione, jest następująca:

„Nie jest zaskoczeniem stwierdzenie, że atlasy nieba, które zachowały się aż do naszych czasów, nie są zgodne z bezpośrednimi obserwacjami, ani z obliczeniami wykonanymi w czasie wzniesienia monumentu, na którym te atlasy są przedstawione"[2].

Współczesna astronomia nie uznaje, ani nawet nie rozważa takiej możliwości, że w czasach historycznych wschód i zachód, jak też północ i południe mogły ulec odwróceniu. W konsekwencji, pierwszy atlas nie mógł być w ogóle wyjaśniony. Drugi atlas, z jego przemieszczonymi konstelacjami, sugerował autorom powyższego cytatu, że przedstawiał jakąś bardziej starożytną tradycję. Jedyna zmiana, według współczesnej astronomii, wynika z precesji punktów równo-

---

[1] Patrz podrozdział „Wschód i zachód".

[2] A. Pogo, „Astronomie égyptienne du tombeau de Senmout", *Chronique d'Égypte*, 1931.

nocy lub powolnego ruchu osi Ziemi, która zakreśla koło w czasie
około dwudziestu sześciu tysięcy lat. Obliczenia precesji nie są jednak
wystarczające dla wyjaśnienia położenia konstelacji na atlasie, jeśli
polegamy na konwencjonalnej chronologii (a jeszcze bardziej jeśli polegamy na zrewidowanej chronologii, która przesuwa czasy Senmuta
i królowej Hatszepsut bliżej czasom współczesnym).

Zmiany położenia geograficznego i kosmicznego ukierunkowania
biegunów, spowodowane katastrofami w ósmym i siódmym wieku, jak
również te spowodowane przez katastrofy w piętnastym wieku, można
studiować przy pomocy astronomicznego atlasu Senmuta.

Według Seneki, Wielka Niedźwiedzica była konstelacją polarną.
Po wstrząsie kosmicznym, który przesunął niebo, gwiazdą polarną
została Mała Niedźwiedzica.

Hinduskie tablice astronomiczne, ułożone przez braminów w pierwszej połowie pierwszego millenium przed naszą erą, wykazują stałe odchylenie od spodziewanego położenia gwiazd, w czasie kiedy wykonywano obserwacje (wzięto pod uwagę precesję punktów równonocy)[1].
Współcześni uczeni dziwili się temu, ich zdaniem niewytłumaczal-
nemu, błędowi. Biorąc pod uwagę geometryczne metody stosowane
w hinduskiej astronomii i szczegółową metodę obliczeń, trudno byłoby dopuścić błąd w obserwacji równy nawet części stopnia.

W *Jaiminiya-Upanisad-Brahmana* napisane jest, że centrum nieba, albo punktem wokół którego obraca się firmament, jest Wielka Niedźwiedzica[2]. Jest to to samo stwierdzenie, które znajdujemy
w księdze Seneki *Tjestes*.

Również w Egipcie „Wielka Niedźwiedzica odgrywała rolę Gwiazdy Polarnej"[3]. „Wielka Niedźwiedzica nigdy nie zachodzi"[4]. Czy mogło się zdarzyć, że precesja punktów równonocy przesunęła kierunek
osi do tego stopnia, że trzy i pół tysiąca lat temu Gwiazda Polarna
znalazła się wśród gwiazd Wielkiej Niedźwiedzicy?[5] Nie. Jeśli Ziemia
poruszała się cały czas w taki sposób jak obecnie, to cztery tysiące lat temu gwiazdą najbliższą Bieguna Północnego musiała być α-
Draconis[6]. Zmiana nastąpiła nagle; Wielka Niedźwiedzica „skłoniła
się ku dołowi"[7]. W źródłach hinduskich jest mowa o tym, że Ziemia

[1] J. Bentley, *A Historical View of the Hindu Astronomy* (1825), p. 76.

[2] Thibaut, "Astronomie, Astrologie und Mathematik", p. 6.

[3] G. A. Wainwright, „Orion and the Great Star", *Journal of Egyptian Archaeology*, XXII, (1936).

[4] Wainwright, "Letopolis", *Journ. Egypt. Archaeol.*, XVIII (1932).

[5] Wainwright w *Studies* przedstawionych F. L. Griffithowi, pp. 379–380.

[6] Cf. H. Jeffreys, „Earth", *Encyclopaedia Britannica* (14th ed).

[7] Wainwright, *Journ. Egypt. Archaeol.*, XVIII, p. 164.

oddaliła się od swego zwykłego położenia o 100 jodżanów[1], gdzie jodżana wynosi pięć do dziewięciu mil. Zatem przesunięcie oceniono na 500 do 900 mil.

Pochodzenie gwiazdy polarnej omawiane jest w wielu podaniach na całym świecie. Hindusi *Wed* czcili gwiazdę polarną, Dhrura, „stałą" lub „nieporuszoną". W *Puranach* jest mowa o tym jak Dhrura stała się gwiazdą polarną. Lapończycy czczą gwiazdę polarną i wierzą, że jeśli opuści ona swoje miejsce, Ziemia zostanie zniszczona w wielkim pożarze[2]. Te same wierzenia znajdujemy u północnoamerykańskich Indian[3].

Dzień, w którym w południe rzucany jest najkrótszy cień, jest dniem letniego przesilenia; najdłuższy cień w południe rzucany jest w dniu zimowego przesilenia. Ta metoda określania pór roku za pomocą pomiarów długości cieni, była stosowana w starożytnych Chinach, jak również w innych krajach.

Jesteśmy w posiadaniu chińskich zapisków najdłuższych i najkrótszych cieni w południe. Zapiski dotyczą roku 1100 p.n.e. „Ale najkrótsze i najdłuższe zanotowane cienie nie odpowiadają obecnym długościom"[4]. Stare chińskie atlasy odnotowują najdłuższe dni, o dłuższym czasie trwania, które „nie odpowiadają różnym szerokościom geograficznym ich punktów obserwacyjnych", i dlatego podane tam liczby odpowiadają raczej tym w Babilonii, jakby były zapożyczone stamtąd przez starożytnych Chińczyków, co jest raczej niezwykłym przypuszczeniem[5].

Długość najdłuższego dnia w roku zależy od szerokości geograficznej, lub odległości od bieguna, i jest różna w różnych miejscach. Gnomony lub zegary słoneczne mogą być zbudowane niezwykle precyzyjnie[6].

Babilońskie tablice astronomiczne z ósmego wieku dostarczają dokładnych danych, zgodnie z którymi najdłuższy dzień w Babilonie był równy 14 godzin i 24 minuty, podczas gdy współczesne wskazania wynoszą 14 godzin, 10 minut i 54 sekundy.

---

[1] J. Hertel, *Die Himmelstore im Veda und im Avesta* (1924), p. 28.

[2] Kunike, "Sternmythologie", *Welt und Mensch*, IX–X; A. B. Keith, *Indian Mythology* (1917), p. 165.

[3] *The Pawnee Mythology* (zebrał G. A. Dorsey; 1906) Pt. I, p. 135.

[4] J. N. Lockyer, *The Dawn of Astronomy* (1894), p. 62; cf. M. Cantor, *Vorlesungen über Geschichte der Mathematik* (2nd ed., 1894), p. 91. Laplace czynił wysiłki aby znaleźć wyjaśnienie dla tych liczb.

[5] Kugler, *Sternkunde und Sterndienst in Babel*, I, 226–227.

[6] Gnomon (o wysokości 277 stóp), zbudowany przez Toscanellego w 1468 r., w okresie renesansu, dla katedry we Florencji, pokazuje południe z dokładnością pół sekundy. R. Wolf, *Handbuch der Astronomie* (1890–1893), n. 164.

„Różnica między dwiema liczbami jest zbyt duża aby przypisać ją refrakcji, która sprawia że słońce jest wciąż widoczne nad horyzontem, mimo że zaszło. Zatem największa długość dnia odpowiada szerokości geograficznej 34°57′ i wskazuje na miejsce odległe 2,5° dalej na północ; stoimy zatem przed dziwną zagadką {vor einem merkwürdigen Rätsel}. Trzeba zdecydować: albo tablice Systemu II nie pochodzą z Babilonu {choć odnoszą się do Babilonu}, albo to miasto było położone o wiele {dalej} na północ, około 35° od równika"[1].

Ponieważ obliczenia tablic astronomicznych odnosiły się do Babilonu, możliwe jest wyjaśnienie, że Babilon położony był na szerokości geograficznej 35° od równika, o wiele dalej na północ niż znajdują się ruiny tego miasta.

Klaudiusz Ptolemeusz, który w swoim *Almagest* wykonał obliczenia dla współczesnego i starożytnego Babilonu, doszedł do dwóch różnych rozwiązań dotyczących długości dnia w tym mieście, a w konsekwencji szerokości geograficznych, na których był położony[2], jedno z jego rozwiązań posiada praktycznie wartość taką jak obecna, drugie jest zbieżne z liczbą ze starożytnych tablic babilońskich: 14 godzin 24 minuty.

Arabski średniowieczny uczony Arzachel obliczył na podstawie starożytnych kodeksów, że w dawniejszych czasach Babilon położony był na szerokości 35°0′ od równika, podczas gdy w czasach późniejszych znajdował się bardziej na południe. Johannes Kepler zwrócił uwagę na te obliczenia Arzachela i na fakt, że między starożytnym i współczesnym Babilonem istniała różnica szerokości geograficznej[3].

Zatem Ptolemeusz i podobnie Arzachel wyliczyli, że w czasach historycznych Babilon był położony na szerokości 35°. Współcześni naukowcy doszli do identycznych wyników na podstawie starożytnych babilońskich obliczeń. „Tak więc tyle jest pewne: nasze tablice {System II jak również I}, jak i wspomniani astronomowie, wskazują na miejsce około 35° szerokości północnej. Czy możliwe jest aby pomylili się o 2° do 2,5°? Jest to trudne do uwierzenia"[4].

Ponieważ był tylko jeden Babilon, jego położenie, w pewnym okresie historycznym, na 35° szerokości północnej oznacza, że na sze-

---

[1] Kugler, *Die babylonische Mondrechnung: Zwei Systeme der Chaldäer über den Lauf des Mondes und der Sonne* (1900), p. 80.

[2] Ptolemy, *Almagest*, Bk. 13 (ed. Halma); Bk. 4, Chap. 10; także *idem*, *Geography*, Bk. 8, Chap. 20 Cf. Kugler, *Die babylonische Mondrechnung*, p. 81; także Cantor, *Vorlesungen über Geschichte der Mathematic*, pp. 82 ff.

[3] J. Kepler, *Astronomi opera omnia* (ed. C. Frisch), VI (1866), 557; „Et quai altitudinem poli veteri Babyl. assignat 35° 0′, novae 30°31′'".

[4] Kugler, *Die babylonische Mondrechnung*, p. 81.

rokości Babilonu Ziemia od tamtego czasu skłoniła się ku południowi, i że kierunek osi Ziemi, lub jej położenie geograficzne, albo oba, uległy przemieszczeniu.

Niektórzy z autorów klasycznych wiedzieli, że Ziemia zmieniła swoje położenie i skręciła się ku południowi; jednak nie wszyscy z nich byli świadomi rzeczywistych powodów zakłócenia. Diogenes Laërtios powtórzył nauki Leucippusa: „Ziemia uległa skręceniu lub pochyleniu ku południowi, ponieważ obszary północne stały się lodowate i sztywne z powodu śnieżnej i zimnej pogody, która tam zapanowała"[1]. Tę samą ideę znajdujemy u Plutarcha, który cytował nauki Demokryta: „Północne obszary miały marną temperaturę, ale południowe dobrą; przez co te ostatnie były płodne, plonowały więcej i, skutkiem nadwagi, przeważały i w ten sposób wszystko przechyliły"[2]. Empedokles, cytowany przez Plutarcha nauczał, że północ odchyliła się od swego poprzedniego położenia, po czym obszary północne zostały wyniesione, a południowe obniżone. Anaksagoras nauczał, że bieguny uległy skręceniu i że świat pochylił się ku południowi.

Jak widzimy, Seneka w *Tjestesie* prawidłowo przypisał przesunięcie biegunów katastrofie kosmicznej.

ŚWIĄTYNIE I OBELISKI

U autorów klasycznych można znaleźć odniesienia do faktu, że świątynie w starożytności budowano tak, aby były zwrócone ku wschodzącemu słońcu[3]. Orientacja w stronę słońca jest jednocześnie orientacją w stronę widzialnych planet, jako że wszystkie one podróżują przez znaki zodiaku, albo wzdłuż ekliptyki. Z dnia na dzień słońce zmienia miejsca swego wschodu i zachodu, a ekliptyka czyni odpowiednie powolne wahnięcia od jednego przesilenia do drugiego. Dlatego dla celów dokładnych obserwacji, czy bieguny Ziemi uległy gwałtownemu przesunięciu, konieczne było zbudowanie świątynnych obserwatoriów nie tylko zwróconych po prostu na wschód i zachód, ale z urządzeniami, które pozwolą sprawdzać położenie słońca w dniach wiosennej i jesiennej równonocy, kiedy słońce wschodzi dokładnie na wschodzie i zachodzi dokładnie na zachodzie.

---

[1] Jest to tłumaczenie Whistona podane w jego *New Theory of the Earth*. Współczesna wersja L. D. Hicksa znacznie od tamtej odbiega.

[2] Plutarch, „Co jest przyczyną pochylenia świata?" w Vol. III *Morals* (tłum. poprawione przez W. Goodwina).

[3] Plutarch, *Lives*, „Life of Numa"; Świątynie są zwrócone na wschód i ku słońcu.

Traktat Erubin w Talmudzie Jerozolimskim[1] odnotował „zaskakujący fakt"[2], że Świątynia Jerozolimska była tak zbudowana, iż w dwóch dniach równonocy pierwsze promienie wschodzącego słońca wpadały bezpośrednio przez wschodnią bramę; brama wschodnia była zamknięta w ciągu roku, ale otwierano ją na te dwa dni w tym szczególnym celu. W dniu równonocy pierwsze promienie wschodzącego słońca wpadały przez wschodnią bramę aż do samego serca świątyni[3]. Nie miało tu miejsca oddawanie czci słońcu; było to podyktowane przez zdarzenia z przeszłości, kiedy położenie Ziemi, w odniesieniu do punktów wschodu i zachodu słońca zmieniało się w wyniku światowych katastrof. Jesienny dzień równonocy świętowano jako dzień Nowego Roku. Ta ceremonia równonocnego słońca była stara. Świątynie babilońskie również posiadały „bramę wschodzącego słońca" i „bramę zachodzącego słońca"[4]. Wraz z rosnącą wiarą, że nie będzie już zmian w układzie świata, wiarą wyrażoną również przez Deutero-Izajasza (66:22), wschodnią bramę Świątyni Jerozolimskiej zamknięto na zawsze: zostanie otwarta dopiero w czasach Mesjasza.

Mimo niewiedzy o tych starożytnych praktykach i wzmiankach w literaturze, dotyczących orientacji świątyń, pisarz z końca dziewiętnastego wieku doszedł do wniosku, że świątynie starożytnego świata były skierowane w stronę wschodu słońca[5]. Znalazł on liczne dowody w położeniu świątyń, ale dziwił się również znajdując celowe zmiany orientacji fundamentów niektórych starych świątyń. „Wiele zmian kierunku ustawienia fundamentów w Eleusis, ujawnionych przez wykopaliska francuskie, było tak uderzających i sugestywnych", że autor zapytał „czy możliwa jest astronomiczna przyczyna ukierunkowania świątyni oraz licznych zmian tego ukierunkowania"[6].

Dalsze badania, prowadzone przez innych autorów, ujawniły fakt, że zazwyczaj tylko świątynie z późniejszego okresu były usytuowane w kierunku wschodu, a wcześniejsze świątynie, zbudowane przed siódmym wiekiem [p.n.e.], miały fundamenty celowo skierowane w bok

---

[1] Jerusalem Talmud, Tractate Erubin V, 22c.

[2] J. Morgenstern, "The Book of the Covenant", *Hebrew Union College Annual* V, 1927, p. 45.

[3] Morgenstern, "The Gates of Righteousness" *Hebrew Union College Annual* VII, 1929.

[4] Winckler, *Keilinschriftliche Bibliothek*, II, Part 2 (1890), p. 73.

[5] Lockyer, *The Dawn of Astronomy*.

[6] *Ibid.*, p. viii.

od obecnego wschodu; to samo ukierunkowanie można zaobserwować w szeregu starożytnych fundamentów[1].

Wiedząc już obecnie, że Ziemia wielokrotnie przesuwała kierunek wschodu i zachodu słońca, rozumiemy zmiany orientacji fundamentów jako powstałe na skutek zmian w przyrodzie. Zatem mamy w fundamentach świątyń, jak tej w Eleusis, zapis zmian kierunku osi ziemskiej i położenia bieguna; świątynia była niszczona przez katastrofy i każdorazowo odbudowywana z różną orientacją.

Poza świątyniami i ich bramami, także obeliski spełniały zadanie określania kierunku wschodu i zachodu, lub wschodu i zachodu słońca w dniach równonocy. Ponieważ ten powód nie był postrzegany, cel budowy obelisków wydawał się enigmatyczny: „Pochodzenie i znaczenie religijne obelisków jest poniekąd niejasne"[2].

Przed Świątynią Salomona wzniesiono dwie kolumny[3], ale cel ich wzniesienia nie został podany w Biblii.

Również w Ameryce budowano obeliski-kolumny. Czasami na wierzchołku kolumny umieszczano pierścień, przez który przechodziły promienie słońca. „Obserwowano uważnie dni przesileń i równonocy. Zostały wzniesione kamienne kolumny, osiem po wschodniej i osiem po zachodniej stronie Cuzco, aby obserwować przesilenia... Na szczytach kolumn znajdowały się krążki, przez które przechodziły promienie słońca. Uczyniono znaki na ziemi, którą wyrównano i wybrukowano. Wykreślono linie, aby zaznaczyć ruch słońca...

Chcąc upewnić się co do czasu równonocy, na otwartej przestrzeni przed świątynią słońca umieszczono kamienną kolumnę, w środku dużego kręgu... Przyrząd nazwano *inti-huatana*, co oznacza miejsce, gdzie słońce jest obwiązane lub otoczone. *Inti-huatana* znajdują się na wysokości Ollantay-tampu, w Pissac, w Hatuncolla, i w innych miejscach"[4].

Egipski obelisk mógł służyć jako gnomon, albo zegar słoneczny. Długość cienia i jego kierunek wskazują godzinę dnia. Obeliski umieszczone w parach służyły jako kalendarz. W okresie wiosennej i jesiennej równonocy ich cienie będą stałe w ciągu dnia, przy słońcu wschodzącym dokładnie na wschodzie i zachodzącym dokładnie na zachodzie.

---

[1] H. Nissen, *Orientation, Studien zur Geschichte der Religion* (1906); E. Pfeiffer, *Gestirne und Wetter im griechischen Volksglauben* (1914), p. 7. Patrz również F. G. Penrose, *Philosophical transactions of the Royal Society of London*, CLXXXIV, 1893, 805–834, I CXC, 1897, 43–65.

[2] R. Engelbach, *The Problem of the Obelisks* (1923), p. 18.

[3] I Księga Królewska 7:15.

[4] Markham, *The Incas of Peru*, pp. 115, 116.

To że celem, dla którego wznoszono obeliski, była kontrola cienia słońca (położenia Ziemi), wyraźnie wynika z następującego fragmentu z Pliniusza:

„Obelisk {Sesothisa, przywieziony z Egiptu}, który wzniesiono na Polu Marsowym {w Rzymie}, został wykorzystany w jednym tylko celu przez zmarłego cesarz Augusta: aby odznaczać cień rzucany przez słońce, i w ten sposób mierzyć długość dni i nocy". Następnie podana jest uwaga: „Jednak przez prawie ostatnich trzydzieści lat obserwacje uzyskane z tego zegara słonecznego nie zgadzały się: czy to słońce zmieniło swój bieg na skutek zakłócenia układu niebieskiego; czy to cała Ziemia w pewnym stopniu przesunęła się względem swego środka, co, jak słyszałem, zostało spostrzeżone także w innych miejscach; czy też jakieś trzęsienie ziemi, ograniczone tylko do tego miasta, przesunęło zegar z jego pierwotnego położenia; albo na skutek wylewu Tybru jego fundamenty zapadły się"[1].

Z tego fragmentu wynika, że Pliniusz rozważał każdą możliwą przyczynę, nie wykluczając tej o której było wiadomo, że zdarzyła się w dawniejszych czasach, kiedy, według słów Pliniusza, „Biegun doznał skręcenia lub pochylenia" lub, według słów Owidiusza, „Ziemia obniżyła się nieco ze swego zwykłego położenia".

ZEGAR SŁONECZNY

Bieguny zmieniły swoje położenie; wszystkie szerokości geograficzne uległy przemieszczeniu; liczba dni w roku wzrosła z 360 do 365,25 – ten fakt omawiany jest w następnym podrozdziale; długość dnia prawdopodobnie także się zmieniła. Oczywiście, zegar słoneczny lub „cieniowy" z okresu przed 687 r. p.n.e. nie może już być dłużej przydatny dla celu dla którego go wymyślono, ale można go wykorzystać dla potwierdzenia naszych przypuszczeń.

Taki zegar, pochodzący z okresu między około 850 i 720 r. p.n.e., został znaleziony w Faijum w Egipcie, na szerokości geograficznej 27°. U jednego końca poziomej płyty z zaznaczonymi godzinami znajdował się pionowy kołek[2]. Ten zegar słoneczny nie może pokazać dokładnie zmiany czasu w Faijum czy gdziekolwiek w Egipcie. Uczeni, którzy badali jego działanie, doszli do wniosku, że w południe musiał być ustawiony głową na wschód, a po południu – na zachód, a kilku uczonych zgodziło się co do tego, że zegar był używany w ten sposób. Ale samo to ustawienie nie umożliwiało odczytu czasu. „Ponieważ wszystkie cienie, wskazujące godziny, leżą znacząco bliżej kołka niż

---

[1] Pliny, *Natural History*, xxxvi. 15 (tłum. Bostock i Riley).

[2] Dzień egipski podzielony był na godziny stanowiące równe przedziały okresu między wschodem i zachodem, niezależnie od długości dnia.

odpowiednie kreski na urządzeniu, rzucająca cień krawędź musiała się znajdować wyżej nad płaszczyzną, na którą pada cień, niż ma to miejsce. Wyższa krawędź nie może być rzutnikiem cienia urządzenia; musiała się znajdować powyżej, na linii równoległej tej krawędzi"[1]. „Również kreski nie były wykonane na podstawie rzeczywistych obserwacji, ale musiały zostać wykonane na podstawie takiej czy innej teorii"[2]. Ale, jak zauważyli krytycy, „teoria ta zakłada, że w czasie żadnej pory roku zegar ten nie wskazywał godzin w sposób prawidłowy, bez cogodzinnej zmiany wysokości tej części urządzenia która rzuca cień"[3].

Ponieważ zegar nie posiada urządzenia do dopasowywania wysokości głowicy, niemożliwe jest aby taka manipulacja godzinna mogła mieć miejsce. Poza tym, aby zmienić wysokość głowicy co godzinę, co samo w sobie jest metodą niepraktyczną, konieczny byłby inny zegar, który by wskazywał godziny bez żadnej manipulacji, pokazując w ten sposób dokładny moment kiedy należy skorygować pierwszy zegar. Gdyby jednak istniał zegar, który bez korygowania wskazywałby prawidłowo godziny, do czego miałby służyć zegar słoneczny?

Przedstawiono więc inne wyjaśnienie sposobu używania egipskiego zegara słonecznego. Autor nowej idei zakłada, że w jakimś wcześniejszym okresie (wziąwszy pod uwagę precesję punktów równonocy) zegar słoneczny był używany na jakiejś szerokości geograficznej w Egipcie, w dniu słonecznego przesilenia. Przyznaje on: „Nie wzięto jednak pod uwagę zmiany deklinacji słońca między wschodem słońca i zachodem... Dla innych pór roku konieczne byłoby aby co godzinę, lub przy każdym odczycie zegara, albo zmieniać wysokość kołka, albo pochylić st't {zegar}, albo wykonać obie te czynności. W rzeczywistości, kiedy słońce miało południowe odchylenie, albo nawet kiedy miało lekkie północne odchylenie, byłoby zawsze konieczne wykonanie obu tych czynności. Stąd wniosek, że zegar był pierwotnie stosowany w czasie lub blisko letniego przesilenia"[4]. W tym wyjaśnieniu jeszcze raz pojawia się problem dostosowywania przy każdym odczycie, co znowu wymaga lepszej znajomości dokładnego czasu. Wniosek, do którego dochodzi autor tego wyjaśnienia – że pierwotnie zegar zbudowano dla jednego określonego dnia – jest raczej dziwny i ignoruje podstawowy cel dla którego buduje się zegary. A jeśli nawet zegar miałby

---

[1] L. Borchardt, „Altägyptische Sonnenuhren", *Zeitschrift für ägyptische Sprache und Altertumskunde*, XLVIII (1911), 14.

[2] *Ibid.*, p. 15.

[3] J. MacNaughton, „The use of the Shadow Clock of Seti I", *Journal of the British Astronomical Association*, LIV, No. 7 (Sept. 1944).

[4] *Ibid.*

być odczytywany tylko raz w roku, autor tej teorii nie mógł wskazać wzoru w pracy dotyczącej Faijum, poza podobnym zegarem, który został znaleziony połamany na kawałki; a to można byłoby uczynić tylko przez cofnięcie się do precesji punktów równonocy i przez odniesienie zegara do okresu o setki lat wcześniejszego niż przyjmują to chronolodzy.

Zegar słoneczny znaleziony w Faijum, zbudowany w czasie Dynastii Libijskiej, między 850 a 720 r. p.n.e., może pomóc nam w poznaniu długości dnia, nachylenia bieguna do płaszczyzny ekliptyki i szerokości geograficznej Egiptu, w tym okresie historycznym. Zmiana każdego z tych czynników spowodowałaby, że zegar stałby się nieprzydatny, jeśli idzie o odczyt czasu, a prawdopodobnie zmieniły się wszystkie trzy czynniki.

Nie posiadamy zegara słonecznego króla Ahaza, ale mamy zegar słoneczny używany w Egipcie w okresie przed ostatnią katastrofą w roku 687 p.n.e., a możliwe że i przed katastrofą w roku 747 p.n.e.

ZEGAR WODNY

Oprócz gnomonu, albo zegara słonecznego, Egipcjanie używali zegara wodnego, który miał tę przewagę nad poprzednim, że pokazywał czas zarówno w dzień jak i w nocy.

Kompletny egzemplarz [takiego zegara] znaleziono w Świątyni Amona w Karnak (Teby), 25,5° na północ od równika. Ten zegar wodny pochodzi z czasów Amenotepa III z Osiemnastej Dynastii, ojca Ekhnatona. Pojemnik posiada otwór, przez który wypływa woda; po wewnętrznej stronie pojemnika nacięto kreski wskazujące czas. Ponieważ dzień egipski podzielony był na godziny, których długość zmieniała się wraz z długością dnia, pojemnik miał różne zestawy kresek dla różnych pór roku. Cztery punkty określające czas były szczególnie ważne: jesiennej równonocy, zimowego przesilenia, wiosennej równonocy i letniego przesilenia. Równonoce posiadają jednakowe dni i noce na wszystkich szerokościach geograficznych. Jednak w przypadku punktów przesilenia, kiedy albo dzień albo noc są najdłuższe w roku, długość dnia zmienia się z szerokością geograficzną: im dalej od równika, tym większa jest różnica między dniem i nocą w dniu przesilenia. Różnica zależy również od nachylenia równika do płaszczyzny orbity lub ekliptyki, która obecnie wynosi 23,5°. Jeśli zmieni się to nachylenie, lub innymi słowy, jeśli oś polarna zmieni swoje położenie astronomiczne (kierunek), albo oś polarna zmieni swoje położenie geograficzne, kiedy każdy biegun przesuwa się do innego punktu, zmieni się również długość dnia i nocy (każdego dnia za wyjątkiem równonocy).

Zegar wodny Amenotepa III ujawnił swemu badaczowi bardzo dziwną podziałkę czasową[1]. Obliczając długość dnia w czasie przesilenia zimowego stwierdził on, że zegar został zbudowany dla dnia wynoszącego 11 godzin 18 minut, podczas gdy dzień przesilenia dla 25° północnej szerokości geograficznej ma 10 godzin 26 minut; różnica wynosi pięćdziesiąt dwie minuty. Podobnie, budowniczy zegara liczył na noc w czasie zimowego przesilenia równą 12 godzin 42 minuty, podczas gdy wynosi ona 13 godzin 34 minuty – za mało o pięćdziesiąt dwie minuty[2].

W czasie wiosennej i jesiennej równonocy dzień ma 11 godzin i 56 minut, i zegar pokazuje 11 godzin i 56 minut; noc ma 12 godzin 4 minuty, i zegar pokazuje dokładnie 12 godzin 4 minuty.

Różnica pomiędzy obecnymi wartościami i wartościami dnia, dla którego zegar jest dostosowany, jest bardzo spójna: w dniu przesilenia zimowego dzień zegara jest o pięćdziesiąt dwie minuty dłuższy od obecnego dnia przesilenia zimowego w Karnaku, a noc o pięćdziesiąt dwie minuty krótsza; w czasie letniego przesilenia dzień jest o pięćdziesiąt trzy minuty krótszy na zegarze, a noc o pięćdziesiąt trzy minuty dłuższa.

Liczby na zegarze wykazują mniejszą różnicę między długościami dnia w okresie przesileń, albo między najdłuższymi i najkrótszymi dniami roku, niż zaobserwowano w Karnaku w czasach obecnych. Zatem, zegar wodny Amenotepa III, jeśli został prawidłowo zbudowany i prawidłowo zinterpretowany, wskazuje na to, że albo Teby znajdowały się bliżej równika, albo że pochylenie równika w stosunku do ekliptyki było mniejsze od obecnego kąta 23,5°. W każdym przypadku klimat na szerokości geograficznej Egiptu nie mógł być taki sam jak w czasach obecnych.

Jak widać z tego badania, zegar Amenotepa III okazał się bezużyteczny w połowie ósmego wieku; a zegar, który mógłby go wtedy zastąpić, stałby się bezużyteczny w czasie katastrof, które miały miejsce pod koniec ósmego i na początku siódmego wieku, kiedy raz jeszcze oś zmieniła swoje położenie w przestrzeni i na Ziemi.

---

[1] L. Borchardt, *Die altägyptische Zeitrechnung* (1920), pp. 6–25.

[2] O zegarach egipskich patrz L. Zajdler, *Dzieje zegara* (1980) Wiedza Powszechna oraz *Atlantyda* (1972) Wiedza Powszechna, p. 202–205 [przyp. tłum.].

PÓŁKULA PODĄŻA NA POŁUDNIE

*Spójrz na świat pochylający swą
masywną kopułę
– ziemia i bezmiar morza i głębia
niebios!*

—Wergiliusz *Ecologues* iv.50

Zmiana położenia biegunów przesunęła lody polarne poza nowy krąg polarny, podczas gdy inne obszary znalazły się w tym kręgu. Obecne położenie bieguna czy kierunek osi polarnej nie są czymś koniecznym. Żadne astronomiczne ani geologiczne prawo nie narzuca takiego kierunku osi i takiego położenia bieguna. Podobną myśl znajduję w pismach Schiaparellego: „Stałość położenia biegunów geograficznych, na tych samych obszarach Ziemi, nie może być uważana za bezspornie ustaloną w wyniku astronomicznej czy mechanicznej argumentacji. Takie położenie może dziś być faktem, ale w przypadku poprzednich wieków historii globu wymaga to udowodnienia". „Nasz problem, tak istotny z punktu widzenia astronomii czy matematyki, dotyka podstaw geologii i paleontologii; jego rozwiązanie związane jest z {problemem} najwspanialszych zdarzeń w historii Ziemi"[1].

Obecny biegun nie zawsze był biegunem ziemskim, ani też zmiany nie zachodziły w powolnym procesie. Pokrywa lodowa była pokrywą polarną; epoka lodowcowa zakończyła się z katastrofalną nagłością; obszary o umiarkowanym klimacie przemieściły się natychmiast za koło polarne; pokrywa lodowa w Ameryce i w Europie zaczęła topnieć; ogromne ilości pary, unoszące się z powierzchni oceanów, spowodowały wzrost opadów i utworzenie nowej pokrywy lodowej. Gigantyczne fale, które wędrowały w poprzek kontynentów, były odpowiedzialne – w większym stopniu niż lód – za przesuwanie się, szczególnie w kierunku północnym, i za głazy przenoszone na wielkie odległości i osadzane na szczycie zupełnie niemających nic z nimi wspólnego formacji.

Jeśli przyjrzymy się rozmieszczeniu pokrywy lodowej na Półkuli Północnej, to zobaczymy że krąg, posiadający środek gdzieś w pobliżu wschodniego wybrzeża Grenlandii, lub w cieśninie między Grenlandią i Ziemią Baffina, w pobliżu obecnego magnetycznego bieguna północnego, i o promieniu około 3600 kilometrów, obejmuje obszar pokrywy lodowej w czasie ostatniego okresu zlodowacenia. Północnowschodnia Syberia znajduje się poza kręgiem; dolina Missouri do 39° północnej szerokości geograficznej znajduje się wewnątrz kręgu. Obejmuje on

---

[1] G. V. Schiaparelli, *De la rotation de la terre sous l'influence des actions géologiques* (St. Petersburg, 1889), p. 31.

wschodnią część Alaski, ale nie część zachodnią. Północnozachodnia Europa znajduje się wewnątrz kręgu; w pewnej odległości poza Górami Uralu linia zakrzywia się na północ i przecina obecny krąg polarny. Teraz zastanówmy się: Czy biegun północny w jakimś okresie w przeszłości nie znajdował się w odległości 20° lub więcej od punktu, w którym znajduje się obecnie – i bliżej Ameryki? I podobnie, stary biegun południowy znajdowałby się w odległości z grubsza 20° od obecnego bieguna[1].

Hinduskie starożytne tablice astronomiczne wykazują znaczne różnice w porównaniu z tym co spodziewali się znaleźć współcześni astronomowie. Ponieważ Kalkuta jest odsunięta 180° szerokości geograficznej od Ziemi Baffina, tablice te odpowiadałyby raczej położeniu Ziemi, w którym oś przebiłaby kulę ziemską na Ziemi Baffina, blisko obecnego bieguna magnetycznego. Zmiana szerokości geograficznej innych obszarów, na zachód i na wschód od Indii, byłaby mniejsza.

Jest prawdopodobne, że dwadzieścia siedem wieków temu, albo może trzydzieści pięć, obecny biegun północny znajdował się na Ziemi Baffina, albo blisko półwyspu Boothia na kontynencie amerykańskim.

Nagła zagłada mamutów spowodowana była przez katastrofę i prawdopodobnie dokonała się wskutek uduszenia się lub porażenia prądem elektrycznym. Późniejsze natychmiastowe przesunięcie obszaru Syberii do obszaru polarnego, odpowiedzialne jest prawdopodobnie za zachowanie ich zwłok[2].

Wydaje się, że mamuty razem z innymi zwierzętami zostały zabite przez burzę gazów, którym towarzyszył gwałtowny brak tlenu spowodowany przez ognie szalejące wysoko w atmosferze. Parę chwil później ich umierające lub martwe ciała znalazły się w obrębie kręgu polarnego. W ciągu kilku godzin północnowschodnia Ameryka przesunęła się z lodowatego obszaru kręgu polarnego do strefy umiarkowanej; północnowschodnia Syberia przesunęła się w przeciwnym kierunku, ze strefy umiarkowanej do kręgu polarnego. Obecny zimny klimat północnej Syberii zaczął się, kiedy okres zlodowacenia w Europie i Ameryce nagle się zakończył.

Zakłada się, że w czasach historycznych ani północnowschodnia Syberia ani zachodnia część Alaski nie znajdowały się w obszarach polarnych, ale że w wyniku katastrof z ósmego i siódmego wieku ob-

---

[1] W kierunku Ziemi Królowej Mary na kontynencie Antarktydy.

[2] Autorzy greccy wspominali o mumifikujących właściwościach ambrozji; opisywali proces wlewania płynnej ambrozji do nosów zmarłych; był to proces stosowany przez Egipcjan, którzy również wlewali medykamenty potrzebne do mumifikacji; Babilończycy używali w tym celu miodu.

szar ten przemieścił się do tego regionu. Założenie to implikuje, że ziemie te, tam gdzie nie pokrywało ich morze, były najprawdopodobniej zamieszkane przez ludzi. Należy przeprowadzić prace archeologiczne w północnowschodniej Syberii mające na celu ustalenie czy, w tych obecnie niezamieszkałych tundrach, dwadzieścia siedem wieków temu znajdowały się ośrodki kultury.

W 1939 i 1940 r. dokonano „jednego z najbardziej zaskakujących i najważniejszych odkryć tego wieku" (E. Stefansson) w Point Hope na Alasce, na wybrzeżu Cieśniny Beringa, 68° szerokości północnej, około 130 mil wewnątrz kręgu polarnego: odkryto starożytne miasto z około ośmiuset domami, którego ludność była liczniejsza niż we współczesnym mieście Fairbanks[1].

„Ipiutak, gdyż tak w języku współczesnych Eskimosów określane jest położenie tego starożytnego miasta, musiało zostać zbudowane przed naszą erą; ostrożnie ocenia się, że ma ono dwa tysiące lat. Wykopaliska dostarczyły pięknych rzeźb z kości słoniowej, niepodobnych do żadnych znanych u Eskimosów czy w kulturach Indian amerykańskich w rejonach północnych. Utworzone z pniaków dziwne grobowce ukazały szkielety, które spoglądały na prowadzących wykopaliska sztucznymi oczami wyrzeźbionymi w kości słoniowej i inkrustowanych gagatem... Liczne delikatnie wykonane i grawerowane narzędzia, również znalezione w grobach, przypominały podobne, wytwarzane w północnych Chinach trzy tysiące lat temu; inne przypominają rzeźby Ajnów z północnej Japonii oraz mieszkańców z okolic rzeki Amur na Syberii. Kultura materialna tych ludzi nie była uboga, z rodzaju tego co zwykle znajduje się na terenie Arktyki, lecz wyszukana, należąca do ludzi wyrafinowanych, w tym znaczeniu bardziej rozwinięta niż jakakolwiek znana kultura eskimoska, i wyraźnie pochodząca ze wschodniej Azji"[2].

W centralnej Alasce, gdzie grunt jest zamrożony od wielu stuleci, wciąż odkopywane są zwierzęta z mięsem przylegającym do kości. „Kości zarówno wymarłych jak i żywych gatunków ssaków znaleziono na większości obszarów... Nie są to skamieniałe kości, ale zamrożone, a w pewnych przypadkach wiązadła, skóra i mięso przylegają do kości"[3]. W sezonie [wykopaliskowym] 1938 „niemal cała skóra superbizona, z zachowanymi włosami, została znaleziona w okolicy Fairbanks".

---

[1] Przez F. G. Raineya i towarzyszy, sponsorowanych przez American Museum of Natural History w Nowym Yorku; wyniki ekspedycji opublikowano w dokumentach antropologicznych muzeum.

[2] Opis Evelyn Sefansson z jej książki *Here is Alaska* (1943), pp. 138 ff.

[3] F. G. Rainey, „Archaeology in Central Alaska", *Anthropological Papers of the Museum of Natural History*, XXXV, Pt. IV (1939), 391 ff.

„Niektóre znaleziska, znalezione po dokopaniu się na głębokość 18 do 20 metrów poniżej powierzchni, mogły pierwotnie znajdować się na powierzchni lub w jej pobliżu, ale położenie innych skłania do kojarzenia ich z kośćmi wymarłych zwierząt na dużych głębokościach. Rozpoznawalne znaleziska to narzędzia z kamienia łupanego, kości i kości słoniowej"[1].

W latach 1936–1937 na małym obszarze, oznaczonym jako Ester, znaleziono kilka narzędzi oraz liczne opalone kamienie, razem z kośćmi mamutów, mastodontów, bizonów i koni, na dnie osadów błota w Ester Creek, około dwudziestu metrów pod powierzchnią[2]. W 1938 r. w Engineer Creek dokonano podobnych odkryć na dnie błota, czterdzieści metrów pod powierzchnią gleby[3].

Te ślady życia kultury, znajdujące się głęboko pod powierzchnią, są w przeważającej części pozostałościami pogrzebanymi w katastrofach wcześniejszych od opisanej w tym rozdziale; wśród nich znajdują się również pozostałości kultury i życia pochłoniętych w kataklizmach z ósmego i siódmego wieku. Kiedy obroty Ziemi uległy zakłóceniu, przemieszczające się fale ruszyły w kierunku wschodnim, z powodu bezwładności, i w kierunku biegunów, z powodu cofnięcia się wód z wybrzuszenia równikowego, gdzie były utrzymywane dzięki obrotom Ziemi. Zatem Alaska musiała być omieciona przez wody Pacyfiku.

Miasta, podobne do tych odkopanych na Alasce, a możliwe że i większe, będą prawdopodobnie odkryte na Kamczatce, lub dalej na północ przy Kołymie i Lenie – rzekach wpadających do Oceanu Arktycznego. Warunki, które pozwoliły zachować mamuty wraz ze skórą i mięsem przy kościach, musiały działać podobnie w przypadku ludzi, i nie jest wykluczone że zostaną znalezione również ludzkie ciała uwięzione w lodzie.

Problemem, który będą musieli rozwiązać archeolodzy, jest wyjaśnienie czy zniszczenie życia na tych obszarach północnozachodniej Ameryki i północnowschodniej Azji, którego skutkiem była śmierć mamutów, miało miejsce w ósmym, siódmym czy w piętnastym wieku przed naszą erą (lub wcześniej) – innymi słowy, czy stada mamutów zostały unicestwione w czasach Izajasza, czy w czasach Eksodusu.

---

[1] *Ibid.*, p. 393.
[2] Przez P. Maas.
[3] Przez J. L. Giddings.

ROZDZIAŁ VIII

ROK SKŁADAJĄCY SIĘ Z 360 DNI

PRZED OSTATNIĄ serią kataklizmów kiedy, jak zakładamy, Ziemia przekręciła się i oś wskazała inny kierunek w przestrzeni, wtedy przy innym rozmieszczeniu biegunów, innej orbicie, rok nie mógł pozostać taki sam jak poprzednio.

Zachowane są liczne dowody, które świadczą o tym, że przed rokiem składającym się z 365,25 dnia rok miał tylko 360 dni. Jednak rok składający się z 360 dni nie był taki od początku; był to stan przejściowy między rokiem posiadającym jeszcze mniej dni i takim jaki jest obecnie.

W okresie między ostatnią z serii katastrof w piętnastym wieku [p.n.e.] i pierwszą z serii katastrof w ósmym wieku [p.n.e.], czas obrotu [Ziemi wokół słońca] w ciągu roku, jak się wydaje, wynosił 360 dni[1].

W celu udowodnienia mego twierdzenia zapraszam czytelnika w podróż po świecie. Zaczniemy od Indii.

Teksty z okresu *Wed* znają tylko rok z 360 dni. „Wszystkie teksty *Wed* mówią jednolicie i wyłącznie o roku złożonym z 360 dni. Fragmenty, w których jest bezpośrednio mowa o roku o tej właśnie długości, można znaleźć we wszystkich Brahmanach"[2]. „Uderzające, że *Wedy* nigdzie nie mówią o dodanym okresie, i ciągle powtarzając, że rok składa się z 360 dni, nigdzie nie odnoszą się do pięciu czy sześciu dni, które faktycznie stanowią część roku słonecznego"[3].

Ten hinduski rok, składający się z 360 dni, podzielony jest na dwanaście miesięcy po trzydzieści dni każdy[4]. Teksty opisują księżyc jako rosnący przez piętnaście dni i ubywający przez kolejne piętnaście dni; mówią również, że słońce poruszało się przez sześć miesięcy lub 180 dni ku północy i przez taką samą liczbę dni ku południowi.

Zakłopotanie naukowców z powodu takich danych w literaturze bramanicznej, wyraża następujące zdanie: „Że nie są to konwencjonalne, niedokładne dane, ale zdecydowanie błędne poglądy, pokazuje fragment *Nidana Sutry* który mówi, że słońce pozostaje przez 13,5

---

[1] W. Whiston, w *New Theory of the Earth* (1696), wyraził przekonanie, że przed Potopem rok miał 360 dni. Znalazł on odniesienia u starożytnych autorów dotyczące roku równego 360 dni, a ponieważ uznawał tylko jedną wielką katastrofę, Potop, odniósł te wzmianki do ery przedpotopowej.

[2] Thibaut, „Astronomie, Astrologie und Mathematik", *Grundriss der indoarischen Philologie und Alterthumskunde* (1899), III, 7.

[3] *Ibid.*

[4] *Ibid.*

dnia w każdej z 27 *naksatr*[1], i stąd rzeczywisty rok słoneczny wylicza się jako równy 360 dni". „Piętnaście dni przypisano każdej połowie miesiąca księżycowego; i nigdzie nie powiedziano, że jest to zbyt dużo"[2].

W swoich pracach astronomicznych bramini stosowali genialne metody geometryczne, i ich pomyłka w rozpoznaniu, że rok z 360 dni był o 5,25 dnia za krótki, wydawała się zaskakująca. W ciągu dziesięciu lat taka pomyłka kumuluje się do pięćdziesięciu dwóch dni. Autor, którego cytowałem ostatnio, zmuszony był dojść do wniosku, że bramini mieli „całkowicie pomieszane wyobrażenie co do długości roku". Dopiero w okresie późniejszym, stwierdził, że Hindusi byli w stanie radzić sobie z tak oczywistymi faktami. Podobnie napisał jeden z niemieckich autorów: „Fakt, że długi okres czasu konieczny był aby dojść do sformułowania 365-dniowego roku, potwierdzony jest przez istnienie starego hinduskiego 360-dniowego roku Savana [roku ofiarnego] i innych form, które pojawiają się w literaturze wedyjskiej"[3].

Poniżej fragment z *Aryabhatiya*, starego hinduskiego dzieła dotyczącego matematyki i astronomii: „Rok składa się z dwunastu miesięcy. Miesiąc składa się z 30 dni. Dzień składa się z 60 nadi. Nadi składa się z 60 vinadików"[4].

Miesiąc z trzydziestu dni i rok z 360 dni tworzyły podstawę wczesnej hinduskiej chronologii, stosowanej do obliczeń historycznych.

Bramini byli świadomi tego, że długość roku, miesiąca oraz dnia zmienia się z każdą epoką świata. Poniżej podaję fragment z *Surya-siddhanta*, klasycznej pracy z dziedziny hinduskiej astronomii. Po wstępie napisano: „Tylko z powodu obrotu epok mamy do czynienia z różnicą czasów"[5]. Tłumacz tego starożytnego podręcznika dodał przypis do tego fragmentu: „Według komentarza, znaczenie tych ostatnich wersów jest takie, że w kolejnych Wielkich Epokach... miały miejsce niewielkie różnice ruchu ciał niebieskich". Wyjaśniając termin *bija*, który oznacza korektę czasu w każdej nowej epoce, księga *Surya* mówi „czas jest niszczycielem światów".

---

[1] *Naksatra*: jedna z 27 części zodiaku, równa 13 1/3 stopnia. Księżyc przemieszcza się w zodiaku przez kolejne *naksatry* [przyp. tłum.].

[2] Thibaut, „Astronomie, Astrologie und Mathematik", *Grundriss der indo-arischen Philologie und Alterthumskunde* (1899), III, 7.

[3] F. K. Ginzel, "Chronologie", *Encyklopädie der mathematischen Wissenschaften* (1904–1935), Vol. VI.

[4] *The Aryabhatiya of Aryabhata*, starożytna hinduska praca o matematyce i astronomii (tłum. W. E. Clark, 1930), Chap. 3, „Kalakriya or the Reckoning of Time", p. 51.

[5] *Surya-siddhanta: A Text-Book of Hindu Astronomy* (tłum. Ebenezer Burgess, 1860).

Rok kapłański, podobnie jak rok świeckiego kalendarza, składał się z 360 dni ułożonych w dwanaście księżycowych miesięcy, po trzydzieści dni każdy. W przybliżeniu od siódmego wieku p.n.e. hinduski rok zaczął liczyć 365,25 dni, ale dla celów świątynnych używany był także rok z 360 dni, i ten rok nazywano *savana*.

Kiedy hinduski kalendarz przyjął rok równy 365,25 dni i miesiąc księżycowy o dwudziestu dziewięciu i pół dniach, starego kalendarza nie odrzucono. „Naturalny miesiąc, zawierający około dwudziestu dziewięciu i pół dnia średniego czasu słonecznego, jest więc podzielony na trzydzieści dni księżycowych (*tithi*). Podział ten, mimo że ma tak nienaturalny i arbitralny charakter, jako że dni księżycowe zaczynają się i kończą w dowolnym momencie naturalnego dnia i nocy, ma dla Hindusów bardzo duże praktyczne znaczenie, gdyż w ten sposób regulowane jest wykonywanie wielu ceremonii religijnych i od niego zależy ustalanie pomyślnych i niepomyślnych okresów, i tym podobne"[1].

Podwójny system wyniknął z nałożenia nowego pomiaru czasu na stary.

Starożytny rok perski składał się z 360 dni lub dwunastu miesięcy, po trzydzieści dni każdy. W siódmym wieku [p.n.e.] do kalendarza dodano pięć dni *Gatha*[2].

W *Bundahis*, świętej księdze Persów, 180 kolejnych pojawień się słońca, od przesilenia zimowego do letniego i od letniego przesilenia do następnego zimowego, opisane jest tymi słowami: „Jest sto i osiemdziesiąt otworów {*rogin*} na wschodzie, i sto i osiemdziesiąt na zachodzie... i słońce, każdego dnia, wychodzi przez otwór i wraca przez otwór... Powraca ono do Varak po trzystu i sześćdziesięciu dniach i pięciu dniach Gatha"[3].

Dni Gatha to „pięć dni dodanych do ostatniego z dwunastu miesięcy po trzydzieści dni każdy, aby uzupełnić rok; gdyż w tych dniach nie są dostępne żadne dodatkowe otwory... Ten układ wydaje się wskazywać, że idea otworów jest starsza od korekty kalendarza, która dodała pięć dni Gatha do pierwotnego roku z 360 dni"[4].

---

[1] *Ibid.*, Komentarz Burgessa w uwadze do p. 7.

[2] „Dwanaście miesięcy... każdy z trzydziestu dni... i pięć dni Gatha pod koniec roku". „The Book of Kenkart", u H. S. Nyberga, *Texte zum mazdayanischen Kalender* (Uppsala, 1934), p. 9.

[3] *Bundahis* (tłum. West), Chap. V.

[4] Uwaga Westa na p. 24 jego tłumaczenia *Bundahis*.

Starożytny rok babiloński składał się z 360 dni[1]. Tablice astronomiczne z okresu poprzedzającego imperium neo-babilońskie liczą tyle właśnie dni w roku, nie wymieniając żadnych dodatkowych dni. O tym, że starożytny rok babiloński liczył tylko 360 dni, było wiadomo jeszcze przed odczytaniem pisma klinowego: Ktezjasz napisał, że mury Babilonu liczyły w obwodzie 360 furlongów [1 furlong = 201,168 m], „tyle, ile było dni w roku"[2]. Zodiak babiloński podzielony był na trzydzieści sześć dekanów, gdzie dekan jest to część przestrzeni jaką pokrywa słońce, w odniesieniu do gwiazd stałych, w ciągu dziesięciu dni. „Jednakże 36 dekanów, z odpowiadającymi im dekadami, potrzebuje roku o tylko 360 dniach"[3]. Chcąc wyjaśnić tę wyraźnie arbitralną długość ścieżki zodiaku, stworzono następującą hipotezę: „Na początku astronomowie babilońscy przyjęli rok 360-dniowy, a podział koła na 360 stopni musiał wskazać drogę jaką przebywa słońce każdego dnia, w przyjętym okrążaniu Ziemi"[4]. To pozostawia ponad pięć stopni zodiaku, których nie brano pod uwagę.

Starożytny rok babiloński składał się z dwunastu miesięcy po trzydzieści dni każdy, a każdy miesiąc liczono od pojawienia się księżyca w nowiu. Ponieważ okres pomiędzy jednym nowiem i następnym wynosi około dwadzieścia dziewięć i pół dnia, badacze kalendarza babilońskiego stają wobec dylematu, który poznaliśmy już w innych krajach. „Miesiące składające się z trzydziestu dni zaczynają się od pojawienia się światła księżyca w nowiu. Nie wiemy jak uzyskano zgodność z astronomiczną rzeczywistością. Nie jest jeszcze znana praktyka ze wstawianiem [dodatkowego] okresu"[5]. Okazało się, że w siódmym wieku dodano pięć dni do kalendarza babilońskiego; uważano je za niepomyślne, i ludzie zabobonnie się ich lękali.

Rok asyryjski składał się z 360 dni; dekada nazywała się *sarus*; *sarus* składał się z 3600 dni[6].

„Asyryjczycy, podobnie jak Babilończycy, mieli rok złożony z miesięcy księżycowych i wydaje się że przedmiotem raportów astronomicznych, które odnoszą się do pojawienia księżyca i słońca, było określenie i przepowiedzenie długości miesiąca księżycowego. Jeśli

[1] A. Jeremias, *Das Alter der babylonischen Astronomie* (2nd ed., 1909), pp. 58 ff.

[2] *The Fragments of the Persika of Ktesias* (Ctesiae Persica), ed. J. Gilmore (1888), p. 38; Diodorus ii. 7.

[3] W. Gundel, *Dekane und Dekansternbilder* (1936), p. 253.

[4] Cantor, *Vorlesungen über Geschichte der Mathematik*, I, 92.

[5] "Sin" w Rochera, *Lexikon der griech. und röm. Mythologie*, Col. 892.

[6] Georgius Syncellus, ed. Jacob Goar (Paris, 1652), pp. 17, 32.

tak, to rok stosowany powszechnie w Asyrii musiał być rokiem księżycowym. Kalendarz przypisuje każdemu miesiącowi pełnych trzydzieści dni; jednakże miesiąc księżycowy jest równy nieco ponad dwadzieścia dziewięć i pół dnia"[1]. „Nie jest możliwe aby miesiąc kalendarzowy i księżycowy zgadzały się ze sobą pod koniec roku"[2].

Dokumenty asyryjskie wspominają tylko o miesiącach składających się z trzydziestu dni i liczą takie miesiące od *półksiężyca do półksiężyca*[3]. I znowu, jak w innych krajach, jest to wyraźnie *miesiąc księżycowy*, który astronomowie asyryjscy liczą jako równy trzydziestu dniom. Współcześni naukowcy zapytują samych siebie, jak mogli asyryjscy astronomowie dopasować długość miesięcy księżycowych do obrotów księżyca, i jak mogły być przekazywane do pałacu królewskiego obserwacje tak konsekwentnie błędne?

Miesiąc u Izraelitów, od osiemnastego do ósmego wieku przed naszą erą, był równy trzydziestu dniom, a dwanaście miesięcy tworzyło rok; nie ma żadnej wzmianki o miesiącach krótszych od trzydziestu dni, ani o roku dłuższym niż dwanaście miesięcy. O tym, że miesiąc składa się z trzydziestu dni, dowodzi Deuteronomium [V Księga Mojżeszowa] 34:8 i 21:13, oraz Księga Liczb [IV Księga Mojżeszowa] 20:29, gdzie nakazuje się żałobę po zmarłym przez „cały miesiąc", i jest ona obchodzona przez trzydzieści dni. Historia Potopu, jak podano w Genesis [I Księdze Mojżeszowej], liczy miesiące po trzydzieści dni; mówi ona, że sto i pięćdziesiąt dni minęło między siedemnastym dniem drugiego miesiąca i siedemnastym dniem siódmego miesiąca[4]. Układ tego tekstu wyraźnie pochodzi z okresu między Eksodusem i wstrząsem w dniach Uzjasza[5].

Hebrajczycy przestrzegali miesięcy księżycowych. Świadczy o tym fakt, że święto nowiu księżycowego miało wielkie znaczenie w czasach Sędziów i Królów[6]. „Święto nowiu w starożytności miało rangę co

---

[1] R. C. Thompson, *The Reports of the Magicians and Astrologers of Nineveh and Babylon in the British Museum*, II (1900), xix.

[2] *Ibid.*, p. xx.

[3] Langdon and Fotheringham, *The Venus Tablets of Ammizaduga*, pp. 45–46; C. H. W. Johns, *Assyrian Deeds and Documents*, IV (1923), 333; J. Kohler and A. Ungnad, *Assyrische Rechtsurkunden* (1913), 258, 3; 263, 5; 649, 5.

[4] Genesis 7:11 i 24; 8:4.

[5] Inne warianty historii Potopu (Genesis 7:17, 8:6) mówią o ulewie trwającej 40 dni zamiast 150.

[6] I Księga Samuela 20:5–6, II Księga Królewska 4:23; Księga Amosa 8:5; Księga Ozeasza 2:11; Księga Ezechiela 46:1, 3.

W Biblii miesiąc nazywa się *hodesh*, lub „{księżyc} w nowiu" [dosłownie: nowy], co świadczy o lunacji trzydziestu dni.

najmniej taką jak szabat"[1]. Ponieważ te (księżycowe) miesiące liczyły trzydzieści dni, bez żadnych dwudziestodziewięciodniowych miesięcy między nimi, i ponieważ rok składał się z dwunastu takich miesięcy, bez żadnych dodatkowych dni lub wtrąconych miesięcy, biblijni egzegeci nie potrafili pogodzić tych trzech liczb: 354 dni, lub dwanaście księżycowych miesięcy po dwadzieścia dziewięć i pół dnia każdy; 360 dni, lub przemnożenia dwunastu przez trzydzieści; i 365,25 dni, tj. obecna długość roku.

Rok egipski składał się z 360 dni zanim zaczął liczyć 365, przez dodanie pięciu dni. Kalendarz w Papirusie Ebersa, dokument z okresu Nowego Państwa, ma rok złożony z dwunastu miesięcy po trzydzieści dni każdy[2].

W dziewiątym roku panowania króla Ptolemeusza Euergetesa, lub w 238 r. p.n.e., grupa reformatorów, wśród kapłanów egipskich, spotkała się w Canopus i opracowała dekret; w 1866 roku odkryto go w Tanis, w Delcie [Nilu], zapisany na tabliczce. Celem dekretu było zharmonizowanie kalendarza z porami roku „według obecnego układu świata", jak stwierdza tekst. Zarządzono, aby co cztery lata dodawać jeden dzień do „trzystu i sześćdziesięciu dni, i do pięciu dni, które nakazano dodać później"[3].

Autorzy dekretu nie podają dokładnej daty kiedy dodano pięć dni do 360, ale mówią wyraźnie, że taka reforma została wprowadzona w określonym terminie po okresie kiedy rok miał tylko 360 dni.

Nieco wcześniej tutaj odniosłem się do faktu, że kalendarz 360 dni został wprowadzony w Egipcie dopiero po końcu Średniego Państwa, w czasach Hyksosów. W następstwie tego, pod koniec Osiemnastej Dynastii, do 360 dni musiało zostać dodane pięć epagomena [„krótkich miesięcy"]. Nie ma wzmianki o „pięciu dniach" we wszystkich licznych inskrypcjach z czasów Osiemnastej Dynastii; epagomena lub, jak nazwali je Egipcjanie, „pięć dni, które są ponad rokiem"[4], znane są z dokumentów z siódmego i następnych stuleci. Faraonowie poprzedniej dynastii zwykli pisać: „Rok i pięć dni". „Ostatni dzień roku obchodzono nie ostatniego dnia epagomena, ale trzydziestego Mesori, dwunastego miesiąca"[5].

W piątym wieku Herodot napisał: „Egipcjanie, którzy liczą dwanaście trzydziestodniowych miesięcy, dodają w każdym roku jeszcze

---

[1] J. Wellhausen, *Prolegomena to the History of Israel* (1885), p. 113.

[2] Cf. G. Legge w *Recueil de travaux relatifs à la philologie et à l'archéologie égiptiennes et assyriennes* (La Mission française du Caire, 1909).

[3] S. Sharpe, *The Decree of Canopus* (1870).

[4] E. Meyer, "Agyptische Chronologie", *Philos. und hist. Abhandlungen der Preuss. Akademie der Wissenschaften* (1904), p. 8.

[5] *Ibid.*

pięć dni nadliczbowych, przez co pory roku w swym biegu okrężnym nastają u nich znowu w tym samym czasie"[1].

Księga Sotisa, błędnie przypisana egipskiemu kapłanowi Manetho[2] i Georgiusowi Snycellusowi, bizantyjskiemu chronologowi[3], twierdzi, że pierwotnie dodatkowe pięć dni nie następowały po 360 dniach kalendarza, ale zostały wprowadzone w okresie późniejszym[4], co potwierdza tekst Dekretu Canopus.

To, że wprowadzenie epagomena nie było rezultatem postępu wiedzy astronomicznej, ale było spowodowane przez faktyczną zmianę ruchu planet, wynika z Dekretu Canopus, gdyż odnosi się on do „skorygowania błędów nieba". Plutarch, w swoim dziele *Izyda i Ozyrys*[5], opisuje za pomocą alegorii zmianę długości roku: „Hermes, grając w warcaby z księżycem, wygrał u niego siedemnastą część okresu świecenia, a ze wszystkich wygranych ułożył pięć dni i wprowadził je jako dodatkowe do 360 dni". Plutarch informuje nas również, że jeden z dni epagomena uważany był za niepomyślny; tego dnia nie załatwiano żadnych interesów i nawet królowie „nie zajmowali się swymi ciałami aż do zapadnięcia nocy".

W czasach Osiemnastej Dynastii bardzo ważnymi były święta nowiu [nowego księżyca]. Na wszystkich licznych inskrypcjach z tego okresu, jakikolwiek miesiąc nie byłby wymieniony, wszystkie liczyły po trzydzieści dni. Fakt, że święta nowiu były obchodzone co trzydzieści dni, sugeruje, że miesiąc księżycowy liczył właśnie tyle dni.

Reasumując, widzimy że dane są zgodne. Dekret Canopus stwierdza, że w jakimś momencie w przeszłości rok egipski liczył tylko 360 dni, i że pięć dni dodano w późniejszym okresie; Papirus Ebersa wykazuje, że w czasach Osiemnastej Dynastii kalendarz posiadał 360 dni podzielonych na dwanaście miesięcy, po trzydzieści dni każdy; inne dokumenty z tego okresu świadczą o tym, że miesiąc księżycowy miał trzydzieści dni i że święto nowiu obchodzono dwanaście razy w ciągu 360 dni. Księga Sotisa twierdzi, że ten 360-dniowy rok został ustanowiony za czasów Hyksosów, którzy rządzili pod koniec Średniego Państwa, poprzedzając Osiemnastą Dynastię.

W osiemnastym i siódmym wieku, do roku dodano pięć dni epagomena, w warunkach, które kazały traktować je jako niepomyślne.

---

[1] Herodotus, *History*, Bk. ii 4 (tłum. A.D. Godle) [polskie tłum.: Seweryn Hammer].

[2] Patrz tom Manetho w *Loeb Classical Library*.

[3] *Georgii Monachi Chronographia* (ed. P. Jacobi Goar, 1652), p. 123.

[4] W czasach hyksoskiego króla Asetha. Ale patrz podrozdział „Zmiany Czasu i Pór Roku".

[5] *Isis and Osiris*, tłum. F. C. Babbit.

Chociaż zmiana liczby dni w roku została obliczona wkrótce po tym kiedy nastąpiła, mimo to przez pewien czas w wielu państwach zachowano rok kalendarzowy z 360 dni podzielony na dwanaście miesięcy, po trzydzieści dni każdy.

Kleobulos, zaliczany do siedmiu mędrców starożytnej Grecji, w swojej słynnej alegorii przedstawia rok jako podzielony na dwanaście miesięcy po trzydzieści dni: jest jeden ojciec, jest dwunastu synów, a każdy z nich ma trzydzieści córek[1].

Od czasów Talesa, innego z siedmiu mędrców, który potrafił przewidzieć zaćmienie, Hellenowie wiedzieli że rok liczy sobie 365 dni; uważali oni że to Tales odkrył liczbę dni w roku. Ponieważ urodził się on w siódmym wieku [p.n.e.], nie jest możliwe aby był jednym z pierwszych Greków którzy poznali nową długość roku; to na początku tego stulecia rok osiągnął obecną długość. Solona, który był współczesnym Talesa oraz także jednym z siedmiu mędrców, Grecy uważali za odkrywcę faktu, że miesiąc księżycowy ma mniej niż trzydzieści dni[2]. Mimo swej wiedzy o właściwej długości roku i miesiąca, Grecy, po Solonie i Talesie, trzymali się zdezaktualizowanego kalendarza, co do tego faktu posiadamy świadectwo Hipokratesa („Siedem lat zawiera 360 tygodni"), Ksenofonta, Arystotelesa i Pliniusza[3]. Wytrwałość w rachowaniu 360 dni uważa się nie tylko za pewien ukłon w stronę wcześniejszego roku astronomicznego, ale również było to wygodne w liczeniu.

Starożytni Rzymianie również liczyli 360 dni w roku. Plutarch, w swoim „Życiu Numy" napisał, że w czasach Romulusa, w ósmym stuleciu, Rzymianie mieli rok o tylko 360 dniach[4]. Różni łacińscy autorzy twierdzą, że starożytny miesiąc składał się z trzydziestu dni[5].

Po drugiej stronie oceanu, rok Majów składał się z 360 dni; później dodano pięć dni, i rok wtedy wynosił *tun* (okres 360 dni) i pięć dni; co cztery lata dodawano do roku jeden dzień. „Liczyli oni je oddzielnie i nazywali je dniami niczego: w tych dniach ludzie niczego nie robili" napisał J. de Acosta, dawny autor piszący o Ameryce[6].

---

[1] Patrz Diogenes Laërtius, *Lives of Eminent Philosophers*, „Life of Thales".

[2] Proclus, *The Commentaries on the Timaeus of Plato* (1820); Diogenes Laërtius, *Lives*, "Life of Solon"; Plutarch, *Lives*, "Life of Solon".

[3] Aristotle, *Historia animalium*, vi. 20; Pliny, *Natural History*, xxxiv. 12 (tłum. Bostock i Riley).

[4] Plutarch, *Lives*, "The Life of Numa", xviii.

[5] Cf. Geminus, *Elementa astronomiae*, viii; cf. również Cleomedes, *De motu circulari corporum celestium*, xi. 4.

[6] J. de Acosta, *The Natural and Moral Histories of the Indies*, 1880 (Historia natural y moral de las Indias, Seville, 1590).

Zakonnik Diego de Landa, w swoim dziele *Yucatan before and after the Conquest*, napisał: „Posiadali oni swój doskonały rok, taki jak nasz, z 365 dni i sześciu godzin, który podzielili na miesiące na dwa sposoby. W pierwszym miesiące miały po trzydzieści dni i nazywano je *U*, co oznacza księżyc, i liczono je od pojawienia się księżyca w nowiu aż do jego zniknięcia"[1]. Inna metoda liczenia, za pomocą miesięcy dwudziestodniowych (*uinal hunekeh*), odzwierciedla o wiele starszy system, do którego powrócę, kiedy zbadam bardziej archaiczne systemy niż ten z 360-dniowym rokiem. De Landa napisał również, że pięć dodatkowych dni uważano za „złowróżbne i nieszczęśliwe". Nazywano je „dniami bez nazwy"[2]. Chociaż Meksykanie w czasach konkwisty nazywali okres trzydziestodniowy „księżycem", wiedzieli, że okres synodyczny wynosi 29,5209 dnia[3], co jest dokładniejsze od kalendarza gregoriańskiego wprowadzonego w Europie dziewięćdziesiąt lat po odkryciu Ameryki. Najwyraźniej obstawali oni przy starej tradycji datującej się z czasów kiedy rok miał dwanaście miesięcy po trzydzieści dni każdy, w sumie 360 dni[4].

Również w starożytnej Południowej Ameryce rok składał się z 360 dni, podzielonych na dwanaście miesięcy.

„Rok peruwiański podzielony był na dwanaście Quilla, lub księżyców, po trzydzieści dni. Pięć dni dodawano pod koniec roku, nazywanych Allcacanquis"[5]. Następnie dodawano dzień co cztery lata, aby zachować prawidłowy kalendarz.

Przekraczamy Pacyfik i wracamy do Azji. Kalendarz mieszkańców Chin miał rok z 360 dni, podzielony na dwanaście miesięcy po trzydzieści dni każdy[6].

Relikt systemu 360 dni jest wciąż utrzymującym się podziałem kuli na 360 stopni; każdy stopień odpowiadał dziennemu przesunięciu Ziemi na swej orbicie, lub położeniu zodiaku, który przesunął się od jednej nocy do następnej. Po 360 dniach gwiezdne niebo powracało do takiego samego położenia dla obserwatora na Ziemi.

---

[1] Diego de Landa, *Yucatan*, p. 59.

[2] D. G. Brinton, *The Maya Chronicles* (1882).

[3] Uwaga Gatesa do książki De Landy, *Yucatan*, p. 59.

[4] R. C. E. Long, „Chronolog-Maya", *Encyclopaedia Britannica* (14th ed.): „Nie używali oni {Majowie} nigdy roku 365-dniowego, kiedy liczyli odstęp czasu między jedną datą a drugą".

[5] Markham, *The Incas of Peru*, p. 117.

[6] Joseph Scaliger, *Opus de emendatione temporum*, p. 225; W. Hales, *New Analysis of Chronology* (1809–1812),I, 31; W. D. Medhurst, uwagi do pp. 405–406 jego tłumaczenia *The Shoo King* (Shanghai, 1846).

Kiedy rok zmienił się z 360 do 365,25 dni, Chińczycy dodali do swego roku pięć i ćwierć dnia, nazywając ten dodatkowy okres *Kheying*; zaczęli również dzielić kulę na 365,25 stopnia, przyjmując nową długość roku nie tylko w kalendarzu, ale również w niebiańskiej i ziemskiej geometrii[1].

Starożytne liczenie czasu oparte było o współczynnik sześćdziesiąt; podobnie w Indiach, Meksyku i Chaldei, sześćdziesiąt był to uniwersalny współczynnik.

Podział roku na 360 dni był uznawany na wiele sposobów[2] i, doprawdy, stał się bodźcem postępu w astronomii i geometrii, tak że ludzie niechętnie odrzucili tę metodę liczenia kiedy stała się przestarzała. Zachowali swoje „księżyce" z trzydziestu dni, mimo że miesiąc księżycowy w rzeczywistości stał się krótszy, i uważali, że pięć [dodatkowych] dni nie przynależy do roku.

Na całym świecie znajdujemy, że przez pewien czas istniał ten sam kalendarz z 360 dniami, i że w jakimś późniejszym czasie, około siódmego wieku przed naszą erą, dodano pięć dni pod koniec roku, jako „dni ponad rokiem", lub „dni niczego".

Uczeni, którzy badali kalendarz Inków w Peru i Majów na Jukatanie, dziwili się kalendarzowi z 360 dni; podobnie jak uczeni którzy studiowali kalendarze Egipcjan, Persów, Hindusów, Chaldejczyków, Asyryjczyków, Hebrajczyków, Chińczyków, Greków, lub Rzymian. Większość z nich, kiedy dyskutowali ten problem na swoim polu, nie przypuszczała, że ten sam problem pojawił się w starożytności w kalendarzu każdego narodu.

Dwie sprawy wydawały się wprawiać w zakłopotanie: błąd pięciu i ćwierci dnia w roku z pewnością można było wyśledzić, i mogli to zrobić nie tylko astronomowie, ale nawet niepiśmienni wieśniacy, gdyż

---

[1] H. Murray, J. Crawfurd i inni, *An Historical and Descriptive Account of China* (p. 235); *The Chinese Classics*, III, Pt. 2, ed. Legge (Shanghai, 1865), uwaga na str. 21. Cf. także Cantor, *Vorlesungen*, p. 92. „Zuerst wurde vin den Astronomen Babylons das Jahr von 360 Tagen erkannt, und die Kreisteilung in 360 Grade sollte den Weg versinnlichen welchen die Sonne bei ihrem vermeintlichen Umlaufe um die Erde jeden Tag zurücklegte".

[2] C. F. Dupuis (*L'Origine de tous les cultes* {1835–1836}, angielskie kompendium *The Origin of All religious Worship* {1872} stanowiło zebrany materiał dotyczący liczby 360, „która jest [liczbą] dni w roku bez epagomena". Mówi on o 360 bogach w „teologii Orfeusza", o 360 eonach gnostycznych geniuszów, o 360 bożkach przed pałacem Dairi w Japonii, o 360 posągach otaczających „ten Hobala", czczonych przez starożytnych Arabów, o 360 geniuszach, którzy biorą duszę w posiadanie po śmierci „zgodnie z doktryną chrześcijan św. Jana", o 360 świątyniach zbudowanych na górze Lowham w Chinach, i o murach o długości 360 stadiów, „którymi Semiramida otoczyła miasto" Babilon. Ten materiał nie podsunął jego zbieraczowi idei, że rok astronomiczny z 360 dni był powodem świętości liczby 36.

w krótkim przedziale czterdziestu lat – okres, który każdy mógł z łatwością zaobserwować – pory roku przesunęłyby się o ponad dwieście dni. Druga rzecz, która wprawia w zakłopotanie, to długość miesiąca. „Wydaje się być powszechnym poglądem wśród starożytnych, że lunacja albo synodalny miesiąc trwały trzydzieści dni"[1]. W wielu dokumentach różnych narodów jest mowa o tym, że miesiąc, lub „księżyc", jest równy trzydziestu dniom, i że początek takiego miesiąca jest zbieżny z nowiem.

Takie deklaracje starożytnych astronomów czynią jasnym, że nie było takiej rzeczy jak konwencjonalny kalendarz z dopuszczalnym błędem; w gruncie rzeczy istnienie międzynarodowego kalendarza w tych czasach jest skrajnie nieprawdopodobne. Po stuleciach morskich tras i międzynarodowej wymiany idei nie obmyślono żadnego kalendarza dla całego świata: muzułmanie mają rok księżycowy, oparty na ruchach księżyca, który co kilka lat jest systematycznie dopasowywany do roku słonecznego poprzez wstawki; wiele innych wyznań i ludów posiadają własne systemy, zawierające wiele śladów dawnych systemów. Liczenie miesięcy jako równych trzydzieści i trzydzieści jeden dni jest również pozostałością starszych systemów; pięć dodatkowych dni podzielono pomiędzy stare miesiące księżycowe. Ale obecnie almanach nie przypisuje przerwy trzydziestu dni między dwoma lunacjami lub okresu 360 dni dla dwunastu lunacji.

Powód [zaistnienia] powszechnej identyczności liczenia czasu między piętnastym i ósmym wiekiem [p.n.e.] leży w rzeczywistym ruchu Ziemi wokół osi i po orbicie, i w obrotach księżyca, w tym historycznym okresie. Czas obrotów księżyca musiał wynosić prawie dokładnie trzydzieści dni, a długość roku wyraźnie nie odbiegała od 360 dni o więcej niż kilka godzin.

Następnie miała miejsce seria katastrof, która zmieniła położenie osi i orbitę Ziemi i księżyca, i starożytny rok, po przejściu przez okres zdezorganizowanych pór roku, ustabilizował się w „powolnie poruszający się rok" (Seneka) 365 dni, 5 godzin, 48 minut, 46 sekund, przy miesiącu księżycowym równym 29 dni, 12 godzin, 44 minuty, 2,7 sekundy, średniego okresu synodycznego.

MIESIĄCE W NIEŁADZIE

W wyniku powtarzających się perturbacji Ziemia przeszła z orbity 360-dniowej na orbitę 365,25-dniową, a w obu przypadkach dni prawdopodobnie nie były dokładnie równe. Miesiąc zmienił się z trzydziestu do dwudziestu dziewięciu i pół dnia. Takie były wartości na

---

[1] Medhurst, *The Shoo King*.

początku i na końcu stulecia „bitwy bogów". W wyniku perturbacji, które miały miejsce w tym stuleciu, występowały pośrednie wartości długości roku i miesiąca. Długość roku prawdopodobnie zmieniała się między 360 i 365,25 dni, ale księżyc, będąc mniejszym (lub słabszym) ciałem niż Ziemia, doświadczał większych perturbacji podczas kontaktów z innym ciałem, i wartości pośrednie miesiąca mogły podlegać większym zmianom.

Plutarch twierdzi, że w czasach Romulusa ludzie byli „irracjonalni i niedokładni w ustalaniu miesięcy" i liczyli długość niektórych miesięcy po trzydzieści pięć dni, a czasem więcej, „próbując trzymać się roku z 360 dni", i że Numa, następca Romulusa, korygował niedokładności kalendarza, a także zmienił porządek miesięcy. To twierdzenie nasuwa pytanie: Czy nie mogło być tak, że w okresie między kolejnymi katastrofami księżyc zmienił orbitę na trzydziestopięciodniową lub trzydziestoszeciodniową?

Jeśli w okresie zamieszania księżyc rzeczywiście zmienił w ten sposób orbitę, musiała mieć ona kształt elipsy lub okręgu o promieniu większym niż poprzednio. W tym ostatnim przypadku każda z czterech faz księżyca musiała trwać dziewięć dni. Ciekawe jest więc to, że w wielu sagach dotyczących księżyca czytamy, że liczba dziewięć stosowana jest przy pomiarze czasu[1].

Szereg uczonych stwierdziło, że dziewięć dni było przez pewien czas w użyciu przez wiele starożytnych narodów: Hindusów, Persów[2], Babilończyków[3], Egipcjan[4], i Chińczyków[5]. W tradycjach religijnych, literaturze, i pracach astrologicznych, siedem dni i dziewięć dni współzawodniczą jako miara ćwiartki miesiąca.

W czasach epiki Homera, tydzień dziewięciodniowy stał się powszechny w świecie greckim. Oba tygodnie, siedmiodniowy i dziewię-

---

[1] „Liczba dziewięć rzuca się w oczy w tak wielu sagach, które, z innych powodów, rozpoznaję jako sagi księżycowe, że jestem przekonany, iż świętość tej liczby ma swoje źródło w bardzo starym zastosowaniu podziału czasu". Autor tego fragmentu (E. Siecke, *Die Liebesgeschichte des Himmels, Untersuchungen zur indogermanischen Sagenkunde* {1892}) nie zakładał zmiany w naturze cyklów księżyca, nie był również świadom pracy naukowca wymienionego w następnym przypisie, a jednak był zmuszony uwierzyć, że dziewiątka była związana z podziałem miesiąca.)

[2] A. Kaegi, „Die Neunzahl bei den Ostarien", w tomie dedykowanym H. Schweizer-Siedlerowi (1891).

[3] Kugler, „Die Symbolik der Neunzahl", *Babylonische Zeitordnung*, p. 192.

[4] E. Naville, *Transactions of the Society of Biblical Archaeology*, IV (1875), 1–18.

[5] Roscher, *Die enneadischen und hebdomadischen Fristen und Wochen*, Vol. XXI, No 4, of *Abhandlungen der philol.-histor. Klasse der Kgl. sächs. Ges. Der Wissenschaften* (1903).

ciodniowy, można znaleźć u Homera[1]. Również Rzymianie zachowali wspomnienie czasu, kiedy tydzień trwał dziewięć dni[2].

Zmianę z fazy siedmiodniowej do dziewięciodniowej znajdujemy w podaniach ludów Rumunii, Litwy i Sardynii, oraz wśród Celtów w Europie, Mongołów w Azji i plemion Zachodniej Afryki[3].

Chcąc wyjaśnić to dziwne zjawisko w liczeniu czasu, w sposób oczywisty związane z księżycem, zasugerowano, że niezależnie od siedmiodniowej fazy księżyca obchodzono również fazę dziewięciodniową, co stanowi trzecią część miesiąca[4]. Jednak musiano odrzucić tę ideę ponieważ trzecia część miesiąca z dwudziestu dziewięciu i pół dnia byłaby bliższa dziesięciu dniom, a nie dziewięciu[5]. Poza tym fazy czwartej części miesiąca są to łatwe w obserwacji okresy w czasie których księżyca przybywa od nowiu do połowy księżyca i do pełni, następnie odpowiednio go ubywa, ale okres dziewięciodniowy wypada między tymi fazami.

Zatem, z uwagi na ogromny materiał pochodzący od wielu ludów, stwierdzamy, że w jakimś czasie w stuleciu zakłóceń, w okresie między dwoma katastrofami, księżyc oddalił się na orbitę o okresie obiegu trzydziestu pięciu lub trzydziestu sześciu dni. Pozostał na tej orbicie przez kilka dekad, aż przy następnym wstrząsie został przeniesiony na orbitę o okresie dwudziestu dziewięciu i pół dnia, po której od tego czasu się porusza.

Te „miesiące w nieładzie" miały miejsce w drugiej połowie ósmego wieku, w początkach historii Rzymu[6]. Co więcej, znamy rzeczywiste daty, takie jak „33-ci dzień miesiąca", wymienione w babilońskich tabliczkach z tego okresu[7].

Zatem miesiąc, który był równy trzydziestu dniom, zmienił się w trzydziestosześciodniowy, a następnie w dwudziestodziewięcioipół-

---

[1] Roscher, *Die Sieben – Neunzahl im Kultus und Mythus der Griechen, ibid.*, Vol. XXIV, No 1 (1904): "Die beiden Arten von Fristen schon bei Homer und ebenso auch im ältesten Kultus nebeneinander vorkommen" (p. 54). "In der Zeit des älteren Epos herrschend gewordene 9-tägige Woche" (p. 73).

[2] Cf. Ovid, *Metamorphoses*, viii. 23 ff.; xiii 951; xiv. 57.

[3] Roscher, *Die Sieben- und Neunzahl*.

[4] Roscher, *Fristen und Wochen*.

[5] Miesiąc gwiezdny, albo okres czasu, w którym księżyc dokonuje obrotu w stosunku do stałych gwiazd, wynosi 27 dni, 7 godzin, 43 minuty. Jednak fazy księżyca zmieniają się zgodnie z miesiącem synodycznym, równym 29 dni, 12 godzin, 44 minuty; po miesiącu synodycznym księżyc powraca do tego samego położenia w odniesieniu do słońca, tak jak to widać z Ziemi.

[6] To były prawdopodobnie te zmiany, które spowodowały, że bogowie w *Chmurach* Arystofanesa oskarżyli księżyc o spowodowanie nieporządku w kalendarzu i w kulcie. Aristophanes, *The Clouds*, ll. 615 ff.

[7] Kugler, *Babylonische Zeitordnung*, p. 191, przypis.

dniowy. Ta ostatnia zmiana miała miejsce jednocześnie ze zmianą orbity ziemskiej na taką o okresie 365,25 dnia.

LATA Z DZIESIĘCIU MIESIĄCAMI

Kiedy miesiąc miał około trzydziestu sześciu dni, a rok między 360 i 365,25 dni, rok musiał składać się tylko z dziesięciu miesięcy. I tak właśnie było.

Według wielu autorów klasycznych, w czasach Romulusa rok składał się z dziesięciu miesięcy, a w czasach Numy, jego następcy, dodano dwa miesiące: styczeń i luty. Owidiusz pisze: „Kiedy założyciel miasta {Rzymu} porządkował kalendarz, zarządził że w jego roku ma być dwakroć po pięć miesięcy... Nadał swoje prawo, aby uregulować rok. Miesiąc Marsa był pierwszy, a Wenus drugi... Ale Numa nie pominął Janusa, ani cieni przodków {luty} i tak starożytne miesiące poprzedził dwoma"[1].

Geminus, grecki astronom z pierwszego wieku przed naszą erą, mówi podobnie, że to Romulus (w ósmym wieku) ustanowił rok z dziesięciu miesięcy[2]. Zulus Gellius, autor z drugiego wieku, pisze w swoim dziele *Attic Nights*: „Rok składał się nie z dwunastu miesięcy, ale z dziesięciu"[3]. Plutarch zauważa, że w jego czasach panowało przekonanie, iż Rzymianie w czasach Romulusa „szacowali rok nie na dwanaście miesięcy, ale na dziesięć, dodając do niektórych miesięcy ponad trzydzieści dni"[4]. Na początku panowania Numy dziesięciomiesięczny rok był wciąż uznawany oficjalnie[5]. „Marzec uważany był za pierwszy miesiąc roku aż do panowania Numy, cały rok przed tym okresem składał się z dziesięciu miesięcy", napisał Prokopiusz z Cezarei, który żył w końcowych latach Cesarstwa Rzymskiego[6]. Fakt, że w czasach Romulusa pierwszy miesiąc nazwano na cześć Marsa, a drugi na cześć Wenus, wskazuje na ważność tych dwóch bóstw w tym okresie historii. Lipiec nazwano Quintilis (piąty). Różnica dwóch miesięcy wciąż przetrwała w nazwach September [wrzesień], October [październik], November [listopad] i December [grudzień], co oznacza siódmy, ósmy, dziewiąty i dziesiąty miesiąc, ale zgodnie z obecnym liczeniem czasu są to odpowiednio dziewiąty, dziesiąty, jedenasty i dwunasty miesiąc.

---

[1] Ovid, *Fasti*, i. 27 ff.

[2] Geminus, „Introduction aux phénomènes" w Petau, *Uranologion* (1630).

[3] Aulus Gellius, *Noctes Atticae*, iii. 16.

[4] Plutarch, *The Roman Questions*, xix.

[5] Eutropius, *Brevarium rerum romanorum*, i. 3 mówi: „Numa Pompiliusz podzielił rok na dziesięć miesięcy". To musi się odnosić do początku panowania Numy, kiedy wciąż ważny był kalendarz Romulusa.

[6] Procopius of Cesarea, *History of the Wars*, Bk. V, "The Gothic War" (tłum. H. B. Deving, 1919), Sec. 31.

Nie tylko rok podzielono na mniej niż dwanaście miesięcy, ale również zodiak, lub droga słońca i księżyca po firmamencie, składający się obecnie z dwunastu znaków, w pewnym okresie miał jedenaście, a w innym dziesięć znaków. Zodiak o liczbie znaków mniejszej niż dwanaście stosowany był przez astrologów Babilonii, starożytnej Grecji, i innych krajów[1].

Pieśń żydowska w języku aramejskim, która włączona jest do rytuału sederowego, odnosi się do jedenastu konstelacji zodiaku.

Kalendarze ludów prymitywnych wskazują na ich wczesne pochodzenie przez to że wiele z nich składa się z dziesięciu miesięcy, a niektóre z jedenastu. Jeśli czas obrotu księżyca wynosił trzydzieści pięć dni i ileś godzin, rok musiał mieć nieco ponad dziesięć miesięcy.

Jurak Samojedzi [Neńcy] liczą jedenaście miesięcy w roku[2]. Mieszkańcy Formozy również mają rok z jedenastu miesiącami[3]. Rok Kamczadałów składa się z dziesięciu miesięcy, „jeden z nich jest tak długi jak trzy"[4]. Mieszkańcy Kingsmill Islands na Pacyfiku, zwanych również Wyspami Gilberta, leżących blisko równika, mają dziesięciomiesięczny rok[5]. Na Markizach (Polinezja, na południe od równika) rok składa się z dziesięciu miesięcy (*tau* albo *puni*), ale znany jest również rok z 365 dni[6].

Toradja, z Holenderskich Indii Wschodnich, liczą czas w miesiącach-księżycach. Jednak każdego roku okres dwóch lub trzech miesięcy nie jest brany zupełnie pod uwagę w obliczeniach i pomija się go w liczeniu czasu[7].

Czamowie z Indochin mają kalendarz zawierający tylko dziesięć miesięcy w roku[8]. Mieszkańcy niektórych wysp na Oceanie Indyjskim również mają dziesięciomiesięczny rok[9].

---

[1] Boll, *Sternglaube und Sterndeutung*, p. 92; A. del Mar, *The Worship of Augustus Caesar*, pp. 6, 11, z odniesieniami do Owidiusza, Wergiliusza, Pliniusza, Serwiusza i Hyginusa.

[2] M. P. Nilsson, *Primitive Time-Reckoning* (1920), p. 89.

[3] A. Wirth, "The Aborigines of Formosa", *The American Anthropologist*, 1897.

[4] A. Schiefner, *Bulletin de l'Académie de St.Petersbourg, Hist.-phil.* Cl., XIV (1857), 198, 201 f.

[5] H. Hale, *Ethnography and Philology: U.S. Exploring Expedition*, 1838–42, VI, (1846), 106, 170.

[6] G. Mathias, *Lettres sur les Isles Marquises* (1843), 211.

[7] N. Adrian ii A. C. Krujit, *De bare'e-sprekende Toradija's* (1912–1914), II, 264.

[8] Frazer, *Ovid's fasti* (1931), p. 386.

[9] *Ibid.*

Aborygeni z Nowej Zelandii nie wliczają dwóch miesięcy do roku. „Te dwa miesiące nie znajdują się w kalendarzu: nie liczą ich, nie są też w żaden sposób brane pod uwagę"[1].

Wśród Joruba w Południowej Nigerii trzy miesiące – luty, marzec, kwiecień – nie mają żadnej nazwy"[2].

Te kalendarze ludów prymitywnych są podobne do starego rzymskiego kalendarza. Nie zostały one wymyślone z pominięciem roku słonecznego („Lata o liczbie miesięcy mniejszej od dwunastu zaliczamy do najdziwniejszych zjawisk"[3]); ich błędem jest to, że są bardziej stałe niż obrót Ziemi po jej orbicie dookoła słońca. Praca nad adaptacją starych systemów do nowych porządków jest wciąż widoczna w systemach aborygenów Kamczatki, Południowej Nigerii, Holenderskich Indii Wschodnich i Nowej Zelandii. Zamiast wprowadzenia dwóch dodatkowych miesięcy, tak jak w reformie Numy, długość jednego miesiąca rozciągnięto trzykrotnie, albo zupełnie nie liczono w kalendarzu okresu równoważnego dwóm miesiącom.

Obfitość dowodów na istnienie dziesięciomiesięcznego roku wprawia nawet w zakłopotanie. Ponieważ okres, kiedy rok składał się z dziesięciu miesięcy, o trzydziestu pięciu do trzydziestu sześciu dni każdy, był krótki, jak mógł ten dziesięciomiesięczny rok pozostawić tyle śladów w systemach kalendarzowych na całym świecie? Odpowiedź na to pytanie stanie się oczywista kiedy stwierdzimy, że był to już drugi raz w historii świata kiedy rok składał się z dziesięciu miesięcy. W znacznie wcześniejszym okresie, kiedy rok miał zupełnie inną długość, jeden obrót Ziemi [wokół słońca] był równy dziesięciu obrotom księżyca [wokół Ziemi]. Będziemy tropić ten okres historii w kolejnych tomach naszej pracy.

REFORMOWANIE KALENDARZA

W połowie ósmego wieku używany wtedy kalendarz zdezaktualizował się. Od 747 r. p.n.e. aż do ostatniej z katastrof, dwudziestego trzeciego marca 687 r. p.n.e., ruchy słońca i księżyca zmieniały się wielokrotnie, wymuszając korekty kalendarza. Reformy podejmowane w tym czasie wkrótce same dezaktualizowały się i były zastępowane nowymi; dopiero po ostatniej katastrofie w 687 r. p.n.e., kiedy ustalił się obecny porządek świata, kalendarz utrwalił się.

---

[1] W. Yate (English missionary in the early part of the nineteenth century) cytowany u Frazera w *Ovid's fasti*, p. 386.

[2] *Ibid.*

[3] Nilsson, *Primitive Time-Reckoning*, p. 89.

Niektóre z glinianych tabliczek z Niniwy, znalezione w bibliotece królewskiej w tym mieście[1], zawierają astronomiczne obserwacje wykonane w okresie zanim ustalił się obecny porządek w układzie planetarnym. Jedna z tabliczek określa dzień wiosennej równonocy jako szósty Nisan: „Szóstego dnia miesiąca Nisan dzień i noc są równe". Ale inna tabliczka umieszcza równonoc w piętnastym dniu Nisan. „Nie potrafimy wyjaśnić tej różnicy", napisał uczony[2]. Sądząc z dokładności stosowanych metod i precyzji osiąganej w obserwacjach, obserwatorzy gwiazd w Niniwie nie pomyliliby się o dziewięć dni.

W tabliczkach astronomicznych z Niniwy obszernie przedstawione są „trzy układy planet"; wszystkie ruchy pojedynczych planet przedstawione są w trzech odrębnych schematach. Dla opisania ruchów księżyca stosuje się dwa różne układy[3]. Każdy z tych układów opracowany jest w najdrobniejszych detalach, ale tylko ostatni układ planet i księżyca odpowiada obecnemu porządkowi świata.

Według Tabliczki nr 93, peryhelium, albo punkt na orbicie Ziemi znajdujący się najbliżej słońca, zdefiniowany jest jako dwudziesty stopień znaku zodiaku zwanego Strzelcem; w aphelium, kiedy Ziemia znajduje się najdalej od słońca, mówi się o słońcu, że znajduje się w dwudziestym stopniu Bliźniąt. Zgodnie z tym, miejsca te wyznaczają punkty najszybszego i najwolniejszego ruchu słonecznego. „Jednak rzeczywiste położenie apsyd [tj. skrajnych punktów orbity eliptycznej] zdecydowanie przeczy tym stwierdzeniom"[4]. Inna tabliczka, nr 272, młodsza o siedemdziesiąt lat od pierwszej, podaje inne dane dla peryhelium i aphelium, ku zdziwieniu uczonych.

Wszystkie liczne dane dotyczące ruchów słońca w jednym z układów prowadzą do tego samego wniosku. „Punkty przesilenia i równonocy ekliptyki leżą o 6° za daleko na wschód"[5].

„Odległości, jakie przebywa księżyc na ekliptyce Chaldejczyków, od jednego nowiu do drugiego, według Tabliczki nr 272 są średnio o 3°14′ za duże"[6]. Oznacza to, że w czasie miesiąca księżycowego księżyc przebył większą odległość w odniesieniu do gwiazd stałych niż wykazują to obecne obserwacje.

Na Tabliczce nr 32 ruch słońca wzdłuż zodiaku jest obliczony dokładnie w stopniach i wyliczono dokładnie położenie słońca na po-

---

[1] Pałac w Niniwie był rezydencją Sargona II, Sancheryba, Esarhaddona i Assurbanipala.

[2] J. Menant, *La Bibliothèque du palais de Ninive* (1880), p. 100.

[3] Kugler, *Die babylonische Mondrechnung: Zwei Systeme der Chaldäer über den Lauf des Mondes und der Sonne*, pp. 207–209.

[4] Ibid., p. 90.

[5] *Ibid.*, p. 72.

[6] *Ibid.*, p. 90.

cząstku każdego miesiąca księżycowego; ale jest to „wprawiające w zakłopotanie przedstawienie nierównomiernego ruchu słońca. Narzuca się pytanie: Dlaczego Babilończycy właśnie w taki sposób opisali nierównomierność ruchu słońca?"[1].

Jak wykazują różne układy zapisane na tabliczkach astronomicznych z Niniwy, porządek świata zmieniał się wielokrotnie w ciągu jednego stulecia. Stąd chaldejscy astronomowie mieli za zadanie stałe korygowanie kalendarza. „Z pewnych fragmentów tablic astronomicznych widać wyraźnie, że obliczanie czasu i pór roku było jednym z głównych obowiązków astrologów Mezopotamii"[2]. Uczeni pytają: Jak mogli ci ludzie, zatrudnieni w tym właśnie celu, popełnić tak skandaliczne błędy zapisane w tabliczkach i wprowadzić te błędy do układów, w których ruchy słońca, księżyca i pięciu planet były zapisywane wielokrotnie w krótkich odstępach, a ruchy i odstępy czasu były konsekwentnie różne od tych które odpowiadają obecnemu porządkowi niebiańskiemu? Jak obserwatorzy gwiazd, którzy sporządzili wcześniejsze tabliczki, mogli być tak niedbali żeby utrzymywać iż rok ma 360 dni, kiedy taki błąd w ciągu sześciu lat kumuluje się dając różnicę jednego miesiąca; lub jak mogli astronomowie królewskich obserwatoriów powiadamiać króla o ruchach księżyca i jego fazach, podając złe daty, chociaż nawet dziecko mogło zobaczyć kiedy księżyc jest w nowiu[3], a następnie zapisywali to wszystko w uczonych tabliczkach wymagających zaawansowanej wiedzy matematycznej?[4] Stąd naukowcy mówią o „enigmatycznych pomyłkach"[5].

Jednakże wydaje nam się, że tabliczki, wraz z ich zmiennym układem astronomicznym, odzwierciedlają zmieniający się porządek świata i konsekwentne usiłowania dopasowania kalendarza do zmian.

Kiedy kataklizm z 23 marca 687 r. p.n.e. spowodował kolejne zakłócenie długości roku i miesiąca, nowe wzorce pozostały niepewne, aż do chwili kiedy można je było na nowo wyznaczyć w serii badań.

---

[1] *Ibid.*, p. 67.

[2] R. C. Thompson, *The Reports of the Magicians and Astrologers of Nineveh and Babylon*. II, xviii.

[3] „Klasa magów, którzy obliczali długość miesięcy i publikowali związane z tym informacje, tworzyła bardzo ważną grupę kapłanów Babilonu i Asyrii". *Ibid.*, p. xxiii.

[4] C. Bezold, „Astronomie, Himmelschau und Astrallehre bei den Babyloniern", w *Sitzungsberichte der Heidelberger Akademie der Wissenschaften, philos.-histor. Klasse*, 1911, wyraża opinię, że przed szóstym wiekiem Babilończycy nie byli świadomi względnych długości roku słonecznego i 12 miesięcy. Patrz również Gundel, *Dekane und Dekansternbilder*, p. 379.

[5] Kugler, *Die Mondrechnung*, p. 90.

Od czasu katastrofy aż do około 669 lub 667 r. p.n.e. nie obchodzono w Babilonie świąt Nowego Roku[1]. „Przez osiem lat za panowania Sancheryba, dwanaście lat za panowania Assarhaddona: przez dwadzieścia lat święto Nowego Roku było pomijane", pisze starożytny kronikarz na glinianej tabliczce[2]. Według zapisanych pismem klinowym inskrypcji, w czasach Sargona II zaczęła się nowa era świata[3]. W czasach Assurbanipala, syna Assarhaddona, syna Sancheryba, wyliczono ponownie ruchy planet, precesję punktów równonocy i okresowe zaćmienia, a te nowe tabliczki, razem ze starszymi lub kopiami starszych, były przechowywane w pałacowej bibliotece w Niniwie. Tabliczki z Niniwy dostarczają najlepszej możliwej okazji aby dowiedzieć się jak zmieniał się porządek świata w ósmym i siódmym stuleciu.

Powtarzające się zmiany ruchu słońca na firmamencie doprowadziły astronomów Babilonu do wyróżnienia trzech ścieżek słońca: ścieżki Anu, ścieżki Enlila i ścieżki Ea. Te trzy ścieżki sprawiły wiele kłopotów piszącym o babilońskiej astronomii i przedstawiono wiele wyjaśnień i równie wiele odrzucono[4]. Ścieżki Anu, Enlila i Ea, planet na niebie, wydają się oznaczać kolejne ekliptyki w różnych erach świata. Podobnie jak słońce, planety w różnych czasach poruszały się po ścieżkach Anu, Enlila i Ea.

W Talmudzie[5] kilka rozproszonych fragmentów traktuje o zmianach w kalendarzu dokonanych przez Hiskiasza. Talmud został napisany około tysiąc lat po Hiskiaszu i nie zachowały się wszystkie szczegóły dotyczące reformy; stwierdza on, że Hiskiasz podwoił miesiąc Nisan.

W późniejszych czasach, po to aby dopasować rok księżycowy do roku słonecznego, wstawiano co kilka lat dodatkowy miesiąc, podwajając ostatni miesiąc w roku, Adar. Ten system ze wstawianiem miesiąca Adar zachował się w hebrajskim kalendarzu do dziś.

Rabini dziwili się, dlaczego Hiskiasz dodał dodatkowy Nisan (pierwszy miesiąc roku). W Biblii podana jest historia o tym, że Hiskiasz, zamiast obchodzić Paschę w pierwszym miesiącu, przełożył święto na drugi miesiąc[6]. Talmud wyjaśnia, że nie był to drugi miesiąc, ale dodatkowy Nisan.

---

[1] S. Smith, *Babylonian Historical Texts*, p. 22.

[2] *Ibid.*, p. 25.

[3] A. Jeremias, *Der alte Orient und die ägyptische Religion* (1907), p. 17; Winckler, *Forschungen*, III, 300.

[4] Bezold, *Zenit und Aequatorialgestirne am babylonischen Fixsternhimmel* (1913) p. 6; M. Jastrow, *The Civilization of Babylonia and Assyria* (1915), p. 261.

[5] Tractate Berakhot 10b; Pesahim 56a; inne źródła u Ginzberga, *Legends*, VI, 369.

[6] II Księga Kronik 30.

Trzeba odnotować, że w Judei w czasach Hiskiasza miesiące nie miały nazw babilońskich, i dlatego sytuację można opisać następująco: Hiskiasz, po śmierci Ahaza i przed drugą inwazją Sancheryba, dodał miesiąc i przesunął święto Paschy. Według Talmudu, miało to sprawić, że rok księżycowy był bardziej zgodny z rokiem słonecznym. Jak zobaczymy, wydaje się istnieć podobieństwo między tym działaniem i działaniem Numy, prawie w tym samym okresie.

Nie jest podane jakie stałe zmiany wprowadził Hiskiasz do kalendarza, ale jest oczywiste, że w tym okresie obliczanie kalendarza stało się skomplikowane. Podobnie jak Mojżesz w swoim czasie „nie mógł zrozumieć jak wyliczyć kalendarz, aż dopiero Bóg jasno pokazał mu ruchy księżyca", podobnie w czasach Hiskiasza określanie miesięcy i roku stało się sprawą nie obliczeń, ale bezpośrednich obserwacji, i nie można było go wyznaczyć z góry. Izajasz nazwał astrologów „oglądacze gwiazd, którzy co miesiąc ogłaszają, co ma cię spotkać"[1].

Jak już mówiliśmy, w Talmudzie[2] podana jest informacja o tym, że Świątynia Salomona została tak zbudowana, aby w dniach równonocy można było badać promienie wschodzącego słońca. Do wschodniej bramy przymocowana była złota płyta czy też dysk: poprzez nią promienie wschodzącego słońca wpadały do serca Świątyni. Święto Szałasów (Sukot) „pierwotnie było świętem równonocy, jak wyraźnie stwierdza Księga Wyjścia [Exodus] 23:16 i 34:22, obchodzonym przez ostatnie siedm dni w roku, i bezpośrednio poprzedzającym dzień Nowego Roku, dzień jesiennej równonocy, dziesiątego dnia siódmego miesiąca"[3]. Innymi słowy, dzień Nowego Roku, lub dzień jesiennej równonocy, obchodzono dziesiątego dnia siódmego miesiąca, w dniu kiedy słońce wschodziło dokładnie na wschodzie i zachodziło dokładnie na zachodzie, a Dzień Pojednania [Jom Kippur] wypadał tego samego dnia[4]. Później dzień Nowego Roku przesunięto, cofając go do pierwszego dnia siódmego miesiąca. Możemy zauważyć, że nie tylko w żydowskim kalendarzu, ale także według babilońskich tabliczek, daty równonocy zostały przesunięte o dziewięć dni: jedna z tabliczek mówi, że na wiosnę dzień i noc są równe w piętnastym dniu miesiąca Nisan; inna tabliczka mówi, że ma to miejsce szóstego dnia tego samego miesiąca. To pokazuje, że w kalendarzu zmiany obchodzonych świąt w Jerozolimie następowały po zmianach astronomicznych.

---

[1] Księga Izajasza 47:13.

[2] Odniesienia do Talmudu można znaleźć w artykule cytowanym w następnym przypisie.

[3] Morgenstern, „The Gates of Righteousness", *Hebrew Union College Annual*, VI (1929), p. 31.

[4] Morgenstern pisze: „Dziesiątego [dnia] siódmego miesiąca Izrael obchodził pierwotnie nie Dzień Pojednania, ale dzień Nowego Roku", *Ibid.*, p. 37.

Wschodnia brama świątyni w Jerozolimie nie była już w sposób właściwy ukierunkowana po tym jak główne punkty uległy przesunięciu. Wstępując na tron po śmierci Ahaza, Hiskiasz „wprowadził ogromne reformy religijne"[1]. II Księga Kronik 29:3 ff. mówi: „On to w pierwszym roku swego panowania, w pierwszym miesiącu, kazał otworzyć bramy świątyni Pańskiej i naprawić je". Najwyraźniej naturalne zmiany obrotów Ziemi, które miały miejsce w czasach Uzjasza i ponownie w dniu śmierci Ahaza, spowodowały konieczność reform. Zatem Hiskiasz zwołał kapłanów „na wschodnim dziedzińcu", mówiąc, że „sprzeniewierzyli się bowiem nasi ojcowie" i „zamknęli także drzwi przedsionka".

W okresie przed wygnaniem utrzymywano, że „jest koniecznością, aby w dwóch dniach w roku słońce świeciło bezpośrednio przez wschodnią bramę" i „przez wszystkie wschodnie bramy świątyni rozmieszczone wzdłuż linii, do właściwego serca świątyni"[2]. Wschodnia brama, zwana także „bramą słońca", służyła nie tylko do sprawdzania dni równonocy, kiedy słońce wschodzi dokładnie na wschodzie, ale także przesileń: urządzenie na wschodniej ścianie zostało tak zaprojektowane, aby odbijało promienie słoneczne w czasie letniego i zimowego przesilenia, kiedy słońce wschodzi odpowiednio na południowym wschodzie i północnym wschodzie. Według autorytetów talmudycznych, wcześni prorocy mieli wiele kłopotów aby sprawić by urządzenie działało[3].

Od czasów biblijnych przetrwały pozostałości trzech kalendarzy[4], a to zasługuje na szczególne zainteresowanie biorąc pod uwagę fakt, który odnotowaliśmy kilka stronic wcześniej, a mianowicie to, że tabliczki z Niniwy opisują trzy różne systemy ruchów słońca i planet, z których każdy jest kompletny i różni się od pozostałych pod każdym względem.

Widać że dostosowanie kalendarza, które miało miejsce po nastaniu nowego porządku świata w czasach Hiskiasza, było długim i żmudnym procesem. Dopiero sto lat po Hiskiaszu, w czasie niewoli babilońskiej, w czasach Solona i Talesa, Jeremiasz, Baruch i Ezechiel sporządzili kalendarz, rok po roku[5].

Kiedy Żydzi powrócili z niewoli babilońskiej, przynieśli ze sobą obecny kalendarz, w którym miesiące noszą nazwy asyryjsko-babilońskie.

---

[1] *Ibid.*, p. 33.

[2] *Ibid.*, p. 17, 31.

[3] The Jeruzalem Talmud, Tractate Erubin 22c.

[4] Morgenstern, "The Three Calendars of Ancient Israel", *Hebrew Union College Annual*, I (1924), 13–78.

[5] The Jerusalem Talmud, Tractate Sanhedrin I, 192.

„Bo jak nowe niebo i nowa ziemia, które Ja stworzę, ostaną się przede mną – mówi Pan – tak ostoi się wasze potomstwo i wasze imię", napisano w ostatnim rozdziale Księgi Izajasza. Wszyscy ludzie będą oddawać cześć Panu „w każdy nów i w każdy szabat". „Nowe niebo" oznacza niebo z konstelacjami lub ciałami niebieskimi na nowych miejscach. Prorok obiecuje, że nowe niebo będzie wieczne i że miesiące będą zawsze przestrzegać ustanowionego porządku.

Daniel, żydowski mędrzec na dworze Nabuchodonozora, króla czasów Niewoli [wygnania], kiedy błogosławił Pana, rzekł do króla: „On zmienia czasy i pory"[1]. Jest to znamienne zdanie, które jest również zachowane w wielu żydowskich modlitwach. Przez zmianę pór lub „wyznaczonych dat" (*moadim*) rozumie się zmianę porządku natury, ze zmianą dat przesileń i równonocy, i związanych z nimi świąt. „Zmiana czasów" może się odnosić nie tylko do ostatniej zmiany, ale również do poprzednich, i była „zmianą czasów i pór" po której nastąpiły reformy kalendarza.

Starożytne hinduskie obserwacje astronomiczne podają zbiory obliczeń różnych od tych które mają miejsce obecnie. „Co jest wyjątkowe, to czasy trwania przypisane obrotom synodycznym...Napotkanie w hinduskiej astronomii zbioru liczb znacznie różniących się od ogólnie przyjętych jest doprawdy tak zaskakujące, że w pierwszym odruchu wątpi się w sens tekstu... Ponadto każda liczba podana jest dwukrotnie"[2].

W astronomicznej pracy Varaha Mihira zapisane obroty synodyczne planet, które łatwo jest obliczyć w stosunku do znajdujących się w tle gwiazd stałych, są o około pięć dni za krótkie dla Saturna, o ponad pięć dni za krótkie dla Jowisza, o jedenaście dni za krótkie dla Marsa, o osiem lub dziewięć dni za krótkie dla Wenus, o mniej niż dwa dni za krótkie dla Merkurego. W układzie słonecznym, w którym Ziemia obraca się wokół słońca w ciągu 360 dni, okresy synodyczne dla Jowisza i Saturna będą o około pięć dni krótsze niż są obecnie, a Merkurego o mniej niż dwa dni krótsze. Jednak Mars i Wenus z synodycznych tablic Varaha Mihira musiały mieć orbity różne od obecnych, nawet jeśli ziemski rok wynosił tylko 360 dni.

Zmiany kalendarzowe w Indiach wprowadzono w siódmym wieku: w tym czasie, jak również w Chinach, dziesięciomiesięczny rok został zastąpiony dwunastomiesięcznym[3].

---

[1] Księga Daniela 2:21.

[2] G. Thibaut, p. xlvii jego tłumaczenia *Panchasiddhantika*, astronomicznej pracy autorstwa Varaha Mihira (Benares, 1889).

[3] A. del Mar, *The Worship of Augustus Caesar*, p. 4.

W ósmym wieku przeprowadzono reformę kalendarza w Egipcie. Mówiliśmy już o kataklizmie za panowania faraona Osorkona II z Dynastii Libijskiej; inne zakłócenie natury kosmicznej miało miejsce kilka dekad później, wciąż w czasach Libijskiej Dynastii.

W piętnastym roku panowania Sosenka III „miał miejsce cud o nieznanym charakterze, ale w jakiś sposób związany z księżycem"[1]. Współczesny dokument, napisany przez królewskiego syna, wysokiego kapłana Osorkona, mówi: „W roku 15, czwartego miesiąca trzeciej pory roku, 25-go dnia, w obecności majestatu swego dostojnego ojca, boskiego władcy Teb, zanim niebiosa pożarły (lub: nie pożarły) księżyc, powstał wielki gniew w tym kraju"[2]. Wkrótce po tym Osorkon „wprowadził nowy kalendarz ofiar"[3]. Uszkodzenia inskrypcji nie pozwalają określić dokładnie natury reformy kalendarza[4].

Jak się wydaje, to samo albo podobne zakłócenie w ruchu księżyca jest tematem asyryjskiej inskrypcji, która mówi o przeszkodach jakie napotkał księżyc na swej drodze. „Dzień i noc napotykał przeszkody. Nie zatrzymał się na swym dostojnym postoju". Z powodu czasu trwania zjawiska dochodzi się do wniosku, że „nie mogło ono oznaczać zaćmienia księżyca"[5]. Odniesienie do niezwyczajnego położenia księżyca wyklucza taką interpretację.

Pod koniec ósmego lub na początku siódmego wieku przed naszą erą, mieszkańcy Rzymu wprowadzili reformę kalendarza. W poprzednim rozdziale odnieśliśmy się do stwierdzenia Owidiusza w *Fasti*, dotyczącego reformy Romulusa, który podzielił rok na dziesięć miesięcy, i do reformy Numy, który dodał dwa miesiące. Dzieło Plutarcha „Życie Numy" zawiera następujący ustęp, którego część była już cytowana: „Przyczynił się on {Numa} do regulacji kalendarza, nie z dokładnością, ale jednocześnie nie bez uważnej obserwacji. Gdyż w czasie panowania Romulusa miały miejsce nieracjonalne i nieregularne ustalenia dotyczące miesięcy, gdzie niektóre z nich liczyły mniej niż dwadzieścia dni, niektóre trzydzieści pięć, a niektóre więcej; nie mieli oni pojęcia o nierówności rocznych ruchów słońca i księżyca, ale trzymali się zasady, że rok powinien składać się z trzystu i sześćdziesięciu dni"[6].

---

[1] Breasted, *Records of Egypt*, IV, Sec. 757.

[2] *Ibid.*, Sec. 764. Patrz kontrowersja w *Zeitschrift für ägyptische Sprache*, VI (1868).

[3] *Ibid.*, Sec. 756.

[4] A. Erman, *Zeitschrift für ägyptische Sprache*, XLV (1908), 1–7.

[5] P. Jensen, *Die Kosmologie der Babylonier*, p. 39.

[6] Plutarch, *Lives*, "The Life of Numa" (tłum. B. Perrin).

Numa zreformował kalendarz, a „korekta nierówności, jakiej dokonał, miała na celu uwzględnienie innych i większych korekt w przyszłości. Zmienił on również porządek miesięcy"[1].
Numa był współczesnym Hiskiasza[2].

W drugiej połowie siódmego wieku przed naszą erą Grecy obliczyli długość nowego miesiąca i nowego roku.

Diogenes Laertios sądził, że Tales z Miletu, jeden z „siedmiu mędrców starożytności", był tym, który odkrył liczbę dni w roku i długość pór roku. W swoim *Życiu Talesa* napisał: „Był pierwszym, który określił kurs słońca od przesilenia do przesilenia". I znowu: „Jak mówią, odkrył on pory roku i podzielił rok na 365 dni"[3]. Był on „pierwszym, który przewidział zaćmienia słońca i ustalił przesilenia"[4]. Uważa się, że Tales napisał dwa traktaty, jeden „O przesileniu" i drugi „O równonocy", z których żaden się nie zachował.

Jeśli naturalny rok był zawsze taki jak obecnie, to dziwnym jest że to odkrycie trzeba przypisać mędrcowi, który żył w siódmym wieku [p.n.e.], kiedy Egipt i Asyria były już bardzo starymi królestwami, i kiedy dynastia Dawida miała przed sobą już tylko kilka ostatnich dekad istnienia. Najdłuższy i najkrótszy dzień w roku, a zatem długość roku, można łatwo ustalić za pomocą długości cienia. Sądzi się, że Tales urodził się w pierwszym roku trzydziestej piątej Olimpiady lub w 640 r. p.n.e. Postęp kultury czyni wątpliwym przypisywanie tej samej osobie obliczenie dni w roku, co jest sprawą prostą, i obliczenia przyszłych zaćmień, co jest osiągnięciem zaawansowanym. Podobnie, fakt stwierdzony przez Plutarcha i Diogenesa Laertiosa, że Solon, inny mędrzec z tego samego okresu, dopasował miesiące do ruchu księżyca, po odkryciu, że okres od nowiu do nowiu jest o pół dnia krótszy od trzydziestu dni, należy rozumieć jako dostosowanie kalendarza do nowego porządku natury. Odstęp czasu od jednego nowiu do następnego, stanowi naturalny podział czasu, prawie tak łatwo dający się zaobserwować w dzień jak i w nocy; ludzie prymitywni, nieumiejący czytać ani pisać, wiedzą, że okres ten jest mniejszy niż trzydzieści dni.

---

[1] *Ibid.*
[2] Cf. Augustine, *The City of God*, Bk. XVIII, Chap. 27.
[3] Diogenes Laërtius, *Lives of Eminent Philosophers* (tłum. angielskie R. D. Hicks, 1925).
[4] *Ibid.*, patrz również Herodot i. 74.

Po drugiej stronie globu mieszkańcy Peru liczyli czas od dnia ostatniego kataklizmu i ta metoda liczenia była w użyciu kiedy Europejczycy dotarli do tego kraju, na początku szesnastego stulecia[1]. Po ostatnim kataklizmie obliczano na nowo czas i pory roku. Król Inti-Capac-Yupanqui nakazał wykonanie obserwacji astronomicznych i sporządzenie obliczeń, rezultatem czego była reforma kalendarza, a rok, uprzednio równy 360 dni, „został zmieniony na równy 365 dni i 6 godzin"[2].

„Ten Inka wydaje się być pierwszym, który zarządził i uporządkował ceremonie... To on ustanowił dwanaście miesięcy w roku, nadając każdemu nazwę, i nakazując które uroczystości należy odbywać w którym miesiącu. Gdyż, mimo iż jego przodkowie stosowali miesiące i lata wyliczane za pomocą quipu, jednak nigdy przedtem nie uporządkowano tego w ten sposób, aż do czasów tego władcy"[3].

„Wszystkie historie Tolteków wspominają o zgromadzeniu mędrców i astrologów zwołanym w mieście Huehue-Tlapallan, w celu opracowania korekty kalendarza i zreformowania wyliczania roku, które uznano za błędne i które były stosowane aż do tego czasu"[4].

W odległości pół meridianu, po drugiej stronie Pacyfiku, w Japonii, wprowadzono kalendarz w 660 r. p.n.e. i od tego czasu zaczyna się liczenie lat w tym kraju.

W Chinach, astronom Y-hang w roku 721 p.n.e. oznajmił cesarzowi Hiuen-tsong, że porządek nieba i ruchy planet zmieniły się, co spowodowało że nie można przewidzieć zaćmień; i odniósł się do innych autorytetów, które zapewniały, że w czasach Tsin planeta Wenus przesunęła się o 40 stopni na południe od ekliptyki i zaćmiła gwiazdę Syriusza. Y-hang wyjaśnił, że droga planety Wenus zmieniła się za czasów Tsin[5].

Na całej kuli ziemskiej lata, które nastąpiły po 687 r. p.n.e., pełne były aktywności skierowanej na reformę kalendarza. Między 747 a 687 r. p.n.e. kalendarz był w stanie chaosu, długość roku, miesiąca, a prawdopodobnie także i dnia, stale się zmieniała. Przed ósmym stuleciem mieliśmy znaczny okres czasu, kiedy rok liczył 360 dni, a miesiąc księżycowy składał się z niemal dokładnie trzydziestu dni.

---

[1] Brasseur, *Manuscrit Troano*, p. 25.

[2] F. Montesinos (fl. 16728–1639), *Memorias antiguas historiales del Perú* II, Chap 7.

[3] Christoval de Molina (fl. 1570 do 1584), *An Account of the Fables and Rites of the Yncas*, tłum. i wyd. C. R. Markham (1873), p. 10.

[4] Brasseur, *Histoire des nations civilisées du Mexique*, p. 122. Wśród jego źródeł byli Ixtlilxochitl, *Sumaria relación*, etc.; M. Veytia (1718–1799), *Historia antigua de México*, I (1944), Chap. 2.

[5] A. Gaubil, *Historie de l'astronomie chinoise* (1732), pp. 73–86.

Ani kalendarz, ani atlasy nieba, ani zegary słoneczne, ani zegary wodne sprzed 687 r. p.n.e. nie nadawały się do użytku po tym roku. Wartości, ustanowione później w różnych częściach kuli ziemskiej, pozostały praktycznie niezmienione aż do dziś, poza niewielkimi uściśleniami wynikającymi z bardziej precyzyjnych obliczeń w czasach współczesnych. Ta stabilność kalendarza wynika z faktu, iż porządek niebieski pozostał niezmieniony: nie zaobserwowano żadnych zmian poza małymi zakłóceniami między planetami, które nie miały żadnego widocznego wpływu na ich ruch. Uspokajamy się zatem w przekonaniu – które jest pobożnym życzeniem – że żyjemy w uporządkowanym świecie. Mówiąc słowami współczesnego naukowca: „Mimo że porządek następstw zdarzeń na niebie jest często nieco złożony, jednak jest on systematyczny i niezmienny. Bieg żadnego zegara nigdy nie zbliżył się w swojej dokładności do ruchów słońca, księżyca i gwiazd. W gruncie rzeczy, do dziś zegary są regulowane przez porównywanie ich z widocznym dziennym ruchem ciał niebieskich. Ponieważ już dawno zauważono, że nie jedynie kilka, ale setki zjawisk niebieskich jest doskonale uporządkowanych, stopniowo stwierdzono, że majestatyczny porządek dominuje powszechnie w tych obszarach które, jak wierzono przed narodzinami nauki, były domeną kapryśnych bogów i bogiń"[1].

Jednakże, jak poznaliśmy ze starożytnych zapisków, obecny porządek nie jest pierwotnym; został ustanowiony mniej niż dwadzieścia siedem wieków temu

> kiedy księżyc został umieszczony na orbicie
> kiedy osadzono srebrne słońce
> kiedy Niedźwiedzica została mocno usadzona[2].

---

[1] F. R. Moulton, *The Word and Man as Science See Them*, p. 2.
[2] *Kalevale*, Rune, 3.

ROZDZIAŁ IX

KSIĘŻYC I JEGO KRATERY

KSIĘŻYC KRĄŻY wokół Ziemi i, razem z Ziemią, wokół słońca, pokazując stale tę samą twarz mieszkańcom Ziemi. Można zobaczyć w teleskopie, że powierzchnia księżyca pokryta jest morzami zaschniętej lawy i wielkimi formacjami przypominającymi kratery. Ponieważ nie posiada on atmosfery, kontury jego powierzchni są wyraźnie widoczne, a miasto czy wieś, jeśliby istniały, mogłyby zostać dostrzeżone przez teleskop z Palomar. Ale jest to martwa planeta i bardzo niegościnna. Przez pół miesiąca w każdym miejscu panuje na niej zimna noc, a przez drugą połowę znajduje się w gorącym słońcu. Na planecie nie ma wody, roślinności i prawdopodobnie żadnego życia. Starożytni chcieli wiedzieć czy na księżycu znajdują się ludzkie osady, ale współcześni interesują się pochodzeniem księżycowych kraterów.

Są dwie teorie: jedna widzi w nich wielkie wygasłe wulkany; inna, formacje powstałe na skutek bombardowania przez wielkie meteoryty półpłynnej masy księżyca zanim uległa ona utrwaleniu. Istnieje ponad trzydzieści tysięcy takich kraterów, małych i dużych. Niektóre z tych kolistych wypiętrzeń wznoszą się aż na wysokość 20.000 stóp [ok. 6.000 m] ponad równinę – ich wysokość zmierzono wykorzystując długość ich cienia; niektóre, jak Clavius, znajdujący się w pobliżu południowego bieguna księżyca, mają średnicę stu pięćdziesięciu mil. Ta ogromna szerokość przewyższa wszystkie dające się porównać wulkany na Ziemi. Z tego powodu podaje się w wątpliwość czy te koliste górskie formacje są prawdziwymi wulkanami. Największy znany krater, który powstał w wyniku uderzenia obcego ciała w Ziemię, znajduje się w Arizonie; ma on średnicę czterech piątych mili i jest znacznie mniejszy niż formacje kraterów na księżycu.

Jak łatwo zauważyć, obie teorie dotyczące kraterów księżycowych sugerują wystąpienie wielkich katastrof. Aby powstały takie kratery, musiały działać ogromne siły z wnętrza lub z zewnątrz; jeśli te formacje powstały na skutek uderzenia jakichś lepkich mas, to wielkie meteory musiały latać z różnych kierunków.

Z niektórych kraterów wychodzą promieniście jasne pasma lub „promienie", o szerokości dochodzącej do dziesięciu mil; również ich pochodzenie nie jest znane. Występują również szczeliny o nieregularnym kształcie, o szerokości około pół mili i nieznanej głębokości.

W kosmicznych katastrofach opisanych w niniejszej książce, księżyc brał wielokrotnie udział. Wraz z kulą ziemską przeszedł przez materię wielkiej komety w czasach Eksodusu, a w czasie konfliktów w ósmym wieku przed naszą erą księżyc został nie raz przemieszczony ze swej orbity przez Marsa. W czasie tych katastrof powierzchnia księżyca spływała lawą i wybąbliła się w wielkie koliste formacje, które gwałtownie wychłodziły się w okresie długiej księżycowej nocy, niechronione przez atmosferę przed zimnem przestrzeni kosmicznej. W tych kolizjach kosmicznych i w czasie bliskich kontaktów powierzchnia księżyca została poznaczona szczelinami i pęknięciami.

„Grę" Marsa z księżycem Grecy i Rzymianie traktowali jako aferę miłosną[1]. Z *Iliady* dowiadujemy się, że Afrodyta (grecka bogini księżyca) została ostrzeżona przez Jowisza-Zeusa, aby nie walczyła z Aresem-Marsem, ale powierzyła to zadanie Herze-Ziemi i Pallas Atenie, sama będąc stworzoną do słodkich zmagań miłosnych.

Kontakty międzyplanetarne w sferze nieba są do pewnego stopnia podobne do gromadzenia i kiełkowania w świecie biologii. W czasie tych kontaktów powierzchnie planet spływają lawą – żyznym gruntem dla roślinności – a komety narodzone z takich kontaktów latają po układzie słonecznym, powodując na planetach opady gazów i kamieni oraz prawdopodobnie także zarodników, zarodków lub larw. Zatem uwaga starożytnych o tym, że między bogami i boginiami planet miały miejsce afery miłosne, jest bajką dla zwykłych ludzi i filozoficzną metaforą dla wtajemniczonych.

Ogromne morza zaschniętej lawy i wielkie kratery na martwej planecie pozbawionej powietrza i wody świadczą o strasznych zniszczeniach, nawet o śmierci, które mogą pozostawić kontakty międzyplanetarne. Wielkie formacje kraterów, gór, szczelin, i równin lawy na księżycu, powstały nie tylko na skutek wstrząsów opisanych w niniejszej książce, ale również tych które miały miejsce we wcześniejszym okresie. Księżyc jest wielkim niezauważonym cmentarzem krążącym wokół Ziemi, przypomnieniem tego, co może się przydarzyć planecie.

PLANETA MARS

Planeta Mars obecnie okrąża słońce w ciągu 687 ziemskich dni. Jej orbita znajduje się całkowicie poza orbitą Ziemi i ma kształt elipsy, podobnie jak ziemska, ale bardziej rozciągniętej, tak że odległość planety od słońca zmienia się znacznie w czasie krążenia.

Kiedy Ziemia i Mars znajdują się po przeciwnych stronach słońca, odległość między nimi rośnie do ponad 200.000.000 mil i może osiągnąć 248.600.000 mil. Od tego momentu, kiedy odległość między dwoma planetami zaczyna maleć, Mars w nocy staje się coraz

---

[1] Mars miał bliskie kontakty z księżycem i z planetą Wenus, i w rezultacie tych dwóch „romansów" Wenus (Afrodyta) została skojarzona w mitologii zarówno z księżycem jak i z planetą o tym imieniu.

jaśniejszy, zmieniając się od niezauważalnego punktu świetlnego aż do najjaśniejszej gwiazdy, jaśniejszej od jakiejkolwiek gwiazdy stałej. W okresie mniejszym niż rok jego jasność wzrasta pięćdziesiąt pięć razy. Wśród planet przewyższa wtedy jasnością nawet Jowisza.

Ziemia i Mars zbliżają się do siebie co 780 dni, co stanowi okres synodyczny Marsa. Jednak z powodu eliptyczności obu orbit i różnego ukierunkowania ich dłuższych promieni, bliskość Marsa i Ziemi nie jest taka sama przy każdej opozycji. Za każdym siódmym zbliżeniem, które ma miejsce co piętnaście lat, kiedy Mars podąża po tym fragmencie swojej orbity która znajduje się najbliżej słońca, a Ziemia jednocześnie podąża po tym fragmencie swojej orbity która znajduje się najdalej od słońca, koniunkcja obu planet jest szczególnie bliska i mamy „sprzyjającą opozycję". Okazje te są niecierpliwie oczekiwane przez astronomów, gdyż żadne ciało niebieskie, za wyjątkiem księżyca, nie daje się tak łatwo obserwować jak Mars w czasie „sprzyjającej opozycji".

Odległość między Marsem a Ziemią w czasie opozycji zmienia się od 61.000.000 mil do 35.000.000 mil („sprzyjająca opozycja"); odległość w różnym czasie w okresie piętnastu lat bardzo się zmienia, od 248.600.000 do 35.000.000 mil.

Zakłócenia kosmiczne zapisane w hebrajskich podaniach – jedno w czasie pogrzebu Ahaza, ojca Hiskiasza; drugie, kiedy armia Sancheryba najechała Palestynę – oddzielał okres czternastu lub piętnastu lat, jeśli liczba podana w II Księdze Królewskiej (18:13) odnosi się do najazdu, który zakończył się katastrofą. Wyraźnie arbitralny okres piętnastu lat łaski, wspomniany w Księdze Izajasza (38:5) i w II Księdze Królewskiej (20:6) mógł mieć również związek z cyklicznością katastrof. Lata 776, 747, 717 lub 702 i 687 p.n.e. były wyraźnie latami sprzyjającej opozycji Marsa, kiedy zakłócenia, stałe zjawisko przy opozycjach, osiągnęły katastrofalne rozmiary.

Jeśli, z innych powodów uznamy że w przeszłości miał miejsce kontakt między Marsem i Ziemią, to łączny kształt orbit, z punktami największego zbliżenia osiąganymi obecnie co piętnaście lat, można traktować jako pozostałość kontaktu lub serii kontaktów, w podobnych przedziałach czasu, w przeszłości, pomiędzy dwoma planetami, które wówczas krążyły po zakrzywionych orbitach znajdujących się bliżej siebie.

Mars jest uderzająco podobny do Ziemi pod względem nachylenia osi obrotów do płaszczyzny planety i okresu dziennego obrotu. Podczas gdy równik Ziemi pochylony jest pod kątem 23,5 stopnia do płaszczyzny ekliptyki, równik Marsa pochylony jest pod kątem

24 stopni do orbity; podobieństwo niespotykane wśród innych planet w układzie słonecznym. Średni czas osiowego obrotu Ziemi wynosi 23 godziny, 56 minut, 4 sekundy, a Marsa 24 godziny, 37 minut, 23 sekundy. Żadne inne dwie planety nie mają tak podobnej długości dnia, uwzględniając fakt, że nie znamy wiarygodnych danych dotyczących długości dnia na Wenus.

Czy możliwym jest że oś obrotu i prędkość obrotu Marsa, ustabilizowana i podtrzymywana w obecnym położeniu i prędkości przez pewne siły, pierwotnie uległa wpływowi Ziemi w czasie kontaktu? Mars, mały w porównaniu z Ziemią, w mniejszym stopniu wpłynął na obroty Ziemi i położenie jej biegunów.

Powierzchnia Marsa pocięta jest siecią „kanałów". Ich odkrywca, Schiaparelli, uważał że zostały one utworzone przez siły geologiczne; z drugiej strony był on „bardzo ostrożny, aby nie wykluczyć tego przypuszczenia, które nie zawiera czegoś niemożliwego", obecności inteligentnych istot na Marsie, które mogły zbudować te kanały.

Percival Lowell całe życie prowadził krucjatę, aby przekonać kolegów naukowców i innych współczesnych, że na Marsie żyją inteligentne istoty i że kanały są ich dziełem. W swoim obserwatorium we Flagstaff, w Arizonie, stwierdził że wykrył wodę na Marsie. Interpretował czapy polarne jako masy lodu; z powodu braku wody istoty inteligentne wykopały kanały, żeby doprowadzić wodę do obszarów pustynnych[1].

W początkach dwudziestego wieku opracowano plan skomunikowania się przy pomocy sygnałów świetlnych z hipotetycznymi ludźmi na Marsie; zgodnie z tym planem miano wybudować szereg stacji emitujących światło, tworzących figurę geometryczną na równinach Syberii. Figura miała przedstawiać twierdzenie Pitagorasa o związku trzech boków w trójkącie prostokątnym. Jeśli na Marsie znajdują się inteligentne istoty, argumentowali niektórzy pisarze, powinny zauważyć i zinterpretować sygnały; a jeśli nie są dostatecznie inteligentne aby zauważyć sygnały i zrozumieć ich znaczenie, to nie powinniśmy starać się komunikować z nimi. Eksperymentu nie przeprowadzono.

Kontakty Marsa z innymi planetami, większymi od niego i potężniejszymi, czynią wysoce nieprawdopodobnym aby jakieś wyższe formy życia, jeśli przedtem tam istniały, przeżyły na Marsie. Jest to raczej martwa planeta; każda wyższa forma życia, jakiegokolwiek rodzaju by nie była, miała prawdopodobnie swój Ostatni Dzień. Ich prace także nie mogłyby przetrwać. „Kanały" na Marsie wydają się

---

[1] P. Lowell, *Mars* (3rd ed. 1897); *idem, Mars and Its canals* (1906).

być skutkiem gry sił geologicznych, spowodowanych siłami zewnętrznymi, działającymi w czasie kolizji.

ATMOSFERA MARSA

Atmosfera Marsa jest niewidoczna. Jeśli na tej planecie istnieją jakieś żywe istoty, i jeśli wyposażone są w organy wzroku, to widzą one czarne niebo, a nie niebieskie, jak my.

Atmosfera Marsa była obiektem wielu badań, które dostarczyły sprzecznych i wyraźnie niezadowalających wyników. Ta gazowa powłoka jest przeźroczysta, co umożliwia wyraźne obserwacje konturów planety. Sezonowe czapy polarne Marsa są produktem destylacji; czapa polarna znika kiedy na jej półkuli zaczyna się lato, i pojawia się ponownie w zimie. Nie wiadomo czy te czapy składają się z dwutlenku węgla czy z lodu, czy są to chmury unoszące się nad obszarami polarnymi, czy też warstwy skrzepniętych mas.

Na główne pytanie, dotyczące obecności pary wodnej w atmosferze Marsa, pozytywnej odpowiedzi udzieliła grupa obserwatorów (Lowell Observatory), a negatywnej inna grupa (Lick Observatory). Obecnie uważa się za prawie pewne, że na Marsie występuje niska zawartość pary wodnej, około dwudziestej części tego co występuje w atmosferze ziemskiej. Pogląd ten opiera się na wynikach obserwacji, ogłoszonych przez Mount Wilson Observatory.

Obserwacje dotyczące obecności tlenu w atmosferze Marsa są nieprzekonujące; na ogół zakłada się, że tlenu na Marsie, jeśli w ogóle istnieje, jest mniej niż 0,1 procenta zawartości tlenu w atmosferze ziemskiej, licząc na jednostkę powierzchni[1].

Trudność analizy spektralnej atmosfery planet leży w tym, że ich światło jest odbitym światłem słońca, a w konsekwencji w obrazie spektralnym zawarty jest też obraz atmosfery słońca (linie absorpcyjne widma), jak również w fakcie że atmosfera Ziemi, przez którą to odbite światło wędruje, nakłada swoje własne charakterystyczne linie spektralne (absorpcji) na światło odbite od planet. Wniosek, jaki wyprowadzono i zakomunikowano opinii publicznej jest taki, że „widmo Marsa jest praktycznie tylko widmem odbitego światła słonecznego" (E. Doolittle). To sugeruje, że na Marsie nie ma atmosfery, albo że jest ona znikoma. Jednakże widać zmianę w rozkładzie światła w widmie, w porównaniu ze światłem które dociera bezpośrednio ze słońca. Obecność atmosfery na Marsie można wykazać dzięki innemu zbiorowi obserwacji, które wykazują, że rozciąga się ona na wysokość

---

[1] W. S. Adams and T. Dunham, *Contributions from the Mount Wilson Observatory*, No. 488 (1934).

około sześćdziesięciu mil nad powierzchnią planety. Również jej zakładana cienkość pozostaje w sprzeczności z wynikami otrzymanymi dzięki fotografiom wykonanym w fiolecie i w czerwieni. Szereg chmur można dostrzec na zdjęciach wykonanych w fiolecie, ale nie na tych wykonanych w czerwieni; inna seria zdjęć chmur widziana jest w czerwieni, ale nie w fiolecie.

Niniejsze badanie katastrof kosmicznych było próbą wykazania faktu, że w ósmym i siódmym wieku przed naszą erą do Ziemi wielokrotnie zbliżało się ciało niebieskie; że tym ciałem była planeta Mars; że poprzednio Mars zmienił swoją trasę z powodu kontaktu z Wenus, która do tego czasu przecinała orbitę Ziemi, i że w konsekwencji Wenus, Ziemia i Mars przyjęły nowe położenia w układzie słonecznym. We wszystkich tych kontaktach między Wenus, Ziemią i Marsem dochodziło do wymiany atmosfery, Ziemia otrzymała chmury węglowe od Wenus, jak również część atmosfery Marsa. Białe masy opadowe na Marsie, które tworzą czapy polarne, mają prawdopodobnie naturę węgla uzyskanego ze smugi ciągnącej się za Wenus, i tylko różnica warunków atmosferycznych na Marsie, w porównaniu z ziemskimi, oraz różnica temperatur, sprawiają, że ta „manna" nie rozpuściła się trwale w promieniach słońca.

Główne składniki atmosfery Marsa muszą być obecne w atmosferze Ziemi. Mars, „bóg wojny", musiał pozostawić w czasie wizyt część swego dobytku. Ponieważ tlen i para wodna nie stanowią głównych składników atmosfery Marsa, to główny skład jego atmosfery muszą stanowić inne składniki atmosfery ziemskiej. Może to być azot, ale jego obecność na Marsie – lub jej brak – nie została jeszcze stwierdzona.

Poza tlenem i azotem, głównymi składnikami ziemskiej atmosfery, w powietrzu obecne są wykrywalne ilości argonu i neonu. Te rzadkie gazy pobudzają linie spektralne tylko w stanie gorącym; w konsekwencji nie można ich wykryć w liniach promieniowania tak względnie zimnego ciała jak Mars. Linie absorpcyjne argonu i neonu nie były jeszcze badane. Kiedy badanie takich linii umożliwi poszukiwanie tych rzadkich gazów na planetach, należy Marsa poddać testowi. Jeśli dzięki analizie wykryje się ich duże ilości, pozwoli to również odpowiedzieć na pytanie: Co dał Mars Ziemi kiedy obie planety znajdowały się w kontakcie?

TERMICZNA RÓWNOWAGA MARSA

Średnica Marsa na równiku wynosi około 4.200 mil; kiedy porówna go się z Ziemią, to stosunek ich objętości wynosi 15 do 100; stosunek mas, jak się sądzi, wynosi 10,8 do 100. Objętość Marsa jest równa jednej szóstej objętości Wenus, a Wenus, jak się sądzi, ma masę siedem i pół raza większą od Marsa.

Z powodu ekscentryczności orbity Marsa, nasłonecznienie w aphelium jest znacznie mniejsze niż w peryhelium (stosunek wynosi około 5:6), a lato na południowej półkuli jest znacznie gorętsze, ale o wiele krótsze niż na półkuli północnej. Z powodu większej średniej odległości Marsa od słońca, otrzymuje on zapewne mniej niż połowę światła i ciepła na jednostkę powierzchni niż Ziemia; i z tego powodu jego temperatura musi być o około 65°C niższa od ziemskiej i nigdy nie przewyższa temperatury krzepnięcia. Średnia roczna temperatura na szerokości równika musi być podobna do temperatury na obszarach polarnych Ziemi.

Pomiary radiometryczne temperatury Marsa wykazują nadmiar ciepła[1]. Mars emituje więcej ciepła niż otrzymuje od słońca. Czy nadmiar ciepła pochodzi z wnętrza planety? Mars jest mniejszy od Ziemi; posiada większą powierzchnię na jednostkę objętości, i musiał oziębić się znacznie szybciej niż Ziemia, szczególnie jeśli został uwolniony z mgławicowego słońca przez siłę odśrodkową zanim to uczyniła Ziemia (Kant-Laplace), ale również w tym przypadku jeśli oba ciała zaistniały równocześnie jako planety miliony lat temu (teoria pływowa). Co jest zatem przyczyną nadmiaru ciepła Marsa?

Zakładany kontakt z Ziemią spowodowałby większe zmiany w i na Marsie niż w i na Ziemi, z powodu różnicy mas. Kontakt międzyplanetarny musiał spowodować zamianę ruchu w ciepło, co w konsekwencji dało nadmiar promieniowania termicznego ponad ilość ciepła otrzymywaną przez planetę skutkiem nasłonecznienia.

Kontakty Marsa z Wenus, a w mniejszym stopniu z Ziemią, mniej niż trzy tysiące lat temu, są prawdopodobnie odpowiedzialne za obecną temperaturę Marsa; również wyładowania międzyplanetarne mogły zapoczątkować rozszczepienie atomów i powstałą stąd radioaktywność i emisję ciepła.

GAZY WENUS

Część gazowego ogona Wenus przyłączyła się do Ziemi, inna część została oderwana przez Marsa, ale główna masa gazów podążała za głową komety. Z tego co pozostało na Ziemi, część przemieniła się w złoża ropy naftowej; część, w formie chmur, otoczyła Ziemię na wiele lat, powoli opadając. Część, która pozostała z Wenus, płonęła i dymiła przez długi czas, jak długo starczyło tlenu zabranego z Ziemi; to, co pozostało, tworzy chmury węglowe na Gwieździe Porannej. Aż

---

[1] W. W. Coblentz i C. O. Lampland z Lowell Observatory, oraz E. Pettit i S. B. Nicholson z Mount Wilson Observatory.

do głębokości spenetrowanej przez analizę spektralną, nie wykryto tlenu ani pary wodnej. Planetę pokrywają chmury pyłu. Dwutlenek węgla stanowi składnik atmosfery Wenus[1].

Błyszcząca powłoka Wenus jest pozostałością jej ogona z czasów kiedy, trzy tysiące lat temu, była ona kometą. Zdolność odbijania promieni (albedo) Wenus jest większa niż jakiejkolwiek innej planety. Wynosi ona 0,75, w porównaniu z 0,22 dla Marsa i 0,13 dla księżyca[2]. Zdolność odbijająca Wenus jest nie tylko o wiele większa niż w przypadku piasku pustynnego, ale jest niemal równa wartości dla świeżo spadłego śniegu.

Na podstawie tych badań przyjmuję, że Wenus musi być zasobna w gazy ropy naftowej. Jeśli, i dopóki, Wenus jest zbyt gorąca aby doszło do skroplenia ropy naftowej, węglowodory będą krążyły w postaci gazowej. Linie absorpcyjne ropy naftowej leżą daleko w podczerwieni, gdzie zwykle fotografia nie sięga. Kiedy technika fotografii w podczerwieni zostanie udoskonalona tak, że dadzą się zróżnicować związki węglowodoru, wtedy spektrogram Wenus może ujawnić obecność gazów węglowodoru w jej atmosferze, jeśli gazy te znajdują się w górnej części atmosfery, do której docierają promienie słońca.

Jeśli ropa naftowa, która wylała się na Ziemię w czasie jej kontaktu z kometą Wenus, powstała z wodoru i gazowego węgla, na skutek wyładowań elektrycznych, to Wenus wciąż musi posiadać ropę naftową z powodu wyładowań, które miały miejsce, jak przypuszczamy, między głową i ogonem komety, kiedy została przechwycona przez Ziemię i w czasie innych niebiańskich kontaktów.

Można wyprowadzić pewne pośrednie wnioski dotyczące płynnej ropy naftowej na Jowiszu. Jeśli, jak tu przyjmujemy, Wenus została oderwana od Jowisza w trakcie gwałtownego wyrzucenia, i jeśli Wenus posiada gazy ropy naftowej, to Jowisz musi posiadać ropę naftową. Fakt, że w atmosferze Jowisza wykryto metan – jedynymi znanymi składnikami jego atmosfery są trujące gazy metanu i amoniaku – przemawia za tym, że posiada on prawdopodobnie ropę naftową; tak zwany „gaz naturalny", znajdowany na polach naftowych i w ich pobliżu, składa się głównie z metanu.

---

[1] C. E. St. John i J. B. Nicholson, "The Spectrum of Venus", *Contributions from the Mount Wilson Observatory*, No. 249 (1922).

Przypuszcza się, że Wenus pokryta jest formaldehydem (R. Wilde), mimo że w atmosferze Wenus nie zidentyfikowano żadnej linii spektralnej tego związku.

[2] Liczby te pochodzą od Arrheniusa, *Das Schicksal der Planeten* (1911), p. 6. E. A. Antoniadi (*La planète Mercure* {1939}, p. 49) podaje 0,63 dla Wenus, 0,17 dla Marsa i 0,10 dla księżyca.

Współczesna teoria o pochodzeniu ropy naftowej, oparta na jej własnościach polaryzacji, przyjmuje, że ropa naftowa ma pochodzenie organiczne, a nie nieorganiczne. W konsekwencji, jeśli się nie mylę, Wenus i Jowisz muszą posiadać organiczne źródła ropy naftowej. Na poprzednich stronach wykazano istnienie pewnych historycznych wskazówek świadczących o tym, że Wenus – a stąd także Jowisz – mogą być zamieszkałe przez robaki; to życie organiczne może być źródłem ropy naftowej.

TERMICZNA RÓWNOWAGA WENUS

Obserwacje radiometryczne przeprowadzone w 1922 r. w obserwatoriach Mount Wilson i Flagstaff wykazały, że ciemna część dysku planety Wenus emituje „znaczne ilości ciepła".

Wenus, znajdując się bliżej słońca niż Ziemia, zwraca się ku Ziemi kolejno swoją oświetloną i zacienioną stroną: pokazuje fazy jak księżyc. Temperatura dziennej i nocnej strony Wenus została zmierzona metodą radiometryczną i stwierdzono, że „na całej powierzchni planety panuje niemal równomierna temperatura, zarówno na oświetlonej jak i na ciemnej półkuli". „Ten pogląd {E. Petit i S. B. Nicholson} jest zwięzłym stwierdzeniem czegoś, co stanowi może najcenniejsze pojedyncze odkrycie, jakiego kiedykolwiek dokonano w odniesieniu do planety Wenus"[1]. Podobne rezultaty uzyskała, niezależnie i niemal równocześnie, druga para badaczy[2].

Jakie wyjaśnienie można podać dla zjawiska niemal jednolitej temperatury dziennej i nocnej półkuli Wenus? Wniosek, jaki wyprowadzono, był następujący: Dzienny obrót planety Wenus jest bardzo szybki i w czasie krótkiej nocy temperatura nie może spaść w jakimś znaczącym stopniu. Jednak ten wniosek stoi w całkowitej sprzeczności z tym co uważa się za ustalony fakt, mianowicie że Wenus nie obraca się (w odniesieniu do słońca, albo obraca się w stosunku do gwiazd stałych w okresie równym jednemu obrotowi na orbicie planetarnej lub 225 ziemskich dni). Z powodu pokrywy chmur Wenus nie jest możliwe ustalenie czy Wenus posiada obrót dzień-noc, czy nie. Dane spektrograficzne sugerują, że planeta obraca się zawsze tą samą stroną ku słońcu, tak jak księżyc obraca się zawsze tą samą stroną ku Ziemi, albo że, co najwyżej, obraca się bardzo wolno[3]. W każdym przypadku krótki okres obrotu wykluczają dane spektrometryczne.

---

[1] F. E. Ross, "Photographs of Venus", *Contributions from the Mount Wilson Observatory*, No. 363 (1928).

[2] Coblentz and Lampland, *Journal of Franklin Institute*, Vol. 199 (1925), 804.

[3] E. St. John and S. B. Nicholson, The Spectrum of Venus", *Astrophysical Journal*, Vol. LVI (1922).

„Jeśli okres obrotu Wenus wynosi 225 dni, jak wierzy wielu obserwatorów, to trudno wyjaśnić, w jaki sposób mogłaby się utrzymać wysoka temperatura obracającej się powłoki nocnej strony planety"[1]. Kompromis nie zadowala żadnej ze stron. Ani dane radiometryczne, które sugerują krótki okres obrotów, ani dokładne dane spektroskopowe, które wskazują na długi okres obrotów, nie mogą być pominięte i „niewątpliwie dostarczą materiału do dyskusji i debat na wiele lat"[2].

W rzeczywistości nie ma konfliktu między dwoma metodami obserwacji fizycznych. Nocna strona Wenus emituje ciepło ponieważ Wenus jest gorąca. Odbicie, pochłanianie, nasłonecznienie oraz własności przewodzenia warstwy chmur Wenus modyfikują efekt cieplny słońca na ciało planety; ale na dnie problemu leży ten fakt: Wenus wydziela ciepło.

Wenus doświadczyła w krótkim odstępie narodzin i wyrzucenia w gwałtowny sposób; istniała jako kometa poruszająca się po elipsie, która bardzo zbliżała się do słońca; doświadczyła dwóch spotkań z Ziemią, którym towarzyszyły wyładowania potencjałów między tymi ciałami i efekt termiczny spowodowany przemianą pędu w ciepło; miała liczne kontakty z Marsem i prawdopodobnie także z Jowiszem. Ponieważ to wszystko zdarzyło się między trzecim i pierwszym tysiącleciem przed naszą erą, jądro planety Wenus musi wciąż być gorące. Ponadto, jeśli na Wenus znajduje się tlen, musi tam płonąć ropa naftowa.

Te wnioski zostały wyprowadzone z historii Wenus, jaką wykazały te badania.

ZAKOŃCZENIE

Ten świat będzie zniszczony; również
potężne oceany wyschną;
a szeroka ziemia spłonie. Dlatego,
szlachetni, kultywujcie
życzliwość; kultywujcie współczucie.

—„Cykle świata" w *Visuddhi-Magga*

Układ słoneczny nie jest strukturą która pozostała niezmieniona przez miliardy lat; przemieszczenia członków układu miały miejsce w czasach historycznych. Nie jest też usprawiedliwieniem wymówka, że człowiek nie może wiedzieć ani poznać jak ten układ powstał, ponieważ nie było go wtedy gdy układ ten przyjął obecną postać.

---

[1] Ross, "Photographs of Venus", p. 14.
[2] *Ibid.*

Katastrofy wielokrotnie doprowadzały cywilizację na Ziemi do ruiny. Jednak nasza Ziemia znalazła się w lepszym położeniu w porównaniu z Marsem; a sądząc po stanie cywilizacji jaki ludzkość osiągnęła, warunki dla procesów życiowych, pod pewnymi względami, poprawiły się. Skoro zdarzenia tego rodzaju miały miejsce w przeszłości, mogą znowu powtórzyć się w przyszłości, prawdopodobnie z innym – katastrofalnym – skutkiem.

Ziemia weszła w kontakt z innymi planetami i kometami. Obecnie żadna z planet nie porusza się po torze zagrażającym Ziemi, a tylko kilka asteroidów – zwykłych skał o średnicy kilku kilometrów – posiada orbity które przecinają drogę Ziemi. Odkryto to, ku zdziwieniu uczonych, dopiero niedawno. Ale w układzie słonecznym istnieje możliwość, że kiedyś w przyszłości dojdzie do kolizji dwóch planet, a nie tylko do spotkania planety z asteroidą. Orbita Plutona, planety najdalszej od słońca, choć większej od Neptuna, przecina orbitę Neptuna. W rzeczywistości płaszczyzna orbity Plutona pochylona jest w stosunku do ekliptyki pod kątem 17°, i dlatego niebezpieczeństwo kolizji nie jest bliskie. Jednakże, ponieważ długa oś orbity Plutona zmienia kierunek, przyszły kontakt między oboma planetami jest prawdopodobny, o ile żadna z komet nie zainterweniuje, żeby zmienić przecinające się orbity tych ciał niebieskich. Astronomowie spostrzegą, że planety zatrzymają się lub zwalniają swoje krążenie, amortyzowane przez otaczające je pola magnetyczne; z jednej planety na drugą przeskoczy iskra i w ten sposób uniknie się miażdżącego zderzenia litosfer; następnie planety rozdzielą się i zmienią swoje orbity. Może zdarzyć się, że Pluton stanie się satelitą Neptuna. Istnieje również możliwość, że Pluton spotka się nie z Neptunem ale z Trytonem, satelitą Neptuna, o rozmiarach równych jednej trzeciej Plutona. Czy Pluton stanie się jeszcze jednym księżycem Neptuna, czy zostanie odrzucony do położenia znacznie bliższego słońca, czy też uwolni Trytona od bycia satelitą, pozostaje w sferze domysłów.

Inny przypadek przecięcia można znaleźć wśród księżyców Jowisza. Orbita szóstego satelity jest sprzęgnięta z orbitą siódmego, a ósmy satelita jest bardzo kapryśny i przecina drogę dziewiątego. Można obliczyć jak długo szósty i siódmy satelita poruszają się po obecnych szlakach; uzyskane liczby prawdopodobnie nie będą wysokie.

W przeszłości każda kolizja między dwoma planetami spowodowała serię kolejnych kolizji, w których brały udział inne planety. Kolizja między głównymi planetami, która jest tematem kontynuacji książki *Zderzenia Światów*, spowodowała narodziny komet. Komety te poruszały się w poprzek orbit innych planet i zderzały się z nimi. Przynajmniej jedna z tych komet w czasach historycznych stała się planetą (Wenus), i to kosztem wielkich zniszczeń na Marsie i na Ziemi. Planety, wyrzucone ze swych szlaków, zderzały się wielokrotnie, aż osiągnęły obecne położenia, gdzie ich orbity nie przecinają się. Jedyne przypadki przecięcia, które pozostały, to Neptuna i Plutona, satelitów Jowisza, i niektórych planetoid (asteroidów), które przecinają orbity Marsa i Ziemi.

Ponadto, komety mogą uderzyć w Ziemię, tak jak to uczyniła Wenus, gdy była kometą; w tej wielkiej katastrofie szczęśliwie się złożyło, że Wenus jest nieco mniejszym ciałem niż Ziemia. Wielka kometa, przybywająca z przestrzeni międzygwiezdnych, może wpaść na jedną z planet i wypchnąć ją z orbity; wtedy chaos rozpocznie się na nowo. Również jakieś ciemne gwiazdy, takie jak Jowisz czy Saturn, mogą znajdować się na szlaku słońca, i mogą zostać przyciągnięte do układu i spowodować w nim zamieszanie.

Świat naukowy przyjął, że za ileś setek milionów lat ciepło słońca wyczerpie się, a wtedy, jak Flammarion postraszył swoich czytelników, ostatnia para ludzi zamarznie na śmierć w lodzie na równiku. Ale to zdarzy się w dalekiej przyszłości. Z punktu widzenia współczesnej wiedzy, ciepło wydziela się w procesie rozpadu atomów; naukowcy obecnie przygotowani są do przyznania, iż słońce posiada ogromną rezerwę ciepła. Obawy, jeśli już jakieś są, koncentrują się na możliwości eksplozji słońca; kilka minut później Ziemia już będzie tego świadoma, a wkrótce potem przestanie istnieć. Ale jeden koniec, związany z zamarznięciem, jest bardzo odległy; drugi koniec, związany z eksplozją, jest mało prawdopodobny, a świat, jak się uważa, ma przed sobą miliardy spokojnych lat. Uważa się, że świat przeszedł przez eony niezakłóconej ewolucji, i że równie długie eony są przed nami. Człowiek może zajść daleko w takim przedziale czasu, biorąc pod uwagę, że cała ta cywilizacja trwa mniej niż dziesięć tysięcy lat, oraz biorąc pod uwagę ogromny postęp technologiczny jaki się dokonał w ostatnim stuleciu.

Przeciętny człowiek nie obawia się już końca świata. Człowiek lgnie do swego mienia, wpisuje do rejestru swoje gospodarstwa i ogradza je; ludzie prowadzą wojny aby zachować i powiększyć swoje historyczne granice. Jednak w ciągu ostatnich pięciu lub sześciu tysięcy lat byli świadkami serii wielkich katastrof, z których każda przemieściła granice mórz, a niektóre z nich spowodowały że baseny mórz i kontynenty zamieniły się miejscami, zatapiając królestwa i tworząc miejsca na nowe.

Kosmiczne kolizje to nie są zjawiska rozbieżne albo zjawiska, które według opinii niektórych współczesnych filozofów, mają miejsce z lekceważeniem praw fizycznych; mają raczej naturę zdarzeń ukrytych w dynamice wszechświata lub, mówiąc w terminach tej filozofii, zbieżnych zjawisk.

„Żeby przypadkiem nie być ograniczonym przez religię" – i możemy odczytać »nauka« zamiast »religia« – „powinniście myśleć, że Ziemia i słońce, i niebo, morze, gwiazdy, i księżyc muszą koniecznie trwać na wieczność, z powodu swego boskiego ciała", pomyślcie o katastrofach przeszłości; a wtedy „spójrzcie na morza, i lądy, i niebo; ich trojaką naturę... ich trzy struktury tak wielkie jeden dzień może zwalić w ruinę; a solidny kształt i struktura świata utrzymywane przez wiele lat, runą"[1].

„I cały firmament spadnie na boską ziemię i na morze, a następnie popłynie nieprzerwany wodospad szalejącego ognia, i będzie spalał ziemię i morze, a firmament niebieski i gwiazdy i samo stworzenie stanie się jedną stopioną masą i całkiem się roztopi. Wtedy już nigdy nie będzie migotających ciał niebieskich, żadnej nocy, żadnego świtu, żadnych stałych dni, żadnej wiosny, żadnego lata, żadnej jesieni, żadnej zimy"[2].

„Jednego dnia zobaczymy pogrzeb całej ludzkości. Wszystko co stworzyła wyrozumiałość fortuny, wszystko co zbudowano dla wzniosłości, wszystko co jest sławne i wszystko co piękne, wielkie trony, wielkie narody – wszystko zstąpi do otchłani, zostanie zburzone w jedną godzinę"[3].

Gwałtowność płomieni rozerwie wiązanie skorupy ziemskiej[4].

---

[1] Lucretius, *De rerum natura*, v (tłum. C. Bailey, 1924).
[2] *The Sybilline Oracle*, tłum. Lanchester.
[3] Seneca, *Naturales quaestiones*, III, xxx (tłum. J. Clarke).
[4] Seneca, *Epistolae morales*, Epistle xcl (tłum. R. M. Gummere).

EPILOG

STAJĄC PRZED WIELOMA
PROBLEMAMI

W TEJ KSIĄŻCE, obejmującej pierwszą część historycznej kosmologii, starałem się wykazać, że dwie serie katastrof kosmicznych miały miejsce w czasach historycznych, trzydzieści cztery i dwadzieścia sześć wieków temu, a zatem bardzo niedawno nie pokój lecz wojna rządziła w układzie słonecznym.

Wszystkie teorie kosmologiczne zakładają, że planety krążą w swoich miejscach od miliardów lat; my twierdzimy, że krążą po swoich orbitach dopiero od kilku tysięcy lat. Utrzymujemy, że jedna planeta – Wenus – poprzednio była kometą i że dołączyła do rodziny planet za pamięci ludzkości, oferując tym samym wyjaśnienie, jak powstała jedna z planet. Założyliśmy, że kometa Wenus pochodzi z planety Jowisz; następnie stwierdziliśmy, że mniejsze komety narodziły się w kontaktach Wenus i Marsa, oferując tym samym wyjaśnienie zasad dotyczących powstawania komet w układzie słonecznym. To, że te komety liczą sobie tylko kilka tysięcy lat, wyjaśnia dlaczego, mimo rozproszenia w przestrzeni materiału ich ogonów, nie rozpadły się one całkowicie. Z faktu, że Wenus była kiedyś kometą, nauczyliśmy się, że komety nie są prawie niematerialnymi ciałami lub „rzeczą widzialną", jak sądzono, ponieważ zwykle widać gwiazdy przez ich ogony, a w czasie przechodzenia jednej lub dwóch z nich na tle tarczy słonecznej, ich głowy nie były dostrzegane.

Twierdzimy, że orbita Ziemi zmieniła się więcej niż raz, a wraz z nią długość roku; że geograficzne położenie osi Ziemi i jej astronomiczny kierunek zmieniały się wielokrotnie i że w niedawnym czasie gwiazda polarna znajdowała się w gwiazdozbiorze Wielkiej Niedźwiedzicy. Długość dnia zmieniła się; obszary polarne uległy przesunięciu, czapa polarna przesunęła się do szerokości o umiarkowanym klimacie, a inne obszary przesunęły się za kręgi polarne.

Doszliśmy do wniosku, że miały miejsce wyładowania elektryczne między Wenus, Marsem, i Ziemią, kiedy, w czasie bardzo bliskich kontaktów, ich atmosfery zetknęły się; że bieguny magnetyczne Ziemi uległy odwróceniu zaledwie kilka tysięcy lat temu; i że ze zmianą orbity księżyca zmieniła się również długość miesiąca, i to wielokrotnie. W okresie siedmiuset lat, między środkiem drugiego tysiąclecia przed naszą erą i ósmym stuleciem, rok składał się z 360 dni, a miesiąc z prawie dokładnie trzydziestu dni, ale wcześniej dzień, miesiąc i rok miały różne długości.

Zaproponowaliśmy wyjaśnienie faktu, że nocna strona Wenus emituje tyle samo ciepła co strona słoneczna; wyjaśniliśmy również pochodzenie kanałów na Marsie i kraterów oraz mórz lawy na księżycu, jako wyniku napięć w czasie zbliżeń.

Jesteśmy przekonani, że zbliżyliśmy się do rozwiązania problemu powstawania gór i wtargnięć morza; zamiany miejsc między morzem i lądem; powstawania nowych wysp i aktywności wulkanicznej; nagłych zmian klimatu i zagłady czworonogów w północnej Syberii oraz wyniszczenia całych gatunków; i przyczyny trzęsień ziemi.

Dalej, stwierdziliśmy, że nadmierne parowanie wody z powierzchni oceanów i mórz, zjawisko, które miało wyjaśnić nadmierne osadzanie i tworzenie się pokryw lodowych, było spowodowane przez czynniki pozaziemskie. Chociaż w takich zdarzeniach upatrujemy przyczyny Fimbul-zimy[1], jesteśmy skłonni uważać, że głazy narzutowe i glina morenowa, lub żwir, glina i piasek na podłożu skał, zostały naniesione nie przez lód, ale przez parcie gigantycznych fal wywołanych zmianą obrotów kuli ziemskiej; podobnie wyjaśniliśmy przypadek moren, które wędrowały od równika w stronę wyższych szerokości i długości geograficznych (Himalaje), albo od równika przez Afrykę w kierunku bieguna południowego.

Stwierdziliśmy, że religie różnych narodów świata mają wspólne astralne pochodzenie. Relacja hebrajskiej Biblii, dotycząca plag i innych cudów w czasie Eksodusu, jest prawdą historyczną, a zapisane cuda mają naturalne wytłumaczenie. Dowiedzieliśmy się, że miał miejsce pożar świata i że z nieba lała się ropa naftowa; że przeżyła tylko niewielka część ludzi i zwierząt; że przejście morza i teofania u Góry Synaj nie są wymysłami; że cienie śmierci i zmierzch bogów (*Götterdämmerung*) odnoszą się do czasów wędrówki po pustyni; że manna i ambrozja rzeczywiście padały z nieba, z chmur Wenus.

Stwierdziliśmy również, że cud Jozuego ze słońcem i księżycem nie jest tylko bajką dla niedowiarków. Dowiedzieliśmy się, dlaczego w folklorze narodów oddzielonych oceanami występują wspólne idee, i rozpoznaliśmy jak ważny wpływ miały wstrząsy świata na treść legend i dlaczego planety deifikowano i która z planet uosabiała Pallas Atenę i czym jest niebiańska fabuła *Iliady* i w jakim okresie powstał ten utwór, i dlaczego Rzymianie uczynili Marsa swoim narodowym bogiem i przodkiem założycieli Rzymu. Zrozumieliśmy prawdziwe znaczenie przesłania proroków hebrajskich: Amosa, Izajasza, Joela, Micheasza i innych. Jesteśmy również w stanie ustalić rok, miesiąc i dzień ostatniej katastrofy kosmicznej i określić naturę czynnika który zniszczył armię Sancheryba. Odkryliśmy powód

---

[1] Straszliwa zima poprzedzająca zmierzch bogów [przyp. tłum.].

wielkiej wędrówki ludów w piętnastym i ósmym wieku [p.n.e.]. Poznaliśmy źródło przekonania Żydów, że są narodem wybranym; znaleźliśmy pierwotne znaczenie archaniołów, i źródło eschatologicznej wiary w koniec świata.

Podając to wyliczenie sformułowanych twierdzeń i problemów poruszanych w tej książce, mamy świadomość tego, że pojawiło się więcej problemów niż zostało rozwiązanych.

Pytanie, jakie stoi przed historyczną kosmogonią, jest następujące: Jeśli jest prawdą, że katastrofy kosmiczne zdarzyły się tak niedawno, co z bardziej odległą przeszłością? Czego możemy się dowiedzieć o Potopie, o którym obecnie sądzi się, że był lokalnym wylewem Eufratu, który wywarł wrażenie na Beduinach przybywających z pustyni? Ogólnie, co można by wyjaśnić w sprawie bardziej odległej przeszłości świata i wcześniejszych bitew niebiańskich?

Jak wyjaśniono we wstępie, historia katastrof, którą można zrekonstruować na podstawie zapisków pozostawionych przez ludzi i przez naturę, nie została zakończona w tej książce. Tu przedstawiono tylko dwa rozdziały, dwie epoki świata – Wenus i Marsa. Mam zamiar później powrócić do przeszłości i ułożyć historię niektórych wcześniejszych wstrząsów kosmicznych. Będzie to tematem innej książki. Mam nadzieję powiedzieć tam nieco więcej o warunkach poprzedzających narodziny Wenus z ciała Jowisza i opowiedzieć szczegółowo, dlaczego Jowisz, planeta, którą potrafi znaleźć na niebie zaledwie kilka osób z tłumu, była głównym bogiem ludzi w starożytności. W książce tej będę starał się odpowiedzieć na nieco więcej pytań zadanych na pierwszych stronach Prologu niniejszej książki.

Historyczna kosmogonia stwarza szansę aby wykorzystać fakt istnienia katastrof o zasięgu globalnym, do ustalenia zsynchronizowanej historii starożytnego świata. Uprzednie wysiłki, aby zbudować tablice chronologiczne na podstawie obliczeń astronomicznych – nów, zaćmienia, heliakalny wschód czy kulminacja pewnych gwiazd – nie mogą być poprawne, gdyż porządek przyrody zmienił się od czasów starożytnych. Ale wielkie wstrząsy o charakterze kosmicznym mogą służyć jako punkty odniesienia w trakcie pisania poprawionej historii narodów.

Próbą takiej synchronizacji historii starożytnego świata jest książka *Ages in Chaos*. Jej punktem wyjścia jest równoczesność fizycznych katastrof w krajach starożytnego Wschodu i porównanie zapisów u ludów starożytnych, dotyczących takich katastrof. Co dotyczy reszty, kontynuowałem porównywanie zapisów materiału archeologicznego starożytnego Wschodu, obejmujących okres ponad tysiąca lat, od końca Średniego Państwa w Egipcie do czasów Aleksandra Macedoń-skiego: idąc krok po kroku od stulecia do stulecia, badanie docho-dzi do zupełnie poprawionej sekwencji zdarzeń w historii starożytnej i ujawnia rozbieżność rzędu kilku stuleci w chronologii konwencjonal-nej.

Rozwój religii, włączając w to religię Izraela, pojawia się w nowym świetle. Ustalone tutaj fakty mogą pomóc w prześledzeniu począt-ków i rozwoju kultu planet, kultu zwierząt, ofiar ludzkich – również źródła wierzeń astrologicznych. Autor czuje się w obowiązku rozsze-rzyć zakres swej pracy, aby uwzględnić problem narodzin religii, a w szczególności monoteizmu. Należy zbadać, dlaczego i jak Żydzi, któ-rzy mieli takie same doświadczenia jak inne narody, i którzy wyszli od religii astralnej, tak jak reszta narodów, wcześnie porzucili bóstwa gwiezdne i zabronili czcić wizerunki.

Pismo Święte zachęca do nowego krytycznego podejścia do Biblii, które umożliwi zobaczenie procesu przejścia od religii gwiezdnej do monoteizmu z jego ideą jedynego Stwórcy, a nie gwiazdy, nie zwierzę-cia, i nie istoty ludzkiej.

Intrygujący problem pojawia się w psychologii. Freud badał pier-wotne popędy u współczesnego człowieka. Według niego, w prymi-tywnym społeczeństwie w epoce kamiennej, kiedy synowie dorastali, próbowali pozbyć się ojca, niegdyś wszechmocnego, a teraz starzejące-go się, i narzucić swą wolę matce; i ten popęd jest częścią dziedzictwa, które współczesny człowiek otrzymał od swych starożytnych przod-ków. Według teorii innego psychologa, Karla Junga, istnieje podświa-domy powszechny umysł, pojemnik i nośnik idei przechowywanych od prastarych czasów, który odgrywa istotną rolę w naszych pojęciach i działaniach. W świetle tych teorii możemy zastanawiać się, do jakie-go stopnia przerażające doświadczenia światowych katastrof stały się częścią ludzkiej duszy i jak wiele z nich, jeśli w ogóle, można prześle-dzić w naszych wierzeniach, emocjach i zachowaniu, jako pochodzące z nieświadomych lub podświadomych pokładów umysłu[1].

W niniejszej książce materiał geologiczny i paleontologiczny oma-wiany był tylko sporadycznie – kiedy była mowa o skałach przenoszo-nych na znaczne odległości i umieszczanych na szczycie obcych forma-cji; o mamutach zabitych w katastrofie; o zmianach klimatu, geogra-ficznych konturach czapy polarnej w przeszłości, morenach w Afryce, i pozostałościach ludzkiej kultury na północy Alaski; o źródle głównej części złóż ropy naftowej, pochodzeniu wulkanów, przyczynie trzęsień

---

[1] W związku z moją ideą powszechnej amnezji, G. A. Atwater sugeruje prze-prowadzenie badań śladów przerażających doświadczeń przeszłości w teraźniej-szym zachowaniu człowieka.

ziemi. Jednakże geologiczny, paleontologiczny i antropologiczny materiał związany z problemami katastrof kosmicznych jest ogromny i może przedstawić nam pełny obraz przeszłych zdarzeń, nie mniej niż materiał historyczny.

Co można ustalić w związku ze zniknięciem gatunków, a nawet rodzajów, teorii ewolucji kontra teorii katastroficznych mutacji i, ogólnie, rozwoju życia zwierząt i roślin, albo czasu kiedy żyły giganty lub kiedy brontozaury zamieszkiwały ziemię?

Zanurzanie i wynurzanie się lądu, pochodzenie soli w morzu, pochodzenie pustyń, pochodzenie żwiru, złóż węgla na Antarktydzie, rośnięcie palm na [obecnych] obszarach arktycznych; powstawanie skał osadowych; intruzja ognistych skał powyżej poziomów zawierających kości zwierząt morskich i lądowych i żelaza w powierzchniowych warstwach skorupy ziemskiej, okresów epok geologicznych i wieku istnienia człowieka na ziemi – wszystko to prosi o potraktowanie w świetle teorii kosmicznego katastrofizmu.

Następnie jest problem fizyczny. Relacje podane w tej książce, dotyczące planet zmieniających swoje orbity i prędkości obrotów, komety która stała się planetą, międzyplanetarnych kontaktów i wyładowań, wskazują na potrzebę nowego podejścia do mechaniki nieba.

Teoria kosmicznego katastrofizmu może, jeśli to konieczne, być zastosowana do niebiańskiej mechaniki Newtona. Komety i planety, popychając się wzajemnie, mogą zmieniać orbity, chociaż jest to osobliwe, jak na przykład Wenus mogła uzyskać orbitę kołową, albo jak księżyc, także zmuszony opuścić swoje miejsce, mógł utrzymać prawie kołową orbitę. Mimo to są precedensy takiej koncepcji. Teoria planetozymalna[1] postuluje niezliczone kolizje między małymi planetozymalami – które wyleciały ze słońca, stopniowo zaokrąglały swoje orbity i tworzyły planety lub satelity; teoria pływowa również uważa że planety pochodzą ze słońca, skąd zostały oderwane przez inną gwiazdę, przelatującą obok w takim kierunku i z taką siłą, że razem z przyciąganiem słońca utworzyły niemal kołowe orbity, a to samo przydarzyło się księżycom w odniesieniu do ich macierzystych planet[2]. Inny precedens dla orbit kołowych, utworzonych w wyjątkowych

---

[1] Planetozymal – bryła pierwotnej materii, krążąca w dysku protoplanetarnym wokół przyciągającej ją gwiazdy. Wiele planetozymali zderzało się i łączyło, tworząc zalążki przyszłych planet [przyp. tłum.].

[2] Jeden z autorów teorii pływowej, Harold Jeffreys, pisze, że pierwszym z „kilku uderzających faktów", które „wciąż pozostają niewyjaśnione" przez teorię pływową jest „niewielka wartość mimośrodów orbit planet i satelitów" (*The Earth*, 2nd ed. {1929}, p. 48).

warunkach, można znaleźć w teorii, która traktuje satelity poruszające się wstecz jako pochwycone asteroidy, którym udało się, po tym jak zostały pochwycone, osiągnąć w przybliżeniu kołowe orbity.

Jeśli takie efekty kontaktów między gwiazdami, lub przechwycenia mniejszego ciała przez większe, nie są niezgodne z mechaniką nieba, to również orbity będące wynikiem kolizji światów należy uważać jako pozostające z nią w harmonii.

Fizyczne skutki opóźnienia lub zawrócenia Ziemi, w czasie jej dziennego obrotu, są różnie oceniane przez różnych naukowców. Niektórzy wyrażają opinię, że takie zatrzymanie lub zwolnienie spowoduje całkowite zniszczenie Ziemi i ulotnienie się całej jej masy. Zgadzają się jednak, że zniszczenie o takich rozmiarach nie będzie miało miejsca jeśli Ziemia będzie dalej krążyć i tylko jej oś odchyli się od swego położenia. Może to być spowodowane przez przejście Ziemi przez silne pole magnetyczne skierowane pod kątem do osi magnetycznej Ziemi. Obracający się stalowy bąk, kiedy zostaje odchylony przez magnes, dalej się obraca. Teoretycznie, ziemska oś może być do pewnego stopnia czasami odchylana i pod każdym kątem, a także w taki sposób, że będzie leżała w płaszczyźnie ekliptyki. W takim przypadku jedna z dwóch półkul – północna lub południowa – pozostanie w obszarze przedłużonego dnia, a druga w przedłużonej nocy. Odchylenie osi może wytworzyć efekt cofnięcia lub zatrzymania słońca; większe odchylenie – zwielokrotnionego dnia lub nocy; a w przypadku jeszcze większego odchylenia – odwrócenia i zamiany wschodu i zachodu; wszystko to bez istotnego zakłócenia mechanicznego pędu krążenia lub obrotów Ziemi.

Inni naukowcy utrzymują, że teoretyczne zwolnienie lub nawet zatrzymanie Ziemi w jej dziennym obrocie nie spowoduje jej zniszczenia. Wszystkie części Ziemi obracają się z tą samą prędkością kątową, i jeśli teoretyczne zatrzymanie czy spowolnienie nie naruszy równości prędkości kątowych różnych części stałych Ziemi, to Ziemia przetrwa to spowolnienie, czy zatrzymanie, a nawet odwrócenie obrotów. Jednakże części niestałe – powietrze i woda oceanów – z pewnością będą miały zakłóconą prędkość kątową, i Ziemię omiotą huragany i fale pływowe. Cywilizacja ulegnie zniszczeniu, ale nie kula ziemska.

Zgodnie z tym wyjaśnieniem, rzeczywiste rezultaty takiego spowolnienia prędkości kątowej obrotów będą zależały od sposobu w jaki do tego doszło. W przypadku zastosowania czynnika zewnętrznego, powiedzmy grubej chmury pyłu działającej równomiernie na wszystkie części kuli ziemskiej, Ziemia zmieni prędkość obrotów, albo nawet może przestać się obracać, a energia jej obrotów przeniesie się na chmurę pyłu; w rezultacie bombardowania przez cząstki pyłu atmosfery i gruntu powstanie ciepło. Ziemia zostanie zagrzebana pod grubą warstwą pyłu, a jej masa zauważalnie wzrośnie.

Zanik dziennej rotacji może być również wywołany – i to najskuteczniej – przez przejście Ziemi przez silne pole magnetyczne; na powierzchni Ziemi zostałyby wygenerowane prądy wirowe[1], które z kolei wytworzą pola magnetyczne, a te, oddziałując z polem zewnętrznym, spowolnią lub zatrzymają obrót Ziemi.

Można obliczyć masę chmury cząstek, jak również siłę pola magnetycznego, która spowoduje zatrzymanie lub spowolnienie obrotów Ziemi, powiedzmy do połowy pierwotnej prędkości. Szacunkowe obliczenia wykazują, że jeśli masa tej chmury byłaby równa masie Ziemi i składała się z cząstek żelaza namagnesowanych blisko nasycenia, stworzyłaby pole magnetyczne dostatecznie silne aby zatrzymać obrót Ziemi; gdyby pole magnetyczne było w połowie tak silne to spowolniłoby obrót Ziemi do połowy jej pierwotnej prędkości. Jednak jeśliby chmura była naładowana ładunkiem elektrycznym, wtedy siła jej pola magnetycznego zależałaby od jej ładunku elektrycznego.

Gdyby wzajemne oddziaływanie z polem magnetycznym spowodowało że Ziemia wznowiłaby swoje wirowanie, jest prawie pewne że nie wirowałaby z taką prędkością jak poprzednio. Jeśli magma wewnątrz kuli ziemskiej wirowałaby dalej z prędkością inną niż skorupa, spowodowałoby to że Ziemia obracałaby się wolniej. W teorii pływowej przyczyna obrotów Ziemi przypisana jest działaniom meteorytów.

Jeśli prędkość kątowa różnych warstw lub części kuli ziemskiej zostałaby zakłócona przez jakiś nacisk, to wtedy ta warstwa lub ta część uległaby przesunięciu, a w wyniku tarcia powstałoby ciepło. Powstałyby pęknięcia lub szczeliny, morza wylałyby, ląd zanurzyłby się, albo wypiętrzył w łańcuchy górskie, a „środek Ziemi zatrząsł się z lęku, tak że odpadły górne warstwy Ziemi"[2].

Napięcia pomiędzy różnymi warstwami, które mogą spowodować wszystkie te skutki, mogą również przekształcić część energii obrotów nie w ciepło, ale w inne formy energii, włączając w to energię elektryczną. W ten sposób mogło mieć miejsce wielkie wyładowanie pomiędzy Ziemią a ciałem zewnętrznym (lub chmurą).

Zatem mechanika niebios nie pozostaje w konflikcie z kosmicznym katastrofizmem. Muszę jednak przyznać, że poszukując przyczyn wielkich wstrząsów, które miały miejsce w przeszłości, i zastanawiając

---

[1] W związku z tym patrz opis nagłej klęski w Księdze Liczb [IV Księga Mojżeszowa] 16:45–49, kiedy tysiące Izraelitów wędrujących po pustyni zostało „pochłoniętych w jednej chwili".

[2] Patrz rozdział „Fala".

się nad ich skutkami, stałem się sceptyczny w stosunku do wielkich teorii dotyczących ruchów niebiańskich, które zostały sformułowane kiedy nauka nie znała jeszcze opisanych tutaj faktów historycznych. Przedmiot ten zasługuje na szczegółową dyskusję, także pod względem ilościowym. Zaryzykuję tu i teraz następujące twierdzenie: Przyjęta mechanika niebios, pomimo przeprowadzenia wielu obliczeń z dokładnością do wielu miejsc po przecinku, lub zweryfikowana przez ruchy niebiańskie, jest ważna tylko *jeśli* słońce, źródło światła, ciepła, oraz innych rodzajów promieniowania powstałych skutkiem łączenia i rozszczepienia atomów, *jest jako całość ciałem obojętnym pod względem elektrycznym,* jak też jeśli planety, na swoich stałych orbitach, są ciałami obojętnymi.

Podstawowe zasady mechaniki nieba, włączając prawo grawitacji, muszą być zakwestionowane, jeśli słońce posiada ładunek wystarczający aby oddziaływać na planety lub komety na ich orbitach. W newtonowskiej mechanice nieba, opartej na teorii grawitacji, elektryczność i magnetyzm nie grają żadnej roli.

Kiedy fizycy wpadli na pomysł, że atom jest zbudowany jak układ słoneczny, a atomy o różnych właściwościach chemicznych różnią się masą swoich „słońc" (jąder) i liczbą „planet" (elektronów), pogląd ten spotkał się z przychylnym przyjęciem. Podkreślano jednak, że „atom różni się od układu słonecznego tym że nie ma grawitacji, która powoduje ruch elektronów wokół jądra, lecz elektryczność" (H. N. Russell).

Oprócz tego znaleziono inne różnice: elektron w atomie, po pochłonięciu energii fotonu (światła), przeskakuje na inną orbitę, a potem znów na inną, kiedy emituje światło i uwalnia energię fotonu. Z powodu tego zjawiska porównanie z układem słonecznym wydawało się tracić swoją ważność. „Nie czytamy w porannych gazetach, że Mars przeskoczył na orbitę Saturna, albo Saturn na orbitę Marsa", napisał krytyk. To prawda, nie czytamy o tym w porannych gazetach; ale w starożytnych zapiskach znaleźliśmy podobne zdarzenia opisane szczegółowo i spróbowaliśmy zrekonstruować fakty porównując wiele starożytnych zapisków. Układ słoneczny w rzeczywistości jest zbudowany jak atom; tyle że z powodu małych wymiarów atomu przeskok elektronu z jednej orbity na drugą, po otrzymaniu energii fotonu, ma miejsce wiele razy w ciągu sekundy, podczas gdy z powodu ogromu układu słonecznego podobne zjawisko ma miejsce raz na setki lub tysiące lat. W połowie drugiego tysiąclecia przed naszą erą glob ziemski doświadczył dwóch przemieszczeń; a w ósmym lub siódmym stuleciu przed naszą erą doświadczył jeszcze trzech czy czterech. W okresie między tymi zdarzeniami Mars i Wenus, a także księżyc, przemieszczały się.

Kontakty między ciałami niebieskimi nie są ograniczone do obszaru układu słonecznego. Od czasu do czasu pojawia się na niebie gwiazda supernowa, błyszcząca gwiazda stała, która do tego czasu była mała lub niedostrzegalna. Płonie tygodniami lub miesiącami, a następnie traci swoje światło. Uważa się, że może to być skutek kolizji dwóch gwiazd (zjawisko, które według teorii pływowej, przydarzyło się słońcu lub jego teoretycznemu towarzyszowi). Komety przybywające z innych układów słonecznych, mogły się narodzić w takich kolizjach.

Jeśli aktywność atomu tworzy zasadę dla makrokosmosu, to zdarzenia opisane w tej książce nie były jedynie wypadkami na niebiańskiej drodze, ale normalnymi zjawiskami jak narodziny i śmierć. Wyładowania między planetami, albo wielkie fotony emitowane w czasie tych kontaktów, spowodowały metamorfozy w świecie nieorganicznym i organicznym. O tych sprawach zamierzam napisać w innej książce, gdzie przedyskutuję problemy geologii, paleontologii i teorii ewolucji.

Odkrywszy pewne fakty historyczne i rozwiązawszy kilka problemów, stajemy wobec jeszcze większej liczby problemów prawie we wszystkich dziedzinach nauki; nie wolno nam zatrzymać się na drodze, po której wyruszyliśmy, kiedy zastanawialiśmy się czy cud Jozuego z zatrzymaniem słońca był zjawiskiem naturalnym. Bariery między działami nauki tworzą u danego naukowca przekonanie, że inne pola nauki są wolne od problemów, i że może on zapożyczać od nich bez zastanowienia. Można tu zobaczyć, że problemy w jednym obszarze prowadzą do innych obszarów nauki, choć nie ma między nimi kontaktu.

Zdajemy sobie sprawę z ograniczeń, których świadomość powinien mieć uczony stając wobec ambitnego programu badania architektury świata i jego historii. We wcześniejszych stuleciach filozofowie często próbowali stworzyć syntezę wiedzy w różnych dziedzinach. Dziś, kiedy wiedza jest coraz bardziej wyspecjalizowana, ktokolwiek próbuje zmierzyć się z takim zadaniem, powinien z całą pokorą zadać pytanie postawione na początku tej książki: *Quota pars operis tanti nobis committitur* – którą część tej pracy przyjmiemy na siebie?

Skorowidz

Więcej informacji o Velikovskim i jego pracach można znaleźć
na http://www.velikovsky.org/

Osoby zainteresowane nabyciem książki proszę o kontakt
e-mailowy: piotr.gordon@wp.pl,
lub telefoniczny: 22 628 74 35; 603 875 094.

Uwaga: źródła, na których oparł się dr Velikovsky, można znaleźć
w pracy: *Velikovsky's sources* / *Bob Forrest*

www.ingramcontent.com/pod-product-compliance
Lightning Source LLC
Chambersburg PA
CBHW071634270326
41928CB00010B/1911